U0170398

大连理工大学新工科系列教材

非线性优化理论引论

张立卫　王嘉妮　编著

科学出版社
北　京

内 容 简 介

本书系统介绍非线性优化的基础理论，内容包括非线性规划、非线性二阶锥优化、非线性半定规划的最优性理论和经典的稳定性分析理论，稳定性分析主要包括 Jacobian 唯一性条件下的稳定性分析和 Karush-Kuhn-Tucker 系统的强正则性的刻画. 为了刻画非线性二阶锥优化和非线性半定规划的理论，以较短的篇幅介绍了对偶理论、锥约束优化的最优性理论与经典的稳定性结果，还介绍了 Lipschitz 连续优化和互补约束优化问题的最优性必要条件.

本书可以作为应用数学、计算数学、运筹学与控制论、管理科学与系统科学等相关专业的研究生以及从事最优化理论研究与应用研究的科研人员的参考书.

图书在版编目(CIP)数据

非线性优化理论引论/张立卫，王嘉妮编著. —北京：科学出版社，2022.1
ISBN 978-7-03-070659-1

Ⅰ. ①非…　Ⅱ. ①张…②王…　Ⅲ. ①非线性－最优化算法　Ⅳ. ①O224

中国版本图书馆 CIP 数据核字（2021）第 232947 号

责任编辑：李　欣　贾晓瑞／责任校对：彭珍珍
责任印制：吴兆东／封面设计：无极书装

科学出版社 出版
北京东黄城根北街 16 号
邮政编码：100717
http://www.sciencep.com
北京建宏印刷有限公司 印刷
科学出版社发行　各地新华书店经销
*
2022 年 1 月第　一　版　开本：720 × 1000　B5
2024 年 1 月第二次印刷　印张：15
字数：302 000

定价：118.00 元
(如有印装质量问题，我社负责调换)

前　言

非线性优化是一门和诸多应用学科密切相关的学科. 工业过程、精密制造、金融工程、交通规划、人工智能、数据科学等各个领域提出了各种类型的优化模型, 这些模型有些是动态的, 有些是多阶段的, 有些是带随机因素的, 它们往往是非常复杂的数学模型. 这些具有重要实际背景的优化问题的分析和求解往往基于经典的非线性优化理论与算法. 从非线性优化的发展过程来看, 绝大多数工作都是侧重算法研究的. 然而算法研究和优化理论密不可分, 深入理解优化理论对算法的收敛性分析和数值实现都有重要的帮助. 这里所说的优化理论是一个狭义的理解, 即指非线性优化的最优性理论和稳定性理论.

结合在大连理工大学的非线性优化理论的教学实践, 我们一直探讨如何用较少的篇幅, 以一个大家容易接受的方式, 把非线性优化的最优性理论和经典的稳定性分析结果展示出来, 这是写本书的动因. 我们期望尽可能少地用复杂的数学工具来展示这些内容, 尽可能用数学分析, 或用简单的凸分析、非光滑分析和变分分析的相关工具论证非线性优化的理论. 同时, 为了内容自成体系, 避免到文献中去查阅预备知识, 我们花了一些篇幅介绍凸分析、非光滑分析和变分分析的相关素材, 这些基础知识放在附录里, 供需要的读者查阅.

本书的内容包括非线性规划、非线性二阶锥优化、非线性半定规划的最优性理论和经典的稳定性分析理论, 还包括锥约束优化的最优性理论和经典的稳定性结果. 稳定性分析主要包括 Jacobian 唯一性条件下的稳定性分析和 Karush-Kuhn-Tucker 系统的强正则性的刻画. 本书还介绍了最优化问题的对偶理论以及 Lipschitz 连续优化的一阶必要性条件, 互补约束优化问题的最优性必要条件以及一些有趣的相关素材 (这些素材用 $*$ 标记), 供感兴趣的读者参考.

张立卫　王嘉妮

2021 年 1 月

目　录

符 号 说 明

$\overline{\mathbb{R}}$	$\mathbb{R}\cup\{+\infty\}\cup\{-\infty\}$ 增广实数
$\mathbb{R}^n$	n 维欧氏空间
$\mathbb{C}^n$	n 维复欧氏空间
$\mathbb{O}^n$	n 维正交矩阵集合
$\langle x,y\rangle$	$=\sum\limits_{i=1}^{n}x_iy_i$, 向量 $x,y\in\mathbb{R}^n$ 的内积
$\\|x\\|,\\|x\\|_2$	$=\sqrt{\sum\limits_{i=1}^{n}x_i^2}$, 向量 $x\in\mathbb{R}^n$ 的欧氏范数
$\\|x\\|_1$	$=\sum\limits_{i=1}^{n}\|x_i\|$, 向量 $x\in\mathbb{R}^n$ 的 1 范数
$\mathbf{1}_n$	$\mathbb{R}^n$ 中所有分量均为 1 的向量
$\mathbf{0}_m$	分量全为 0 的 m 维向量
X,Y	Banach 空间或局部凸的拓扑向量空间
X^*	Banach 空间 X 的对偶空间
$\mathcal{L}(X,Y)$	空间 X 到空间 Y 的所有连续线性算子空间
$\mathcal{C}^{0,1}(\mathbb{R}^n,\mathbb{R}^m)$	从 $\mathbb{R}^n$ 到 $\mathbb{R}^m$ 的所有局部 Lipschitz 连续映射的空间
$\|J\|$	集合 J 的元素个数
$\mathbb{B}(x,r),\mathbb{B}_r(x)$	以 x 为中心, $r>0$ 为半径的开球
$\mathbb{B}_X$ ($\mathbb{B}$)	X (已知空间)中的单位开球
$\mathbf{B}(x,r),\mathbf{B}_r(x)$	以 x 为中心, $r>0$ 为半径的闭球
$\mathbf{B}_X$ ($\mathbf{B}$)	X (已知空间)中的单位闭球
$\mathcal{N}(x)$	x 的邻域系
$[\|x\|]$	由 x 生成的线性空间
$\mathbb{R}_+x,\mathbb{R}_-x$	$\{tx:t\geqslant 0\},\{tx:t\leqslant 0\}$
$\mathrm{cl}\,C$	集合 C 的闭包
$\mathrm{con}\,C$	集合 C 的凸包
$\mathrm{clcon}\,C$	集合 C 的闭凸包
$\mathrm{int}\,C$	集合 C 的内部
$\mathrm{ri}\,C$	集合 C 的相对内部

$\mathrm{bdry}\, C$	集合 C 的边界
$\mathrm{con}\, C$	集合 C 的凸包
$\mathrm{aff}\, C$	集合 C 的仿射包
$C^{\perp}$	集合 C 的正交补
$d(x,C), d_C(x)$	点 x 到集合 C 的距离
$\mathcal{R}_C(x)$	集合 C 在点 $x \in C$ 处的临界锥
$T_C(x)$	集合 C 在点 $x \in C$ 处的切锥
$T_C^i(x)$	集合 C 在点 $x \in C$ 处的内切锥
$\widehat{T}_C(x)$	集合 C 在点 $x \in C$ 处的正则切锥
$N_C(x)$	集合 C 在点 $x \in C$ 处的法锥
$\widehat{N}_C(x)$	集合 C 在点 $x \in C$ 处的正则法锥
$T_C^2(x,h)$	集合 C 在点 $x \in C$ 处沿方向 h 的外二阶切集
$T_C^{i,2}(x,h)$	集合 C 在点 $x \in C$ 处沿方向 h 的内二阶切集
$T_C^{i,2,\sigma}(x,h)$	与序列 $\sigma = \{t_n\}, t_n \downarrow 0$ 相联系的序列二阶切集
$\sigma_C(x)$或$\sigma(x\|C)$	$\sup\limits_{y \in C}\langle x, y\rangle$, 集合 C 的支撑函数
$\delta_C(x)$	集合 C 的指示函数
$\Pi_C(x)$	点 x 到集合 C 上的度量投影
K°	锥 K 的极锥
$\mathrm{lin}\, K$	锥 K 的线空间
$\mathrm{dom}\, f$	增广实值函数 $f: X \to \overline{\mathbb{R}}$ 的有效域
$\mathrm{gph}\, f$	函数 f 的图
$\mathrm{epi}\, f$	函数 f 的上图
$\mathrm{cl}\, f$	函数 f 的闭包
$\mathrm{con}\, f$	函数 f 的凸包
$\mathrm{lev}_{\leqslant \alpha} f$	函数 f 的水平集
f^*	函数 f 的共轭函数
$\partial f(x)$	函数 f 在点 x 处的次微分
$\partial_B f(x)$	函数 f 在点 x 处的 B-次微分
$\partial_c f(x)$	函数 f 在点 x 处的广义梯度
$Dg(x)$	映射 $g: X \to Y$ 在 $x \in X$ 处的导数
$D^2 g(x)$	映射 $g: X \to Y$ 在 $x \in X$ 处的二阶导数
$D^2 g(x)(h,h)$	$[D^2 g(x)h]h$, 对应于 $D^2 g(x)$ 的二次型
$\mathcal{J}F(x)$	若 X, Y 是有限维 Hilbert 空间, 函数 $F: X \to Y$ 在 $x \in X$ 处的导数 $DF(x)$ 可记为 $\mathcal{J}F(x)$

$\nabla F(x)$	$\mathcal{J}F(x)^*, \mathcal{J}F(x)$ 的伴随函数
$\nabla^2 F(x)$	$\mathcal{J}(\nabla F)(x)$
$f'(x;h)$	f 在 x 处沿 h 的方向导数
$\mathcal{C}^{1,1}$	导数是局部 Lipschitz 连续的可微函数构成的空间
$\mathrm{fcns}(\mathbb{R}^n)$	$\mathbb{R}^n$ 上的函数空间
$\mathrm{e\text{-}lim\,inf}_k f^k$	函数列的下上图极限
$\mathrm{e\text{-}lim\,sup}_k f^k$	函数列的上上图极限
$\mathrm{e\text{-}lim}_k f^k$	函数列的上图极限
$f_-^{\downarrow}(x;\cdot)$	下上图方向导数
$f_+^{\downarrow}(x;\cdot)$	上上图方向导数
$f^{\downarrow}(x;\cdot)$	上图方向导数
$\hat{d}f(x)$	正则次导数
$f^{\circ}(x;\cdot)$	Clarke 方向导数
$f''(x;h,w)$	(抛物型) 二阶方向导数
$f_-^{\downarrow\downarrow}(x;h,\cdot)$	下二阶上图导数
$f_+^{\downarrow\downarrow}(x;h,\cdot)$	上二阶上图导数
$\mathrm{dom}\, S$	集值映射 S 的定义域
$\mathrm{rge}\, S$	集值映射 S 的值域
$\mathrm{gph}\, S$	集值映射 S 的图
S^{-1}	集值映射 S 的逆映射
$\mathcal{A}^*$	线性算子 $\mathcal{A}$ 的伴随算子
$\ker \mathcal{A}$	线性算子 $\mathcal{A}$ 的零空间
$\mathrm{rge}\, \mathcal{A}$	线性算子 $\mathcal{A}$ 的值域
$\mathbb{S}^n$	$n \times n$ 对称矩阵构成的线性空间
$\mathbb{S}^n_+(\mathbb{S}^n_-)$	$n \times n$ 正 (负) 半定矩阵构成的锥
A^{T}	矩阵 A 的转置
$A^{\dagger}$	矩阵 A 的广义逆矩阵
$\mathrm{rank}(A)$	矩阵 A 的秩
$\mathrm{vec}(A)$	矩阵 A 的列拉直得到的向量
$\mathrm{Tr}(A)$	矩阵 A 的迹
$\langle A, B\rangle$	$\mathrm{Tr}(A^{\mathrm{T}}B)$, 矩阵$A, B$ 的内积
$\|A\|, \|A\|_F$	由内积诱导的矩阵 A 的范数
$\lambda_{\max}(A)$	对称矩阵 A 的最大特征值

$A \succeq 0 (A \preceq 0)$	矩阵 $A \in \mathbb{S}^n$ 是正 (负) 半定的
Diag(a)	以向量 a 的分量作为对角元素的对角矩阵
I_n, I	$n \times n$ 单位矩阵, 已知空间中的单位矩阵
sign	符号函数
val(P)	最优化问题 (P) 的最优值
Sol(P)	最优化问题 (P) 的最优解集

第 1 章　等式约束优化问题

1.1　等式约束优化问题的最优性条件

本章考虑以下等式约束模型:

$$\text{(EP)}\qquad \begin{cases} \min & f(x) \\ \text{s.t.} & h(x)=0, \end{cases} \tag{1.1}$$

其中 $h:=(h_1,h_2,\cdots,h_q)^{\mathrm{T}}$ 是一向量值函数, $f:\mathbb{R}^n\to\mathbb{R}$ 和 $h_i:\mathbb{R}^n\to\mathbb{R}, i=1,\cdots,q$ 是光滑函数.

下面用经典的数学分析工具建立等式约束优化问题的最优性理论. 利用无约束优化问题的一阶必要性条件命题 9.20 可以证明等式约束问题的一阶最优性条件.

定理 1.1 (一阶必要性最优条件)　设 $\bar{x}$ 是问题 (EP) 的局部极小点, f 和 h 在 $\bar{x}$ 附近连续可微, 设 $\nabla h_1(\bar{x}),\cdots,\nabla h_q(\bar{x})$ 是线性无关的, 那么存在唯一的向量 $\lambda\in\mathbb{R}^q$ 满足

$$\nabla f(\bar{x})+\mathcal{J}h(\bar{x})^{\mathrm{T}}\lambda=0,\quad h(\bar{x})=0. \tag{1.2}$$

证明　对于任意正数 $\alpha>0$, 任意正整数 k, 定义

$$F_k(x)=f(x)+\frac{k}{2}\|h(x)\|^2+\frac{\alpha}{2}\|x-\bar{x}\|^2.$$

记 x^k 是 $F_k(x)$ 在 $\bar{x}$ 附近的全局极小点, 即

$$x^k\in\operatorname{argmin}\{F_k(x),x\in\mathbf{B}_\varepsilon(\bar{x})\}.$$

由 Weierstrass 定理, x^k 是存在的. 下面证明: 当 $k\to\infty$ 时, $x^k\to\bar{x}$.

由 x^k 定义, $F_k(x^k)\leqslant F_k(\bar{x})$, 即

$$f(x^k)+\frac{k}{2}\|h(x^k)\|^2+\frac{\alpha}{2}\|x^k-\bar{x}\|^2\leqslant f(\bar{x}).$$

定义 $\bar{r}:=\inf\limits_x\{f(x),x\in\mathbf{B}_\varepsilon(\bar{x})\}$, 则 $f(x^k)\geqslant\bar{r}$. 因此得到

$$\bar{r}+\frac{k}{2}\|h(x^k)\|^2\leqslant f(\bar{x}).$$

移项得

$$\|h(x^k)\| \leqslant \sqrt{\frac{2}{k}(f(\bar{x}) - \bar{r})}.$$

对于 $\{x^k\}$ 的任意聚点 $\hat{x}$, 设指标集合 $\{k_i\}$ 满足 $x^{k_i} \to \hat{x}$, 有

$$\|h(x^{k_i})\| \leqslant \sqrt{\frac{2}{k_i}(f(\bar{x}) - \bar{r})} \to 0.$$

因此有 $h(\hat{x}) = 0$, $\hat{x} \in \mathbf{B}_\varepsilon(\bar{x})$ 且

$$f(x^{k_i}) + \frac{\alpha}{2}\|x^{k_i} - \bar{x}\|^2 \leqslant f(\bar{x}).$$

令 $i \to \infty$, 有

$$f(\hat{x}) + \frac{\alpha}{2}\|\hat{x} - \bar{x}\|^2 \leqslant f(\bar{x}).$$

则由 $\bar{x}$ 是局部极小点的定义, 必有 $\hat{x} = \bar{x}$. 由聚点的任意性, 有结论 $x^k \to \bar{x}$.

当 k 充分大时, 有 $x^k \in \operatorname{int} \mathbf{B}_\varepsilon(\bar{x})$. 这说明此时 x^k 是 $F_k(x)$ 的无约束局部极小点, 即 $\nabla F_k(x^k) = 0$. 由函数 F_k 的定义,

$$\nabla F_k(x^k) = \nabla f(x^k) + \nabla \mathcal{J}h(x^k)^{\mathrm{T}}[kh(x^k)] + \alpha(x^k - \bar{x}).$$

令 $\lambda^k = kh(x^k)$,

$$\nabla f(x^k) + \nabla \mathcal{J}h(x^k)^{\mathrm{T}}\lambda^k + \alpha(x^k - \bar{x}) = 0. \tag{1.3}$$

因此, $\mathcal{J}h(x^k)^{\mathrm{T}}\lambda^k = -(\nabla f(x^k) + \alpha(x^k - \bar{x}))$. 对于充分大的 k, 矩阵 $\mathcal{J}h(x^k)$ 是行满秩的, 有

$$\mathcal{J}h(x^k)\mathcal{J}h(x^k)^{\mathrm{T}}\lambda^k = -\mathcal{J}h(x^k)(\nabla f(x^k) + \alpha(x^k - \bar{x})),$$

因此

$$\lambda^k = -[\mathcal{J}h(x^k)\mathcal{J}h(x^k)^{\mathrm{T}}]^{-1}\mathcal{J}h(x^k)(\nabla f(x^k) + \alpha(x^k - \bar{x})),$$

这意味着 λ^k 是唯一的. 在上式令 $k \to \infty$, 得到

$$\lambda^k \to \lambda = -[\mathcal{J}h(\bar{x})\mathcal{J}h(\bar{x})^{\mathrm{T}}]^{-1}\mathcal{J}h(\bar{x})\nabla f(\bar{x}).$$

在 (1.3) 对 $k \to \infty$ 取极限得到最终结论:

$$\begin{cases} \nabla f(\bar{x}) + \mathcal{J}h(\bar{x})^{\mathrm{T}}\lambda = 0, \\ h(\bar{x}) = 0. \end{cases}$$

■

问题 (EP) 的 Lagrange 函数定义为

$$L(x,\lambda)=f(x)+h(x)^{\mathrm{T}}\lambda,$$

其中 $\lambda\in\mathbb{R}^q$ 是 Lagrange 乘子. 则 (1.2) 等价于

$$\nabla_x L(\bar{x},\lambda)=0,\quad \nabla_\lambda L(\bar{x},\lambda)=0.$$

下面证明, 对于等式约束的凸优化问题, 当 $\bar{x}$ 满足如上的必要性条件时, $\bar{x}$ 是问题 (EP) 的最优解. 考虑凸问题

$$\begin{cases}\min & f(x)\\ \text{s.t.} & Ax-b=0,\end{cases}\tag{1.4}$$

其中 A 是 $m\times n$ 的实值矩阵, f 是连续可微的凸函数. 下面给出上述凸问题的最优解的一阶充分性条件.

命题 1.1 若 f 是连续可微的凸函数, 存在一向量 $\lambda\in\mathbb{R}^m$ 使得 $\bar{x}$ 满足

$$\begin{cases}\nabla f(\bar{x})+A^{\mathrm{T}}\lambda=0,\\ A\bar{x}-b=0.\end{cases}$$

则 $\bar{x}$ 是问题 (1.4) 的最优解.

证明 对于任意的可行点 y, 即 $Ay=b$, 由命题 9.4 可得

$$\begin{aligned}f(y)-f(\bar{x})&\geqslant\langle\nabla f(\bar{x}),y-\bar{x}\rangle\\&=\langle -A^{\mathrm{T}}\lambda,y-\bar{x}\rangle\\&=\langle\lambda,-A(y-\bar{x})\rangle=0.\end{aligned}$$

也就是 $f(y)\geqslant f(\bar{x})$, 从而证明了结论. ■

下面给出凸问题 (1.4) 的几个应用.

例 1.1 考虑二次优化问题

$$\begin{cases}\min & \dfrac{1}{2}x^{\mathrm{T}}Gx+c^{\mathrm{T}}x\\ \text{s.t.} & Ax-b=0,\end{cases}\tag{1.5}$$

其中 G 是一 $n\times n$ 对称正定矩阵, A 是 $m\times n$ 的实矩阵. 若存在一对向量 $(\bar{x},\bar{\lambda})\in\mathbb{R}^n\times\mathbb{R}^m$ 满足

$$\begin{cases}G\bar{x}+c+A^{\mathrm{T}}\bar{\lambda}=0,\\ A\bar{x}-b=0,\end{cases}$$

由命题 1.1, 则 $\bar{x}$ 是问题 (1.5) 的最优解. 将上述等式转化为线性方程组可表示为

$$\begin{bmatrix} G & A^{\mathrm{T}} \\ A & 0 \end{bmatrix}\begin{bmatrix} \bar{x} \\ \bar{\lambda} \end{bmatrix} = \begin{bmatrix} -c \\ b \end{bmatrix}.$$

如果 G 是一正定对称矩阵, 且 A 是行满秩的, 则矩阵

$$K := \begin{bmatrix} G & A^{\mathrm{T}} \\ A & 0 \end{bmatrix}$$

是非奇异的, 且

$$\begin{bmatrix} G & A^{\mathrm{T}} \\ A & 0 \end{bmatrix}^{-1} = \begin{bmatrix} G^{-1} - G^{-1}A^{\mathrm{T}}(AG^{-1}A^{\mathrm{T}})^{-1}AG^{-1} & G^{-1}A^{\mathrm{T}}(AG^{-1}A^{\mathrm{T}})^{-1} \\ (AG^{-1}A^{\mathrm{T}})^{-1}AG^{-1} & -(AG^{-1}A^{\mathrm{T}})^{-1} \end{bmatrix}.$$

因此满足上述等式的 $\bar{x}$ 和 $\bar{\lambda}$ 是唯一的, 具有下述表达式

$$\begin{bmatrix} \bar{x} \\ \bar{\lambda} \end{bmatrix} = \begin{bmatrix} G^{-1} - G^{-1}A^{\mathrm{T}}(AG^{-1}A^{\mathrm{T}})^{-1}AG^{-1} & G^{-1}A^{\mathrm{T}}(AG^{-1}A^{\mathrm{T}})^{-1} \\ (AG^{-1}A^{\mathrm{T}})^{-1}AG^{-1} & -(AG^{-1}A^{\mathrm{T}})^{-1} \end{bmatrix}\begin{bmatrix} -c \\ b \end{bmatrix}.$$

例 1.2 设 $A \in \mathbb{R}^{m\times n}$ 是行满秩的矩阵, 记

$$\ker A = \{d \in \mathbb{R}^n : Ad = 0\}.$$

对于任意给定的 $x \in \mathbb{R}^n$, x 到 $\ker A$ 的投影是如下优化问题的最优解

$$\begin{cases} \min\limits_{z} & \dfrac{1}{2}\|z - x\|^2 \\ \text{s.t.} & Az = 0. \end{cases} \tag{1.6}$$

显然问题 (1.6) 是问题 (1.5) 的特例. 因此, 如果 A 是行满秩的, 则最优解 $\bar{z}$ 满足

$$\begin{bmatrix} \bar{z} \\ \bar{\lambda} \end{bmatrix} = \begin{bmatrix} I - A^{\mathrm{T}}(AA^{\mathrm{T}})^{-1}A & A^{\mathrm{T}}(AA^{\mathrm{T}})^{-1} \\ (AA^{\mathrm{T}})^{-1}A & -(AA^{\mathrm{T}})^{-1} \end{bmatrix}\begin{bmatrix} x \\ 0 \end{bmatrix}.$$

因此得到, x 到 $\ker A$ 的投影 $\hat{x} = \bar{z} = Px$, 其中

$$P = I - A^{\mathrm{T}}(AA^{\mathrm{T}})^{-1}A$$

是到 $\ker A$ 的正交投影矩阵.

定理 1.2 (二阶必要性最优条件) 设 $\bar{x}$ 是问题 (EP) 的局部极小点, f 和 h 在 $\bar{x}$ 附近二次连续可微, 设 $\nabla h_1(\bar{x}), \cdots, \nabla h_q(\bar{x})$ 是线性无关的, 那么存在唯一的乘子 $\lambda \in \mathbb{R}^q$ 满足:

(i) $\nabla_x L(\bar{x}, \lambda) = 0, \nabla_\lambda L(\bar{x}, \lambda) = 0$;

(ii) $\forall d \in \ker \mathcal{J}h(\bar{x})$, 有 $d^{\mathrm{T}}\nabla^2_{xx}L(\bar{x}, \lambda)d \geqslant 0$.

证明　结论的第 (i) 部分与定理 1.1 相同, 此处略去. 下面对于结论的第 (ii) 部分给出证明, 采取与定理 1.1 同样的证明方法. 对于如上定义的序列 x^k, 有结论: 当 k 充分大时, $x^k \in \mathbf{B}_\varepsilon(\bar{x})$ 且 x^k 是 $F_k(x)$ 的无约束局部极小点. 由无约束问题的最优性条件命题 9.20, 有 $\nabla F_k(x^k)=0$ 且 Hessian 矩阵 $\nabla^2 F_k(x^k)$ 是半正定的. 设 λ^k 如之前定义, 则公式 (1.3) 成立. 下面计算 Hessian 矩阵 $\nabla^2 F_k(x^k)$:

$$\nabla^2 F_k(x^k)=\nabla^2 f(x^k)+k\mathcal{J}h(x^k)^{\mathrm{T}}\mathcal{J}h(x^k)+k\sum_{i=1}^{q}h_i(x^k)\nabla^2 h_i(x^k)+\alpha I. \quad (1.7)$$

设 $\varepsilon>0$ 充分小, 满足当 $x\in\mathbf{B}_\varepsilon(\bar{x})$ 时, $\mathcal{J}h(x)^{\mathrm{T}}$ 是列满秩的. 对 $x\in\mathbf{B}_\varepsilon(\bar{x})$, 定义

$$P(x)=I-\mathcal{J}h(x)^{\mathrm{T}}(\mathcal{J}h(x)\mathcal{J}h(x)^{\mathrm{T}})^{-1}\mathcal{J}h(x).$$

则有 $\mathcal{J}h(x)P(x)\equiv 0$. 对于任意的 $d\in\ker\mathcal{J}h(\bar{x})$, 即 $\mathcal{J}h(\bar{x})d=0$, 则存在 $\bar{y}\in\mathbb{R}^q$ 满足 $d=P(\bar{x})\bar{y}$. 取 $d^k=P(x^k)\bar{y}$, 那么 $d^k\to d$. 由 $\nabla^2 F_k(x^k)$ 半正定, 有

$$\begin{aligned}0&\leqslant(d^k)^{\mathrm{T}}\nabla^2 F_k(x^k)d^k\\&=(d^k)^{\mathrm{T}}\nabla_{xx}^2 L(x^k,\lambda^k)d^k+k\mathcal{J}h(x^k)^{\mathrm{T}}\mathcal{J}h(x^k)P(x^k)\bar{y}+\alpha\|d^k\|^2\\&=(d^k)^{\mathrm{T}}\nabla_{xx}^2 L(x^k,\lambda^k)d^k+\alpha\|d^k\|^2.\end{aligned}$$

令 $k\to\infty$ 取极限得到

$$0\leqslant d^{\mathrm{T}}\nabla_{xx}^2 L(\bar{x},\lambda)d+\alpha\|d\|^2.$$

由 α 的任意性, 得到最终结论 $0\leqslant d^{\mathrm{T}}\nabla_{xx}^2 L(\bar{x},\lambda)d$. ■

定理 1.3 (二阶充分性最优条件)　设 $\bar{x}$ 是问题 (EP) 的可行点, f 和 h 在 $\bar{x}$ 附近二次连续可微. 设存在乘子 $\lambda\in\mathbb{R}^q$ 满足:

(i) $\nabla_x L(\bar{x},\lambda)=0, \nabla_\lambda L(\bar{x},\lambda)=0$;

(ii) $\forall d\in\ker\mathcal{J}h(\bar{x}), d\neq 0,$ 有 $d^{\mathrm{T}}\nabla_{xx}^2 L(\bar{x},\lambda)d>0$.

则 $\bar{x}$ 处二阶增长条件成立.

证明　采用反证法, 假设 $\bar{x}$ 处二阶增长条件不成立. 那么存在 x^k 是可行点, 以及 $\|x^k-\bar{x}\|\leqslant 1/k$ 使得

$$f(x^k)<f(\bar{x})+\frac{1}{k}\|x^k-\bar{x}\|^2.$$

令 $t_k=\|x^k-\bar{x}\|$, 以及 $d^k=(x^k-\bar{x})/t_k$, 则 $x^k=\bar{x}+t_k d^k$. 因为 $d^k\in\mathrm{bdry}\mathbf{B}$, 所以 $\|d^k\|=1$ 且存在聚点 d, 即 $\exists k_i, d^{k_i}\to d, \|d\|=1$. 应用 Taylor 展开, 有

$$h(x^{k_i})=h(\bar{x})+t_{k_i}\mathcal{J}h(\bar{x})^{\mathrm{T}}d^{k_i}+o(t_{k_i})=0.$$

当 $i\to\infty$ 时, 有 $\mathcal{J}h(\bar{x})^{\mathrm{T}}d=0, d\neq 0$, 因此 $d\in\ker\mathcal{J}h(\bar{x})$. 另一方面,

$$f(x^{k_i})=f(\bar{x}+t_{k_i}d^{k_i})<f(\bar{x})+\frac{1}{k_i}t_{k_i}^2.$$

再一次对 f 和 h 在 x^{k_i} 处 Taylor 展开:

$$t_{k_i}\nabla f(\bar{x})^{\mathrm{T}}d^{k_i}+\frac{t_{k_i}^2}{2}(d^{k_i})^{\mathrm{T}}\nabla^2 f(\bar{x})d^{k_i}<\frac{1}{k_i}t_{k_i}^2+o(t_{k_i}^2), \tag{1.8}$$

$$t_{k_i}\nabla h_j(\bar{x})^{\mathrm{T}}d^{k_i}+\frac{t_{k_i}^2}{2}(d^{k_i})^{\mathrm{T}}\nabla^2 h_j(\bar{x})d^{k_i}=o(t_{k_i}^2), \tag{1.9}$$

其中 $1\leqslant j\leqslant q$. 对 (1.9) 中每一 j 对应乘以 λ_j, 并将上式相加得

$$t_{k_i}\nabla_x L(\bar{x},\lambda)^{\mathrm{T}}d^{k_i}+\frac{t_{k_i}^2}{2}(d^{k_i})^{\mathrm{T}}\nabla_{xx}^2 L(\bar{x},\lambda)d^{k_i}<\frac{1}{k_i}t_{k_i}^2+o(t_{k_i}^2).$$

对上式中 $i\to\infty$ 取极限, 有

$$d^{\mathrm{T}}\nabla_{xx}^2 L(\bar{x},\lambda)d\leqslant 0.$$

这与条件 (ii) 矛盾, 因此结论成立. ■

对于二阶条件中提及的 “$\forall d\in\ker\mathcal{J}h(\bar{x}), d^{\mathrm{T}}\nabla_{xx}^2 L(\bar{x},\lambda)d>0$(或 $\geqslant 0$)”, 可以解释为 $\nabla_{xx}^2 L(\bar{x},\lambda)$ 在子空间 $\ker\mathcal{J}h(\bar{x})$ 上是正定 (或半正定) 的. 若取 $Z=(z_1,\cdots,z_{n-q})\in\mathbb{R}^{(n-q)\times n}$ 是由零空间 $\ker\mathcal{J}h(\bar{x})$ 的一组基为列构成的矩阵, 则上述条件可以表述为 $Z^{\mathrm{T}}\nabla_{xx}^2 L(\bar{x},\lambda)Z$ 是正定 (或半正定) 的.

例 1.3　考虑二次优化问题

$$\begin{cases}\min & \dfrac{1}{2}x^{\mathrm{T}}Gx+c^{\mathrm{T}}x\\ \text{s.t.} & Ax-b=0,\end{cases} \tag{1.10}$$

其中 G 是一 $n\times n$ 对称半正定方阵, A 是 $m\times n$ 的实值矩阵. 那么二阶充分性条件中的 (i) 等价于存在一向量对 $(\bar{x},\bar{\lambda})\in\mathbb{R}^n\times\mathbb{R}^m$ 满足

$$\begin{cases}G\bar{x}+c+A^{\mathrm{T}}\bar{\lambda}=0,\\ A\bar{x}-b=0.\end{cases} \tag{1.11}$$

二阶充分性条件中的 (ii) 等价于对任意满足 $Ad=0$ 且 $d\neq 0$ 的向量 d, $d^{\mathrm{T}}Gd>0$. 这意味着要求矩阵 G 在 $\ker A$ 上是正定的. 因此若 (1.11) 成立且 G 在 $\ker A$ 上是正定的, 由定理 1.3, 则问题 (1.10) 在 $\bar{x}$ 处二阶增长条件成立.

1.2 等式约束优化问题的稳定性

优化问题的稳定性指优化模型中参数发生扰动后最优解与最优解集关于扰动量的性质, 这些性质包括连续性、Lipschitz 连续性和可微性等等. 而稳定性研究对于分析各类算法的收敛性起着至关重要的作用. 考虑以下等式约束优化的扰动问题:

$$(\mathrm{EP}_u) \qquad \begin{cases} \min & f(x,u) \\ \text{s.t.} & h(x,u)=0, \end{cases} \tag{1.12}$$

其中映射 $f:\mathbb{R}^n\times\mathbb{R}^m\to\mathbb{R}$ 和 $h:\mathbb{R}^n\times\mathbb{R}^m\to\mathbb{R}^q$ 关于 (x,u) 都是光滑的. 并且设 $f(x,0)=f(x)$, $h(x,0)=h(x)$. 为建立稳定性结论, 给出以下假设.

假设 1.1 设 $\bar{x}$ 是问题 (EP) 的最优解, $\bar{\lambda}\in\mathbb{R}^q$ 是对应的 Lagrange 乘子.

(i) 二阶充分性条件在 $(\bar{x},\bar{\lambda})$ 处成立, 即

$$\begin{cases} \nabla_x L(\bar{x},\bar{\lambda})=0, \quad \nabla_\lambda L(\bar{x},\bar{\lambda})=0, \\ \forall 0\neq d\in\ker\mathcal{J}h(\bar{x}), \quad d^{\mathrm{T}}\nabla^2_{xx}L(\bar{x},\bar{\lambda})d>0; \end{cases}$$

(ii) 线性无关约束规范在 $\bar{x}$ 处成立, 即 $\nabla h_1(\bar{x}),\cdots,\nabla h_q(\bar{x})$ 是线性无关的.

引理 1.1 设 f 和 h 在 $\bar{x}$ 附近二次连续可微, 且假设 1.1 成立, 则如下定义的矩阵是非奇异的

$$K\equiv\begin{bmatrix} \nabla^2_{xx}L(\bar{x},\bar{\lambda}) & \mathcal{J}h(\bar{x})^{\mathrm{T}} \\ \mathcal{J}h(\bar{x}) & 0 \end{bmatrix}. \tag{1.13}$$

证明 对于任意的向量 $(\xi_1,\xi_2)^{\mathrm{T}}\in\mathbb{R}^n\times\mathbb{R}^p$, 若满足 $K(\xi_1,\xi_2)^{\mathrm{T}}=0$, 即

$$\nabla^2_{xx}L(\bar{x},\bar{\lambda})\xi_1+\mathcal{J}h(\bar{x})^{\mathrm{T}}\xi_2=0, \tag{1.14}$$

$$\mathcal{J}h(\bar{x})\xi_1=0, \tag{1.15}$$

显然由 (1.15) 可得 $\xi_1\in\ker\mathcal{J}h(\bar{x})$. 对 (1.14) 左乘 ξ_1^{T}, 则有 $\xi_1^{\mathrm{T}}\nabla^2_{xx}L(\bar{x},\bar{\lambda})\xi_1=0$, 那么由假设 1.1 中的 (i) 可得 $\xi_1=0$. 将 $\xi_1=0$ 代入 (1.14) 可得 $\mathcal{J}h(\bar{x})^{\mathrm{T}}\xi_2=0$, 再由线性无关约束规范可以推出 $\xi_2=0$. 这证明了 K 是非奇异的. ■

下面给出关于扰动问题 (EP_u) 的最优解的性质, 这里的分析用到经典的隐函数定理.

定理 1.4 设 $f,h,\nabla f,\mathcal{J}h$ 在 $(\bar{x},0)$ 附近连续可微且假设 1.1 成立, 那么存在 $\varepsilon>0$, $\delta>0$, 存在 $(x(\cdot),\lambda(\cdot)):\mathbf{B}_\delta(0)\to\mathbf{B}_\varepsilon((\bar{x},\bar{\lambda}))$ 满足:

(i) $\forall u\in\mathbf{B}_\delta(0)$, $(x(u),\lambda(u))$是一连续可微映射;

(ii) $\forall u\in\mathbf{B}_\delta(0)$, $(x(u),\lambda(u))$满足问题(EP_u)的二阶充分性条件.

证明　定义映射

$$F(x,\lambda,u)=\begin{bmatrix}\nabla_x f(x,u)+\mathcal{J}h(x,u)^{\mathrm{T}}\lambda\\ h(x,u)\end{bmatrix}.$$

则对于映射 $F(x,\lambda,u)$ 有以下性质:

(i) $F(\bar{x},\bar{\lambda},0)=\begin{bmatrix}\nabla f(\bar{x})+\mathcal{J}h(\bar{x})^{\mathrm{T}}\bar{\lambda}\\ h(\bar{x})\end{bmatrix}=0;$

(ii) 映射 $F(\cdot,\cdot,\cdot)$ 在 $(\bar{x},\bar{\lambda},0)$ 附近连续可微;

(iii) $\mathcal{J}_{(x,\lambda)}F(\bar{x},\bar{\lambda},0)=\begin{bmatrix}\nabla^2_{xx}L(\bar{x},\bar{\lambda}) & \mathcal{J}h(\bar{x})^{\mathrm{T}}\\ \mathcal{J}h(\bar{x}) & 0\end{bmatrix}$ 非奇异.

由隐函数定理, 存在 $\varepsilon>0$, $\delta>0$, 存在 $(x(\cdot),\lambda(\cdot)):\mathbf{B}_\delta(0)\to\mathbf{B}_\varepsilon((\bar{x},\bar{\lambda}))$ 满足:

(1) $(x(0),\lambda(0))=(\bar{x},\bar{\lambda})$;

(2) $F(x(u),\lambda(u),u)\equiv 0,\forall u\in\mathbf{B}_\delta(0)$;

(3) $(x(\cdot),\lambda(\cdot))$ 在 $\mathbf{B}_\delta(0)$ 上连续可微且 $\nabla h_j(x(u)):j=1,\cdots,q$ 关于 u 连续.

下面证明, 对于任意的 $0\neq d\in\ker\mathcal{J}h(x(u)),d^{\mathrm{T}}\nabla^2_{xx}L(x(u),\lambda(u))d>0$. 对于任意向量 u, 考虑 $\mathcal{J}h(x(u))$ 的 QR 分解 $\mathcal{J}h(x(u))(Q_1(u),Q_2(u))=(L(u),0)$, 其中 $(Q_1(u),Q_2(u))$ 是正交矩阵. 有 $Q_2(u)$ 关于 u 是连续的, 且 $Q_2(u)\in\ker\mathcal{J}h(x(u))$. 由假设 1.1 的条件 (i), 有 $Q_2(0)^{\mathrm{T}}\nabla^2_{xx}L(\bar{x},\bar{\lambda})Q_2(0)$ 是正定的. 因此, $Q_2(u)^{\mathrm{T}}\nabla^2_{xx}L(x(u),\lambda(u))Q_2(u)>0$ 对范数充分小的 u 成立, 这与结论 (ii) 等价. ■

下面考虑一个稳定性在惩罚函数算法收敛性中的应用.

例 1.4　考虑二次优化问题 (1.10), 其中 G 是一 $n\times n$ 的对称半正定矩阵, 且 $A\in\mathbb{R}^{m\times n}$ 是行满秩的. 假设 $Z^{\mathrm{T}}GZ$ 是正定的, 其中 Z 是由核空间 $\ker A$ 的一组基为列构成的矩阵. 那么

(1) 矩阵

$$K:=\begin{bmatrix}G & A^{\mathrm{T}}\\ A & 0\end{bmatrix}$$

是非奇异的.

(2) 通过构造如下惩罚函数求问题 (1.10) 的最优值

$$P_r(x)=\frac{1}{2}x^{\mathrm{T}}Gx+c^{\mathrm{T}}x+\frac{r}{2}\|Ax-b\|^2. \tag{1.16}$$

设无约束优化问题

$$\min_x P_r(x) \tag{1.17}$$

的最优解为 $\bar{x}(r)$. 可以证明当参数 $r \to +\infty$ 时, 惩罚函数算法产生的最优解 $\bar{x}(r)$ 收敛到 $\bar{x}$.

证明 (1) 中结论是问题 (1.10) 在引理 1.1 下的特殊情况. 下面证明结论 (2).

由于 $\bar{x}(r)$ 是问题 (1.17) 的最优解, 因此 $\nabla P_r(\bar{x}(r)) = 0$, 即

$$(G + rA^{\mathrm{T}}A)\bar{x}(r) = rA^{\mathrm{T}}b - c. \tag{1.18}$$

首先证明矩阵 $G + rA^{\mathrm{T}}A$ 是非奇异的. 对于任意的 $r > 0$, 任取向量 $y \in \mathbb{R}^n$, 使 $(G + rA^{\mathrm{T}}A)y = 0$. 等式左乘 y^{T} 得 $y^{\mathrm{T}}(G + rA^{\mathrm{T}}A)y = 0$. 由于 G 是半正定的, 因此 $y^{\mathrm{T}}Gy \geqslant 0$, 并且 $(Ay)^{\mathrm{T}}Ay \geqslant 0$. 这意味着

$$y^{\mathrm{T}}Gy = 0, \quad Ay = 0.$$

也就是, $y \in \ker A$, 由于矩阵 G 在 $\ker A$ 上是正定的, 因此使得 $y^{\mathrm{T}}Gy = 0$ 的向量 y 必为 0. 这证明了矩阵 $G + rA^{\mathrm{T}}A$ 是非奇异的.

由于 A 是行满秩的, 则考虑 A 的 QR 分解, 存在正交阵 $U \in \mathbb{R}^{q\times q}$ 和 $V \in \mathbb{R}^{n\times n}$, 使得 $AV = U(\Sigma, 0)$, 其中 $V = (V_1, V_2)$, $V_2 = Z$ 为 $\ker A$ 的一组基为列构成的矩阵. 因此 (1.18) 可重新写作

$$\left[G + V\begin{bmatrix} r\Sigma^2 & 0 \\ 0 & 0 \end{bmatrix}V^{\mathrm{T}}\right]\bar{x}(r) = rV\begin{bmatrix} \Sigma \\ 0 \end{bmatrix}U^{\mathrm{T}}b - c.$$

上式等价于:

$$V\begin{bmatrix} V_1^{\mathrm{T}}GV_1 + r\Sigma^2 & V_1^{\mathrm{T}}GV_2 \\ V_2^{\mathrm{T}}GV_1 & V_2^{\mathrm{T}}GV_2 \end{bmatrix}V^{\mathrm{T}}\bar{x}(r) = rV\begin{bmatrix} \Sigma \\ 0 \end{bmatrix}U^{\mathrm{T}}b - c. \tag{1.19}$$

很容易得到矩阵

$$Q := \begin{bmatrix} V_1^{\mathrm{T}}GV_1 + r\Sigma^2 & V_1^{\mathrm{T}}GV_2 \\ V_2^{\mathrm{T}}GV_1 & V_2^{\mathrm{T}}GV_2 \end{bmatrix}$$

是可逆的. 因为 $Q = V(G + rA^{\mathrm{T}}A)V^{\mathrm{T}}$, 其中 $G + rA^{\mathrm{T}}A$ 是可逆的, V 是正交阵, 所以 Q 是可逆的. 此时 (1.19) 等价于

$$\begin{aligned} V^{\mathrm{T}}\bar{x}(r) &= \begin{bmatrix} r^{-1}V_1^{\mathrm{T}}GV_1 + \Sigma^2 & r^{-1}V_1^{\mathrm{T}}GV_2 \\ r^{-1}V_2^{\mathrm{T}}GV_1 & r^{-1}V_2^{\mathrm{T}}GV_2 \end{bmatrix}^{-1}\left(\begin{bmatrix} \Sigma U^{\mathrm{T}}b \\ 0 \end{bmatrix} - r^{-1}V^{\mathrm{T}}c\right) \\ &= \left(\begin{bmatrix} \Sigma^2 & 0 \\ 0 & \varepsilon V_2^{\mathrm{T}}GV_2 \end{bmatrix} + \varepsilon H\right)^{-1}\left(\begin{bmatrix} \Sigma U^{\mathrm{T}}b \\ 0 \end{bmatrix} - \varepsilon V^{\mathrm{T}}c\right), \end{aligned}$$

其中 $\varepsilon = r^{-1}$,

$$H = \begin{bmatrix} V_1^{\mathrm{T}}GV_1 & V_1^{\mathrm{T}}GV_2 \\ V_2^{\mathrm{T}}GV_1 & 0 \end{bmatrix}.$$

对于任意的矩阵 $S \in \mathbb{R}^{n\times n}$, 有

$$(S+\varepsilon H)^{-1} = S^{-1} - \varepsilon(S+\varepsilon H)^{-1}HS^{-1}.$$

综上, 可以得到

$$V^{\mathrm{T}}\bar{x}(r) = \left(\begin{bmatrix} \Sigma^{-2} & 0 \\ 0 & \varepsilon^{-1}(V_2^{\mathrm{T}}GV_2)^{-1} \end{bmatrix} + \varepsilon\tilde{H}\right)\begin{bmatrix} \Sigma U^{\mathrm{T}}b - \varepsilon V_1^{\mathrm{T}}c \\ -\varepsilon V_2^{\mathrm{T}}c \end{bmatrix},$$

其中

$$\tilde{H} = \left(\begin{bmatrix} \Sigma^2 & 0 \\ 0 & \varepsilon V_2^{\mathrm{T}}GV_2 \end{bmatrix} + \varepsilon H\right)^{-1} H \begin{bmatrix} \Sigma^2 & 0 \\ 0 & \varepsilon V_2^{\mathrm{T}}GV_2 \end{bmatrix}^{-1}.$$

令 $r \to +\infty$, 可得

$$\lim_{r\to+\infty}\bar{x}(r) = V_1\Sigma^{-1}U^{\mathrm{T}}b - V_2(V_2^{\mathrm{T}}GV_2)^{-1}V_2^{\mathrm{T}}c = V_1\Sigma^{-1}U^{\mathrm{T}}b - Z(Z^{\mathrm{T}}GZ)^{-1}Z^{\mathrm{T}}c.$$

记 $\bar{x} = \lim\limits_{r\to+\infty}\bar{x}(r)$, 下证 $\bar{x}$ 是问题 (1.10) 的最优解. 首先

$$A\bar{x} = A(V_1\Sigma^{-1}U^{\mathrm{T}}b - Z(Z^{\mathrm{T}}GZ)^{-1}Z^{\mathrm{T}}c) = U(\Sigma, 0)V^{\mathrm{T}}V\begin{bmatrix} \Sigma^{-1}U^{\mathrm{T}}b \\ -(Z^{\mathrm{T}}GZ)^{-1}Z^{\mathrm{T}}c \end{bmatrix} = b.$$

特取乘子

$$\bar{\lambda} = (AA^{\mathrm{T}})^{-1}A[GV_1\Sigma^{-1}U^{\mathrm{T}}b + (I - GV_2(V_2^{\mathrm{T}}GV_2)^{-1}V_2^{\mathrm{T}})c],$$

有 $G\bar{x} + A^{\mathrm{T}}\lambda = -c$ 成立, 由例 1.10 可知, $(\bar{x}, \bar{\lambda})$ 满足 (1.11) 式. 由二阶充分性条件, 问题 (1.10) 在 $\bar{x}$ 处二阶增长条件成立. 综上, 我们证明了惩罚函数方法的解 $\bar{x}(r)$ 是收敛到问题 (1.10) 的最优解. ■

1.3 习 题

1. 设 (EP) 问题的等式约束满足 h 在 $\bar{x}$ 附近连续可微, $\nabla h_1(\bar{x}), \cdots, \nabla h_q(\bar{x})$ 是线性无关的. 证明: 对任何序列 $x^k \to \bar{x}$, 对充分大的 k, 矩阵 $\mathcal{J}h(x^k)$ 是行满秩的.

2. 验证 Hessian 矩阵 $\nabla^2 F_k(x^k)$ 如 (1.7) 式所示.

3. 记复合函数 $\theta(x)=F(x,g(x))$, 其中 $F:\mathbb{R}^n\times\mathbb{R}^m\to\mathbb{R}$ 和 $g:\mathbb{R}^n\to\mathbb{R}^m$ 均为二次连续可微函数. 计算函数 $\theta(x)$ 的一阶导数 $\nabla\theta(x)$ 和二阶导数 $\nabla^2\theta(x)$.

4. 利用隐函数定理证明等式约束优化问题的一阶和二阶必要性条件.

提示 1 隐函数定理: 设开集 $D\subset\mathbb{R}^{n+m}, F:D\to\mathbb{R}^m$, 满足下列条件:

(a) 函数 F 在集合 D 上是连续可微的;

(b) 有一点 $(\bar{x},\bar{y})\in D$, 使得 $F(\bar{x},\bar{y})=0$;

(c) 行列式 $\det\mathcal{J}_yF(\bar{x},\bar{y})$ 是非奇异的.

那么存在 $(\bar{x},\bar{y})$ 的一个邻域 $G\times H$, 使得:

(i) 对每一 $x\in G$, 方程 $F(x,y)=0$ 在 H 中有唯一的解, 记为 $f(x)$;

(ii) $\bar{y}=f(\bar{x})$;

(iii) f 在 G 上是连续可微的;

(iv) 当 $x\in G$ 时, $\mathcal{J}f(x)=-(\mathcal{J}_yF(x,y))^{-1}\mathcal{J}_xF(x,y)$, 其中 $y=f(x)$.

提示 2 已知 $\mathcal{J}h(\bar{x})$ 是行满秩的, 记 (EP) 的等式约束表示为 $h(x)=h(x_B,x_N)=0$, 因此 $\mathcal{J}h(\bar{x})=(\mathcal{J}_{x_B}h(\bar{x}),\mathcal{J}_{x_N}h(\bar{x}))$, 其中 $\mathcal{J}_{x_B}h(\bar{x})$ 表示 x 的前 q 项生成的 $q\times q$ 的非奇异矩阵, $\mathcal{J}_{x_N}h(\bar{x})$ 表示 x 的后 $n-q$ 项生成的 $q\times(n-q)$ 的余下导数矩阵. 再利用隐函数定理可得, $x_B=\varphi(x_N)$. 因此 (EP) 问题变为一无约束问题

$$\min_x f(x_B(x_N),x_N).$$

利用无约束优化问题的一阶和二阶必要性条件命题 9.20, 通过分析

$$\nabla_{x_N}f(x_B(x_N),x_N)=0$$

和 $\nabla^2_{x_N}f(x_B(x_N),x_N)$ 是半正定的, 得到关于等式约束优化问题的一阶和二阶必要性条件.

提示 3 利用复合函数的一阶和二阶导数计算

$$\nabla_{x_N}f(x_B(x_N),x_N) \quad 和 \quad \nabla^2_{x_N}f(x_B(x_N),x_N).$$

5. 证明下述性质等价:

(1) $\forall d\in\ker\mathcal{J}h(\bar{x}), d^{\mathrm{T}}\nabla^2_{xx}L(\bar{x},\lambda)d>0$(或 $\geqslant 0$), 或 $\nabla^2_{xx}L(\bar{x},\lambda)$ 在子空间 $\ker\mathcal{J}h(\bar{x})$ 上是正定 (或半正定) 的.

(2) $Z^{\mathrm{T}}\nabla^2_{xx}L(\bar{x},\lambda)Z$ 是正定 (或半正定) 的, 其中 $Z=(z_1,\cdots,z_{n-q})\in\mathbb{R}^{(n-q)\times n}$ 是由核空间 $\ker\mathcal{J}h(\bar{x})$ 的一组基为列构成的矩阵.

6. 考虑二次优化问题 (1.10):

$$\begin{cases}\min & \dfrac{1}{2}x^{\mathrm{T}}Gx+c^{\mathrm{T}}x\\ \text{s.t.} & Ax-b=0.\end{cases}$$

(1) 设 $\bar{x}$ 是问题 (1.10) 的局部极小点, 且矩阵 A 是行满秩的实值矩阵. 证明: 存在唯一的向量 $\bar{\lambda} \in \mathbb{R}^q$ 满足 (1.11) 且 $Z^{\mathrm{T}}GZ$ 是半正定的, 其中 Z 是由核空间 $\ker A$ 的一组基为列构成的矩阵.

(2) 假设存在一向量对 $(\bar{x}, \bar{\lambda}) \in \mathbb{R}^n \times \mathbb{R}^m$ 满足 (1.11) 且 $Z^{\mathrm{T}}GZ$ 是正定的, 其中 Z 是由核空间 $\ker A$ 的一组基为列构成的矩阵. 证明: 问题 (1.10) 在 $\bar{x}$ 处二阶增长条件成立.

第 2 章　抽象集合上的极小化问题

2.1　凸集上的极小化问题

考虑凸集合上的极小化问题:

$$\text{(CP)} \qquad \begin{cases} \min & f(x) \\ \text{s.t.} & x \in C, \end{cases} \tag{2.1}$$

其中 $f : \mathbb{R}^n \to \mathbb{R}$ 是实值函数, $C \subseteq \mathbb{R}^n$ 是闭凸集. 以下结论可以作为问题 (2.1) 的一阶必要性最优条件.

命题 2.1　若 $\bar{x}$ 是问题 (2.1) 的局部极小点, 设 f 在 $\bar{x}$ 附近连续可微, 那么对于任意的 $x \in C$, 有 $\nabla f(\bar{x})^{\mathrm{T}}(x - \bar{x}) \geqslant 0$.

证明　$\forall x \in C$, 存在 $t_x \in (0,1)$, 满足对于任意的 $t \in [0, t_x]$, 有 $\bar{x} + t(x - \bar{x}) \in C \cap \mathbf{B}_\varepsilon(\bar{x})$ 成立. 则 $f(\bar{x} + t(x - \bar{x})) \geqslant f(\bar{x})$, 其等价于 $(f(\bar{x}+t(x-\bar{x})) - f(\bar{x}))/t \geqslant 0$, 对任意的 $t \in (0, t_x)$ 成立. 令 t 趋于 0 取极限, 得到结论. ■

由上述命题, 下面的结论是比较显然的.

推论 2.1　若 $\bar{x}$ 是问题 (2.1) 的局部极小点且 f 在 $\bar{x}$ 附近连续可微, 那么下述结论成立且等价:

(i) $\nabla f(\bar{x})^{\mathrm{T}} d \geqslant 0, \forall d \in \mathcal{R}_C(\bar{x})$;

(ii) $\nabla f(\bar{x})^{\mathrm{T}} d \geqslant 0, \forall d \in T_C(\bar{x})$;

(iii) $-\nabla f(\bar{x}) \in N_C(\bar{x})$.

对于凸优化问题, 可以建立 $\bar{x}$ 是问题 (2.1) 的最优解的充分性条件.

命题 2.2　设 f 是 $\mathbb{R}^n$ 上的连续可微凸函数, $\bar{x}$ 是问题 (2.1) 的可行点. 若 $\bar{x}$ 满足

$$0 \in \nabla f(\bar{x}) + N_C(\bar{x}), \tag{2.2}$$

则 $\bar{x}$ 是问题 (2.1) 的全局极小点.

证明　(2.2) 式意味着存在 $\nu \in N_C(\bar{x})$, 使得 $\nabla f(\bar{x}) + \nu = 0$. 对于 $\forall x \in C$, 由凸函数的梯度不等式 (见命题 9.4) 可得

$$\begin{aligned} f(x) - f(\bar{x}) &\geqslant \langle \nabla f(\bar{x}), x - \bar{x} \rangle \\ &= \langle -\nu, x - \bar{x} \rangle \\ &= -\langle \nu, x - \bar{x} \rangle \geqslant 0. \end{aligned}$$

即 $f(x) \geqslant f(\bar{x})$, 从而证明了结论. ■

2.2　非线性凸优化问题

本节讨论可行集 C 为如下形式的凸优化问题:

$$C := \{x | Ax = b, g_i(x) \leqslant 0,\ i = 1, \cdots, p\}, \tag{2.3}$$

其中矩阵 $A \in \mathbb{R}^{q\times n}$, 函数 $g_i : \mathbb{R}^n \to \mathbb{R}$ 是凸函数, $i = 1, \cdots, p$. 可利用推论 2.1, 建立优化问题 (2.1) 的最优性条件. 首先给出 C 的切锥与法锥表达式.

定理 2.1　设 $g_i : \mathbb{R}^n \to \mathbb{R}$ 是凸函数, 在 $\bar{x}$ 附近是连续可微的, $i = 1, \cdots, p$. 设广义 Slater 条件成立, 即存在一 $x^0 \in \mathbb{R}^n$ 满足

$$Ax^0 = b, \quad g_i(x^0) < 0, \quad \forall i = 1, \cdots, p.$$

则

$$T_C(\bar{x}) = \{d \in \mathbb{R}^n | Ad = 0,\ \nabla g_i(\bar{x})^{\mathrm{T}} d \leqslant 0,\ i \in I(\bar{x})\}, \tag{2.4}$$

$$N_C(\bar{x}) = A^{\mathrm{T}}\mathbb{R}^q + \left\{ \sum_{i\in I(\bar{x})} \lambda_i \nabla g_i(\bar{x}) : \lambda_i \geqslant 0 \right\}, \tag{2.5}$$

其中 $I(\bar{x}) = \{i | g_i(\bar{x}) = 0\}$.

证明　用 $L_C(\bar{x})$ 表示 (2.4) 右边的集合. 显然有 $T_C(\bar{x}) \subseteq L_C(\bar{x})$, 只需证明 $L_C(\bar{x}) \subseteq T_C(\bar{x})$ 即可. 对于任意的 $d \in L_C(\bar{x})$, 取 $d_0 = x^0 - \bar{x}$, 有 $Ad_0 = 0, \nabla g_i(\bar{x})^{\mathrm{T}} d_0 < 0, i \in I(\bar{x})$. 令 $d_t = d + td_0$, $t > 0$, 有 $Ad_t = 0, \nabla g_i(\bar{x})^{\mathrm{T}} d_t < 0, i \in I(\bar{x})$. 因此存在某一 $s_0 > 0$, 使得 $\bar{x} + sd_t \in C$, 对于任意 $s \in [0, s_0]$ 成立. 由雷达锥以及切锥的定义, 于是得到 $d_t \in \mathcal{R}_C(\bar{x})$; 由于 $d = \lim\limits_{t\downarrow 0} d_t$, 有 $d \in T_C(\bar{x})$. (2.4) 得证.

将 $T_C(\bar{x})$ 写成 $T_C(\bar{x}) = \ker A \bigcap\limits_{i\in I(\bar{x})} \pi_i$, 其中 $\pi_i = \{d \in \mathbb{R}^n | \nabla g_i(\bar{x})^{\mathrm{T}} d \leqslant 0\}$. 由于 $Ad_0 = 0, \nabla g_i(\bar{x})^{\mathrm{T}} d_0 < 0, i \in I(\bar{x})$, 有

$$\mathrm{ri}\ \ker A \cap \bigcap_{i\in I(\bar{x})} \mathrm{ri}\, \pi_i \neq \varnothing,$$

则可用公式 (9.1), 根据法锥与切锥的极关系, 得到

$$N_C(\bar{x}) = T_C(\bar{x})^\circ = [\ker A]^\circ + \sum_{i\in I(\bar{x})} \pi_i^\circ$$

$$= \text{rge } A^{\mathrm{T}} + \left\{ \sum_{i\in I(\bar{x})} \lambda_i \nabla g_i(\bar{x}) : \lambda_i \geqslant 0, i \in I(\bar{x}) \right\}.$$ ■

在广义 Slater 条件下, 非线性凸优化问题的可行集 C 的法锥也可表示为以下形式:

$$N_C(\bar{x}) = \left\{ A^{\mathrm{T}}\mu + \sum_{i=1}^{q} \lambda_i \nabla g_i(\bar{x}),\ 0 \geqslant g(\bar{x}) \perp \lambda \geqslant 0,\ \mu \in \mathbb{R}^q \right\}.$$

定理 2.2 设 $\bar{x} \in C$ 是局部极小点, f 在 $\bar{x}$ 附近连续可微, 函数 $g_i : \mathbb{R}^n \to \mathbb{R}$, g_i 是凸函数, 在 $\bar{x}$ 附近连续可微, $i = 1, \cdots, p$. 设广义 Slater 条件成立. 那么, 存在 $\mu \in \mathbb{R}^q, \lambda \in \mathbb{R}^p$ 满足

$$\begin{cases} \nabla f(\bar{x}) + A^{\mathrm{T}}\mu + \mathcal{J}g(\bar{x})^{\mathrm{T}}\lambda = 0, \\ A\bar{x} = b, \\ 0 \geqslant g(\bar{x}) \perp \lambda \geqslant 0. \end{cases} \tag{2.6}$$

证明 根据推论 2.1, 由问题 (2.1) 的最优性条件的等价形式 (iii), 以及定理 2.1 中法锥的表达式, 有

$$\nabla f(\bar{x}) \in A^{\mathrm{T}}\mathbb{R}^q + \{\mathcal{J}g(\bar{x})^{\mathrm{T}}\lambda :\ 0 \leqslant \lambda \perp g(\bar{x})\}.$$

因此可得 (2.6) 式. ■

条件 (2.6) 又被称为 Karush-Kuhn-Tucker (KKT) 条件. 下述定理表明, 对于具体的凸极小化问题 (2.1), KKT 条件还是全局最优解的充分条件.

定理 2.3 考虑约束条件形如 (2.3) 的凸极小化问题 (2.1). 其中 f 和 g_i 都是连续可微凸函数, $i = 1, \cdots, p$. 设 $\bar{x} \in C$, 存在乘子 $\mu \in \mathbb{R}^q, \lambda \in \mathbb{R}^p$ 满足 KKT 条件 (2.6). 那么, $\bar{x}$ 是全局极小点.

证明 对 $\forall x \in C$, 有 $x - \bar{x} \in \mathcal{R}_C(\bar{x}) \subseteq T_C(\bar{x})$. 由切锥表达式 (2.4), 有 $A(x - \bar{x}) = 0; \nabla g_i(\bar{x})(x - \bar{x}) \leqslant 0, i \in I(\bar{x})$. 由于 f 是凸函数, 那么

$$\begin{aligned} f(x) &\geqslant f(\bar{x}) + \nabla f(\bar{x})(x - \bar{x}) \\ &= f(\bar{x}) - (A^{\mathrm{T}}\mu + \mathcal{J}g(\bar{x})^{\mathrm{T}}\lambda)^{\mathrm{T}}(x - \bar{x}) \\ &= f(\bar{x}) - \mu^{\mathrm{T}}A(x - \bar{x}) - \sum_{i=1}^{p} \lambda_i \nabla g_i(\bar{x})^{\mathrm{T}}(x - \bar{x}) \\ &\geqslant f(\bar{x}). \end{aligned}$$

结论得证. ■

2.3　抽象集合极小化的基本定理

考虑优化问题

$$\begin{cases} \min & f(x) \\ \text{s.t.} & x \in \Phi, \end{cases} \tag{2.7}$$

其中 $\Phi \subseteq \mathbb{R}^n$ 是闭集. 下面介绍两个重要的基本定理.

定理 2.4　设 $\bar{x}$ 是问题 (2.7) 的局部极小点, f 在 $\bar{x}$ 附近连续可微, 那么对于任意的 $d \in T_\Phi(\bar{x})$, 有 $\langle \nabla f(\bar{x}), d\rangle \geqslant 0$, 其中 $T_\Phi(\bar{x})$ 是定义 9.7 中定义的切锥.

证明　$\forall d \in T_C(\bar{x})$, 存在 $t_k \downarrow 0$, 存在 $d^k \to d$ 满足 $\bar{x} + t_k d^k \in \Phi$. 当 k 充分大时, 有 $\bar{x} + t_k d^k \in \Phi \cap \mathbf{B}_\varepsilon(\bar{x})$, 其中 ε 是局部极小点定义中的半径. 因此有

$$f(\bar{x}) \leqslant f(\bar{x} + t_k d^k) = f(\bar{x}) + t_k \nabla f(\bar{x})^{\mathrm{T}} d^k + o(t_k)$$

等价于

$$0 \leqslant \nabla f(\bar{x})^{\mathrm{T}} d^k + o(t_k)/t_k.$$

取 k 趋于 ∞ 时的上式的极限, 得到结论. ■

定理 2.4 也可以描述为: 若 $\bar{x}$ 是问题 (2.7) 的局部极小点, 且 f 在 $\bar{x}$ 附近连续可微, 则 0 是下述优化问题的极小值

$$\begin{cases} \min & \langle \nabla f(\bar{x}), d\rangle \\ \text{s.t.} & d \in T_\Phi(\bar{x}). \end{cases}$$

定义 $\bar{x}$ 处的临界锥为

$$C(\bar{x}) = \{d \in \mathbb{R}^n | d \in T_\Phi(\bar{x}),\ \nabla f(\bar{x})^{\mathrm{T}} d \leqslant 0\}.$$

问题 (2.7) 的二阶最优性条件如下.

定理 2.5　若 $\bar{x}$ 是问题 (2.7) 的局部极小点, 设 f 在 $\bar{x}$ 附近二次连续可微, 则对于任意的 $d \in C(\bar{x})$, 以及满足 $w \in T_\Phi^2(\bar{x}, d)$ 的所有 $w \in \mathbb{R}^n$, 下式成立:

$$\langle \nabla f(\bar{x}), w\rangle + \langle \nabla^2 f(\bar{x}) d, d\rangle \geqslant 0. \tag{2.8}$$

证明　对于 $\forall d \in C(\bar{x}), \forall w \in T_\Phi^2(\bar{x}, d)$, 存在 $t_k \downarrow 0$, 存在 $w^k \to w$ 满足 $\bar{x} + t_k d + \dfrac{t_k^2}{2} w^k \in \Phi$. 由 f 在 $\bar{x}$ 处的二阶 Taylor 展开,

$$f\left(\bar{x} + t_k d + \frac{t_k^2}{2} w^k\right)$$

$$=f(\bar{x})+t_k\nabla f(\bar{x})^{\mathrm{T}}d+\frac{t_k^2}{2}(\nabla f(\bar{x})^{\mathrm{T}}w^k+d^{\mathrm{T}}\nabla^2 f(\bar{x})d)+o(t_k^2).$$

当 k 充分大时, 有 $\bar{x}+t_kd+\frac{t_k^2}{2}w^k\in\Phi\cap\mathbf{B}_\varepsilon(\bar{x})$, 因此

$$f(\bar{x})\leqslant f\left(\bar{x}+t_kd+\frac{t_k^2}{2}w^k\right)$$

等价于

$$0\leqslant\nabla f(\bar{x})^{\mathrm{T}}w^k+d^{\mathrm{T}}\nabla^2 f(\bar{x})d+o(t_k^2)/t_k^2.$$

取 k 趋于 ∞ 时的上式的极限, 得到结论. ■

可给出定理 2.5 的另一种描述形式为: 若 $\bar{x}$ 是问题 (2.7) 的局部极小点, 且 f 在 $\bar{x}$ 附近二次连续可微, 则下述优化问题的最优值非负

$$\begin{cases}\min_w & \langle\nabla f(\bar{x}),w\rangle+\langle\nabla^2 f(\bar{x})d,d\rangle\\ \text{s.t.} & w\in T_\Phi^2(\bar{x},d).\end{cases}$$

2.4 习　题

1. 设 g_i 在 $\bar{x}$ 附近是连续可微凸函数, $i=1,\cdots,p$. 定义

$$L_c=\{d\in\mathbb{R}^n|Ad=0,\nabla g_i(\bar{x})^{\mathrm{T}}d\leqslant 0,i\in I(\bar{x})\},$$

其中 C 如 (2.3) 那样定义. 利用切锥的定义:

$$T_C(\bar{x})=\{d\in\mathbb{R}^n|\exists t_k\downarrow 0,\exists d^k\to d\text{使}\bar{x}+t_kd^k\in C\},$$

证明: $T_C(\bar{x})\subseteq L_c$.

2. 考虑问题 (2.1), 其中可行集 C 如 (2.3) 所示. 其中 g_i 是连续可微凸函数, $i=1,\cdots,p$. 称问题 (2.1) 的 Slater 条件成立, 若矩阵 A 是行满秩的, 且存在一 $x^0\in\mathbb{R}^n$ 满足

$$Ax^0=b,\quad g_i(x^0)<0,\quad\forall i=1,\cdots,p.$$

证明: 若存在 $\mu\in\mathbb{R}^q,\lambda\in\mathbb{R}^p$ 满足

$$\begin{cases}A^{\mathrm{T}}\mu+\mathcal{J}g(\bar{x})^{\mathrm{T}}\lambda=0,\\ 0\geqslant g(\bar{x})\perp\lambda\geqslant 0,\end{cases}$$

则必有 $\mu=0,\lambda=0$.

3. 设 $\bar{x}$ 是问题 (2.1) 的局部极小点, 其中可行集 C 如 (2.3) 所示. 其中 f 和 g_i 是连续可微凸函数, $i=1,\cdots,p$. 定义乘子集合

$$\Lambda(\bar{x})=\left\{(\mu,\lambda)\left|\begin{array}{l}\nabla f(\bar{x})+A^{\mathrm{T}}\mu+\mathcal{J}g(\bar{x})^{\mathrm{T}}\lambda=0,\\ A\bar{x}=b,\\ 0\geqslant g(\bar{x})\perp\lambda\geqslant 0.\end{array}\right.\right\}.$$

证明: 若问题 (2.1) 的 Slater 条件成立, 则乘子集合 $\Lambda(\bar{x})$ 是非空凸紧致的.

4. 考虑半定规划问题:

$$\left\{\begin{array}{ll}\min & f(x)\\ \text{s.t.} & Ax=b,\\ & g(x)\in\mathbb{S}^p_-,\end{array}\right.$$

其中 $\mathbb{S}^p_-$ 表示 p 维对称半负定矩阵的集合, 即

$$\mathbb{S}^p_-:=\{A\in\mathbb{R}^{p\times p},\ A\text{ 是对称的且最大特征值小于 }0\}.$$

(1) 设 f 是凸函数, 请问 g 应该满足什么条件才能使这一问题成为凸优化问题.

(2) 设问题是凸的半定规划问题, 给出类似于非线性凸优化的广义 Slater 条件, 并推导出切锥和法锥的表达式.

(3) 请给出上述凸半定规划问题的一阶必要性条件.

(4) 证明: 凸的半定规划问题的一阶必要性条件还是最优解的充分性条件.

5. 若函数 $f:\mathbb{R}^n\to\mathbb{R}$ 沿方向 $d\in\mathbb{R}^n$ 是方向可微的, 则函数 f 在给定方向 d 上沿方向 $w\in\mathbb{R}^n$ 的抛物型方向导数的定义为

$$f''(x;d,w)=\lim_{t\downarrow 0}\frac{f\left(x+td+\dfrac{t^2}{2}w\right)-f(x)-tf'(x;d)}{\dfrac{1}{2}t^2}.$$

若函数 f 是二次连续可微的, 证明:

$$f''(x;d,w)=\nabla f(x)^{\mathrm{T}}w+d^{\mathrm{T}}\nabla^2 f(x)d.$$

6. 链式法则 [8,Proposition 2.53] 设 X,Y,Z 是有限维 Hilbert 空间, $g:X\to Y$, $f:Y\to Z$. 设 g 在 $x\in X$ 处沿方向 $h\in X$ 是二阶方向可微的, f 在 $g(x)$ 处是 Hadamard 方向可微的, 它在 $g(x)$ 沿方向 $g'(x;h)$ 是 Hadamard 二阶方向可微的. 则复合映射 $f\circ g:X\to Z$ 在 $x\in X$ 处沿方向 $h\in X$ 是二阶方向可微的, 且

$$(f\circ g)''(x;h,w)=f''(g(x);g'(x;h),g''(x;h,w)).$$

第 3 章　对偶理论

3.1　共轭对偶

3.1.1　共轭函数

设 X 是有限维 Hilbert 空间, X^* 是它的共轭空间, 则 (X, X^*) 是成对的空间. 对任意函数 $f: X \to \overline{\mathbb{R}}$, 它的共轭函数 $f^*: X^* \to \overline{\mathbb{R}}$ 定义如下:

$$f^*(v) := \sup_x \{\langle v, x\rangle - f(x)\}, \tag{3.1}$$

函数 f 的双重共轭函数 $f^{**} = (f^*)^*$ 定义为

$$f^{**}(x) := \sup_v \{\langle v, x\rangle - f^*(v)\}. \tag{3.2}$$

关于共轭函数有下面几个重要的性质.

定理 3.1 (Legendre-Fenchel 变换)　设函数 $f: X \to \overline{\mathbb{R}}$, 满足 $\mathrm{con}f$ 为正常函数, 那么函数 f^* 与 f^{**} 都是正常的, 下半连续的, 并且

$$f^{**} = \mathrm{clcon}f.$$

从而 $f^{**} \leqslant f$, 并且当 f 是正常下半连续凸函数时, $f^{**} = f$. 如果不考虑上述任何假设条件, 下式总是成立的:

$$f^* = (\mathrm{con}f)^* = (\mathrm{cl}f)^* = (\mathrm{clcon}f)^*.$$

证明　由 Legendre-Fenchel 变换 (即共轭函数) 的含义和正常的下半连续凸函数的仿射函数逐点上确界的表达, 可以得到结论; 当 f 是凸的正常函数时, 关于 $\mathrm{cl}f$ 的结论可以由闭凸集合的性质证得. ■

设 $C \subset X$ 是一集合, C 的指示函数与支撑函数分别定义为

$$\delta_C(x) = \begin{cases} 0, & x \in C, \\ +\infty, & x \notin C \end{cases}$$

与

$$\sigma(x^*|C) = \sup_{x\in C}\langle x^*, x\rangle.$$

由共轭函数的定义可知, 闭凸集的指示函数与它的支撑函数是互为共轭的. 函数是非空集合的支撑函数的充分必要条件是它是正齐次的闭的正常凸函数. 下面给出几个特殊函数的共轭函数.

例 3.1 向量空间 $\mathbb{R}^n$ 是自共轭的. 对于向量 $x \in \mathbb{R}^n$:

(1) 2-范数 $f(x) = \|x\|_2$ 的共轭函数 $f^*(x) = \delta_{\{x\|\|x\|_2 \leqslant 1\}}(x)$.

(2) ∞-范数 $f(x) = \|x\|_\infty$ 的共轭函数 $f^*(x) = \delta_{\{x\|\|x\|_1 \leqslant 1\}}(x)$, 其中 $\|x\|_1 = |x_1| + \cdots + |x_n|$.

例 3.2 设 $\mathbb{S}^n$ 是 $n \times n$ 的实矩阵空间. 记任意矩阵 $X, Y \in \mathbb{S}^n$ 的内积 $\langle X, Y\rangle = \mathrm{Tr}(X^{\mathrm{T}}Y)$, 其中 Tr 表示矩阵的迹. 对于矩阵 $X \in \mathbb{S}^n$:

(1) Frobenius 范数 $f(X) = \|X\|_F = \left(\sum\limits_{i=1,j=1}^{n} |a_{ij}|^2\right)^{\frac{1}{2}}$ 的共轭函数 $f^*(V) = \delta_{\{V\|\|V\|_F \leqslant 1\}}(V)$.

(2) 谱范数 $f(X) = \|X\|_2 = \sqrt{\lambda_{\max}(X^{\mathrm{T}}X)}$ 的共轭函数为

$$\begin{aligned} f^*(V) &= \sup_X \{\mathrm{Tr}(V^{\mathrm{T}}X) - \|X\|_2\} \\ &= \sup_X \{\lambda(V)^{\mathrm{T}}\lambda(X) - \|\lambda(X)\|_\infty\}, \end{aligned} \tag{3.3}$$

其中 $\lambda(Y) = (\lambda_1(Y), \lambda_2(Y), \cdots, \lambda_n(Y))$, $\lambda_1(Y) \geqslant \lambda_2(Y) \geqslant \cdots \geqslant \lambda_n(Y)$ 是矩阵 Y 的 n 个特征值①. 因此 $f^*(V) = \delta_{\{V\|\|\lambda(V)\|_1 \leqslant 1\}}(V)$.

(3) 谱函数 $f(X) = F(\lambda(X))$, 其中 $F : \mathbb{R}^n \to \overline{\mathbb{R}}$ 的对称函数②. 其共轭函数

$$\begin{aligned} f^*(V) &= \sup_X \{\mathrm{Tr}(V^{\mathrm{T}}X) - F(\lambda(X))\} \\ &= \sup_X \{\lambda(V)^{\mathrm{T}}\lambda(X) - F(\lambda(X))\} = F^*(\lambda(V)). \end{aligned}$$

命题 3.1 (次梯度的求逆法则) 对任何正常的, 下半连续凸函数 f, 成立着 $\partial f^* = (\partial f)^{-1}$, $\partial f = (\partial f^*)^{-1}$. 事实上,

$$\bar{v} \in \partial f(\bar{x}) \Longleftrightarrow \bar{x} \in \partial f^*(\bar{v}) \Longleftrightarrow f(\bar{x}) + f^*(\bar{v}) = \langle \bar{v}, \bar{x}\rangle, \tag{3.4}$$

并且对所有的 x, v, 有 $f(x) + f^*(v) \geqslant \langle v, x\rangle$ 成立. 进而

$$\partial f(\bar{x}) = \underset{v}{\mathrm{argmax}}\{\langle v, \bar{x}\rangle - f^*(v)\}, \quad \partial f^*(\bar{v}) = \underset{x}{\mathrm{argmax}}\{\langle \bar{v}, x\rangle - f(x)\}.$$

① 一般地, 对于任意的实对称矩阵 X, Y, $\mathrm{Tr}(Y^{\mathrm{T}}X) \leqslant \lambda(Y)^{\mathrm{T}}\lambda(X)$, 等号成立当且仅当存在正交阵 $U \in \mathbb{R}^{n\times n}$, 使得

$$X = U(\mathrm{Diag}(\lambda(X)))U^{\mathrm{T}} \quad 并且 \quad Y = U(\mathrm{Diag}(\lambda(Y)))U^{\mathrm{T}},$$

其中 $\mathrm{Diag}(z)$ 表示由向量 z 的分量构成对角线元素的矩阵. (3.3) 处的等号成立, 可以特取与 V 具有相同正交阵分解的矩阵 X.

② 对称函数: 称正常的增广实值函数 $F : \mathbb{R}^n \to \overline{\mathbb{R}}$ 是对称的, 如果对于任意的正交阵 $A \in \mathbb{O}^n$, 有 $F(Ax) = F(x), \forall\, x \in \mathbb{R}^n$.

证明 由次微分的定义, 有 $\bar{v} \in \partial f(\bar{x})$ 当且仅当

$$\langle \bar{v}, \bar{x} \rangle - f(\bar{x}) \geqslant \langle \bar{v}, y \rangle - f(y), \quad \forall y \in X.$$

再由共轭函数的定义, 上面不等式右端对 $y \in X$ 取上确界在 $y = \bar{x}$ 处达到, 因此有

$$\bar{v} \in \partial f(\bar{x}) \Longleftrightarrow f(\bar{x}) + f^*(\bar{v}) = \langle \bar{x}, \bar{v} \rangle.$$

根据 $\bar{v} \in \partial f(\bar{x})$ 可推出 $f(\bar{x})$ 是有限的 (否则, 由次微分的定义知 $\partial f(\bar{x})$ 是空集, 而由 $f(\bar{x}) + f^*(\bar{v}) = \langle \bar{x}, \bar{v} \rangle$ 可知 $f(\bar{x})$ 与 $f^*(\bar{v})$ 均是有限的). 其余的结论也可以类似地证得. ■

对任意增广实值函数 $f : X \to \overline{\mathbb{R}}$, 如凸函数的次微分一样, 也可以定义在 x_0 处的次微分

$$\partial f(x_0) = \{x^* \in X^* | f(x) \geqslant f(x_0) + \langle x^*, x - x_0 \rangle, \forall x \in X\}.$$

命题 3.2 [8,Proposition 2.118] 设 $f : X \to \overline{\mathbb{R}}$ 是一 (可能非凸的) 函数. 则下述性质是成立的.

(i) 若对某一 $x \in X$, $f^{**}(x)$ 是有限的, 则

$$\partial f^{**}(x) = \underset{x^* \in X^*}{\operatorname{argmax}} \{\langle x^*, x \rangle - f^*(x^*)\}. \tag{3.5}$$

(ii) 若 f 在 x 处是次可微的, 则 $f^{**}(x) = f(x)$.

(iii) 若 $f^{**}(x) = f(x)$ 且是有限的, 则 $\partial f(x) = \partial f^{**}(x)$.

证明 将 (3.4) 应用到 f^{**}, 有 $x^* \in \partial f^{**}(x)$ 当且仅当

$$f^{**}(x) = \langle x^*, x \rangle - f^{***}(x^*).$$

由定理 3.1 得 $f^{***} = f^*$, 因而上述等式等价于

$$f^{**}(x) = \langle x^*, x \rangle - f^*(x^*). \tag{3.6}$$

由双重共轭的定义, $f^{**}(x)$ 等于 (3.6) 之右端在 $x^* \in X^*$ 取最大值的最大值点集合, 得到 (3.5).

若存在 $x^* \subset \partial f(x)$, 则由 (3.4) 得 $f(x) \leqslant f^{**}(x)$. 因为总有 $f(x) \geqslant f^{**}(x)$, 性质 (ii) 得证.

为证明 (iii), 观察到, 由 (3.4) 得 $x^* \in \partial f(x)$ 当且仅当 $f(x) = \langle x^*, x \rangle - f^*(x^*)$, $x^* \in \partial f^{**}(x)$ 当且仅当 (3.6) 成立, 这证得结论. ■

下述结论用于有限维空间凸优化问题的对偶理论的正则条件的建立.

定理 3.2 [27,Theorem 23.4] 设 $f:\mathbb{R}^n\to\overline{\mathbb{R}}$ 是一正常凸函数. 若 $x\notin \mathrm{dom}\,f$, 则 $\partial f(x)=\varnothing$. 若 $x\in \mathrm{ri}\,(\mathrm{dom}\,f)$, 则 $\partial f(x)\neq\varnothing$, $f'(x;y)$ 是关于 y 的闭正常函数, 且

$$f'(x;y)=\sup\{\langle x^*,y\rangle\,|\,x^*\in\partial f(x)\}=\sigma(y\,|\,\partial f(x)).$$

进一步, $\partial f(x)$ 是非空有界的充分必要条件是 $x\in \mathrm{int}\,(\mathrm{dom}\,f)$, 此时对每一 y 均有 $f'(x;y)$ 有限.

3.1.2 共轭对偶问题

这一节先讨论最优化问题的对偶理论中的共轭对偶. 设 X, U 与 Y 是有限维 Hilbert 空间. 考虑最优化问题

$$(\mathrm{P})\qquad \min_{x\in X} f(x),$$

其中 $f:X\to\overline{\mathbb{R}}$. 问题 (P) 被嵌入到下述一族问题

$$(\mathrm{P}_u)\qquad \min_{x\in X}\varphi(x,u)$$

中, 其中 u 是参数, $\varphi:X\times U\to\overline{\mathbb{R}}$, 设 $u=0$ 对应的问题 (P_0) 与 (P) 相同, 即 $\varphi(\cdot,0)=f(\cdot)$. 与原始问题 (P_u) 相联系的最优值函数是

$$\nu(u)=\inf_{x\in X}\varphi(x,u).$$

由共轭函数的定义, 有

$$\varphi^*(x^*,u^*)=\sup_{(x,u)\in X\times U}\{\langle x^*,x\rangle+\langle u^*,u\rangle-\varphi(x,u)\}.$$

从而 $\nu(\cdot)$ 的共轭函数为

$$\begin{aligned}\nu^*(u^*)&=\sup_{u\in U}\{\langle u^*,u\rangle-\nu(u)\}\\&=\sup_{u\in U}\left\{\langle u^*,u\rangle-\inf_{x\in X}\varphi(x,u)\right\}\\&=\sup_{(x,u)\in X\times U}\{\langle u^*,u\rangle-\varphi(x,u)\}=\varphi^*(0,u^*).\end{aligned}$$

于是, $\nu(\cdot)$ 的双重共轭为

$$\nu^{**}(u)=\sup_{u^*\in U^*}\{\langle u^*,u\rangle-\varphi^*(0,u^*)\}\tag{3.7}$$

(这里 $U^*=U$). 这导致下述定义的问题 (P_u) 的对偶问题:

$$(\mathrm{D}_u)\qquad \max_{u^*\in U^*}\{\langle u^*,u\rangle-\varphi^*(0,u^*)\}.\tag{3.8}$$

称上述问题 (D_u) 是 (P_u) 的共轭对偶. 尤其, 对 $u=0$, 对应的问题 (D_0) 是

$$(\mathrm{D}_0) \qquad \max_{u^*\in U^*}\{-\varphi^*(0,u^*)\}, \tag{3.9}$$

为 (P) 的共轭对偶. 显然有 $\mathrm{val}(\mathrm{P}_u)=\nu(u)$, $\mathrm{val}(\mathrm{D}_u)=\nu^{**}(u)$, 因为 $\nu(u)\geqslant\nu^{**}(u)$, 有

$$\mathrm{val}(\mathrm{P}_u)\geqslant\mathrm{val}(\mathrm{D}_u).$$

非负量 $\mathrm{val}(\mathrm{P}_u)-\mathrm{val}(\mathrm{D}_u)$, 当它有意义的时候, 被称为是 (P_u) 与 (D_u) 间的对偶间隙.

命题 3.3 若 $\nu^{**}(u)$ 是有限的, 则 (D_u) 的最优解集, $\mathrm{Sol}(\mathrm{D}_u)$ 与 $\partial\nu^{**}(u)$ 相同.

证明 结果由 (3.7) 与命题 3.2 得到. ■

定理 3.3 [8,Theorem 2.142] 下述结论成立:

(i) 对给定的 $u\in U$, 若次微分 $\partial\nu(u)$ 是非空的, 则 (P_u) 与 (D_u) 的对偶间隙为零, 即 $\mathrm{val}(\mathrm{P}_u)=\mathrm{val}(\mathrm{D}_u)$, 对偶问题 (D_u) 的最优解集与 $\partial\nu(u)$ 相同.

(ii) 若 $\mathrm{val}(\mathrm{P}_u)=\mathrm{val}(\mathrm{D}_u)$ 且有限, 则 (D_u) 的最优解集 (可能是空集) 与 $\partial\nu(u)$ 相同.

(iii) 若 $\mathrm{val}(\mathrm{P}_u)=\mathrm{val}(\mathrm{D}_u)$ 且 $\bar{x}\in X$ 与 $\bar{u}^*\in U^*$ 分别是 (P_u) 与 (D_u) 的最优解 (从而公共最值是有限的), 则下述最优性条件成立

$$\varphi(\bar{x},u)+\varphi^*(0,\bar{u}^*)=\langle\bar{u}^*,u\rangle. \tag{3.10}$$

相反地, 若条件 (3.10) 对某 $\bar{x}$ 与 $\bar{u}^*$ 成立, 则 $\bar{x}$ 与 $\bar{u}^*$ 分别是 (P_u) 与 (D_u) 的最优解, (P_u) 与 (D_u) 不存在对偶间隙.

证明 由 Yang-Fenchel 不等式, 若 $\partial\nu(u)$ 是非空的, 则

$$\nu(u)\geqslant\langle u^*,u\rangle-\nu^*(u^*),$$

且由 (3.4)

$$x^*\in\partial f(x)\Longleftrightarrow f(x)+f^*(x^*)=\langle x^*,x\rangle.$$

有

$$\nu(u)=\langle u^*,u\rangle-\nu^*(u^*)\ \text{当且仅当}\ u^*\in\partial\nu(u).$$

因为 $\nu^*(u^*)-\varphi^*(0,u^*)$, 这意味着 u^* 是 (D_u) 的最优解的充分必要条件是 $u^*\in\partial\nu(u)$, 此种情况 $\mathrm{val}(\mathrm{P}_u)=\mathrm{val}(\mathrm{D}_u)$, 相反的结论也是成立的. 因此得到 (i) 与 (ii). 同样还可由命题 3.3, $\mathrm{Sol}(\mathrm{D}_u)=\partial\nu^{**}(u)$. 因为 $\nu(\cdot)$ 在 u 处是次可微的, 也由命题 3.2 得, $\partial\nu^{**}(u)=\partial\nu(u)$, 从而得到 (i). 若 $\nu^{**}(u)=\nu(u)$, 则 $\partial\nu^{**}(u)=\partial\nu(u)$, 从而得到 (ii).

若 $\mathrm{val}\,(\mathrm{P}_u) = \mathrm{val}\,(\mathrm{D}_u)$ 是有限的, 由上述讨论, 显然 $\bar{x} \in X$, $\bar{u}^* \in U^*$ 分别是 (P_u) 与 (D_u) 的最优解当且仅当条件 (3.10) 成立. 显然, 若 (3.10) 对 $\bar{x}$ 与 $\bar{u}^*$ 成立, 则 $\mathrm{val}\,(\mathrm{P}_u) = \mathrm{val}\,(\mathrm{D}_u)$, (iii) 得证. ■

由定理 3.3(ii), 若存在 $u \in U$, (P_u) 与 (D_u) 间没有对偶间隙, 则最优值函数 $\nu(\cdot)$ 在 u 处是次可微的当且仅当对偶问题 (D_u) 的最优解集 $\mathrm{Sol}(\mathrm{D}_u)$ 是非空的.

下述结果表明, 若函数 $\varphi(x,u)$ 是凸的 (作为定义在空间 $X \times U$ 上的增广实值函数), 则最优值函数 $\nu(u)$ 是凸的.

命题 3.4 若函数 $\varphi(x,u)$ 是凸的, 则最优值函数 $\nu(u)$ 是凸的.

证明 若 $\varphi(x,u)$ 是凸的, 则对任意 $x_1, x_2 \in X, u_1, u_2 \in U, t \in [0,1]$, 有

$$\begin{aligned} t\varphi(x_1,u_1) + (1-t)\varphi(x_2,u_2) &\geqslant \varphi(tx_1 + (1-t)x_2, tu_1 + (1-t)u_2) \\ &\geqslant \nu(tu_1 + (1-t)u_2). \end{aligned}$$

在左端对 x_1 与 x_2 极小化, 得

$$t\nu(u_1) + (1-t)\nu(u_2) \geqslant \nu(tu_1 + (1-t)u_2),$$

从而证得 $\nu(u)$ 是凸的. ■

下面介绍本节中重要的对偶定理, 它揭示了原始问题与对偶问题在最优值和最优解集之间的关系.

定理 3.4 (对偶定理) 设 X 与 U 是有限维 Hilbert 空间. 设函数 $\varphi(x,u)$ 是正常的下半连续凸函数, 最优值函数 $\nu(u) = \mathrm{val}(P_u)$ 是有限的. 若 $u \in \mathrm{ri}\,(\mathrm{dom}\,\nu)$, 则 (P_u) 与 (D_u) 间不存在对偶间隙, 集合 $\mathrm{Sol}\,(\mathrm{D}_u)$ 非空且等于 $\partial\nu(u)$. 进一步, $\mathrm{Sol}\,(\mathrm{D}_u)$ 是非空凸紧致的充分必要条件是 $u \in \mathrm{int}\,(\mathrm{dom}\,\nu)$.

证明 根据定理 3.2, 若 $u \in \mathrm{ri}(\mathrm{dom}\ \nu)$, 有 $\partial\nu(u)$ 是非空有界. 结合定理 3.3(i) 可证得结论. 由于 $\mathrm{Sol}\,(\mathrm{D}_u) = \partial\nu(u)$, 因此它是非空凸紧致的充分必要条件由定理 3.2 的进一步性质可得. ■

下面介绍一个对偶定理的具体应用.

例 3.3 考虑优化模型:

$$\left\{\begin{array}{ll} \min\limits_{x \in X} & f(x) \\ \text{s.t.} & h(x) = 0,\ g(x) \leqslant 0, \end{array}\right. \tag{3.11}$$

其中集合 $X \subset \mathbb{R}^n$, $h: \mathbb{R}^n \to \mathbb{R}^q$ 和 $g: \mathbb{R}^n \to \mathbb{R}^p$ 是连续映射. 取 $u = (u_E, u_I)$ 为有限维 Hilbert 空间 U 中的一点, 定义函数

$$\varphi(x, u_E, u_I) = f(x) + \delta_{\mathbf{0}_q}(h(x) + u_E) + \delta_{\mathbb{R}^p_-}(g(x) + u_I) + \delta_X(x),$$

其中 $\delta_K(x)$ 表示 x 在集合 K 上的指数函数, 即 $x \in K$ 时 $\delta_K(x) = 0$, 否则 $\delta_K(x) = \infty$. 记 (μ, λ) 是共轭空间 U^* 中的一点, 那么最优值 $\nu(u_E, u_I) = \inf\limits_{x \in X} \varphi(x, u_E, u_I)$ 的共轭函数为

$$\varphi^*(0, \mu, \lambda) = \sup_{x, u_E, u_I} \{\langle \mu, u_E \rangle + \langle \lambda, u_I \rangle - \varphi(x, u_E, u_I)\}.$$

记 $u'_E = h(x) + u_E$ 和 $u'_I = g(x) + u_I$. 定义函数为

$$\bar{L}(x, \mu, \lambda) := f(x) + \langle \mu, h(x) \rangle + \langle \lambda, g(x) \rangle + \delta_X(x).$$

因此共轭函数 $\varphi^*(0, \mu, \lambda)$ 表示为

$$\begin{aligned}
\varphi^*(0, \mu, \lambda) =& \sup_{x, u'_E, x'_I} \{\langle \mu, u'_E \rangle + \langle \lambda, u'_I \rangle - \langle \mu, h(x) \rangle - \langle \lambda, g(x) \rangle \\
& - f(x) - \delta_{\mathbf{0}_q}(u'_E) - \delta_{\mathbb{R}^p_-}(u'_I)\} \\
=& \sup_x \Big\{ - \bar{L}(x, \mu, \lambda) + \sup_{u'_E} \{\langle \mu, u'_E \rangle - \delta_{\mathbf{0}_q}(u'_E)\} \\
& + \sup_{u'_I} \{\langle \lambda, u'_I \rangle - \delta_{\mathbb{R}^p_-}(u'_I)\} \Big\} \\
=& - \inf_x \{\bar{L}(x, \mu, \lambda) - \delta^*_{\mathbb{R}^p_-}(\lambda)\} \\
=& - \inf_x \bar{L}(x, \mu, \lambda) - \delta_{\mathbb{R}^p_+}(\lambda).
\end{aligned}$$

因此 (3.11) 的共轭对偶问题表示为

$$\begin{aligned}
\text{(D)} \qquad & \max_{\mu,\ \lambda \geqslant 0} \ \inf_x \bar{L}(x, \mu, \lambda) \\
& = \max_{\mu,\ \lambda \geqslant 0} \ \inf_{x \in X} L(x, \mu, \lambda),
\end{aligned} \tag{3.12}$$

其中 Lagrange 函数 $L(x, \mu, \lambda)$ 定义为

$$L(x, \mu, \lambda) := f(x) + \langle \mu, h(x) \rangle + \langle \lambda, g(x) \rangle.$$

若讨论的问题 (3.11) 是一凸问题, 即函数 f 和 g_i, $i = 1, \cdots, p$ 为正常的下半连续凸函数, h 是一线性函数, 则 $\varphi(x, u)$ 是正常的下半连续凸函数. 由命题 3.4, 最优值函数 $\nu(u)$ 是凸函数. 回顾对偶定理 (定理 3.4), 条件 $0 \in \mathrm{ri}\,(\mathrm{dom}\,\nu)$ 等价于广义 Slater 条件; 条件 $0 \in \mathrm{int}\,(\mathrm{dom}\,\nu)$ 等价于 Slater 条件. 由定理 3.4, 有如下结论.

例 3.4 回顾 (2.3) 中具体的可行集 C 的表达. 此时的优化模型如下:

$$\begin{cases} \min & f(x) \\ \text{s.t.} & Ax = b,\ g(x) \leqslant 0, \end{cases} \tag{3.13}$$

称问题 (3.13) 满足广义 Slater 条件, 若存在 $x^0 \in \mathbb{R}^n$ 使得 $Ax^0 = b, g(x^0) < 0$. 进一步, 称问题 (3.13) 满足 Slater 条件, 若矩阵 A 行满秩且存在 $x^0 \in \mathbb{R}^n$ 使得 $Ax^0 = b, g(x^0) < 0$.

命题 3.5 考虑凸问题 (3.13), 设函数 f 和 g_i, $i = 1, \cdots, p$ 为正常的下半连续凸函数. 若广义 Slater 条件成立, 那么问题 (3.13) 与其对偶问题 (D) 的对偶间隙为零, 且 Sol(D) 是非空凸集. 进一步, 问题 (3.13) 与 (D) 的对偶间隙为零,Sol(D) 是非空紧致的充要条件是 Slater 条件成立.

3.2 Lagrange 对偶

这里给出与参数化函数 $\varphi(x, u)$ 相联系的 Lagrange 函数.

定义 3.1 (Lagrange 函数及对偶参数化) 对极小化问题 $\min\limits_{x \in X} f(x)$, 对偶参数化就是一个正常函数 $\varphi : X \times U \to \overline{\mathbb{R}}$, 满足 $\varphi(x, u)$ 关于 u 是下半连续且凸的, $f(\cdot) = \varphi(\cdot, 0)$. 相对应的 Lagrange 函数 $l : X \times U \to \overline{\mathbb{R}}$ 定义为

$$l(x, y) := \inf_u \{\varphi(x, u) - \langle y, u \rangle\}. \tag{3.14}$$

在 $u \to \varphi(x, u)$ 是下半连续凸函数的前提下, 有 $\varphi(x, u) = \varphi_2^{**}(x, u)$, 这里 $\varphi_2^{**}(x, u)$ 表示 φ 关于第二个变量 u 的双重共轭函数. 于是

$$l(x, y) = -\varphi_2^*(x, y).$$

观察到

$$\sup_y \{l(x, y) + \langle y, u \rangle\} = \sup_y \{\langle y, u \rangle - \varphi_2^*(x, y)\} = \varphi_2^{**}(x, u) = \varphi(x, u). \tag{3.15}$$

因此问题 (P) 可表示为下述极小极大问题

$$(\mathrm{P}_L) \qquad \min_{x \in X} \sup_y l(x, y), \tag{3.16}$$

问题 (P) 的 Lagrange 对偶问题定义为下述极大极小问题

$$(\mathrm{D}_L) \qquad \max_y \inf_{x \in X} l(x, y). \tag{3.17}$$

因为

$$\inf_{x \in X} l(x, y) = \inf_x \inf_u \{\varphi(x, u) - \langle y, u \rangle\} = -\varphi^*(x, y),$$

Lagrange 对偶问题 (3.17) 与共轭对偶问题 (D) 是重合的, 可以用 3.1.2 节的正则条件研究 Lagrange 对偶零间隙的条件.

在一些特殊的凸问题中可以给出对偶问题的具体形式.

例 3.5 考虑线性半定规划问题

$$
\text{(LSDP)} \qquad \begin{cases} \min & \langle C, X\rangle \\ \text{s.t.} & \mathcal{A}X = b,\ X \in \mathbb{S}^n_+, \end{cases} \tag{3.18}
$$

其中线性算子 $\mathcal{A}: \mathbb{S}^n \to \mathbb{R}^p$. 定义 Lagrange 函数 $L(X, y, S)$ 为

$$
L(X, y, S) := \langle C, X\rangle - \langle y, \mathcal{A}X - b\rangle - \langle S, X\rangle.
$$

因此对偶问题表示为

$$
\begin{aligned}
\text{(LSDP}_\text{D}) \qquad & \max_{y,\ S} \inf_X L(X, y, S) \\
= & \max_{y,\ S\in\mathbb{S}^n_+} \inf_X \langle C - \mathcal{A}^*y - S, X\rangle + \langle y, b\rangle \\
= & \begin{cases} \max & b^{\mathrm{T}}y \\ \text{s.t.} & \mathcal{A}^*y + S = C,\ S \in \mathbb{S}^n_+, \end{cases}
\end{aligned} \tag{3.19}
$$

其中 $\mathcal{A}^*: \mathbb{R}^p \to \mathbb{S}^n$ 是 $\mathcal{A}$ 的共轭算子.

3.3 对偶理论的应用

设 X, Y 是两个有限维 Hilbert 空间, X^* 与 Y^* 分别是它们的对偶空间. 考虑优化问题

$$
\text{(P)} \qquad \min_{x\in X}\{f(x) + F(G(x))\},
$$

其中 $f: X \to \overline{\mathbb{R}}, F: Y \to \overline{\mathbb{R}}$ 是正常函数, $G: X \to Y$. 上述问题 (P) 的可行域

$$
\Phi = \{x \in \operatorname{dom} f | G(x) \in \operatorname{dom} F\}.
$$

注意到, 若 $F(\cdot) := \delta_K(\cdot)$ 是非空集 $K \subset Y$ 的指示函数, 则问题 (P) 具有下述形式

$$
\text{(P)} \qquad \min_{x\in X} f(x) \quad \text{s.t.} \quad G(x) \in K. \tag{3.20}
$$

后面我们将讨论这一特殊情况.

将 (P) 嵌入到下述问题族中

$$
(\mathrm{P}_y) \qquad \min_{x\in X}\{f(x) + F(G(x) + y)\}, \tag{3.21}
$$

其中 $y \in Y$ 视为参数向量. 显然, 当 $y = 0$ 时, 相应的问题 (P_0) 即与 (P) 重合. 问题 (P_y) 是下述函数关于 x 的极小化问题:

记 $\nu(y)$ 为相应的最优值函数, 即 $\nu(y)=\mathrm{val}(\mathrm{P}_y)$, 或等价地,

$$\nu(y)=\inf_{x\in X}\varphi(x,y).$$

注意到, 函数 $\varphi(x,y)$ 的定义域是非空的, 事实上, 因为 f 与 F 是正常的, 则存在 $x\in\mathrm{dom}\,f$ 及 $y\in\mathrm{dom}\,F$, 有

$$\varphi(x,y-G(x))=f(x)+F(y)<+\infty,$$

因而 $(x,y-G(x))\in\mathrm{dom}\,\varphi$. 进一步, $\forall(x,y)\in X\times Y,\varphi(x,y)\geqslant-\infty$, 因而 φ 是正常的. 若 f 与 F 是下半连续的且 G 是连续的, 则函数 φ 是下半连续的. 尤其, 若 $F(\cdot):=\delta_K(\cdot)$ 是指示函数, 则它是下半连续的当且仅当集合 K 是闭的.

令

$$L(x,y^*)=f(x)+\langle y^*,G(x)\rangle \tag{3.22}$$

为问题 (P) 的标准 Lagrange 函数 (后面我们就称为 Lagrange 函数), 由于

$$\begin{aligned}\varphi^*(x^*,y^*)&=\sup_{x\in X,\ y\in Y}\{\langle x^*,x\rangle+\langle y^*,y\rangle-f(x)-F(G(x)+y)\}\\&=\sup_{x\in X}\{\langle x^*,x\rangle-f(x)-\langle y^*,G(x)\rangle\\&\quad+\sup_{y\in Y}[\langle y^*,G(x)+y\rangle-F(G(x)+y)]\}.\end{aligned}$$

对最后一个等式的右端第二个上确界中作变量替换 $G(x)+y\to y$, 得到

$$\varphi^*(x^*,y^*)=\sup_{x\in X}\{\langle x^*,x\rangle-L(x,y^*)\}+F^*(y^*).$$

因此, (共轭) 对偶问题 (D_y) 可以写为如下形式 (对共轭对偶的一般性的定义)

$$(\mathrm{D}_y)\qquad \max_{y^*\in Y^*}\left\{\langle y^*,y\rangle+\inf_{x\in X}L(x,y^*)-F^*(y^*)\right\}. \tag{3.23}$$

尤其, 对 $y=0$, (P) 的对偶是

$$(\mathrm{D})\qquad \max_{y^*\in Y^*}\left\{\inf_{x\in X}L(x,y^*)-F^*(y^*)\right\}. \tag{3.24}$$

由于 $\mathrm{val}\,(\mathrm{P})\geqslant\mathrm{val}\,(\mathrm{D})$, 若对 $x_0\in X,\bar{y}^*\in Y^*$, 原始与对偶目标函数值相等, 即

$$f(x_0)+F(G(x_0))=\inf_x L(x,\bar{y}^*)-F^*(\bar{y}^*), \tag{3.25}$$

则 $\mathrm{val}\,(\mathrm{P})=\mathrm{val}\,(\mathrm{D})$, 若其公共值是有限的, 则 $x_0\in X$ 与 $\bar{y}^*\in Y$ 分别是 (P) 与 (D) 的最优解. 条件 (3.25) 可以写为下述等价形式

$$\left(L(x_0,\bar{y}^*)-\inf_x L(x,\bar{y}^*)\right)+(F(G(x_0))+F^*(\bar{y}^*)-\langle\bar{y}^*,G(x_0)\rangle)=0. \tag{3.26}$$

显然, (3.26) 的左端的第一项非负, 由 Young-Fenchel 不等式, 得第二项也是非负的. 进一步, 等式

$$F(G(x_0)) + F^*(\bar{y}^*) - \langle \bar{y}^*, G(x_0)\rangle = 0$$

成立当且仅当 $\bar{y}^* \in \partial F(G(x_0))$. 所以条件 (3.25) 等价于

$$x_0 \in \arg\min_{x\in X} L(x, \bar{y}^*) \quad 且 \quad \bar{y}^* \in \partial F(G(x_0)). \tag{3.27}$$

定理 3.5 若 $\mathrm{val}(P) = \mathrm{val}(D), x_0 \in X, \bar{y}^* \in Y^*$ 分别是 (P) 与 (D) 的最优解, 则条件 (3.27) 成立. 相反地, 若条件 (3.27) 对点 x_0 与 $\bar{y}^*$ 成立, 则 x_0 是 (P) 的最优解, $\bar{y}^*$ 是 (D) 的最优解, (P) 与 (D) 之间没有对偶间隙.

假设 $F(\cdot)$ 是正常的凸的下半连续函数, 可以从 Lagrange 对偶的角度导出对偶问题 (D_y). 对任意 $x \in X$, 函数 $\varphi(x,\cdot) = f(x) + F(G(x)+\cdot)$ 是正常的, 凸的, 下半连续的. 通过定义对偶性 Lagrange 函数

$$\mathcal{L}(x, y^*, y) = \langle y^*, y\rangle + L(x, y^*) - F^*(y^*),$$

极小极大对偶等价于共轭对偶.

定义 3.2 称由 $\min\limits_{x\in X}\{f(x) + F(G(x))\}$ 给出的问题 (P) 是凸的, 若函数 $F(\cdot)$ 是下半连续的, 函数 $f(x)$ 与 $\psi(x,y) := F(G(x)+y)$ 是凸的.

命题 3.6 设函数 $F(\cdot)$ 是凸的. 则函数 $\psi(x,y) = F(G(x)+y)$ 是凸函数的充要条件是映射 $\mathcal{G}(x,c) = (G(x), c) : X \times \mathbb{R} \to Y \times \mathbb{R}$ 关于集合 $(-\mathrm{epi}F)$ 是凸的 (即集值映射 $\mathcal{M}(x,c) = (G(x), c) - \mathrm{epi}F$ 是凸的).

证明 由定义, 映射 $\mathcal{G}$ 关于集合 $(-\mathrm{epi}F)$ 是凸的, 当且仅当集值映射 $\mathcal{M}(x, c) := (G(x), c) - \mathrm{epi}F$ 是凸的, 我们有

$$\begin{aligned}\mathrm{gph}\,\mathcal{M} &= \{(x, c_1, y, c_2) | (G(x), c_1) - (y, c_2) \in \mathrm{epi}F\} \\ &= \{(x, c_1, y, c_2) | F(G(x) - y) \leqslant c_1 - c_2\}.\end{aligned}$$

显然, 函数 $\psi(x,y)$ 是凸的当且仅当函数 $\phi(x,y) = F(G(x)-y)$ 是凸的. 而

$$\mathrm{epi}\phi = \{(x,y,c) | F(G(x)-y) \leqslant c\}.$$

因此, $\mathcal{M}$ 的图是凸的当且仅当 ϕ 的上图是凸的. 从而集值映射 $\mathcal{M}$ 是凸的当且仅当函数 $\phi(x,y)$ 是凸的. ■

现在考虑情况 $F(\cdot) = \delta_K(\cdot)$, 其中 K 是 Y 的一非空闭凸子集. 回顾, 此种情况, (P) 可以写为 (3.20) 的形式. 因为 $\delta_K^*(y^*) = \sigma(y^*, K)$, 则相应的对偶问题变为

$$(D) \qquad \max_{y^*\in Y^*} \left\{ \inf_{x\in X} L(x, y^*) - \sigma(y^*, K) \right\}. \tag{3.28}$$

定义 3.3　称具有形式 (3.20) 的问题 (P) 是凸的, 若函数 $f(x)$ 是凸的, 集合 K 是闭凸集, 映射 $G(x)$ 关于集合 $C=-K$ 是凸的.

可以验证 $G(x)$ 关于 (凸) 集 $-K$ 是凸的当且仅当函数 $\varphi(x,y)=\delta_K(G(x)+y)$ 是凸的. 这是因为函数 $\delta_K(G(x)+y)$ 的上图即集值映射 $\mathcal{M}(x)=G(x)-K$ 的图与 $\mathbb{R}_+$ 的积. 由 (P) 的凸性可推出 $\varphi(x,y)=f(x)+\delta_K(G(x)+y)$ 的凸性, 从而得到最优值函数 $\nu(y)=\inf\limits_{x\in X}\varphi(x,y)$ 的凸性.

注意到, 由于 $\partial\delta_K(y_0)=N_K(y_0)$, 最优性条件 (3.27) 可表示为

$$x_0\in\arg\min_{x\in X}L(x,\bar{y}^*)\quad 且\quad \bar{y}^*\in N_K(G(x_0)). \tag{3.29}$$

若集合 K 是闭凸锥, 则

$$\sup_{y^*\in K^-}L(x,y^*)=\begin{cases}f(x), & G(x)\in K,\\ +\infty, & G(x)\notin K.\end{cases}$$

此时原始问题具有下述形式

$$(\mathrm{P})\qquad \min_{x\in X}\sup_{y^*\in K^-}L(x,y^*). \tag{3.30}$$

若 $y^*\in K^-$, 则 $\sigma(y^*,K)=0$, 否则 $\sigma(y^*,K)=+\infty$, 因此对偶问题具有下述形式

$$(\mathrm{D})\qquad \max_{y^*\in K^-}\inf_{x\in X}L(x,y^*). \tag{3.31}$$

因此, 对于锥约束, 原始与对偶问题可以通过将 “max” 与 “min” 运算应用于 Lagrange 函数 $L(x,y^*)$, 限定 y^* 属于 K^-, 交换它们的顺序得到. 若 K 是凸锥, 则条件 $\bar{y}^*\in N_K(G(x_0))$ 等价于

$$G(x_0)\in K,\bar{y}^*\in K^-\quad 且\quad \langle\bar{y}^*,G(x_0)\rangle=0. \tag{3.32}$$

定理 3.6　设 X 与 Y 是有限维 Hilbert 空间, 问题 (P) 具有形式 (3.20). 设 $f(x)$ 是下半连续的, $G(x)$ 是连续的, 问题 (P) 是凸的且满足正则性条件

$$0\in\mathrm{int}\{G(\mathrm{dom}f)-K\}. \tag{3.33}$$

则问题 (P) 与 (D) 间没有对偶间隙, 即 val(P) = val(D). 进一步, 若 (P) 的最优值是有限的, 则对偶问题 (D) 的最优解集是 Y^* 的非空的, 凸的紧致子集.

证明　扰动问题 (3.21) 为

$$(\mathrm{P}_y)\qquad \min\{f(x):G(x)+y\in K\},$$

相应的最优值函数 ν 如下

$$\nu(y)=\inf\{f(x):G(x)+y\in K\},$$

由于 (3.20) 是凸问题, ν 是凸函数. 考虑定理 3.4 的正则性条件, $0\in\operatorname{int}(\operatorname{dom}\nu)$, 这等价于在 0 的一邻域上的所有的 y 有 $\nu(y)<+\infty$. 我们有 $\nu(y)<+\infty$ 当且仅当 (P_y) 具有一可行点 x 满足 $f(x)<+\infty$, 即存在 $x\in\operatorname{dom}f$ 满足 $G(x)+y\in K$, 即 $\operatorname{dom}\nu=K-G(\operatorname{dom}f)$. 所以, 在此种情形下, 正则性条件 $0\in\operatorname{int}(\operatorname{dom}\nu)$ 可以表示为

$$0\in\operatorname{int}\{G(\operatorname{dom}f)-K\}.$$

由定理 3.4 可得结论. ■

下面讨论若将形如 (3.20) 的问题 (P) 嵌入到不同于 (P_y) 的问题族 (P_u^a) 中的 Lagrange 对偶问题. 考虑 $F(\cdot)=\delta_K(\cdot)$, 其中 K 是 Y 的一非空闭凸子集, 定义

$$(\mathrm{P}_u^a)\qquad \min_{x\in X}\left\{f(x)+\delta_K(G(x)+u)+\frac{c}{2}\|u\|^2\right\}. \tag{3.34}$$

其对应的 Lagrange 函数是

$$l_c(x,y):=\inf_u\left\{f(x)+\delta_K(G(x)+u)+\frac{c}{2}\|u\|^2-\langle y,u\rangle\right\}.$$

令 $u'=G(x)+u$, 因此

$$\begin{aligned}l_c(x,y)&=\inf_{u'\in K}\left\{f(x)+\delta_K(u')+\frac{c}{2}\|u'-G(x)\|^2-\langle y,u'-G(x)\rangle\right\}\\&=f(x)-\frac{1}{2c}\|y\|^2+\frac{c}{2}\inf_{u'\in K}\left\{\left\|u'-\left(G(x)+\frac{y}{c}\right)\right\|^2\right\}\\&=f(x)-\frac{1}{2c}\|y\|^2+\frac{1}{2c}\|\Pi_{K^\circ}(y+cG(x))\|^2.\end{aligned}\tag{3.35}$$

这种情况下的函数 $l_c(x,y)$ 被称为问题 (P) 的增广 Lagrange 函数. 当问题嵌入的函数族不同时, Lagrange 函数具有不同的形式.

例 3.6 若闭凸锥 $K=\{\mathbf{0}_q\}\times\mathbb{R}^p_-$, 约束函数 $G(x)=(h(x),g(x)):\mathbb{R}^n\to\mathbb{R}^{q+p}$, 则问题 (3.20) 被称为非线性规划. 其增广 Lagrange 函数可具体表示为

$$\begin{aligned}l_c(x,\mu,\lambda)=&\,f(x)+\langle\mu,h(x)\rangle+\frac{c}{2}\|h(x)\|^2\\&+\sum_{i=1}^p\left(\lambda_i\max\left\{\frac{-\lambda_i}{c},g_i(x)\right\}\right)+\frac{c}{2}\left[\max\left\{\frac{-\lambda_i}{c},g_i(x)\right\}\right]^2,\end{aligned}\tag{3.36}$$

其中乘子 $\mu\in\mathbb{R}^q,\lambda\in\mathbb{R}^p$.

例 3.7　若闭凸锥 $K=\{\mathbf{0}_q\}\times\mathbb{S}_-^p$, 约束函数 $G(x)=(h(x),g(x)):\mathbb{R}^n\to\mathbb{R}^q\times\mathbb{S}^p$. 则增广 Lagrange 函数可具体表示为

$$l_c(x,\mu,Y)=f(x)+\langle\mu,h(x)\rangle+\frac{c}{2}\|h(x)\|^2+\frac{1}{2c}\left[\|\Pi_{\mathbb{S}_-^p}(Y+cg(x))\|_F^2-\|Y\|_F^2\right],\tag{3.37}$$

其中乘子 $\mu\in\mathbb{R}^q, Y\in\mathbb{S}^p$.

注记 3.1　若 (3.20) 的问题 (P) 满足 f 与 G 均在 $\mathbb{R}^n$ 上是二次连续可微, 增广 Lagrange 函数 $l_c(x,y)$ 是关于 (x,y) 连续可微的, 但无法达到二次连续可微.

3.4　非线性凸规划的增广 Lagrange 方法 *

增广 Lagrange 函数 (3.35) 用于构造求解非线性凸规划问题的增广 Lagrange 方法. 考虑如下凸问题

$$\begin{cases}\min\limits_{x\in X} & f(x)\\ \text{s.t.} & g_i(x)\leqslant 0, i=1,\cdots,p,\end{cases}\tag{3.38}$$

其中函数 f 和 g_i, $i=1,\cdots,p$ 为连续凸函数, $X\subset\mathbb{R}^n$. 此时增广 Lagrange 函数表示为

$$l_c(x,y)=f(x)-\frac{1}{2c}\|y\|^2+\frac{1}{2c}\|\Pi_{\mathbb{R}_+^p}(y+cg(x))\|^2.\tag{3.39}$$

因此对偶问题可以表示为

$$(\mathrm{D}_c)\qquad \max_{\lambda\in\mathbb{R}^p}\ \phi_c(y)=\inf_{x\in X} l_c(x,y).\tag{3.40}$$

定理 3.7　对 $c\geqslant 0$, 有

$$l_c(x,y)=\min_{u\in\mathbb{R}^p}\{F_c(x,u)+y^{\mathrm{T}}u\},\quad x\in X.\tag{3.41}$$

其中 F_c 是定义在 $X\times\mathbb{R}^p$ 上的凸函数

$$F_c(x,u)=\begin{cases}f(x)+\dfrac{c}{2}\displaystyle\sum_{i=1}^p u_i^2, & \text{如果}u_i\geqslant g_i(x),\ i=1,\cdots,p,\\ +\infty, & \text{否则}.\end{cases}\tag{3.42}$$

因此 $l_c(x,y)$ 是 $x\in X$ 上的凸函数, $y\in\mathbb{R}^p$ 上的凹函数.

证明　式 (3.41) 的右端是下述二次规划问题的最优值

$$\nu(x,y)=\begin{cases}\min\limits_{u\in\mathbb{R}^p} & f(x)+\dfrac{c}{2}\displaystyle\sum_{i=1}^p u_i^2+\sum_{i=1}^p y_iu_i\\ \text{s.t.} & u_i\geqslant g_i(x),\ i=1,\cdots,p.\end{cases}\tag{3.43}$$

问题 (3.43) 的 Lagrange 函数为

$$\mathbb{L}(u,\xi)=f(x)+\frac{c}{2}\sum_{i=1}^{p}u_i^2+\sum_{i=1}^{p}y_iu_i-\sum_{i=1}^{p}\xi_i[u_i-g_i(x)].$$

由于问题 (3.43) 的 Slater 条件是成立的, 根据对偶定理可得

$$\begin{aligned}\nu(x,y)&=\max_{\xi\geqslant 0}\min_{u}\mathbb{L}(u,\xi)\\&=\max_{\xi\geqslant 0}\mathbb{L}(u,\xi)_{u=(\xi-y)/c}\\&=\max_{\xi\geqslant 0}\sum_{i=1}^{p}\left\{\xi_ig_i(x)+f(x)-\frac{[y_i-\xi_i]^2}{2c}\right\}.\end{aligned}$$

注意到 $\min\psi(\xi)$, s.t. $\xi\geqslant 0$ 的解的必要性条件为

$$0\leqslant\xi\perp\nabla\psi(\xi)\geqslant 0,$$

如果 ψ 是凸函数, 则满足上式的解 ξ^* 满足 $\xi^*=\max\{\nabla\psi(\xi^*),0\}$.

由上述事实可得 $\nu(x,y)$ 的右端的解为

$$\xi_i^*=\max\{0,y_i+cg_i(x)\},\quad i=1,\cdots,p,$$

代入 $\nu(x,y)$ 的右端, 得到 $\nu(x,y)=l_c(x,y)$. ■

定理 3.8 对于每一 $c>0$, 函数 ϕ_c 是凹函数, 且满足

$$\phi_c(y)=\max_z\left\{\phi_0(z)-\frac{1}{2c}\|z-y\|^2\right\}. \tag{3.44}$$

因此对偶问题 (D_c) 和 (D_0) 有相同最优解. 进一步, 如果 $\phi_0\not\equiv-\infty$, 则 ϕ_c 是 $\mathbb{R}^p$ 上处处有限的连续可微函数. 尤其, 如果对给定的 y, $\phi_c(y)$ 的极小化问题恰好在点 x 处达到 (不必要是唯一的), 则

$$\frac{\partial\phi_c(y)}{\partial y_i}=\frac{\partial l_c(x,y)}{\partial y_i}=\max\left\{-\frac{y_i}{c},\ g_i(x)\right\}. \tag{3.45}$$

证明 令

$$p_c(u)=\inf_{x\in X}\ F_c(x,u),\quad c\geqslant 0.$$

其中 $F_c(x,u)$ 由式 (3.42) 给出. 这一函数是问题 (3.38) 的如下扰动问题的最优值函数:

$$\begin{cases}\displaystyle\min_{x\in X}\quad f(x)+\frac{c}{2}\sum_{i=1}^{p}u_i^2\\ \text{s.t.}\quad g_i(x)\leqslant u_i,\ i=1,\cdots,p.\end{cases}$$

由此扰动问题导致 l_c 与问题 (D_c). 因此 F_c 是 u 的凸函数, 扰动函数 p_c 是凸函数. 实际上

$$p_c = p_0 + cq, \quad \text{其中} \quad q(u) = \frac{1}{2}\|u\|^2.$$

将 (3.42) 代入 ϕ_c 中, 得到

$$\phi_c(y) = \inf_{u\in\mathbb{R}^p} \{p_c(u) + \langle y, u\rangle\} = -p_c^*(-y). \tag{3.46}$$

由凸函数之和的共轭函数公式 [27,Theorem 16.4], 有

$$-(p_c)^*(-y) = -(p_0 + cq)^*(-y) = \max_{z\in\mathbb{R}^p}\{-p_0^*(-z) - (cq)^*(z-y)\}. \tag{3.47}$$

显然可以得到 $(cq)^*(y) = cq^*(y/c)$, $q^* = q$. 因此, 结合 (3.46) 和 (3.47), 得到

$$\begin{aligned}\phi_c(y) &= \max_{z\in\mathbb{R}^p}\{-p_0^*(-z) - cq((z-y)/c)\}\\ &= \max_{z\in\mathbb{R}^p}\left\{\phi_0(z) - \frac{1}{2c}\|z-y\|^2\right\},\end{aligned}$$

即 (3.44) 成立. 注意到 (3.44) 与 Moreau 包络函数的定义 (定义 9.2),

$$\phi_c(y) = -e_r[-\phi_0](y).$$

根据定理 9.1 有 $-\phi_c(y)$ 是 $\mathbb{R}^p$ 上连续可微凸函数, 且

$$\nabla\phi_c(y) = -\frac{1}{c}[y - P_c[-\phi_0](y)] = \frac{1}{c}[P_c[-\phi_0](y) - y]. \tag{3.48}$$

由 $\phi_c(y)$ 的定义以及 x 是 $\phi_c(y)$ 的极小化问题极小点, 有

$$\phi_c(y) = l_c(x, y).$$

再由定理 3.7 的证明, 由定义 $l_c(x,y)$ 的右端的极小点为

$$[P_c[-\phi_0](y)]_i = \max\{0, y_i + cg_i(x)\}.$$

若记 $G(x) := (g_1(x), \cdots, g_p(x))$, 由 (3.48) 可得

$$\nabla\phi_c(y) = \max\{-y/c, G(x)\},$$

即

$$\partial\phi_c(y)/\partial y_i = \max\{-y_i/c, g_i(x)\}, \quad i = 1, \cdots, p.$$ ■

问题 (3.38) 经典的增广 Lagrange 方法可具体描述为

步 1 给定 $c > 0$, 给定乘子 $y_0 \in \mathbb{R}^p_+$, 置 $k = 0$.

步 2 计算

$$x^k \in \operatorname{argmin} \{l_c(x, y^k) \mid x \in X\}, \tag{3.49}$$

$$y^{k+1} = \max \{0, y^k + cG(x^k)\}. \tag{3.50}$$

步 3 $k = k + 1$, 转步 2.

观察到, (3.50) 等价于

$$\begin{aligned} y^{k+1} &= y^k + (\max\{0,\ y^k + cG(x^k)\} - y^k) \\ &= y^k + c\max\{-y^k/c,\ G(x^k)\} \\ &= y^k - c\nabla(-\phi_c)(y^k), \end{aligned}$$

其中 x^k 是 $\phi_c(y^k)$ 的极小化问题的极小点. 如上的增广 Lagrange 算法可描述为是步长 $\alpha = c$ 时的对偶问题 ($\mathrm{D_c}$) 的负梯度方法. 由梯度方法的收敛性, 可知增广 Lagrange 算法生成的乘子点列 $\{y^k\}_k$ 是收敛到对偶问题 (3.40) 的最优解. 下面的两个定理可以保证此时生成的迭代点列 $\{x^k\}_k$ 可收敛到原问题 (3.38) 的极小点.

相对于 Lagrange 函数 l_c 的问题 (3.38) 的 Kuhn-Tucker 向量是满足下述条件的向量 $\bar{y}$:

$$-\infty < \inf_{x \in X} l_c(x, \bar{y}) = (3.38) \text{ 的极小值}.$$

上式成立的充分必要条件是 $\bar{y}$ 是问题 ($\mathrm{D_c}$) 的最优解, 且对偶间隙为零. 进一步, $(\bar{x}, \bar{y})$ 是 l_c 的鞍点的充分必要条件是 $\bar{x}$ 是问题 (3.38) 的最优解, $\bar{y}$ 是一 Kuhn-Tucker 向量.

推论 3.1 相对于 Lagrange 函数 l_c, $c \geqslant 0$, 它们具有相同的 Kuhn-Tucker 向量和鞍点. 因此 $(\bar{x}, \bar{y})$ 是 l_c 的鞍点的充分必要条件是通常的 KKT 条件成立

(a) $\bar{y}_i \geqslant 0, g_i(\bar{x}) \leqslant 0, \bar{y}_i g_i(\bar{x}) = 0, i = 1, \cdots, p$;

(b) $\bar{x}$ 是函数 $f + \sum\limits_{i=1}^{p} \bar{y}_i g_i$ 在 X 上的极小点.

定理 3.9 设问题 (3.38) 与其对偶问题的对偶间隙为零, $\bar{y}$ 是任意一对偶最优解. 令 $c > 0$. 则 $\bar{x}$ 是问题 (3.38) 的一最优解的充分必要条件是 $\bar{x}$ 是函数 $l_c(x, \bar{y})$ 在 X 上的极小点.

证明 先证明必要性. 由假设可知 $\bar{y}$ 是一 Kuhn-Tucker 向量. 因此 $\bar{x}$ 是问题 (3.38) 的一最优解的充分必要条件是 $(\bar{x}, \bar{y})$ 是 l_c 的鞍点. 后者意味着 $\bar{x}$ 是 $l_c(\cdot, \bar{y})$ 在 X 上的极小点.

再证明充分性. 根据定理 3.8, 如果 $\bar{x}$ 是 $l_c(\cdot,\bar{y})$ 在 X 上的极小点, 则有 $\nabla_y l_c(\bar{x},\bar{y}) = \nabla\phi_c(\bar{y}) = 0$. 因此, $\bar{y}$ 是 $l_c(\bar{x},\cdot)$ 的极大值点. 这表明 $(\bar{x},\bar{y})$ 是 l_c 的鞍点. 因此得到 $\bar{x}$ 是问题 (3.38) 的最优解. ■

3.5 习 题

1. 举例说明 con$f$ 不一定是下半连续函数.

2. 利用共轭函数的定义计算函数 $f:\mathbb{R}^n \to \overline{\mathbb{R}}$ 的共轭函数:

(1) $f(x) = \dfrac{1}{2}\|x\|_2^2$;

(2) $f(x) = -\sqrt{\alpha^2 - \|x\|_2^2}$, $\alpha > 0$;

(3) $f(x) = \sqrt{\alpha^2 + \|x\|_2^2}$, $\alpha > 0$;

(4) $f(x) = \|x\|_2$.

3. 证明:

(1) 半负定锥 $X = \{A \in \mathbb{S}^{n\times n} | \lambda_{\max}(A) \leqslant 0\}$, 则 $X^* = X$, 因此半负定锥是自对偶的;

(2) p 阶锥$X = Q^p_{m+1} = \{s := (s_0;\bar{s}) \in \mathbb{R}^{1+m} | \|\bar{s}\|_p \leqslant s_0\}$, 则其共轭空间 $X^* = Q^q_{m+1}$, 其中 $p \geqslant 2$ 且 $\dfrac{1}{p} + \dfrac{1}{q} = 1$. 因此二阶锥是自对偶的.

4. 证明非线性规划的增广 Lagrange 函数如 (3.36) 所示.

5. 对于任意的闭凸锥 $K \in Y$, Y 是有限维 Hilbert 空间, 定义

$$\Theta(z) = \frac{1}{2}\|\Pi_{K^\circ}(z)\|^2,$$

其中 K° 表示 K 的极锥. 证明: 函数 $\Theta(z)$ 在空间 Y 上是连续可微的, 并且

$$D\Theta(z) = \Pi_{K^\circ}(z).$$

6. 考虑下述锥约束优化问题

$$\begin{cases} \min\limits_{x\in X} & f(x) \\ \text{s.t.} & G(x) \in K, \end{cases}$$

其中 K 是一闭凸锥, 设这一问题是凸问题, 即 f 是连续凸函数, G 是连续映射, 满足 $x \to G(x) - K$ 是图凸的集值映射, 可否像 3.4 节讨论非线性凸规划的增广 Lagrange 方法那样研究这一问题的增广 Lagrange 方法?

第 4 章　非线性规划

4.1　线性规划的对偶定理

线性规划有最完美的对偶理论, 我们用如下标准的线性规划问题为例来说明这一点. 标准线性规划问题可以表示如下

$$
\text{(LP)}\qquad \begin{array}{ll} \min & c^{\mathrm{T}}x \\ \text{s.t.} & Ax=b, \\ & x\geqslant \mathbf{0}_n, \end{array}
$$

其中 $c\in\mathbb{R}^n, A\in\mathbb{R}^{m\times n}$ 是行满秩矩阵, $b\in\mathbb{R}^m$. 标准的 Lagrange 函数定义为

$$
L(x,\lambda)=c^{\mathrm{T}}x+\langle\lambda,b-Ax\rangle.
$$

线性规划的 Lagrange 对偶为

$$
\max_{\lambda\in\mathbb{R}^m}\left\{\inf_{x\in\mathbb{R}^n_+} L(x,\lambda)=b^{\mathrm{T}}\lambda+x^{\mathrm{T}}(c-A^{\mathrm{T}}\lambda)\right\}.
$$

可见 (LP) 的对偶问题为

$$
\text{(LD)}\qquad \left\{\begin{array}{ll} \max & b^{\mathrm{T}}\lambda \\ \text{s.t.} & A^{\mathrm{T}}\lambda\leqslant c. \end{array}\right.
$$

约定 $\inf\varnothing=+\infty, \sup\varnothing=-\infty$, 则有下述最优性理论.

定理 4.1 (线性规划的对偶定理)　(1) 若 (LP) 与 (LD) 有一者有有限最优值, 则另一者也有相等的最优值, 两个问题的最优解集均非空.

(2) 若 (LP) 是无界的 ((LP) 可行域非空且最优值等于 $-\infty$), 那么 (LD) 的可行域为空集.

(3) 若 (LP) 的可行域是空集, 那么 (LD) 的可行域是无界的.

证明　根据 $\inf\varnothing=+\infty, \sup\varnothing=-\infty$ 与线性规划弱对偶定理, 容易建立 (2) 与 (3). 现在证明 (1), 设 (LP) 有有限最优值, 由线性规划的基本定理, (LP) 的最优解集合非空, 且可以在极点处达到. 设 x 是原始问题 (LP) 的最优极点 (或最优基本可行解), B 与 N 分别是 x 的基指标集合与非基指标集合. 记 $r=c-A^{\mathrm{T}}\lambda$.

令 $\lambda = (A_{\cdot B}^{-1})^{\mathrm{T}} c_B$, 则

$$[c - A^{\mathrm{T}}\lambda]_B = c_B - A_{\cdot B}^{\mathrm{T}}(A_{\cdot B}^{-1})^{\mathrm{T}} c_B = 0,$$

$$[c - A^{\mathrm{T}}\lambda]_N = c_N - A_{\cdot N}^{\mathrm{T}}(A_{\cdot B}^{-1})^{\mathrm{T}} c_B = r_N \geqslant 0,$$

可见 λ 是 (LD) 的可行解. 又因为

$$b^{\mathrm{T}}\lambda - c^{\mathrm{T}}x = x^{\mathrm{T}}(A^{\mathrm{T}}\lambda - c) = x_B^{\mathrm{T}}(-r_B) = 0.$$

所以 λ 是 (LD) 的最优解且对偶间隙为零. 相反地, 结论也成立, 因此 (1) 得证. ■

线性规划的对偶定理是研究非线性规划的必要性最优条件的基础. 不过我们用到的是下述线性规划模型

$$(\mathrm{LP_g}) \qquad \begin{cases} \min & f(x) = c^{\mathrm{T}}x \\ \text{s.t.} & a_j^{\mathrm{T}}x + b_j = 0, j = 1, \cdots, q, \\ & a_j^{\mathrm{T}}x + b_j \leqslant 0, j = l+1, \cdots, q+p, \end{cases}$$

其中 $c \in \mathbb{R}^n, a_j \in \mathbb{R}^n, j = 1, \cdots, q+p$ 是行满秩矩阵, $b_j \in \mathbb{R}, j = 1, \cdots, q+p$. 问题 $(\mathrm{LP_g})$ 的 Lagrange 对偶

$$(\mathrm{LD_g}) \qquad \begin{cases} \max & b^{\mathrm{T}}\lambda \\ \text{s.t.} & \displaystyle\sum_{j=1}^{q+p} \lambda_j a_j + c = 0, \\ & \lambda_j \geqslant 0, j = l+1, \cdots, q+p. \end{cases}$$

根据定理 4.1, 若 $(\mathrm{LP_g})$ 与 $(\mathrm{LD_g})$ 有一者有有限最优值, 则另一者也有相等的最优值, 两个问题的最优解集均非空.

4.2 非线性规划最优性条件

讨论如下的非线性规划模型:

$$(\mathrm{NLP}) \qquad \begin{cases} \min & f(x) \\ \text{s.t.} & h(x) = 0, \\ & g(x) \leqslant 0, \end{cases} \tag{4.1}$$

其中 $f: \mathbb{R}^n \to \mathbb{R}$ 是光滑函数, $h := (h_1, \cdots, h_q)^{\mathrm{T}} : \mathbb{R}^n \to \mathbb{R}^q$ 和 $g := (g_1, \cdots, g_p)^{\mathrm{T}} : \mathbb{R}^n \to \mathbb{R}^p$ 是连续可微的向量值函数. 此问题的 Lagrange 函数表示为

$$L(x, \mu, \lambda) = f(x) + \langle \mu, h(x) \rangle + \langle \lambda, g(x) \rangle,$$

其中 $\mu \in \mathbb{R}^q, \lambda \in \mathbb{R}^p$ 是乘子. 那么对偶问题表示为

$$\text{(NLD)} \qquad \max_{\mu,\lambda \geqslant 0} \inf_x [f(x) + \langle \mu, h(x) \rangle + \langle \lambda, g(x) \rangle]. \tag{4.2}$$

4.2.1 可行集的切集与外二阶切集

为了将定理 2.4 与定理 2.5 用于推导非线性规划问题的最优性条件, 先讨论可行集

$$\Phi = \{x \in \mathbb{R}^n | h(x) = 0, g(x) \leqslant 0\}$$

的切锥与二阶切集的表达形式. 定义 $I(\bar{x}) = \{i | g_i(\bar{x}) = 0\}$ 以及线性化锥

$$L_\Phi(\bar{x}) := \left\{ d \in \mathbb{R}^n | \mathcal{J}h(\bar{x})d = 0, \nabla g_i(\bar{x})^{\mathrm{T}} d \leqslant 0, i \in I(\bar{x}) \right\}.$$

定义 4.1 (Kuhn-Tucker 约束规范) 设 h, g 在 $\bar{x}$ 附近连续可微, 称 (NLP) 在 $\bar{x}$ 处满足 Kuhn-Tucker 约束规范, 若对于任意线性化锥 $L_\Phi(\bar{x})$ 中的不为零的向量 d, 存在从 $\bar{x}$ 出发的一阶可微可行弧段, 它在 $\bar{x}$ 处的切方向是 d, 即存在 $\hat{t} > 0$, 存在一函数 $\theta(t) : t \in [0, \hat{t})$ 满足:

(i) $\theta(0) = \bar{x}$;

(ii) θ 在 $[0, \hat{t})$ 上可微, 在 0 处右可微;

(iii) $\theta(t) \in \Phi, \forall t \in [0, \hat{t})$;

(iv) $\dot{\theta}(0) = d$ (右导数).

在 Kuhn-Tucker 约束规范下, Φ 的切锥有如下表达形式.

命题 4.1 [17] 设 h, g 在 $\bar{x}$ 附近连续可微且 Kuhn-Tucker 约束规范成立, 那么可行集 Φ 在 $\bar{x}$ 处的切锥等价为 $T_\Phi(\bar{x}) = L_\Phi(\bar{x})$.

证明 非常容易证明 $T_\Phi(\bar{x}) \subseteq L_\Phi(\bar{x})$, 只需要证明相反的包含关系. 任取 $d \in L_\Phi(\bar{x})$, 根据 Kuhn-Tucker 约束规范, 存在一函数 $\theta(t) : t \in [0, \hat{t})$ 满足 (i)—(iv). 对任意满足 $t_k \downarrow 0$ 的 $t_k \in (0, \hat{t})$, 定义 $x^k = \theta(t_k)$. 则 $x^k \in \Phi$, 且

$$d = \lim_{k \to \infty} \frac{x^k - \bar{x}}{t_k} = \lim_{k \to \infty} \frac{\theta(t_k) - \theta(0)}{t_k} = \dot{\theta}(0) = d,$$

从而有 $d \in T_\Phi(\bar{x})$, 有 $L_\Phi(\bar{x}) \subseteq T_\Phi(\bar{x})$. ■

注记 4.1 实际上, 由 Kuhn-Tucker 约束规范可得 $L_\Phi(\bar{x}) \subseteq T_\Phi^i(\bar{x})$, 其中 $T_\Phi^i(\bar{x})$ 是定义 9.7 中定义的内切锥. 由于 $T_\Phi^i(\bar{x}) \subseteq T_\Phi(\bar{x})$, 因此很容易建立 $L_\Phi(\bar{x}) \subseteq T_\Phi(\bar{x})$ 在 Kuhn-Tucker 约束规范的假设下成立.

下面介绍 Mangasarian-Fromovitz 约束规范.

定义 4.2 (Mangasarian-Fromovitz 约束规范) 设 h, g 在 $\bar{x}$ 附近连续可微, 称 (NLP) 在 $\bar{x}$ 处满足 Mangasarian-Fromovitz 约束规范, 若满足下述条件:

(i) (无关性条件) 向量组 $\nabla h_1(\bar{x}),\cdots,\nabla h_q(\bar{x})$ 是线性无关的;

(ii) (内部性条件) 存在 $d^0\in\mathbb{R}^n$, 满足

$$\nabla h_j(\bar{x})^{\mathrm{T}}d^0=0,\quad j=1,\cdots,q,\quad \nabla g_i(\bar{x})d^0<0,\quad i\in I(\bar{x}).$$

条件 (ii) 意味着线性化锥 $L_\Phi(\bar{x})$ 的相对内部是非空的.

命题 4.2 设 h,g 在 $\bar{x}$ 附近连续可微且 Mangasarian-Fromovitz 约束规范成立, 那么可行集 Φ 在 $\bar{x}$ 处的切锥等价于 $T_\Phi(\bar{x})=L_\Phi(\bar{x})$.

证明 非常容易证明 $T_\Phi(\bar{x})\subseteq L_\Phi(\bar{x})$, 我们只需要证明相反的包含关系. 对于任意的 $d\in L_\Phi(\bar{x})$, 定义 $d_\varepsilon=d+\varepsilon d^0$. 因此 $\mathcal{J}h(\bar{x})d_\varepsilon=0,\nabla g_i(\bar{x})^{\mathrm{T}}d_\varepsilon<0,i=1,\cdots,p$. 那么 $d_\varepsilon\in\ker\mathcal{J}h(\bar{x})$. 定义

$$P(x)=I-\mathcal{J}h(x)^{\mathrm{T}}(\mathcal{J}h(x)\mathcal{J}h(x)^{\mathrm{T}})^{-1}\mathcal{J}h(x),$$

根据条件 (i), $\mathcal{J}h(\bar{x})\mathcal{J}h(\bar{x})^{\mathrm{T}}$ 是正定矩阵, 当 x 接近 $\bar{x}$ 时, $\mathcal{J}h(x)\mathcal{J}h(x)^{\mathrm{T}}$ 是正定的, 从而 $P(x)$ 是有定义的, 此时显然有 $\mathcal{J}h(x)P(x)\equiv 0$. 由于 $\mathrm{rge}\,P(\bar{x})=\ker\mathcal{J}h(\bar{x})$, 存在 $\xi_\varepsilon\in\mathbb{R}^n$, 满足 $d_\varepsilon=P(\bar{x})\xi_\varepsilon$. 构造微分方程

$$\begin{cases}\dfrac{dx}{dt}=P(x)\xi_\varepsilon,\\[2mm] x(0)=\bar{x}.\end{cases}\tag{4.3}$$

由常微分方程解的存在性, 存在 $\hat{t}>0$, 存在函数 $x(t):t\in[0,\hat{t})$ 满足 (4.3) 且 $x(t)$ 是连续可微的 (在 0 处右可微). 另外, 其满足 $x(0)=\bar{x}$,

$$\left.\frac{dx(t)}{dt}\right|_{t=0}=\dot{x}(0)=d_\varepsilon.$$

下证 $x(t)$ 的可行性.

对于 $i\notin I(\bar{x}),g_i(\bar{x})<0$, 存在 $\hat{t}_1$, 使得 $g_i(x(t))\leqslant 0,\forall t\in[0,\hat{t}_1)$;

对于 $i\in I(\bar{x}),g_i(\bar{x})=0$, 存在 $\hat{t}_2$,

$$\begin{aligned}g_i(x(t))&=g_i(x(0))+t\nabla g_i(x(0))^{\mathrm{T}}\dot{x}(0)+o(t)\\&=t\nabla g_i(x(0))^{\mathrm{T}}d_\varepsilon+o(t)\leqslant 0,\quad \forall t\in[0,\hat{t}_2).\end{aligned}$$

取 $t_{\min}=\min\{\hat{t}_1,\hat{t}_2\}$, 有 $g_i(x(t))\leqslant 0,\forall t\in[0,t_{\min}),i=1,\cdots,p$.

对于等式约束, 有

$$h(x(t))=h(x(0))+\int_0^t\frac{dh(x(s))}{ds}ds=\int_0^t\mathcal{J}h(x(s))\dot{x}(s)ds$$

$$= \int_0^t \mathcal{J}h(x(s))P(x(s))\xi_\varepsilon ds,$$

可得 $h(x(t)) = 0, \forall t \in [0, t_{\min})$. 因此 $x(t) \in \Phi$.

下面说明 d_ε 一定是切锥 $T_\Phi(\bar{x})$ 中的元素. 取 $t_k \downarrow 0$, 令 $x^k = x(t_k)$, 那么

$$d_k = \frac{x^k - \bar{x}}{t_k} = \frac{x(t_k) - x(0)}{t_k} \to \dot{x}(0) = d_\varepsilon.$$

可见 $d_\varepsilon \in T_\Phi(\bar{x})$. 令 $\varepsilon \to 0$, 有 $d_\varepsilon \to d \in \mathrm{cl}T_\Phi(\bar{x}) = T_\Phi(\bar{x})$. ■

定义非线性规划问题在 $\bar{x}$ 处 Robinson 约束规范为

$$0 \in \mathrm{int}\left\{\begin{bmatrix} h(\bar{x}) \\ g(\bar{x}) \end{bmatrix} + \begin{bmatrix} \mathcal{J}h(\bar{x}) \\ \mathcal{J}g(\bar{x}) \end{bmatrix}\mathbb{R}^n - \begin{bmatrix} \{\mathbf{0}_q\} \\ \mathbb{R}^p_- \end{bmatrix}\right\}.$$

这一条件等价于在 $\bar{x}$ 处的 Mangasarian-Fromovitz 约束规范. 由于集值映射

$$\Phi(u) = \{x | h(x) + u_h = 0, g(x) + u_g \leqslant 0\}, \quad u = (u_h, u_g)$$

在 $(0, \bar{x})$ 处的度量正则性等价于在 $\bar{x}$ 处的 Robinson 约束规范成立, 因此可得到如下命题.

命题 4.3 设 h, g 在 $\bar{x}$ 附近连续可微, Mangasarian-Fromovitz 约束规范成立, 那么存在 $\varepsilon > 0, \kappa > 0$ 满足

$$\mathrm{dist}(x, \Phi) \leqslant \kappa \left[\sum_{j=1}^q |h_j(x)| + \sum_{i=1}^p \max\{0, g_i(x)\}\right], \quad \forall x \in \mathbb{B}_\varepsilon(\bar{x}). \tag{4.4}$$

对于约束集合外二阶切集在 Mangasarian-Fromovitz 约束规范下的刻画, 有以下定理.

定理 4.2 设 h, g 在 $\bar{x}$ 附近二次连续可微且 Mangasarian-Fromovitz 约束规范成立, 那么可行集 Φ 在 $\bar{x}$ 处的切锥与二阶切集等价于如下形式

(i) $T_\Phi(\bar{x}) = L_\Phi(\bar{x})$;

(ii) 对于任意 $d \in T_\Phi(\bar{x})$,

$$T^2_\Phi(\bar{x}, d) = \left\{ w \in \mathbb{R}^n \,\middle|\, \begin{array}{l} \nabla h_j(\bar{x})^{\mathrm{T}} w + \langle d, \nabla^2 h_j(\bar{x}) d\rangle = 0, j = 1, \cdots, q, \\ \nabla g_i(\bar{x})^{\mathrm{T}} w + \langle d, \nabla^2 g_i(\bar{x}) d\rangle \leqslant 0, i \in I_1(\bar{x}, d) \end{array} \right\}, \tag{4.5}$$

其中 $I_1(\bar{x}, d) = \{i \in I(\bar{x}) | \nabla g_i(\bar{x})^{\mathrm{T}} d = 0\}$.

证明 命题 4.2 给出了切锥公式的证明. 只需证明 (4.5). 记式 (4.5) 的右端表达式为 $L^2_\Phi(\bar{x}, d)$. 显然有 $T^2_\Phi(\bar{x}, d) \subseteq L^2_\Phi(\bar{x}, d)$. 下证 $L^2_\Phi(\bar{x}, d) \subseteq T^2_\Phi(\bar{x}, d)$.

对于任意的 $w \in L^2_\Phi(\bar{x}, d)$, $d \in T_\Phi(\bar{x})$, 存在 $\bar{t}$, 使得对于任意的 $t \in [0, \bar{t})$, 都有

$x(t) = \bar{x} + td + \frac{t^2}{2}w \in \mathbb{B}_\varepsilon(\bar{x})$. 为计算 $x(t)$ 到可行集 Φ 的距离, 对函数 h_j 和 g_i 在 $x(t)$ 处 Taylor 展开, $j = 1, \cdots, q, i = 1, \cdots, p$, 有

$$h_j(x(t)) = h_j(\bar{x}) + t\nabla h_j(\bar{x})^{\mathrm{T}}d + \frac{t^2}{2}[\nabla h_j(\bar{x})^{\mathrm{T}}w + d^{\mathrm{T}}\nabla^2 h_j(\bar{x})d] + o(t^2)$$

和

$$g_i(x(t)) = g_i(\bar{x}) + t\nabla g_i(\bar{x})^{\mathrm{T}}d + \frac{t^2}{2}[\nabla g_i(\bar{x})^{\mathrm{T}}w + d^{\mathrm{T}}\nabla^2 g_i(\bar{x})d] + o(t^2).$$

当 t 充分小时, 可以保证

$$g_i(x(t)) < 0, \quad i \notin I_1(\bar{x}, d)$$

和

$$h_j(x(t)) = \varepsilon_j(t) = o(t^2), \quad j = 1, \cdots, q, \quad g_i(x(t)) = \delta_i(t) \leqslant o(t^2), \quad i \in I_1(\bar{x}, d).$$

因此 $x(t)$ 到可行集 Φ 的距离有如下上界

$$\operatorname{dist}(x(t), \Phi) \leqslant \kappa \left[\sum_{j=1}^{q} |\varepsilon_j(t)| + \sum_{i=1}^{p} \max\{0, \delta_i(t)\}\right] = o(t^2).$$

由二阶切集的定义 $T_\Phi^2(\bar{x}, d) = \left\{w \in \mathbb{R}^n \,\middle|\, \exists t_k \downarrow 0, \operatorname{dist}\left(\bar{x} + t_k d + \frac{t_k^2}{2}w, \Phi\right) = o(t_k^2)\right\}$, 得到 $w \in T_\Phi^2(\bar{x}, d)$. ■

4.2.2　一阶最优性条件

本节介绍非线性规划的一阶最优性条件.

定理 4.3 (Fritz-John 条件)　设 $\bar{x}$ 是非线性规划 (NLP) 的局部极小点, 函数 f, h, g 在 $\bar{x}$ 附近连续可微, 则存在不全为零的乘子 $(\lambda_0, \mu, \lambda) \in \mathbb{R} \times \mathbb{R}^q \times \mathbb{R}^p$ 满足

$$\begin{cases} \lambda_0 \nabla f(\bar{x}) + \mathcal{J}h(\bar{x})^{\mathrm{T}}\mu + \mathcal{J}g(\bar{x})^{\mathrm{T}}\lambda = 0, \\ h(\bar{x}) = 0, \\ 0 \leqslant \lambda \perp g(\bar{x}) \geqslant 0. \end{cases} \tag{4.6}$$

证明　我们分为两种情况. 第一种情况是向量 $\nabla h_1(\bar{x}), \cdots, \nabla h_q(\bar{x})$ 是线性相关的情形, 则存在不全为零的 $\mu_1, \cdots, \mu_q$ 使得 $\mu_1 \nabla h_1(\bar{x}) + \cdots + \mu_q \nabla h_q(\bar{x}) = 0$, 显然有 $(0, \mu, 0)$ 满足 (4.6).

第二种情况是 $\nabla h_1(\bar{x}),\cdots,\nabla h_q(\bar{x})$ 线性无关的情形. 对此种情况, 我们给出论断“ 如下的线性规划问题的最优值为 0”:

$$\begin{cases} \min & z \\ \text{s.t.} & \nabla f(\bar{x})^{\mathrm{T}} d \leqslant z, \\ & \mathcal{J}h(\bar{x})^{\mathrm{T}} d = 0, \\ & \nabla g_i(\bar{x})^{\mathrm{T}} d \leqslant z, i \in I(\bar{x}). \end{cases} \tag{4.7}$$

反证法, 假设论断不对, 如上问题的最优值小于零. 设 $(\hat{d},\hat{z})$ 是可行解且 $\hat{z}<0$. 因此有

$$\begin{cases} \nabla f(\bar{x})^{\mathrm{T}} \hat{d} < 0, \\ \mathcal{J}h(\bar{x})^{\mathrm{T}} \hat{d} = 0, \\ \nabla g_i(\bar{x})^{\mathrm{T}} \hat{d} < 0, \quad i \in I(\bar{x}). \end{cases}$$

定义 $P(x) = I - \mathcal{J}h(x)^{\mathrm{T}}(\mathcal{J}h(x)\mathcal{J}h(x)^{\mathrm{T}})^{-1}\mathcal{J}h(x)$, 可知当 x 接近 $\bar{x}$ 时, $P(x)$ 有定义, 存在 $\xi \in \mathbb{R}^n$, 满足 $\hat{d} = P(\bar{x})\xi$. 类似地, 构造常微分方程初值问题

$$\begin{cases} \dfrac{dx}{dt} = P(x)\xi, \\ x(0) = \bar{x}. \end{cases}$$

它确定了函数 $x(t): t \in [0,\hat{t})$ 可微可行且满足 $\dot{x}(0) = \hat{d}$. 然而当 t 充分小时,

$$f(x(t)) = f(x(0)) + t\nabla f(x(0))^{\mathrm{T}}\dot{x}(0) + o(t) = f(\bar{x}) + t\nabla f(x(0))^{\mathrm{T}}\hat{d} + o(t) < f(\bar{x}),$$

这与 $\bar{x}$ 是局部极小点矛盾, 论断得证.

问题 (4.7) 的对偶问题可以表示为

$$\begin{cases} \max & 0 \\ \text{s.t.} & \lambda_0 \nabla f(\bar{x}) + \mathcal{J}h(\bar{x})^{\mathrm{T}}\mu + \sum\limits_{i\in I(\bar{x})} \lambda_i \nabla g_i(\bar{x}) = 0, \\ & -\lambda_0 - \sum\limits_{i\in I(\bar{x})} \lambda_i + 1 = 0, \\ & \lambda_0 \geqslant 0, \lambda_i \geqslant 0,\ i \in I(\bar{x}). \end{cases}$$

由线性规划的对偶定理 (定理 4.1), 可知如上的对偶问题的最优解集非空, 即满足上述问题约束的解 (λ_0,μ,λ) 存在, 且 (λ_0,μ,λ) 不全为零. 从而条件 (4.6) 得证. ■

注记 4.2 对于一般的优化问题也可以建立 Fritz-John 条件. 设 X, Y 是有限维 Hilbert 空间, 考虑优化模型

$$\begin{cases} \min & f(x) \\ \text{s.t.} & G(x) \in K, \end{cases} \tag{4.8}$$

其中函数 $f : X \to \mathbb{R}, G : X \to Y$ 在 $\bar{x}$, $K \subset Y$ 是闭凸子集. 定义广义 Lagrange 函数

$$L^g(x, \lambda_0, \lambda) = \lambda_0 f(x) + \langle \lambda, G(x) \rangle, \quad (\lambda_0, \lambda) \in \mathbb{R}_+ \times Y^*,$$

其中 Y^* 表示 Y 的共轭空间. 在 [8, 3.1.2 节] 中给出如下结论.

定理 4.4 (Fritz-John 条件)　设 $\bar{x}$ 是问题 (4.8) 的局部极小点, 函数 f, G 在 $\bar{x}$ 附近连续可微, 则存在不全为零的乘子 $(\lambda_0, \lambda) \in \mathbb{R}_+ \times Y^*$ 满足

$$\begin{cases} \mathrm{D}_x L^g(\bar{x}, \lambda_0, \lambda) = 0, \\ \lambda \in N_K(G(\bar{x})) = 0. \end{cases} \tag{4.9}$$

定义问题 (NLP) 在 $\bar{x}$ 处的乘子集合为

$$\Lambda(\bar{x}) = \left\{ (\mu, \lambda) \in \mathbb{R}^q \times \mathbb{R}^p \;\middle|\; \begin{array}{l} \nabla L(\bar{x}, \mu, \lambda) = 0, \\ h(\bar{x}) = 0,\ 0 \leqslant \lambda \perp g(\bar{x}) \geqslant 0 \end{array} \right\}.$$

定理 4.5　设 $\bar{x}$ 是非线性规划 (NLP) 的局部极小点, 且 f, h, g 在 $\bar{x}$ 附近连续可微, 则 Mangasarian-Fromovitz 约束规范成立的充分必要条件是 $\Lambda(\bar{x})$ 是非空紧致的.

证明　充分性. 首先证明 Mangasarian-Fromovitz 约束规范推出 $\Lambda(\bar{x}) \neq \varnothing$. 考虑如下优化问题

$$\begin{cases} \min & \nabla f(\bar{x}) d \\ \text{s.t.} & d \in T_\Phi(\bar{x}). \end{cases}$$

由定理 2.4, 其最优值为零. 在 Mangasarian-Fromovitz 约束规范成立时, 其等价于如下极小化问题

$$\text{(LP)} \qquad \begin{cases} \min & \nabla f(\bar{x}) d \\ \text{s.t.} & \mathcal{J}h(\bar{x})d = 0,\ \nabla g_i(\bar{x})^{\mathrm{T}} d \leqslant 0, i \in I(\bar{x}). \end{cases}$$

问题 (LP) 的对偶问题为

$$\text{(LD)} \qquad \begin{cases} \max & 0 \\ \text{s.t.} & \nabla f(\bar{x}) + \mathcal{J}h(\bar{x})^{\mathrm{T}} \mu + \displaystyle\sum_{i \in I(\bar{x})} \lambda_i \nabla g_i(\bar{x}) = 0, \\ & \lambda_i \geqslant 0,\ i \in I(\bar{x}). \end{cases}$$

由线性规划的对偶定理 (定理 4.1), 可知如上的对偶问题的最优解集非空, 即 $\Lambda(\bar{x})$ 非空. 再证 $\Lambda(\bar{x})$ 是紧致集. 采用反证法, 假设存在 $(\mu_k,\lambda_k)\in\Lambda(\bar{x})$ 满足 $\|(\mu_k,\lambda_k)\|\to+\infty$. 记 $(\hat{\mu}_k,\hat{\lambda}_k)=(\mu_k,\lambda_k)/\|(\mu_k,\lambda_k)\|\in \mathrm{bdry}\mathbf{B}$. 因此存在子列 $\{(\hat{\mu}_{k_i},\hat{\lambda}_{k_i})\}$ 收敛到某一点 $(\hat{\mu},\hat{\lambda})$ 且 $\|(\hat{\mu},\hat{\lambda})\|=1$. 由 $(\mu_{k_i},\lambda_{k_i})\in\Lambda(\bar{x})$, 有

$$\frac{\nabla f(\bar{x})}{\|(\mu_{k_i},\lambda_{k_i})\|}+\mathcal{J}h(\bar{x})^{\mathrm{T}}\hat{\mu}_{k_i}+\mathcal{J}g(\bar{x})^{\mathrm{T}}\hat{\lambda}_{k_i}=0,\quad 0\leqslant\hat{\lambda}_{k_i}\perp g(\bar{x})\leqslant 0.$$

令 $i\to\infty$ 取极限, 得到

$$\mathcal{J}h(\bar{x})^{\mathrm{T}}\hat{\mu}+\mathcal{J}g(\bar{x})^{\mathrm{T}}\hat{\lambda}=0,\quad 0\leqslant\hat{\lambda}\perp g(\bar{x})\leqslant 0 \quad 且 \quad (\hat{\mu},\hat{\lambda})\neq 0.$$

若 $\hat{\lambda}\neq 0$, 由 Mangasarian-Fromovitz 约束规范的内部性条件, 对上式左乘 $(d^0)^{\mathrm{T}}$, 有

$$(d^0)^{\mathrm{T}}\mathcal{J}h(\bar{x})^{\mathrm{T}}\hat{\mu}+(d^0)^{\mathrm{T}}\mathcal{J}g(\bar{x})^{\mathrm{T}}\hat{\lambda}=0.$$

但是

$$(d^0)^{\mathrm{T}}\mathcal{J}g(\bar{x})^{\mathrm{T}}\hat{\lambda}=\sum_{i\in I(\bar{x})}\hat{\lambda}^i\nabla g_i(\bar{x})^{\mathrm{T}}(d^0)<0 \quad 且 \quad \mathcal{J}h(\bar{x})d^0=0,$$

这是一对矛盾, 因此 $\hat{\lambda}=0$. 此时 $\hat{\mu}\neq 0$, 得到

$$\mathcal{J}h(\bar{x})^{\mathrm{T}}\hat{\mu}+\mathcal{J}g(\bar{x})^{\mathrm{T}}\hat{\lambda}=\mathcal{J}h(\bar{x})^{\mathrm{T}}\hat{\mu}=0,$$

这与 $\mathcal{J}h(\bar{x})$ 是行满秩的又矛盾了. 因此我们的假设不成立, 即得 $\Lambda(\bar{x})$ 应是紧致集.

必要性. 用反证法. 假设 $\Lambda(\bar{x})$ 是非空紧致, 但是 Mangasarian-Fromovitz 约束规范不成立. 观察到, Mangasarian-Fromovitz 约束规范也可表达为如下形式:

$$\begin{bmatrix}\mathcal{J}h(\bar{x})\\ \mathcal{J}g(\bar{x})\end{bmatrix}\mathbb{R}^n+T_{\{\mathbf{0}_q\}\times\mathbb{R}^p_-}(h(\bar{x}),g(\bar{x}))=\mathbb{R}^q\times\mathbb{R}^p.$$

对上式两边取极锥, 根据 (9.2), 可得

$$\ker\left(\begin{bmatrix}\mathcal{J}h(\bar{x})\\ \mathcal{J}g(\bar{x})\end{bmatrix}\mathbb{R}^n\right)\cap N_{\{\mathbf{0}_q\}\times\mathbb{R}^p_-}(h(\bar{x}),g(\bar{x}))=\{0\}.$$

若 Mangasarian-Fromovitz 约束规范不真, 则存在 $(\hat{\mu},\hat{\lambda})\neq 0$, $(\hat{\mu},\hat{\lambda})$ 属于上式左端, 即

$$\mathcal{J}h(\bar{x})^{\mathrm{T}}\hat{\mu}+\mathcal{J}g(\bar{x})^{\mathrm{T}}\hat{\lambda}=0,\quad 0\leqslant\hat{\lambda}\perp g(\bar{x})\leqslant 0.$$

那么对于任意的 $(\bar{\mu},\bar{\lambda})\in\Lambda(\bar{x})$, 一定有 $(\bar{\mu},\bar{\lambda})+t(\hat{\mu},\hat{\lambda})\in\Lambda(\bar{x})$, 对于任意的 $t>0$ 成立, 这与 $\Lambda(\bar{x})$ 的有界性矛盾. 必要性得证. ∎

下面介绍比 Mangasarian-Fromovitz 约束规范更强的约束规范——线性无关约束规范.

定义 4.3 (线性无关约束规范) 设 h,g 在 $\bar{x}$ 附近连续可微, 称 (NLP) 在 $\bar{x}$ 处满足线性无关约束规范, 若满足 $\nabla h_1(\bar{x}),\cdots,\nabla h_q(\bar{x}),\nabla g_i(\bar{x}),i\in I(\bar{x})$ 是线性无关的.

线性无关约束规范可推出 Mangasarian-Fromovitz 约束规范. 实际上, 考虑方程组

$$\mathcal{J}h(\bar{x})\xi=0,\quad \nabla g_i(\bar{x})^{\mathrm{T}}\xi=-1,\quad i\in I(\bar{x}),$$

首先, Mangasarian-Fromovitz 约束规范的第 (i) 条件显然成立; 在线性无关约束规范成立的前提下, 方程组必有解, 这说明 Mangasarian-Fromovitz 约束规范的第 (ii) 条成立. 下面给出线性无关约束规范的一个性质.

命题 4.4 设 h,g 在 $\bar{x}$ 附近连续可微且线性无关约束规范成立, 那么乘子集合 $\Lambda(\bar{x})$ 是单点集.

证明 若存在两个点 $(\mu,\lambda),(\mu',\lambda')\in\Lambda(\bar{x})$, 有

$$\nabla f(\bar{x})+\mathcal{J}h(\bar{x})^{\mathrm{T}}\mu+\sum_{i\in I(\bar{x})}\lambda_i\nabla g_i(\bar{x})=0$$

和

$$\nabla f(\bar{x})+\mathcal{J}h(\bar{x})^{\mathrm{T}}\mu'+\sum_{i\in I(\bar{x})}\lambda_i'\nabla g_i(\bar{x})=0.$$

上式相减得到 $\mathcal{J}h(\bar{x})^{\mathrm{T}}(\mu-\mu')+\sum\limits_{i\in I(\bar{x})}(\lambda_i-\lambda_i')\nabla g_i(\bar{x})=0$. 由线性无关约束规范即得 $\mu=\mu',\lambda_i=\lambda_i',i\in I(\bar{x})$. ∎

4.2.3 二阶必要性与充分性最优条件

首先定义问题 (NLP) 在 $\bar{x}$ 处的临界锥:

$$C(\bar{x})=\{d\in\mathbb{R}^n|\nabla f(\bar{x})^{\mathrm{T}}d\leqslant 0,\mathcal{J}h(\bar{x})d=0,\nabla g_i(\bar{x})^{\mathrm{T}}d\leqslant 0,i\in I(\bar{x})\}.$$

在乘子集合 $\Lambda(\bar{x})$ 非空时, $C(\bar{x})$ 可重新写为

$$\begin{aligned}C(\bar{x})&=T_\Phi(\bar{x})\cap[\mathcal{J}g(\bar{x})^T\lambda]^\perp\\&=\{d\in\mathbb{R}^n|\mathcal{J}h(\bar{x})d=0,\ \nabla g_i(\bar{x})^{\mathrm{T}}d\leqslant 0,i\in I(\bar{x}),\ \langle\lambda,\mathcal{J}g(\bar{x})d\rangle=0\}\\&=\left\{d\in\mathbb{R}^n\,\middle|\,\begin{array}{l}\mathcal{J}h(\bar{x})d=0,\ \nabla g_i(\bar{x})^{\mathrm{T}}d=0,i\in I_+(\bar{x},\lambda),\\ \nabla g_i(\bar{x})^{\mathrm{T}}d\leqslant 0,i\in I_0(\bar{x},\lambda)\end{array}\right\},\end{aligned}$$

其中

$$I_+(\bar{x},\lambda)=\{i\in I(\bar{x})|\lambda_i>0\};\quad I_0(\bar{x},\lambda)=\{i\in I(\bar{x})|\lambda_i=0\}.$$

此时,$C(\bar{x})$ 的仿射包写作

$$\mathrm{aff}C(\bar{x})=\{d\in\mathbb{R}^n|\mathcal{J}h(\bar{x})d=0,\ \nabla g_i(\bar{x})^{\mathrm{T}}d=0,i\in I_+(\bar{x},\lambda)\}.$$

特殊地, 倘若严格互补松弛条件成立, 即对于任意的 $(\mu,\lambda)\in\Lambda(\bar{x})$, 有 $\lambda_i-g_i(\bar{x})>0$. 临界锥 $C(\bar{x})$ 退化为一子空间

$$C(\bar{x})=\{d\in\mathbb{R}^n|\mathcal{J}h(\bar{x})d=0,\ \nabla g_i(\bar{x})^{\mathrm{T}}d=0,i\in I(\bar{x})\}.$$

定理 4.6 (二阶必要性最优条件) 设 $\bar{x}$ 是非线性规划 (NLP) 的一个局部极小点, f,h,g 在 $\bar{x}$ 附近二次连续可微且 Mangasarian-Fromovitz 约束规范在 $\bar{x}$ 处成立, 则

(i) $\Lambda(\bar{x})$ 是非空紧致的;

(ii) $\forall d\in C(\bar{x})$, 有

$$\sup_{(\mu,\lambda)\in\Lambda(\bar{x})}\left\{\langle d,\nabla^2_{xx}L(\bar{x},\mu,\lambda)d\rangle\right\}\geqslant 0.$$

证明 结论 (i) 是显然的, 仅需要证明 (ii). 在 Mangasarian-Fromovitz(MF) 约束规范下, 由定理 4.2 的在 MF 约束规范条件下的 $T^2_\Phi(x,d)$ 的表达式, 根据基本定理 (定理 2.5), 如下优化问题的最优值是非负的

$$(\mathrm{LP})\qquad\left\{\begin{array}{ll}\min & \nabla f(\bar{x})^{\mathrm{T}}w+d^{\mathrm{T}}\nabla^2 f(\bar{x})d\\ \text{s.t.} & \nabla h_j(\bar{x})^{\mathrm{T}}w+d^{\mathrm{T}}\nabla^2 h_j(\bar{x})d=0,j=1,\cdots,q,\\ & \nabla g_i(\bar{x})^{\mathrm{T}}w+d^{\mathrm{T}}\nabla^2 g_i(\bar{x})d\leqslant 0,i\in I_1(\bar{x},d),\end{array}\right.$$

其中 $I_1(\bar{x},d)=\{i\in I(\bar{x})|\nabla g_i(\bar{x})^{\mathrm{T}}d=0\}$. 上述线性规划的对偶问题为

$$(\mathrm{LD})\qquad\left\{\begin{array}{ll}\max & d^{\mathrm{T}}\nabla^2 f(\bar{x})^{\mathrm{T}}d+\sum_{j=1}^{q}\mu_j d^{\mathrm{T}}\nabla^2 h_j(\bar{x})d+\sum_{i\in I_1(\bar{x},d)}\lambda_i d^{\mathrm{T}}\nabla^2 g_i(\bar{x})d\\ \text{s.t.} & \nabla f(\bar{x})+\sum_{j=1}^{q}\mu_j\nabla h_j(\bar{x})+\sum_{i\in I_1(\bar{x},d)}\lambda_i\nabla g_i(\bar{x})=0,\\ & \lambda_i\geqslant 0,i\in I_1(\bar{x},d).\end{array}\right.$$

由线性规划的对偶定理 (定理 4.1), 可知 val(LD)=val(LP)$\geqslant 0$. 我们观察到 (LD) 的约束集合是 $\Lambda(\bar{x})$ 的子集. 放大约束集合, 得到

$$(\mathrm{LD}')\qquad\left\{\begin{array}{ll}\max & d^{\mathrm{T}}\nabla^2_{xx}L(\bar{x},\mu,\lambda)d\\ \text{s.t.} & (\mu,\lambda)\in\Lambda(\bar{x}).\end{array}\right.$$

因此有问题 (LD′) 的最优值非负. 结论可证. ■

下面我们建立二阶充分性最优条件, 这里强调, 二阶充分性最优条件是不需要约束规范的.

定理 4.7 (二阶充分性最优条件)　设 $\bar{x}$ 是非线性规划 (NLP) 的一个可行点, f, h, g 在 $\bar{x}$ 附近二次连续可微. 假设

(i) $\Lambda(\bar{x}) \neq \varnothing$;

(ii) $\forall d \in C(\bar{x}) \setminus \{0\}$, 有

$$\sup_{(\mu,\lambda)\in\Lambda(\bar{x})} \left\{\langle d, \nabla_{xx}^2 L(\bar{x},\mu,\lambda)d\rangle\right\} > 0,$$

则二阶增长条件在 $\bar{x}$ 处成立.

证明　采用反证法. 假设存在一序列 $\{x^k\} \subset \Phi$, 满足 $x^k \to \bar{x}$ 且

$$f(x^k) < f(\bar{x}) + \frac{1}{k}\|x^k - \bar{x}\|^2.$$

定义 $t_k = \|x^k - \bar{x}\|$, $t_k \downarrow 0$, 且 $t_k \neq 0$. 令 $d^k = (x^k - \bar{x})/t_k$, 则 $x^k = \bar{x} + t_k d^k$. 因为 $d^k \in \mathrm{bdry}\mathbf{B}$, 所以 $\|d^k\| = 1$ 且存在聚点 d, 即 $\exists k_i, d^{k_i} \to d, \|d\| = 1$.

首先证明论断 “$d \in C(\bar{x})$ 且 $d \neq 0$”. 从 (i) 可知

$$f(\bar{x} + t_{k_i} d^{k_i}) < f(\bar{x}) + \frac{1}{k_i} t_{k_i}^2,$$

应用 Taylor 展开并令 $i \to \infty$, 有 $\nabla f(\bar{x})^{\mathrm{T}} d \leqslant 0$. 同理, 有

$$h(x^{k_i}) = h(\bar{x}) + t_{k_i} \mathcal{J}h(\bar{x})^{\mathrm{T}} d^{k_i} + o(t_{k_i}) = 0$$

和

$$g_j(x^{k_i}) = g_j(\bar{x}) + t_{k_i} \nabla g_j(\bar{x})^{\mathrm{T}} d^{k_i} + o(t_{k_i}) \leqslant 0, \quad i \in I(\bar{x}).$$

因此当 $i \to \infty$ 时, 可以得到

$$d \in T_\Phi(\bar{x}) = \{d \in \mathbb{R}^n | \mathcal{J}h(\bar{x})d = 0,\ \nabla g_i(\bar{x})^{\mathrm{T}} d \leqslant 0, i \in I(\bar{x})\},$$

从而 $d \in C(\bar{x})$ 得证.

由条件 (ii), 必存在一个 $(\hat{\mu}, \hat{\lambda}) \in \Lambda(\bar{x})$, 满足 $d^{\mathrm{T}} \nabla_{xx}^2 L(\bar{x}, \hat{\mu}, \hat{\lambda}) d \geqslant \varepsilon_0 > 0$. 再一次对 f, h, g 在 $\bar{x}$ 处做如下的 Taylor 展开:

$$f(x^{k_i}) - f(\bar{x}) = t_{k_i} \nabla f(\bar{x})^{\mathrm{T}} d^{k_i} + \frac{t_{k_i}^2}{2} (d^{k_i})^{\mathrm{T}} \nabla^2 f(\bar{x}) d^{k_i} + o(t_{k_i}^2) < \frac{1}{k_i} t_{k_i}^2,$$

$$h_j(x^{k_i}) - h_j(\bar{x}) = t_{k_i} \nabla h_j(\bar{x})^{\mathrm{T}} d^{k_i} + \frac{t_{k_i}^2}{2} (d^{k_i})^{\mathrm{T}} \nabla^2 h_j(\bar{x}) d^{k_i} + o(t_{k_i}^2) = 0,$$

$$g_l(x^{k_i}) - g_l(\bar{x}) = t_{k_i} \nabla g_l(\bar{x})^{\mathrm{T}} d^{k_i} + \frac{t_{k_i}^2}{2} (d^{k_i})^{\mathrm{T}} \nabla^2 g_l(\bar{x}) d^{k_i} + o(t_{k_i}^2) \leqslant 0,$$

其中 $1 \leqslant j \leqslant q, l \in I(\bar{x})$. 于是得到对 $1 \leqslant j \leqslant q, l \in I(\bar{x})$, 有

$$t_{k_i} \nabla f(\bar{x})^{\mathrm{T}} d^{k_i} + \frac{t_{k_i}^2}{2} (d^{k_i})^{\mathrm{T}} \nabla^2 f(\bar{x}) d^{k_i} < \frac{1}{k_i} t_{k_i}^2 + o(t_{k_i}^2), \tag{4.10}$$

$$t_{k_i} \nabla h_j(\bar{x})^{\mathrm{T}} d^{k_i} + \frac{t_{k_i}^2}{2} (d^{k_i})^{\mathrm{T}} \nabla^2 h_j(\bar{x}) d^{k_i} = o(t_{k_i}^2), \tag{4.11}$$

$$t_{k_i} \nabla g_l(\bar{x})^{\mathrm{T}} d^{k_i} + \frac{t_{k_i}^2}{2} (d^{k_i})^{\mathrm{T}} \nabla^2 g_l(\bar{x}) d^{k_i} \leqslant o(t_{k_i}^2). \tag{4.12}$$

对每一 j, 用 $\hat{\mu}_j$ 乘 (4.11) 的两边, 对每一 $l \in I(\bar{x})$, 用 $\hat{\lambda}_l$ 乘 (4.12) 的两边, 把它们相加并加上 (4.10) 的两端可得

$$t_{k_i} \nabla_x L(\bar{x}, \hat{\mu}, \hat{\lambda})^{\mathrm{T}} d^{k_i} + \frac{t_{k_i}^2}{2} (d^{k_i})^{\mathrm{T}} \nabla_{xx}^2 L(\bar{x}, \hat{\mu}, \hat{\lambda}) d^{k_i} < \frac{1}{k_i} t_{k_i}^2 + o(t_{k_i}^2).$$

因为 $(\hat{\mu}, \hat{\lambda}) \in \Lambda(\bar{x})$, 有 $\nabla_x L(\bar{x}, \hat{\mu}, \hat{\lambda}) = 0$, 从而

$$\frac{t_{k_i}^2}{2} (d^{k_i})^{\mathrm{T}} \nabla_{xx}^2 L(\bar{x}, \hat{\mu}, \hat{\lambda}) d^{k_i} < \frac{1}{k_i} t_{k_i}^2 + o(t_{k_i}^2).$$

对上式两端同除 $t_{k_i}^2$ 并令 $i \to \infty$ 取极限, 有

$$d^{\mathrm{T}} \nabla_{xx}^2 L(\bar{x}, \hat{\mu}, \hat{\lambda}) d \leqslant 0.$$

这与条件 (ii) 矛盾. 结论得证. ■

由上述定理, 非线性规划问题在可行点处是否满足二阶充分性条件是确定问题最优解的判断依据. 但是存在一部分非线性规划问题很难满足二阶充分性条件.

例 4.1 考虑如下优化问题

$$\begin{cases} \min\limits_{x} & \sum\limits_{1 \leqslant i \leqslant n, 1 \leqslant j \leqslant n} \left((x_i - x_j)^2 - d_{ij}^2\right)^2 \\ \text{s.t.} & x_i \in [a_i, b_i],\ i = i, \cdots, n, \end{cases} \tag{4.13}$$

其中变量 $x := (x_1, \cdots, x_n)$. 上述问题可以转化为如下形式的标准非线性规划问题

$$\begin{cases} \min\limits_{x} & f(x) = \sum\limits_{1 \leqslant i \leqslant n, 1 \leqslant j \leqslant n} \left((x_i - x_j)^2 - d_{ij}^2\right)^2 \\ \text{s.t.} & 0 \geqslant g_i(x) = \begin{cases} a_i - x_i, & i \in \{1, \cdots, n\}, \\ x_i - b_i, & i \in \{n+1, \cdots, 2n\}. \end{cases} \end{cases} \tag{4.14}$$

令 $g(x) := (g_1(x), \cdots, g_{2n}(x))$, Lagrange 函数定义为

$$L(x,\lambda) = f(x) + g(x)^{\mathrm{T}}\lambda, \quad \lambda \in \mathbb{R}^{2n}.$$

那么乘子集合

$$\Lambda(\bar{x}) = \left\{ \lambda \in \mathbb{R}^{2n} \;\middle|\; \begin{array}{l} [\nabla f(\bar{x}) + \nabla g(\bar{x})^{\mathrm{T}}\lambda]_i = 4\sum\limits_{j=1}^{n}[(\bar{x}_i - \bar{x}_j)^2 - d_{ij}^2](\bar{x}_i - \bar{x}_j) \\ +(\lambda_{n+i} - \lambda_i) = 0, i = 1, \cdots, n; \\ 0 \leqslant \lambda \perp g(\bar{x}) \geqslant 0 \end{array} \right\}$$

一定是非空的. 此时临界锥可以表示为

$$C(\bar{x}) = \{d \in \mathbb{R}^n | d_i = 0,\ i \in I_1;\ d_i \geqslant 0,\ i \in I_2;\ d_i \leqslant 0,\ i \in I_3\},$$

其中

$$I_1 = \{i | \bar{x}_i = a_i \text{ 或 } \bar{x}_i = b_i, \text{ 且 } \lambda_i > 0\};$$

$$I_2 = \{i | \bar{x}_i = a_i \text{ 且 } \lambda_i = 0\};$$

$$I_3 = \{i | \bar{x}_i = b_i \text{ 且 } \lambda_i = 0\}.$$

观察到 $\nabla_{xx}^2 g(\bar{x}) \equiv 0$. 若 $\bar{x}$ 是问题 (4.14) 的一个可行点, 定理 4.7 中的二阶充分性条件具体表示为: 对于任意的 $d \in C(\bar{x}) \setminus \{0\}$, 有

$$\sup_{\lambda \in \Lambda(\bar{x})} \left\{ \langle d, \nabla_{xx}^2 f(\bar{x}) d \rangle \right\} > 0.$$

倘若目标函数 f 是一凸函数, 则 $\nabla_{xx}^2 f(\bar{x})$ 是半正定矩阵, 则在满足上式的 $\bar{x}$ 处二阶增长条件成立. 若 f 是一凹函数, 则 $\nabla_{xx}^2 f(\bar{x})$ 是半负定矩阵, 那么对于任意的 $d \in C(\bar{x}) \setminus \{0\}$, $\langle d, \nabla_{xx}^2 f(\bar{x}) d \rangle \leqslant 0$, 此时无法用定理 4.7 判断问题 (4.14) 的最优解, 即最优点处二阶充分性条件不成立.

记矩阵 D 为 $[D]_{ij} = d_{ij}$. 下面考虑何时 f 是一凹函数. 在任意点 $x \in \mathbb{R}^n$ 处,

$$[\nabla_{xx}^2 f(x)]_{ij} = 4[(x_i - x_j)^2 + d_{ij}^2].$$

若以 $n = 2$ 为例, 当矩阵 D 是半负定矩阵时, $\nabla_{xx}^2 f(x)$ 是半负定矩阵, f 是一凹函数.

4.3 非线性规划的稳定性

4.3.1 Jacobian 唯一性条件

考虑以下非线性规划的扰动问题:

$$(\mathrm{NLP}_u)\qquad \begin{cases} \min & \tilde{f}(x,u) \\ \text{s.t.} & \tilde{h}(x,u)=0, \\ & \tilde{g}(x,u)\leqslant 0, \end{cases} \tag{4.15}$$

其中映射 $\tilde{f}:\mathbb{R}^n\times\mathbb{R}^m\to\mathbb{R}$, $\tilde{h}:\mathbb{R}^n\times\mathbb{R}^m\to\mathbb{R}^q$ 和 $\tilde{g}:\mathbb{R}^n\times\mathbb{R}^m\to\mathbb{R}^p$ 都是 (x,u) 的光滑映射. 并且设 $\tilde{f}(x,u_0)=f(x)$, $\tilde{h}(x,u_0)=h(x),\tilde{g}(x,u_0)=g(x)$. 那么 (NLP) 问题等价于问题 (NLP_{u_0}).

下面定义非线性规划的 Jacobian 唯一性条件.

定义 4.4 (Jacobian 唯一性条件) 设 $\bar{x}$ 是问题 (NLP) 的最优解, f,h,g 在 $\bar{x}$ 附近二次连续可微. 称 $\bar{x}$ 处 Jacobian 唯一性条件成立, 如果下述条件成立:

(i) $\Lambda(\bar{x})\neq\varnothing,(\bar{\mu},\bar{\lambda})\in\Lambda(\bar{x})$;

(ii) 线性无关约束规范在 $\bar{x}$ 处成立;

(iii) 严格互补条件成立, 即 $\bar{\lambda}_i>0,i\in I(\bar{x})$;

(iv) 二阶充分性条件在 $(\bar{x},\bar{\mu},\bar{\lambda})$ 处成立, 即 $\forall 0\neq d\in C(\bar{x})$,

$$d^{\mathrm{T}}\nabla^2_{xx}L(\bar{x},\bar{\mu},\bar{\lambda})d>0.$$

定义映射:

$$F(x,\mu,\lambda)=\begin{bmatrix} \nabla_x L(x,\mu,\lambda) \\ h(x) \\ \mathrm{Diag}(\lambda)g(x) \end{bmatrix}, \tag{4.16}$$

其中 $\mathrm{Diag}(\lambda)$ 表示以 λ 各分量为对角线的对角矩阵, 则

$$\mathrm{Diag}(\lambda)g(x)=(\lambda_1 g_1(x),\cdots,\lambda_p g_p(x))^{\mathrm{T}}.$$

命题 4.5 设 Jacobian 唯一性条件在 $(\bar{x},\bar{\mu},\bar{\lambda})$ 处成立, 则由 (4.16) 定义的映射的 Jacobian 矩阵 $\mathcal{J}F(\cdot,\cdot,\cdot)$ 在 $(\bar{x},\bar{\mu},\bar{\lambda})$ 处是非奇异的.

证明 记 $g(\bar{x})$ 的前 $r<p$ 个分量满足 $g_i(\bar{x})=0,i=1,\cdots,r$, 即 $I(\bar{x})=\{1,\cdots,r\}$. 由严格互补条件, 乘子 $\lambda_i>0,i=1,\cdots,r;\lambda_i=0,i=r+1,\cdots,p$. 那么 Jacobian 矩阵 $\mathcal{J}F(\bar{x},\bar{\mu},\bar{\lambda})$ 表示为

$\mathcal{J}F(\bar{x},\bar{\mu},\bar{\lambda})$

$$= \begin{bmatrix} \nabla^2_{xx}L(\bar{x},\bar{\mu},\bar{\lambda}) & \mathcal{J}h(\bar{x}) & \nabla g_1(\bar{x}),\cdots,\nabla g_r(\bar{x}) & \nabla g_{r+1}(\bar{x}),\cdots,\nabla g_p(\bar{x}) \\ \mathcal{J}h(\bar{x}) & 0_{q\times q} & 0_{q\times r} & 0_{q\times(p-r)} \\ \lambda_1\nabla g_1^{\mathrm{T}}(\bar{x}) & & & \\ \vdots & 0_{r\times q} & 0_{r\times r} & 0_{r\times(p-r)} \\ \lambda_r\nabla g_r^{\mathrm{T}}(\bar{x}) & & & \\ 0_{(p-r)\times n} & 0_{(p-r)\times q} & 0_{(p-r)\times r} & \mathrm{Diag}(g_{r+1}(\bar{x}),\cdots,g_p(\bar{x})) \end{bmatrix}.$$

对于向量 $\xi_1\in\mathbb{R}^n,\xi_2\in\mathbb{R}^q,\xi_3\in\mathbb{R}^r,\xi_4\in\mathbb{R}^{p-r}$, 考虑 $\mathcal{J}F(\bar{x},\bar{\mu},\bar{\lambda})(\xi_1,\xi_2,\xi_3,\xi_4)^{\mathrm{T}}=0$, 即

$$\nabla^2_{xx}L(\bar{x},\bar{\mu},\bar{\lambda})\xi_1+\mathcal{J}h(\bar{x})^{\mathrm{T}}\xi_2+\sum_{i=1}^{r}(\xi_3)_i\nabla g_i(\bar{x})+\sum_{i=r+1}^{p}(\xi_4)_i\nabla g_i(\bar{x})=0, \tag{4.17}$$

$$\nabla h(\bar{x})\xi_1=0, \tag{4.18}$$

$$\mathrm{Diag}(\lambda_1,\cdots,\lambda_r)(g_1^{\mathrm{T}}(\bar{x}),\cdots,g_p^{\mathrm{T}}(\bar{x}))^{\mathrm{T}}\xi_1=0, \tag{4.19}$$

$$\mathrm{Diag}(g_{r+1}(\bar{x}),\cdots,g_p(\bar{x}))\xi_4=0. \tag{4.20}$$

由 (4.20) 得 $\xi_4=0$. 由 (4.18) 和 (4.19) 得 $\xi_1\in C(\bar{x})$. 对 (4.17) 左乘 ξ_1^{T}, 得到

$$\xi_1^{\mathrm{T}}\nabla^2_{xx}L(\bar{x},\bar{\mu},\bar{\lambda})\xi_1=0,$$

由二阶充分性条件可知 $\xi_1=0$. (4.17) 变为 $\mathcal{J}h(\bar{x})^{\mathrm{T}}\xi_2+\sum\limits_{i=1}^{r}(\xi_3)_i\nabla g_i(\bar{x})=0$, 由线性无关约束规范, $\xi_2=0$, $\xi_3=0$. 因此 $(\xi_1,\xi_2,\xi_3,\xi_4)\equiv 0$. ■

下面给出关于扰动问题 (NLP$_u$) 的重要的稳定性定理, 这里的分析主要用经典隐函数定理.

定理 4.8 [25] 若 Jacobian 唯一性条件在 $(\bar{x},\bar{\mu},\bar{\lambda})$ 处成立, 那么存在 $\varepsilon>0$, $\delta>0$, 以及映射 $(x(\cdot),\mu(\cdot),\lambda(\cdot)):\mathbf{B}_\delta(u_0)\to\mathbf{B}_\varepsilon((\bar{x},\bar{\mu},\bar{\lambda}))$ 满足:

(i) $(x(u_0),\mu(u_0),\lambda(u_0))=(\bar{x},\bar{\mu},\bar{\lambda})$;

(ii) $\forall u\in\mathbf{B}_\delta(u_0)$, $(x(\cdot),\mu(\cdot),\lambda(\cdot))$ 是一连续可微映射;

(iii) $\forall u\in\mathbf{B}_\delta(u_0)$, $(x(u),\mu(u),\lambda(u))$ 关于问题 (NLP$_u$) 的 Jacobian 唯一性条件成立.

证明 定义映射

$$F(x,\mu,\lambda;u)=\begin{bmatrix}\nabla_x\tilde{f}(x,u)+\mathcal{J}_x\tilde{h}(x,u)^{\mathrm{T}}\mu+\mathcal{J}_x\tilde{g}(x,u)^{\mathrm{T}}\lambda \\ \tilde{h}(x,u) \\ \mathrm{Diag}(\lambda)\tilde{g}(x,u)\end{bmatrix}.$$

由命题 4.5, 对于映射 $F(x,\mu,\lambda;u)$ 有以下性质:

(i) $F(\bar{x},\bar{\mu},\bar{\lambda};u_0)=0$;

(ii) 映射 $F(\cdot,\cdot,\cdot;\cdot)$ 在 $(\bar{x},\bar{\mu},\bar{\lambda};u_0)$ 附近连续可微;

(iii) $\mathcal{J}_{(x,\mu,\lambda)}F(\bar{x},\bar{\mu},\bar{\lambda};u_0)$ 是非奇异的.

根据经典的隐函数定理, 存在 $\varepsilon>0$, $\delta>0$, 以及映射

$$(x(\cdot),\mu(\cdot),\lambda(\cdot)):\mathbf{B}_\delta(u_0)\to\mathbf{B}_\varepsilon((\bar{x},\bar{\mu},\bar{\lambda}))$$

满足:

(a) $(x(u_0),\mu(u_0),\lambda(u_0))=(\bar{x},\bar{\mu},\bar{\lambda})$;

(b) $F(x(u),\mu(u),\lambda(u);u)\equiv 0,\forall u\in\mathbf{B}_\delta(u_0)$;

(c) $(x(\cdot),\mu(\cdot),\lambda(\cdot))$ 在 $\mathbf{B}_\delta(u_0)$ 上连续可微且 $\nabla h_i(x(u)),i=1,\cdots,q$ 与 $\nabla g_j(x(u)),j=1,\cdots,p$ 关于 u 连续.

下证 $\forall u\in\mathbf{B}_\delta(u_0),(x(u),\mu(u),\lambda(u))$ 关于问题 (NLP_u) 的 Jacobian 唯一性条件成立. 由 $\mathcal{J}h(x(\cdot))$ 与 $\mathcal{J}g(x(\cdot))$ 的连续性, 线性无关约束规范在 $x(u)$ 处成立. 由 (b), 可知乘子集合 $\Lambda(x(u))$ 非空并且问题 (NLP_u) 的 KKT 条件在 $(x(u),\mu(u),\lambda(u))$ 处成立. 因此, $\lambda_i(u)\tilde{g}_i(x(u),u)\equiv 0$. 由映射 $x(\cdot)$ 的连续性, 有 $I(x(u))\equiv I(\bar{x})$. 那么对于 $i\notin I(\bar{x}),\tilde{g}_i(x(u),u)<0$, 且 $\lambda_i(u)=0$; 对于 $i\in I(\bar{x}),\tilde{g}_i(x(u),u)=0$, 由于映射 $\lambda_i(\cdot)$ 的连续性, $\lambda_i(u)>0$. 以上证明了问题 (NLP_u) 的严格互补条件在 $(x(u),\mu(u),\lambda(u))$ 处成立.

下面证对于任意的 $0\neq d\in C(x(u)),d^{\mathrm{T}}\nabla^2_{xx}L(x(u),\mu(u),\lambda(u))d>0$. 问题 (NLP) 的 Jacobian 唯一性条件在 $\bar{x}$ 处成立, 其临界锥可以表示为

$$C(\bar{x})=\{d\in\mathbb{R}^n|\mathcal{J}h(\bar{x})d=0,\nabla g_i(\bar{x})^{\mathrm{T}}d\leqslant 0,i\in I(\bar{x})\}.$$

记不等式约束的前 $r<p$ 个分量是等于零的, 即 $I(\bar{x})=\{1,\cdots,r\}$. 定义

$$A=(\mathcal{J}h(\bar{x})^{\mathrm{T}},\nabla g_1(\bar{x}),\cdots,\nabla g_r(\bar{x})).$$

令 $B\in\mathbb{R}^{n\times(n-q-r)}$ 满足 $\bar{A}=(A,B)$ 是非奇异的. 定义

$$\bar{A}(x(u))=(\mathcal{J}h(x(u))^{\mathrm{T}},\nabla g_1(x(u)),\cdots,\nabla g_r(x(u)),B),$$

由 $\mathcal{J}h(x(\cdot))$ 与 $\mathcal{J}g(x(\cdot))$ 以及 $x(\cdot)$ 的连续性, 当 $u\to u_0$ 时,

$$A(x(u))=(\mathcal{J}h(x(u))^{\mathrm{T}},\nabla g_1(x(u)),\cdots,\nabla g_r(x(u)),B)\to\bar{A}.$$

当 u 接近 u_0 时, $\bar{A}(x(u))$ 是非奇异的. 设 $p_1(u),p_2(u),\cdots,p_n(u)$ 是由 $\bar{A}(x(u))$ 的列的 Gram-Schmit 正交化得到的标准正交向量列, 取

$$Z(u)=(p_{q+r+1}(x(u)),\cdots,p_n(x(u))).$$

当 $u \to u_0$ 时, $Z(u) \to Z(u_0)$. 显然有 rge $Z(u_0) = C(\bar{x})$, 即对于任意的 $d \in C(\bar{x})$, 存在 $\xi \in \mathbb{R}^{n-q-r}$ 使得 $d = Z(u_0)\xi$. 那么我们所研究的在 $(\bar{x}, \bar{\mu}, \bar{\lambda})$ 处二阶充分性条件转化为

$$\xi^{\mathrm{T}} Z(u_0)^{\mathrm{T}} \nabla^2_{xx} L(\bar{x}, \bar{\mu}, \bar{\lambda}) Z(u_0) \xi > 0,$$

即 $Z(u_0)^{\mathrm{T}} \nabla^2_{xx} L(\bar{x}, \bar{\mu}, \bar{\lambda}) Z(u_0)$ 是正定的. 当 $u \to u_0$ 时,

$$Z(u)^{\mathrm{T}} \nabla^2_{xx} L(x(u), \mu(u), \lambda(u)) Z(u) \to Z(u_0^{\mathrm{T}}) \nabla^2_{xx} L(\bar{x}, \bar{\mu}, \bar{\lambda}) Z(u_0).$$

从而当 u 接近 u_0 时, $Z(u)^{\mathrm{T}} \nabla^2_{xx} L(x(u), \mu(u), \lambda(u)) Z(u)$ 是正定的. 注意到 rge$Z(u) = C(x(u))$, 其中 $C(x(u))$ 是问题 (NLP_u) 在 $x(u)$ 处的临界锥. 因此

$$Z(u)^{\mathrm{T}} \nabla^2_{xx} L(x(u), \mu(u), \lambda(u)) Z(u)$$

的正定性可推出问题 (NLP_u) 在 $(x(u), \mu(u), \lambda(u))$ 处的二阶充分性条件等价, 证明完成. ■

4.3.2 (NLP) 问题的 KKT 系统的强正则性

利用 4.3.1 节的 Jacobian 唯一性条件虽然可以得到关于稳定性完美的结果, 但是其中的严格互补条件是非常严苛的. 此时, 考虑在问题 (4.1) 的严格互补条件不满足的情况下的稳定性是非常有意义的, 这一节就考虑这一问题.

设 x 是问题 (4.1) 的可行点, 如果乘子集合 $\Lambda(x) \neq \varnothing$, 则 $(\mu, \lambda) \in \Lambda(x)$ 意味着 (x, μ, λ) 满足 KKT 条件

$$\nabla_x L(x, \mu, \lambda) = 0, \quad -h(x) = 0, \quad \lambda \in N_{\mathbb{R}^p_-}(g(x)). \tag{4.21}$$

KKT 条件 (4.21) 可以等价地表示为下述非光滑方程组

$$\begin{bmatrix} \nabla_x L(x, \mu, \lambda) \\ -h(x) \\ -g(x) + \Pi_{\mathbb{R}^p_-}(g(x) + \lambda) \end{bmatrix} = 0 \quad \text{或} \quad \begin{bmatrix} \nabla_x L(x, \mu, \lambda) \\ -h(x) \\ \lambda - \Pi_{\mathbb{R}^p_+}(g(x) + \lambda) \end{bmatrix} = 0. \tag{4.22}$$

KKT 条件 (4.21) 也可以等价地表示为下述的广义方程

$$0 \in \begin{bmatrix} \nabla_x L(x, \mu, \lambda) \\ -h(x) \\ -g(x) \end{bmatrix} + \begin{bmatrix} N_{\mathbb{R}^n}(x) \\ N_{\mathbb{R}^q}(\mu) \\ N_{\mathbb{R}^p_+}(\lambda) \end{bmatrix}. \tag{4.23}$$

定义 $Z = \mathbb{R}^n \times \mathbb{R}^q \times \mathbb{R}^p$, $D = \mathbb{R}^n \times \mathbb{R}^q \times \mathbb{R}^p_+$. 对 $z = (x, \mu, \lambda) \in Z$, 定义

$$\phi(z) = \begin{bmatrix} \nabla_x L(x, \mu, \lambda) \\ -h(x) \\ -g(x) \end{bmatrix},$$

则广义方程 (4.23) 可表示为

$$0 \in \phi(z) + N_D(z).$$

对 $\eta = (\eta_x, \eta_h, \eta_g) \in Z$, 定义

$$S_{\mathrm{KKT}}(\eta) = \{z \in Z | \eta \in \phi(z) + N_D(z)\}. \tag{4.24}$$

易看出 (4.24) 是上述广义方程的一种扰动方式, 它也是问题 (4.1) 的标准化的扰动问题的 KKT 系统, 其中问题 (4.1) 的标准参数化的扰动问题定义为

$$(\mathrm{NLP}(\eta)) \qquad \begin{cases} \min & f(x) - \langle \eta_x, x \rangle \\ \text{s.t.} & h(x) + \eta_h = 0, \\ & g(x) + \eta_g \leqslant 0. \end{cases} \tag{4.25}$$

注意到对 $z = (x, \mu, y) \in \mathbb{R}^n \times \mathbb{R}^q \times \mathbb{R}^p$,

$$\Pi_D(z) = (x, \mu, \Pi_{\mathbb{R}^p_+}(y)),$$

广义方程的法映射 (normal map) 定义为

$$\begin{aligned} \mathcal{F}(z) &= \phi(\Pi_D(z)) + z - \Pi_D(z) \\ &= \begin{bmatrix} \nabla_x L(x, \mu, y - \Pi_{\mathbb{R}^p_-}(y)) \\ -h(x) \\ -g(x) + \Pi_{\mathbb{R}^p_-}(y) \end{bmatrix}. \end{aligned} \tag{4.26}$$

则 $(\overline{x}, \overline{\mu}, \overline{\lambda})$ 是广义方程 (4.23) 的解当且仅当

$$\mathcal{F}(\overline{x}, \overline{\mu}, \overline{y}) = 0,$$

其中 $\overline{y} = \overline{\lambda} + g(\overline{x})$, $\overline{\lambda} = \Pi_{\mathbb{R}^p_+}(\overline{y})$.

引理 4.1 设 Jacobian 唯一性条件在 $(\bar{x}, \bar{\mu}, \bar{\lambda})$ 处成立, 则 (4.26) 定义的 $\mathcal{F}$ 在 $(\overline{x}, \overline{\mu}, \overline{y})$ 附近是连续可微的并且 Jacobian 矩阵 $\mathcal{J}\mathcal{F}(\cdot, \cdot, \cdot)$ 在 $(\bar{x}, \bar{\mu}, \bar{y})$ 处非奇异.

下面的引理和命题是为本节主要的稳定性刻画定理做准备的.

引理 4.2 点 $(\overline{x}, \overline{\mu}, \overline{\lambda})$ 是广义方程 (4.23) 的强正则解当且仅当 $\mathcal{F}$ 在 $(\overline{x}, \overline{\mu}, \overline{y})$ 附近是 Lipschitz 同胚的.

证明 只需注意 $\mathcal{F}$ 是 Lipschitz 连续映射并且

$$\eta = \mathcal{F}(z) \ \Leftrightarrow\ \eta \in \begin{bmatrix} \nabla_x L(x, \mu, \lambda) \\ -h(x) \\ -g(x) \end{bmatrix} + N_{\mathbb{R}^n \times \mathbb{R}^q \times \mathbb{R}^p_+}(x, \mu, \lambda)$$

和 $\overline{y}=\overline{\lambda}+g(\overline{x})$, 容易验证此结论. ■

不难看出 $\mathcal{F}$ 是一 Lipschitz 连续的半光滑映射, 若其满足 Lipschitz 反函数定理的条件, 即 $\mathcal{F}$ 在 $(\overline{x},\overline{\mu},\overline{y})$ 处的广义 Jacobian 中元素均是非奇异的, 可知广义方程 (4.23) 的解具有强正则性. 为证明广义 Jacobian 是非奇异, 需要强二阶充分性最优条件.

定义 4.5 设 $\bar{x}$ 是问题 (4.1) 的可行解, 且 $\Lambda(\bar{x})\neq\varnothing$. 称强二阶充分性条件在 $(\bar{x},\bar{\mu},\overline{\lambda})$ 处成立, 如果

$$\langle d,\nabla_{xx}^2L(\overline{x},\bar{\mu},\overline{\lambda})d\rangle>0,\quad \forall d\in \operatorname{aff}C(\overline{x})\setminus\{0\}. \tag{4.27}$$

其中 $(\bar{\mu},\overline{\lambda})\in\Lambda(\bar{x})\subset\mathbb{R}^q\times\mathbb{R}^p$.

$\operatorname{aff}C(\overline{x})$ 是临界锥的仿射包, 可表示为

$$\operatorname{aff}C(\overline{x})=\{d\in\mathbb{R}^n\mid \mathcal{J}h(\overline{x})d=0,\nabla g_i(\overline{x})^{\mathrm{T}}d=0,\forall i:\ g_i(\overline{x})=0,\overline{\lambda}_i>0\}.$$

我们总结这一重要的稳定性定理如下.

命题 4.6 设 $\bar{x}$ 是问题 (4.1) 的可行点满足乘子集合 $\Lambda(\bar{x})\neq\varnothing$. 令 $(\overline{\mu},\overline{\lambda})\in\Lambda(\overline{x})$, $\overline{y}=\overline{\lambda}+g(\overline{x})$. 考虑下述性质:

(a) 强二阶充分性条件在 $\overline{x}$ 成立, 且 $\overline{x}$ 处满足线性无关约束规范.

(b) $\partial\mathcal{F}(\overline{x},\overline{\mu},\overline{y})$ 中的任何元素是非奇异的.

(c) KKT 点 $(\overline{x},\overline{\mu},\overline{\lambda})$ 是广义方程 (4.23) 的强正则解.

则 (a) $\Longrightarrow$ (b) $\Longrightarrow$ (c).

证明 先证明 (a) $\Longrightarrow$ (b). 因为线性无关约束规范在 $\overline{x}$ 处成立, 故 $\Lambda(\overline{x})=\{(\overline{\mu},\overline{\lambda})\}$ 且在 $(\overline{x},\overline{\mu},\overline{\lambda})$ 处的强二阶充分性条件具有 (4.27) 式的形式. 令 $W\in\partial\mathcal{F}(\overline{x},\overline{\mu},\overline{y})$. 我们证明 W 是非奇异的. 设 $(\Delta x,\Delta\mu,\Delta y)\in\mathbb{R}^n\times\mathbb{R}^q\times\mathbb{R}^p$ 满足

$$W(\Delta x,\Delta\mu,\Delta y)=0.$$

根据 $\mathcal{F}$ 的定义, 存在 $V\in\partial\Pi_{\mathbb{R}^p_-}(\overline{y})$ 满足

$$\begin{aligned}0&=W(\Delta x,\Delta\mu,\Delta y)\\&=\begin{bmatrix}\nabla_{xx}^2L(\overline{x},\overline{\mu},\overline{\lambda})\Delta x+\mathcal{J}h(\overline{x})^{\mathrm{T}}\Delta\mu+\mathcal{J}g(\overline{x})^{\mathrm{T}}[\Delta y-V(\Delta y)]\\-\mathcal{J}h(\overline{x})\Delta x\\-\mathcal{J}g(\overline{x})\Delta x+V(\Delta y)\end{bmatrix}.\end{aligned}\tag{4.28}$$

由 (4.28) 的第三式可得 $\nabla g(\overline{x})^{\mathrm{T}}\Delta x=0,\forall i: g_i(\overline{x})=0,\overline{\lambda}_i>0$. 再结合 (4.28) 的第二式得到

$$\Delta x\in\operatorname{aff}C(\overline{x}). \tag{4.29}$$

令 $\Delta y - V\Delta y = \Delta\xi$, 由 (4.28) 的第三式可得 $\Delta y = \mathcal{J}g(\overline{x})\Delta x + \Delta\xi$. 从而 (4.28) 表示为

$$W(\Delta x, \Delta\mu, \Delta y) = \begin{bmatrix} \nabla_{xx}^2 L(\overline{x}, \overline{\mu}, \overline{\lambda})\Delta x + \mathcal{J}h(\overline{x})^{\mathrm{T}}\Delta\mu + \mathcal{J}g(\overline{x})^{\mathrm{T}}\Delta\xi \\ -\mathcal{J}h(\overline{x})\Delta x \\ -\mathcal{J}g(\overline{x})\Delta x + V(\mathcal{J}g(\overline{x})\Delta x + \Delta\xi) \end{bmatrix} = 0. \tag{4.30}$$

由 (4.30) 的前两式可得

$$\begin{aligned} 0 &= \langle \Delta x, \nabla_{xx}^2 L(\overline{x}, \overline{\mu}, \overline{\lambda})\Delta x + \mathcal{J}h(\overline{x})^{\mathrm{T}}\Delta\mu + \mathcal{J}g(\overline{x})^{\mathrm{T}}\Delta\xi \rangle \\ &= \langle \Delta x, \nabla_{xx}^2 L(\overline{x}, \overline{\mu}, \overline{\lambda})\Delta x \rangle + \langle \Delta\mu, \mathcal{J}h(\overline{x})\Delta x \rangle + \langle \Delta\xi, \mathcal{J}g(\overline{x})\Delta x \rangle \\ &= \langle \Delta x, \nabla_{xx}^2 L(\overline{x}, \overline{\mu}, \overline{\lambda})\Delta x \rangle + \langle \Delta\xi, \mathcal{J}g(\overline{x})\Delta x \rangle. \end{aligned} \tag{4.31}$$

注意 $\mathcal{J}g(\overline{x})\Delta x = V\Delta y$, $\Delta\xi = [I - V]\Delta y$, 由于 $V \in \partial\Pi_{\mathbb{R}_-^p}(\overline{y})$ 满足 $[I - V]V$ 是半正定的对角阵, 所以有

$$\langle \Delta\xi, \mathcal{J}g(\overline{x})\Delta x \rangle = \langle \Delta y, [I - V]V\Delta y \rangle \geqslant 0.$$

从而由 (4.31) 可得

$$0 \geqslant \langle \Delta x, \nabla_{xx}^2 L(\overline{x}, \overline{\mu}, \overline{\lambda})\Delta x \rangle. \tag{4.32}$$

因此, 由 (4.29) 和强二阶充分性条件必有 $\Delta x = 0$. 于是 (4.30) 可简化为

$$\begin{bmatrix} \mathcal{J}h(\overline{x})^{\mathrm{T}}\Delta\mu + \mathcal{J}g(\overline{x})^{\mathrm{T}}\Delta\xi \\ V(\Delta\xi) \end{bmatrix} = 0. \tag{4.33}$$

注意 $V = \mathrm{Diag}(v_{ii})$, 其中

$$v_{ii} \begin{cases} = 0, & g_i(\overline{x}) = 0, \overline{\lambda}_i > 0, \\ \in [0, 1], & g_i(\overline{x}) = 0, \overline{\lambda}_i = 0, \\ = 1, & g_i(\overline{x}) < 0, \overline{\lambda}_i = 0. \end{cases}$$

由 $V(\Delta\xi) = 0$ 可得 $\Delta\xi_i = 0, \forall i : g_i(\overline{x}) < 0, \overline{\lambda}_i = 0$. 由线性无关约束规范, 从 (4.33) 可以得到 $\Delta\mu = 0$ 与 $\Delta\xi = 0$, 再注意前面得到的 $\Delta x = 0$, 得到 W 的非奇异性.

再来证明 (b) $\Longrightarrow$ (c). 由 Clarke 的反函数定理 (定理 9.8) 可得对 $\|\eta\|$ 充分小的 $\eta \in \mathbb{R}^{n+q+p}$, $\mathcal{F}(z) = \eta$ 有唯一的局部 Lipschitz 的映射 $z(\eta)$, 满足 $\mathcal{F}(z(\eta)) \equiv \eta$. 表明$\mathcal{F}$ 是 $(\overline{x}, \overline{\mu}, \overline{y})$ 附近的局部 Lipschitz 同胚, 由引理 4.2, 这等价于 $(\overline{x}, \overline{\mu}, \overline{\lambda})$ 是广义方程 (4.23) 的强正则解. ■

引理 4.3　设 $\overline{x}$ 是问题 (4.1) 的稳定点. 设线性无关约束规范在 $\overline{x}$ 处成立. 如果在 $\overline{x}$ 处关于标准参数化问题 (4.25) 的一致二阶增长条件成立, 则强二阶充分性条件在 $\overline{x}$ 处成立.

证明　由一致二阶增长条件成立可知 $\overline{x}$ 是问题 (4.1) 的局部极小点. 由线性无关约束规范成立, $\Lambda(\overline{x})=\{(\overline{\mu},\overline{\lambda})\}$ 是单点集. 设 $\overline{y}=g(\overline{x})+\overline{\lambda}$. 考虑下述参数非线性规划问题

$$\begin{cases}\min\limits_{x\in\mathbb{R}^n} & f(x)\\ \text{s.t.} & h(x)=0,\\ & g(x)-\tau\sum\limits_{i\in I_0(\overline{x})}\overline{e}_i\in\mathbb{R}^p_-,\end{cases}\tag{4.34}$$

其中 $I_0(\overline{x})=\{i|g_i(\overline{x})=0,\overline{\lambda}_i=0\}$, $\overline{e}_i\in\mathbb{R}^p$ 是 $\mathbb{R}^p$ 的第 i 个单位向量, $\tau\in\mathbb{R}$. 则对任何 $\tau>0$, $(\overline{x},\overline{\mu},\overline{\lambda})$ 满足参数化问题 (4.34) 的 KKT 条件:

$$\nabla_x L_\tau(\overline{x},\overline{\mu},\overline{\lambda})=\nabla_x L(\overline{x},\overline{\mu},\overline{\lambda})=0,\quad -h(\overline{x})=0,\quad \overline{\lambda}\in N_{\mathbb{R}^p_-}\left(g(\overline{x})-\tau\sum_{i\in I_0(\overline{x})}\overline{e}_i\right),\tag{4.35}$$

其中

$$L_\tau(x,\mu,\lambda)=L(x,\mu,\lambda)-\tau\sum_{i\in I_0(\overline{x})}\lambda_i,\quad (x,\mu,\lambda)\in\mathbb{R}^n\times\mathbb{R}^q\times\mathbb{R}^p.$$

用 $\Lambda_\tau(\overline{x})$ 记所有满足 (4.35) 的 $(\mu,\lambda)\in\mathbb{R}^q\times\mathbb{R}^p$.

对任何 $\tau>0$, 问题 (4.34) 在 $\overline{x}$ 处的临界锥 $C_\tau(\overline{x})$ 具有下述形式:

$$C_\tau(\overline{x})=\{d|\mathcal{J}h(\overline{x})d=0,\nabla g_i(\overline{x})^{\mathrm{T}}d=0,\forall i:g_i(\overline{x})=0,\overline{\lambda}_i>0\}=\operatorname{aff}C(\overline{x}).\tag{4.36}$$

因为问题 (4.34) 的二阶增长条件在 $\overline{x}$ 处成立, 可得对 $\tau>0$ 有

$$\sup_{(\mu,\lambda)\in\Lambda_\tau(\overline{x})}\left\{\langle d,\nabla^2_{xx}L_\tau(\overline{x},\mu,\lambda)d\rangle\right\}>0,\quad \forall d\in C_\tau(\overline{x})\setminus\{0\}.\tag{4.37}$$

注意到对任何 $\tau>0$, $\Lambda_\tau(\overline{x})=\Lambda(\overline{x})=\{(\overline{\mu},\overline{\lambda})\}$, 且 $\nabla^2_{xx}L_\tau(\overline{x},\overline{\mu},\overline{\lambda})=\nabla^2_{xx}L(\overline{x},\overline{\mu},\overline{\lambda})$, 因此二阶增长条件 (4.37) 在 $(\overline{x},\overline{\mu},\overline{\lambda})$ 处成立可推出

$$\langle d,\nabla^2_{xx}L(\overline{x},\overline{\mu},\overline{\lambda})d\rangle>0,\quad \forall d\in\operatorname{aff}C(\overline{x})\setminus\{0\}.$$

即强二阶充分性条件成立. ■

对 $\delta=(\delta_1,\delta_2,\delta_3)\in\mathbb{R}^n\times\mathbb{R}^q\times\mathbb{R}^p$, 定义

$$\Phi(\delta)=\mathcal{F}'(\overline{x},\overline{\mu},\overline{y};\delta)$$
$$=\begin{bmatrix}\nabla^2_{xx}L(\overline{x},\overline{\zeta},\overline{\lambda})\delta_1+\mathcal{J}h(\overline{x})^{\mathrm{T}}\delta_2+\mathcal{J}g(\overline{x})^{\mathrm{T}}(\delta_3-\Pi_{\mathbb{R}^p_-}(\overline{y};\delta_3))\\-\mathcal{J}h(\overline{x})\delta_1\\-\mathcal{J}g(\overline{x})\delta_1+\Pi'_{\mathbb{R}^p_-}(\overline{y};\delta_3)\end{bmatrix},\tag{4.38}$$

其中 $\overline{y}=g(\overline{x})+\overline{\lambda}$. 因为 $\Phi(\cdot)$ 是 Lipschitz 连续的, $\partial_B\Phi(0)$ 是有定义的, 容易用定义证明下述结论.

引理 4.4 设 $\overline{y}=g(\overline{x})+\overline{\lambda}$, 其中 $\overline{x}$ 是问题 (4.1) 的稳定点, $(\overline{\mu},\overline{\lambda})\in\Lambda(\overline{x})$. 则

$$\partial_B\Phi(0)=\partial_B\mathcal{F}(\overline{x},\overline{\mu},\overline{y}).$$

归纳一下, 就可以得到下面的关于非线性规划的稳定性的若干等价条件的表示定理.

定理 4.9 设 $\overline{x}$ 是问题 (4.1) 的局部最优解. f,h,g 在 $\overline{x}$ 附近二次连续可微. 设 $\Lambda(\overline{x})\neq\varnothing$,$(\overline{\mu},\overline{\lambda})\in\Lambda(\overline{x})$. 令 $\overline{y}=g(\overline{x})+\overline{\lambda}$. 则下述条件是等价的:

(a) 强二阶充分性条件在$(\overline{x},\overline{\mu},\overline{\lambda})$ 处成立且 $\overline{x}$ 满足线性无关约束规范.

(b) $\partial\mathcal{F}(\overline{x},\overline{\mu},\overline{y})$ 中的任何元素均是非奇异的.

(c) KKT 点 $(\overline{x},\overline{\mu},\overline{\lambda})$ 是广义方程 (4.23) 的强正则解.

(d) $\mathcal{F}$ 在 $(\overline{x},\overline{\mu},\overline{y})$ 附近是一局部 Lipschitz 同胚.

(e) $\partial\Phi(0)$ 中的任何元素均是非奇异的.

(f) 一致二阶增长条件在 $\overline{x}$ 成立且 $\overline{x}$ 满足线性无关约束规范.

证明 根据命题 4.6 可知 (a)$\Longrightarrow$(b)$\Longrightarrow$ (c). 根据引理 4.2 得 (c)$\Longleftrightarrow$ (d). 由引理 4.4 可得 (b) $\Longleftrightarrow$ (e). 关系 (c)$\Longrightarrow$(f) 可由 Bonnans 和 Shaprio 的 [8, Theorem 5.24,Theorem 5.25] 得到. 再根据引理 4.3, 得 (f)$\Longrightarrow$(a). 综上, 本定理的 6 个条件是相互等价的. ■

4.4 网络流问题 *

非线性规划的应用之一是网络流问题. 这类问题的研究不仅囊括了大规模系统的分析和设计, 例如通信、运输和制造网络等方面, 它还可以用于组合优化问题的建模, 例如分配、最短路径和旅行商问题. 网络流问题的目的在于尝试选择使供应到需求的转移成本最小的路线. 本节的内容主要选自文献 [4]. 首先我们介绍与图、路径、流和其他相关概念有关的一些基本定义.

一个有向图 $\mathcal{G}=(\mathcal{N},\mathcal{A})$, 由节点集 $\mathcal{N}$ 和来自 $\mathcal{N}$ 中的不同节点对的集合 $\mathcal{A}$ 组成. 这些节点对也被称为弧. 节点和弧的数目分别用 N 和 A 表示, 并且始终假

设 $1 \leqslant N < \infty$ 和 $0 \leqslant A < \infty$. 弧 (i,j) 被视为有序对, 与对 (j,i) 有所区分. 如果 (i,j) 是弧, 我们说 (i,j) 从节点 i 传出并传入节点 j, 并称 j 是 i 的外邻, 而 i 是 j 的内邻. 称该图是完整的, 若图包含所有可能的弧, 即每个有序节点对都存在一个弧. 以下规定在同一方向上的一对节点之间仅有一条弧, 因此从起始点 i 到结束点 j 的弧 (i,j) 是唯一的. 我们暂不对从起始点 i 到结束点 j 存在多条弧的情况进行讨论.

有向图中的路径 P 指包括一节点序列 $(n_1, n_2, \cdots, n_k)$ 和相应的 $k-1$ 条弧序列 $(k \geqslant 2)$, 使得该序列中的第 i 条弧为 (n_i, n_{i+1}) (称为路径的正向弧) 或 (n_{i+1}, n_i) (称为路径的反向弧). 节点 n_1 和 n_k 分别称为路径 P 的起点和终点. 路径 P 被称为是正向 (或反向) 的, 若路径中的所有弧均为正向 (或反向) 弧. P^+ 和 P^- 分别表示路径 P 的正向和反向弧的集合.

我们引入一个变量 x_{ij} 表示流过每条弧 (i,j) 的量. 通常地, x_{ij} 是可正可负的实数. 在应用中, 负的弧流表示由流代表的事物 (如物质、电流等) 都沿与弧方向相反的方向移动. 给定一个图 $\mathcal{G} = (\mathcal{N}, \mathcal{A})$, 一组流 $\{x_{ij} \mid (i,j) \in \mathcal{A}\}$ 被称为流向量. 与流向量 x 相关的 n 维散度向量 y 定义为

$$y_i = \sum_{\{j|(i,j)\in\mathcal{A}\}} x_{ij} - \sum_{\{j|(i,j)\in\mathcal{A}\}} x_{ji}, \quad \forall i \in \mathcal{N}. \tag{4.39}$$

观察到, y_i 表示离开节点 i 的总流量减去到达 i 的总流量, 这称为 i 的散度. 称节点 i 是流向量 x 的源 (source) (或宿 (sink)), 若 $y_i > 0$ (或 $y_i < 0$). 如果对于所有 $i \in \mathcal{N}$, $y_i = 0$, 则 x 称为循环 (circulation). 由散度向量 y 的定义, 式 (4.39) 左右两边对所有 i 求和, 可知 y 一定满足

$$\sum_{i\in\mathcal{N}} y_i = 0.$$

考虑非线性网络流问题

$$\begin{cases} \min & f(x) \\ \text{s.t.} & x \in \mathcal{F}, \end{cases} \tag{4.40}$$

其中 x 是给定有向图 $(\mathcal{N}, \mathcal{A})$ 的流向量, f 是在流向量 x 的空间上定义的给定的实值函数, 可行集 $\mathcal{F}$ 为

$$\mathcal{F} = \left\{ x \in X \,\middle|\, \sum_{\{j|(i,j)\in\mathcal{A}\}} x_{ij} - \sum_{\{j|(i,j)\in\mathcal{A}\}} x_{ji} = s_i, \ \forall i \in \mathcal{N} \right\}, \tag{4.41}$$

其中 s_i 是给定的常数, X 是给定的流向量空间的子集. 称问题 (4.40) 是一个凸的网络流优化问题, 若 f 在可行集 $\mathcal{F}$ 上是凸函数并且 X 是一凸集合. 下面给出一些具体的例子.

例 4.2 给定 $m\times n$ 的矩阵 M, 目标是找到一个 $m\times n$ 的矩阵 X, 使得 X 的行和、列和等于给定的值, 并可以最佳地近似矩阵 M. 记给定的行和为 r_i 与给定的列和为 c_j, 非线性网络流问题表示为

$$\begin{cases} \min & \displaystyle\sum_{(i,j)\in\mathcal{A}} \omega_{ij}(x_{ij}-m_{ij})^2 \\ \text{s.t.} & \displaystyle\sum_{\{j|(i,j)\in\mathcal{A}\}} x_{ij}=r_i,\ i=1,\cdots,m, \\ & \displaystyle\sum_{\{i|(i,j)\in\mathcal{A}\}} x_{ij}=c_j,\ j=1,\cdots,n, \end{cases}$$

其中 ω_{ij} 是给定的正常数, $[X]_{ij}=x_{ij}$.

例 4.3 (水库控制-生产计划) 假设我们要构造一个在 N 个时间段内从水库中释放水的最佳时间表. 记:

x_k: 在第 k 个周期开始时, 水库持有的水量 (假设 x_0 已知, 并且 x_k 被限制在某个给定的区间 $[\underline{x},\overline{x}]$ 之内).

u_k: 第 k 个周期水库释放的水量, 用于某些生产目的 (u_k 被限制在给定的区间 $[0,c_k]$ 中).

因此, 水库持有的水量 x_k 满足

$$x_{k+1}=x_k-u_k,\quad \forall\ k=0,\cdots,N-1.$$

终端水库水量 x_N 的成本记为 $G(x_N)$, 第 k 个周期释放的水量 u_k 的成本记为 $g_k(u_k)$. 例如, 当将 u_k 用于发电时, $g_k(u_k)$ 可以等于负的从 u_k 产生的功率值. 我们的目的是选择流出量 $u_0,\cdots,u_{N-1}$ 使成本最小化:

$$\min\ G(x_N)+\sum_{k=0}^{N-1} g_k(u_k),$$

这里假设 G 和 g_k 是单调递减的凸函数 (增加的流出量会减少相应的支出成本).

这一问题可以表述为凸的网络优化问题. 用节点 k 表示每个周期, $k=0,\cdots,N-1$, 节点 k 具有前向弧 $(k,k+1)$, 其流量为 x_k. 我们引入一个人工节点 A, 它"累积"了流出水量 u_k. 从每个节点 k 到节点 A 都有一条弧承载流量为 u_k, 且弧 $(N-1,A)$ 承载流量为 x_N, 弧 $(A,0)$ 承载流量为 x_0. 所有弧均具有容量约束 (对于弧 $(A,0)$, 上下限与给定的初始体积 x_0 一致). 但只有承载流 u_k 和 x_N 的弧具

有非零成本函数 $g_k(u_k)$ 和 $G(x_N)$. 最后, 流向量必须是循环, 即每个节点 k 处的散度 s_i 为 0. 因此网络优化问题表述为

$$\begin{cases} \min & G(x_N)+\sum\limits_{k=0}^{N-1} g_k(u_k) \\ \text{s.t.} & x_{k+1}=x_k-u_k,\ k=0,\cdots,N-1, \\ & x_k\in[\underline{x},\overline{x}],\ u_{k-1}\in[0,c_{k-1}],\ k=1,\cdots,N. \end{cases}$$

4.4.1　凸的可分离网络流问题

在例 4.2 和例 4.3 中目标函数 f 和集合 X 关于流向量 x 是可分离的, 即 $f(x)=\sum\limits_{(i,j)\in\mathcal{A}} f_{ij}(x_{ij})$, $X=\{x|x_{ij}\in X_{ij},(i,j)\in\mathcal{A}\}$. 我们称这一类问题为凸可分离网络流问题, 即

$$\begin{cases} \min & \sum\limits_{(i,j)\in\mathcal{A}} f_{ij}(x_{ij}) \\ \text{s.t.} & x_{ij}\in X_{ij},\ (i,j)\in\mathcal{A}, \\ & \sum\limits_{\{j|(i,j)\in\mathcal{A}\}} x_{ij}-\sum\limits_{\{j|(i,j)\in\mathcal{A}\}} x_{ji}=s_i,\ \ \forall i\in\mathcal{N}, \end{cases} \tag{4.42}$$

其中 X_{ij} 是一凸集合并且 f_{ij} 在可行集 X_{ij} 上是凸函数. 可行集

$$\mathcal{F}=\left\{x\,\middle|\, x_{ij}\in X_{ij},\ \forall\,(i,j)\in\mathcal{A},\ \sum_{\{j|(i,j)\in\mathcal{A}\}} x_{ij}-\sum_{\{j|(i,j)\in\mathcal{A}\}} x_{ji}=s_i,\ \ \forall i\in\mathcal{N}\right\}, \tag{4.43}$$

显然, 此时问题 (4.43) 是一个凸优化问题, 借助凸集合上极小化问题的最优值的讨论 (命题 2.1 和命题 2.2), 有以下结论.

命题 4.7　对于 $(i,j)\in\mathcal{A}$, 设 f_{ij} 是凸集合 X_{ij} 上的连续可微凸函数, $\bar{x}$ 是凸可分离网络流问题 (4.43) 的可行点. $\bar{x}$ 是问题 (4.43) 的全局极小点当且仅当 $\bar{x}$ 满足对于任意的 $x\in\mathcal{F}$, 有

$$\nabla f_{ij}(\bar{x}_{ij})^{\mathrm{T}}(x_{ij}-\bar{x}_{ij})\geqslant 0,\quad \forall\,(i,j)\in\mathcal{A}.$$

问题 (4.43) 的 Lagrange 函数为

$$\begin{aligned} L(x,p) &= \sum_{(i,j)\in\mathcal{A}} f_{ij}(x_{ij})+\sum_{i\in\mathcal{N}} p_i\left(\sum_{\{j|(i,j)\in\mathcal{A}\}} x_{ji}-\sum_{\{j|(i,j)\in\mathcal{A}\}} x_{ij}+s_i\right) \\ &= \sum_{(i,j)\in\mathcal{A}} (f_{ij}(x_{ij})-(p_i-p_j)x_{ij})+\sum_{i\in\mathcal{N}} s_ip_i. \end{aligned}$$

那么问题 (4.43) 的对偶问题表示为

$$\max \sum_{(i,j)\in\mathcal{A}} q_{ij}(p_i - p_j) + \sum_{i\in\mathcal{N}} s_i p_i,$$

其中

$$q_{ij}(p_i - p_j) = \inf_{x_{ij}\in X_{ij}} \{f_{ij}(x_{ij}) - (p_i - p_j)x_{ij}\}.$$

观察到问题 (4.43) 中的等式约束的个数是不大于弧流量 x_{ij} 的个数的, 且这些约束函数对流向量 x 求导后的梯度是线性无关的. 因此, 若存在一流向量 $\hat{x}$ 使得

$$\hat{x}_{ij} \in \operatorname{int} X_{ij}, \quad (i,j)\in\mathcal{A},$$

则问题 (4.43) 的 Mangasarian-Fromovitz 约束规范成立.

定义问题 (4.43) 的乘子集合为

$$\Lambda(\bar{x}) = \{p\in\mathbb{R}^n | p_i \in N_{X_{ij}}(x_{ij}), \quad \nabla L(\bar{x}, p) = 0\}.$$

命题 4.8 设 $\bar{x}$ 是凸可分离网络流问题 (4.43) 的局部极小点, 且 f 在 $\bar{x}$ 附近连续可微, 则 Mangasarian-Fromovitz 约束规范成立的充分必要条件是 $\Lambda(\bar{x})$ 是非空紧致的.

4.4.2 带有边约束的凸网络问题

本节考虑一类带有边约束的凸网络问题如下

$$\begin{cases} \min & f(x) \\ \text{s.t.} & x_{ij}\in X_{ij},\ (i,j)\in\mathcal{A}, \\ & \displaystyle\sum_{\{j|(i,j)\in\mathcal{A}\}} x_{ij} - \sum_{\{j|(i,j)\in\mathcal{A}\}} x_{ji} = s_i, \quad \forall i\in\mathcal{N}, \\ & g_t(x)\leqslant 0,\ t=1,\cdots,r, \end{cases} \tag{4.44}$$

其中 X_{ij} 是一实数的区间并且函数 f 以及 g_t 在流向量 x 所在的空间上是凸函数. 问题 (4.44) 的 Lagrange 函数定义为

$$L(x,\mu) = f(x) + \mu^{\mathrm{T}} g(x), \quad \mu\in\mathbb{R}^r.$$

定义集合

$$\widehat{\mathcal{F}} = \left\{ x \,\middle|\, x_{ij}\in X_{ij},\ \forall (i,j)\in\mathcal{A},\ \sum_{\{j|(i,j)\in\mathcal{A}\}} x_{ij} - \sum_{\{j|(i,j)\in\mathcal{A}\}} x_{ji} = s_i, \quad \forall i\in\mathcal{N} \right\}.$$

对偶问题表示为

$$\begin{cases} \max \quad q(\mu) := \inf\limits_{x\in\widehat{\mathcal{F}}} L(x,\mu) \\ \text{s.t.} \quad\ \ \mu \geqslant 0. \end{cases} \tag{4.45}$$

命题 4.9 [4,Propostion 8.3] 考虑带边约束的凸网络问题 (4.44).

(a) x^* 是问题 (4.44) 的最优解且 μ^* 是对偶问题 (4.45) 的最优解当且仅当 x^* 是问题 (4.44) 的可行点, $\mu^* \geqslant 0$ 且

$$x^* = \operatorname*{argmin}_{x\in\widehat{\mathcal{F}}} L(x,\mu^*), \quad \mu_t^* g_t(x^*) = 0, \quad t = 1,\cdots,r.$$

(b) 问题 (4.44) 与对偶问题 (4.45) 的对偶间隙为零倘若如下任一条件成立:

(1) 区间 X_{ij} 是闭的且函数 g_t 是线性的;

(2) 存在一可行的流向量 $\bar{x}$ 使得 $g_t(\bar{x}) < 0, t = 1,\cdots,r$ 且对于任意 $(i,j)\in\mathcal{A}$, 若 X_{ij} 有非空内部, 则 $\bar{x}_{ij} \in \operatorname{int} X_{ij}$.

4.5 习　　题

1. 证明: 4.1 节中的线性规划问题 ($\mathrm{LP_g}$) 的 Lagrange 对偶问题如 ($\mathrm{LD_g}$) 所示.

2. 证明: 在 $\bar{x}$ 处的 Mangasarian-Fromovitz 约束规范等价于 Robinson 约束规范.

3. 证明如下条件是相互等价的:

(a) Mangasarian-Fromovitz 约束规范;

(b) 若乘子 $(\mu,\lambda)\in\mathbb{R}^q\times\mathbb{R}^p$ 满足下述条件

$$\begin{cases} \mathcal{J}h(\bar{x})^{\mathrm{T}}\mu + \mathcal{J}g(\bar{x})^{\mathrm{T}}\lambda = 0, \\ 0 \leqslant \lambda \perp g(\bar{x}) \leqslant 0, \end{cases}$$

则必有 $(\mu,\lambda) = 0$;

(c)

$$\begin{bmatrix} \mathcal{J}h(\bar{x}) \\ \mathcal{J}g(\bar{x}) \end{bmatrix} \mathbb{R}^n + T_{\{\mathbf{0}_q\}\times\mathbb{R}^p_-}(h(\bar{x}), g(\bar{x})) = \mathbb{R}^{p+q}.$$

4. 设 h, g 在 $\bar{x}$ 连续可微, 证明集值映射

$$\Phi(u) = \{x | h(x) + u_h = 0, g(x) + u_g \leqslant 0\}, \quad u = (u_h, u_g)$$

在 $(0,\bar{x})$ 处的度量正则性等价于在 $\bar{x}$ 处的 Robinson 约束规范成立.

5. 证明命题 4.3.

6. 阅读 [8, 3.1.2 节], 证明 Fritz-John 条件 (定理 4.4).

7. 证明: 若严格互补松弛条件成立, 则临界锥 $C(\bar{x})$ 等价于如下形式:

$$C(\bar{x}) = \{d \in \mathbb{R}^n | \mathcal{J}h(\bar{x})d = 0,\ \nabla g_i(\bar{x})^{\mathrm{T}} d = 0, i \in I(\bar{x})\}.$$

8. 设 X 是有限维 Hilbert 空间, $K \subseteq X$ 是闭凸集, 映射 $F : X \to X$. 求解变分不等式就是寻找解 $\overline{x} \in K$ 满足

$$\text{(VI)} \qquad \langle F(\overline{x}), x - \overline{x} \rangle \geqslant 0, \quad \forall x \in K.$$

请写出 (VI) 的等价的广义方程与非光滑方程形式.

9. 设 Jacobian 唯一性条件在 $(\bar{x}, \bar{\mu}, \bar{\lambda})$ 处成立, 证明: (4.26) 定义的 $\mathcal{F}$ 的 Jacobian 矩阵 $\mathcal{J}\mathcal{F}(\cdot,\cdot,\cdot)$ 在 $(\bar{x}, \bar{\mu}, \bar{y})$ 处非奇异, 其中 $\overline{y} = \overline{\lambda} + g(\overline{x})$.

第 5 章 Lipschitz 连续与互补约束优化问题

5.1 广义方向导数与正则切锥

考虑 $f: X \to \mathbb{R}$ 是定义在一 Banach 空间 X 上的局部 Lipschitz 函数. f 可能是既不光滑也不凸的, 因此需要定义局部 Lipschitz 函数 f 的广义梯度. 本节内容选自 [11].

定义 5.1 函数 f 在 x 处沿方向 d 的广义方向导数, 记为 $f^\circ(x;d)$, 定义为

$$f^\circ(x;d) = \limsup_{\substack{X \ni y \to x \\ t \downarrow 0}} \frac{f(y+td) - f(y)}{t}.$$

命题 5.1 [11,Proposition 10.2] 令函数 f 在 x 附近 Lipschitz 连续, Lipschitz 常数为 κ. 则:

(1) $d \mapsto f^\circ(x;d)$ 是定义在 X 上的有限的正齐次的次可加函数, 且满足对于任意方向 $d \in X$, $|f^\circ(x;d)| \leqslant \kappa \|d\|$;

(2) 对于任意方向 $d \in X$, 函数 $(u,w) \mapsto f^\circ(u;w)$ 在点 $(x;d)$ 处是上半连续的, 函数 $w \mapsto f^\circ(x;w)$ 在 X 上 Lipschitz 连续, Lipschitz 常数为 κ;

(3) 对于任意方向 $d \in X$,

$$f^\circ(x;-d) = (-f)^\circ(x;d).$$

定义 5.2 函数 f 在 x 处的 Clarke 次微分, 记为 $\partial_c f(x)$, 其支撑函数是 $f^\circ(x;\cdot)$, 即对于任意方向 $d \in X$,

$$f^\circ(x;d) = \max\{\langle \zeta, d\rangle : \zeta \in \partial_c f(x)\}.$$

Clarke 次微分 $\partial_c f(x)$ 是定义在对偶空间 X^* 上的唯一的非空弱 $*$① 紧致凸子集, 其等价于 F 在 x 处的 B-次微分的凸包.

定理 5.1 [11,Theorem 10.8] 若 f 在 x 附近是连续可微, 则 $\partial_c f(x) = \{f'(x)\}$. 若 f 是凸的下半连续函数, 且 $x \in \operatorname{int}\operatorname{dom} f$, 则 $\partial_c f(x) = \partial f(x)$.

---

① 定义在对偶空间 X^* 上的弱 $*$ 拓扑记为 $\sigma(X^*, X)$. 称 X^* 中的序列 ζ^j 在弱 $*$ 拓扑下收敛到点 ζ 当且仅当对于任意的 $x \in X$, 实序列 $\langle \zeta^j, x\rangle$ 收敛到 $\langle \zeta, x\rangle$.

证明 当 f 在 x 附近是连续可微时, 取序列 $y_i \to x, t_i \downarrow 0$, 有对于任意方向 $d \in X$,

$$f^\circ(x;d) = \limsup_{i\to\infty} \frac{f(y_i + t_i d) - f(y_i)}{t_i}.$$

由中值定理得

$$f^\circ(x;d) = \limsup_{i\to\infty} \langle f'(z_i), d\rangle,$$

其中 $z_i \in [y_i, y_i + t_i d]$. 由于 f' 是连续函数, $f^\circ(x;d) = \langle f'(x), d\rangle$. 对于任意的 $\zeta \in \partial_c f(x)$, 有对于任意方向 $d \in X$, $f^\circ(x;d) \geqslant \langle \zeta, d\rangle$, 此时 $\partial_c f(x) = \{f'(x)\}$.

当 f 是凸的下半连续函数时, 由于次微分 $\partial f(x)$ 的支撑函数是 $f'(x,\cdot)$, 若证明任给方向 $d \in X$, $f'(x,d) = f^\circ(x;d)$, 则有 $\partial_c f(x) = \partial f(x)$. 由 $f'(x,d)$ 和 $f^\circ(x;d)$ 定义可知 $f'(x,d) \leqslant f^\circ(x;d)$; 下面证明 $f'(x,d) \geqslant f^\circ(x;d)$. 对于任意给定的常数 $\delta > 0$, 有

$$f^\circ(x;d) = \lim_{\varepsilon\downarrow 0} \sup_{\|y-x\|\leqslant \delta\varepsilon} \sup_{0<t<\varepsilon} \frac{f(y+td) - f(y)}{t}.$$

由于 f 是凸函数, 因此 $t \mapsto \dfrac{f(y+td) - f(y)}{t}$ 是一增函数. 那么

$$\begin{aligned} f^\circ(x;d) &= \lim_{\varepsilon\downarrow 0} \sup_{\|y-x\|\leqslant \delta\varepsilon} \frac{f(y+\varepsilon d) - f(y)}{\varepsilon} \\ &\leqslant \lim_{\varepsilon\downarrow 0} \frac{f(x+\varepsilon d) - f(x)}{\varepsilon} + 2\delta\kappa = f'(x,d) + 2\delta\kappa, \end{aligned}$$

其中 κ 是 f 在 x 邻域内的 Lipschitz 常数. 因此 $f'(x,d) = f^\circ(x;d)$. ■

定义 5.3 定义函数 f 在 x 处是正则的, 若 f 在 x 附近是 Lipschitz 连续的且对于任意的方向 $d \in X$, $f^\circ(x,d) = f'(x;d)$.

根据定理 5.1, 连续可微函数在任意点都是正则的, 凸的下半连续函数在其有效域内部的任意点处都是正则的. 另一方面可以验证, 连续凹函数 f 在尖点 x 处不满足正则性. 事实上, 存在某些方向 d 使得 $f'(x;d) \neq -f'(x;-d)$. 由于 $-f$ 是凸函数, 我们有

$$f'(x;d) \neq -f'(x;-d) = (-f)'(x;-d) = (-f)^\circ(x;-d) = f^\circ(x;d).$$

针对广义 Clarke 次微分有如下运算法则及链式法则.

命题 5.2 [11] (1) 令 f_i 在 x 附近 Lipschitz 连续, $\lambda_i \geqslant 0$ 为常数, $i = 1, \cdots, n$. 则 $f := \sum\limits_{i=1}^n \lambda_i f_i$ 在 x 附近 Lipschitz 连续, 且

$$\partial_c\left(\sum_{i=1}^n \lambda_i f_i\right)(x) \subseteq \sum_{i=1}^n \lambda_i \partial_c f_i(x).$$

等式成立若每一 f_i 在 x 处是正则的.

(2) 令 Y 是一 Banach 空间, 令 $F: X \to Y$ 在 x 附近连续可微, $g: Y \to \mathbb{R}$ 在 $F(x)$ 附近 Lipschitz 连续. 则函数 $f = g \circ F$ 在 x 附近 Lipschitz 连续, 且

$$\partial_c f(x) \subseteq F'(x)^* \partial_c g(F(x)),$$

其中 $F'(x)^*$ 表示算子 $F'(x)$ 的伴随. 进一步, 若 $F'(x): X \to Y$ 是映上的, 则等号成立.

(3) 令 $F: X \to \mathbb{R}^n$ 在 x 附近 Lipschitz 连续, 函数 $g: \mathbb{R}^n \to \mathbb{R}$ 在 $F(x)$ 附近连续可微. 则函数 $f = g \circ F$ 在 x 附近 Lipschitz 连续, 且

$$\partial_c f(x) = \partial_c \langle g'(F(x)), F(x) \rangle(x).$$

(4) 若函数 f 与 g 在 x 附近 Lipschitz 连续. 则乘积 fg 在 x 附近 Lipschitz 连续, 且

$$\partial_c(fg)(x) = \partial_c(f(x)g(\cdot) + g(x)f(\cdot))(x) \subseteq f(x)\,\partial_c g(x) + g(x)\,\partial_c f(x).$$

进一步, 若 f 与 g 在 x 处正则且 $f(x)g(x) \geqslant 0$, 则等号成立.

考虑优化问题的最优值函数, 即使目标函数连续可微, 也无法保证最优值函数的光滑性. 但是最优值函数可以保留 Lipschitz 连续性, 这也是我们研究 Lipschitz 连续函数的一个重要原因. 下面介绍的 Danskin 定理用于刻画最优值函数的广义梯度.

令 Q 是一紧致的度量空间, 给定 X 中的子集 V 以及连续函数 $g: V \times Q \to \mathbb{R}$. 定义 V 上的函数 f:

$$f(x) = \max_{q \in Q} g(x, q), \quad 以及 \quad Q(x) = \{q | f(x) = g(x, q)\},$$

设对于任意的 $(x, q) \in V \times Q$, $g'_x(x, q)$ 存在且映射 $g'_x(x, q): V \times Q \to X^*$ 是连续的.

定理 5.2 [11,Theorem 10.22](Danskin 定理) 若 f 在任意 $x \in V$ 处正则, 且

$$\partial_c f(x) = \text{clcon}\,\{g'_x(x, q) : q \in Q(x)\}.$$

则 f 在点 x 处沿方向 d 的方向导数为

$$f'(x; d) = \max_{q \in Q(x)} \langle g'_x(x, q), d \rangle.$$

若 $Q(x) = \{q\}$ 是单点集, 则 $f'(x)$ 存在且 $f'(x) = g'_x(x, q)$.

例 5.1 在设计产品时, 令设计参数为 x, 工程师的目标是使成本 $f(x)$ 最小. 但是, 实际中存在一些扰动 q (属于某个紧致集 Q), 我们用 $e(x,q)$ 表示由此产生的不准确性, 并且要求其不大于指定的可接受水平 E. 因此考虑如下鲁棒优化问题

$$\begin{cases} \min\limits_{x\in\mathbb{R}^n} & f(x) \\ \text{s.t.} & g(x) = \max\limits_{q\in Q} e(x,q) - E \leqslant 0, \end{cases} \tag{5.1}$$

其中 f 是连续可微函数, 导数 e'_x 关于 x 存在且关于 (x,q) 连续. 设 x^* 是问题 (5.1) 的最优解, 且假设 $g(x^*) = 0$ (否则不等式约束与局部极小点无关, 此时有 $\nabla f(x^*) = 0$). 记 Q^* 为所有满足 $e(x^*,q) = E$ 的 q 的集合. 由 Danskin 定理有以下结论.

命题 5.3 存在 $\eta = 0$ 或 1 以及 Q^* 中的有限点集 $\{q_i | 1 \leqslant i \leqslant k\}$, $k \leqslant n+1$ 和 $\gamma \in \mathbb{R}^k_+$ 使得 $(\eta,\gamma) \neq 0$ 且

$$0 = \eta f'(x^*) + \sum_{i=1}^{k} \gamma_i e'_x(x^*, q_i).$$

设 S 是 Banach 空间 X 上的非空闭子集, 定义点 x 到集合 S 的距离函数为

$$d_S(x) = \inf_{y\in X} \|y - x\|.$$

距离函数是一 Lipschitz 函数, 且 Lipschitz 常数为 1. 利用广义方向导数我们可以给出正则切锥 (也称作 Clarke 切锥) 的另一种表示方法.

定义 5.4 设 $S \subseteq X$ 是一非空集合. 集合 S 在 $\bar{x} \in S$ 处的正则切锥 (也称作 Clarke 切锥) 定义为

$$\hat{T}_S(\bar{x}) = \{d \in X | d_S^\circ(\bar{x}; d) = 0\}.$$

正则切锥的极锥是 Clarke 法锥, Clarke 法锥被记为 $\overline{N}_S(\bar{x})$, 即

$$\overline{N}_S(\bar{x}) = \hat{T}_S(\bar{x})^\circ.$$

下面结论表明, 可以用 Clarke 次微分表示 Clarke 法锥.

命题 5.4 [11,Theorem 10.34] 令 $x \in S \subset \mathbb{R}^n$, 则 Clarke 法锥可以表示为

$$\overline{N}_S(x) = \text{cl}\,\{\lambda\zeta : \lambda \geqslant 0, \zeta \in \partial_c d_S(\bar{x})\}. \tag{5.2}$$

证明 令 $\Sigma = \{\lambda\zeta : \lambda \geqslant 0, \zeta \in \partial_c d_S(\bar{x})\}$. 取 $\lambda_i\zeta_i \in \Sigma, i = 1,2$, 令 $t \in [0,1]$, 则

$$(1-t)\lambda_1\zeta_1 + t\lambda_2\zeta_2 = [(1-t)\lambda_1 + t\lambda_2]\zeta,$$

其中

$$\zeta := \frac{(1-t)\lambda_1}{(1-t)\lambda_1 + t\lambda_2}\zeta_1 + \frac{t\lambda_2}{(1-t)\lambda_1 + t\lambda_2}\zeta_2 \in \partial_c d_S(\bar{x}).$$

因此 Σ 是凸集, 且 $\mathrm{cl}\,\Sigma$ 是闭凸锥. 由定义 5.4 可知

$$\hat{T}_S(\bar{x}) = \{d \in X | \langle \zeta, d\rangle \leqslant 0, \forall \zeta \in \partial_c d_S(\bar{x})\}.$$

因此 $\partial_c d_S(\bar{x})$, Σ 和 $\mathrm{cl}\,\Sigma$ 的极锥都为 $\hat{T}_S(\bar{x})$. 由极锥的定义, 有

$$\mathrm{cl}\,\Sigma = [(\mathrm{cl}\,\Sigma)^\circ]^\circ = \hat{T}_S(\bar{x})^\circ = \overline{N}_S(x).$$ ■

5.2 实对称矩阵谱算子的广义 Jacobian*

5.2.1 对称矩阵谱算子

对于任意实对称矩阵的 $X \in \mathbb{S}^m$, 定义特征值向量 $\lambda(X) := (\lambda_1(X), \cdots, \lambda_n(X))^{\mathrm{T}}$ 并且实特征值 $\lambda_1(X) \geqslant \cdots \geqslant \lambda_n(X)$. 称矩阵 $P \in \mathbb{R}^{m\times m}$ 是排列矩阵, 若 P 的每一行和每一列中恰好有一个非零元素等于 1. 记 $\mathbb{P}^m$ 表示 $\mathbb{R}^{m\times m}$ 中全体排列矩阵的集合. 下面给出对称函数及谱算子的定义.

定义 5.5　向量值函数 $g : \mathbb{R}^m \to \mathbb{R}^m$ 被称为是关于 $\mathbb{S}^m$ 对称的如果对于任意的 $Q \in \mathbb{P}^m$ 以及任意的 $x \in \mathbb{R}^m$, 有

$$g(x) = Q^{\mathrm{T}} g(Qx).$$

定义 5.6　关于对称函数 g 的谱算子 $G : \mathbb{S}^m \to \mathbb{S}^m$ 定义为

$$G(X) := P\mathrm{Diag}(g(\lambda(X)))P^{\mathrm{T}},$$

$P \in \mathbb{O}^m(X)$, 即 $X = P\Lambda(X)P^{\mathrm{T}}$, 其中 $\Lambda(X) := \mathrm{Diag}(\lambda(X))$.

由定义可以发现, 谱算子 G 与它相关的对称函数 g 有密切的关系. 可以证明, 谱算子 G 在 X 处是连续可微的当且仅当对称映射 g 在 $\lambda(X)$ 处是连续可微的. 谱算子 G 的 Fréchet 微分、Lipschitz 连续性、B-次微分、Clarke 广义 Jacobian 等性质也可由对称函数 g 的相关性质推导出来, 见文献 [12].

5.2.2 对称矩阵谱算子的 Fréchet 微分

对于任意实对称矩阵的 $X \in \mathbb{S}^m$, 定义如下关于 X 的矩阵 $\mathcal{A}(\lambda(X)) \in \mathbb{S}^m$:

$$(\mathcal{A}(\lambda(X)))_{ij} := \begin{cases} \dfrac{(g(\lambda(X)))_i - (g(\lambda(X)))_j}{\lambda_i(X) - \lambda_j(X)}, & \lambda_i(X) \neq \lambda_j(X), \\ 0, & \text{否则}, \end{cases} \quad i, j \in \{1, \cdots, m\}. \tag{5.3}$$

考虑 $\overline{X} \in \mathbb{S}^m$ 的特征值分解

$$\overline{X} = \overline{P}\Lambda(\overline{X})\overline{P}^{\mathrm{T}}, \tag{5.4}$$

其中 $\overline{P} \in \mathbb{O}^m$. 令

$$\bar{\lambda} := \lambda(\overline{X}) \in \mathbb{R}^m. \tag{5.5}$$

用 $\bar{\mu}_1 > \cdots > \bar{\mu}_r$ 表示 $\overline{X}$ 的 r 个不同的特征值. 令 $\alpha_k, k = 1, \cdots, r$ 为如下指标集

$$\alpha_k := \{i | \lambda_i(\overline{X}) = \bar{\mu}_k, 1 \leqslant i \leqslant m\},$$

对于任意给定的 $X \in \mathbb{S}^m$, 假设对称映射 g 关于 X 在 $\lambda(X)$ 处是 Fréchet 可微的, 则 Jacobian 矩阵 $\mathcal{J}g(\lambda(X))$ 是对称的并且

$$\mathcal{J}g(\lambda(X))h = Q^{\mathrm{T}}\mathcal{J}g(\lambda(X))Qh, \quad \forall Q \in \mathbb{P}^m, h \in \mathbb{R}^m.$$

引理 5.1 对于任意给定的 $X \in \mathbb{S}^m$, 设函数 g 关于 X 是对称的且在 $\lambda(X)$ 处是 Fréchet 可微的. 则 Jacobian 矩阵 $\mathcal{J}g(\lambda(X)) \in \mathbb{S}^m$ 满足

$$\begin{cases} (\mathcal{J}g(\lambda(X)))_{ii} = (\mathcal{J}g(\lambda(X)))_{i'i'}, & \lambda(X)_i = \lambda(X)_{i'}, \\ (\mathcal{J}g(\lambda(X)))_{ij} = (\mathcal{J}g(\lambda(X)))_{i'j'}, & \lambda(X)_i = \lambda(X)_{i'}, \lambda(X)_j = \lambda(X)_{j'}, i \neq j, i' \neq j'. \end{cases}$$

给出依赖于 X 的矩阵 $\mathcal{A}^D(\lambda(X)) \in \mathbb{S}^m$ 的定义如下

$$(\mathcal{A}^D(\lambda(X)))_{ij} := \begin{cases} \dfrac{(g(\lambda(X)))_i - (g(\lambda(X)))_j}{\lambda_i(X) - \lambda_j(X)}, & \lambda_i(X) \neq \lambda_j(X), \\ (\mathcal{J}g(\lambda(X)))_{ii} - (\mathcal{J}g(\lambda(X)))_{ij}, & \text{否则}, \end{cases} \quad i, j \in \{1, \cdots, m\}. \tag{5.6}$$

对于给定的 $\overline{X}$, 由引理 5.1, 可知 Jacobian 矩阵 $\mathcal{J}g(\bar{\lambda}) \in \mathbb{S}^m$ 可以写成如下形式

$$\mathcal{J}g(\bar{\lambda}) = \begin{bmatrix} \bar{C}_{11}E_{|\alpha_1||\alpha_1|} & \cdots & \bar{C}_{1r}E_{|\alpha_1||\alpha_r|} \\ \vdots & \ddots & \vdots \\ \bar{C}_{r1}E_{|\alpha_r||\alpha_1|} & \cdots & \bar{C}_{rr}E_{|\alpha_r||\alpha_r|} \end{bmatrix} + \begin{bmatrix} \bar{\eta}_1 I_{|\alpha_1|} & \cdots & 0 \\ \vdots & \ddots & \vdots \\ 0 & \cdots & \bar{\eta}_r I_{|\alpha_r|} \end{bmatrix}, \tag{5.7}$$

其中 $E_{|m||n|} \in \mathbb{R}^{m \times n}$ 表示 $m \leqslant n$ $(m \geqslant n)$ 时前 m 行 (列) 对角元素为 1, 其余为 0 的矩阵. 这里 $\bar{C} \in \mathbb{S}^r$ 是一实对称阵, $\bar{\eta} \in \mathbb{R}^r$ 是一实向量且

$$\bar{\eta}_k = \begin{cases} (\mathcal{J}g(\bar{\lambda}))_{ii}, & |\alpha_k| = 1, \ i \in \alpha_k, \\ (\mathcal{J}g(\bar{\lambda}))_{ii} - (\mathcal{J}g(\bar{\lambda}))_{ij}, & |\alpha_k| > 1 \text{且 } i \neq j \in \alpha_k, \end{cases} \quad k = 1, \cdots, r.$$

对于给定的 $\overline{X}$, 定义一个线性算子 $\mathcal{L}(\bar{\lambda},\cdot):\mathbb{S}^m\to\mathbb{S}^m$, 满足

$$\mathcal{L}(\bar{\lambda},H)=\begin{bmatrix}\theta_1(\bar{\lambda},H)I_{|\alpha_1|} & \cdots & 0\\ \vdots & \ddots & \vdots\\ 0 & \cdots & \theta_r(\bar{\lambda},H)I_{|\alpha_r|}\end{bmatrix}\in\mathbb{S}^m, \tag{5.8}$$

其中 $\theta_k(\bar{\lambda},\cdot)$, $k=1,\cdots,r$ 定义为

$$\theta_k(\bar{\lambda},H):=\sum_{k'=1}^{r}\bar{C}_{kk'}\mathrm{Tr}(H_{\alpha_{k'}\alpha_k}). \tag{5.9}$$

下面给出关于谱算子的 Fréchet 可微的结论.

定理 5.3 (Fréchet 可微性) 给定 $\overline{X}\in\mathbb{S}^m$, 设 $\overline{X}$ 的特征值分解如 (5.4) 式. 则谱算子 G 在 $\overline{X}$ 处是 Fréchet 可微的当且仅当对称映射 g 在 $\bar{\lambda}=\lambda(\overline{X})$ 处是 Fréchet 可微的. 此时, G 在 $\overline{X}$ 处的导数满足对于任意的 $H\in\mathbb{S}^m$,

$$\mathcal{D}G(\overline{X})H=\overline{P}[L(\bar{\lambda},\widetilde{H})+(\mathcal{A}^D(\bar{\lambda}))\circ\widetilde{H}]\overline{P}^{\mathrm{T}},$$

其中 $\widetilde{H}=\overline{P}H\overline{P}^{\mathrm{T}}$, $\circ$ 代表 Hadamard 内积①.

5.2.3 对称矩阵谱算子的 Clarke 广义 Jacobian

矩阵谱算子与其对应的对称函数的 Lipschitz 连续性具有一定的等价性.

定理 5.4 [12,Theorem 3.10](局部 Lipschitz 连续) 给定 $\overline{X}\in\mathbb{S}^m$, 设 $\overline{X}$ 的特征值分解如 (5.4) 式. 则谱算子 G 在 $\overline{X}$ 附近是局部 Lipschitz 连续的当且仅当对称映射 g 在 $\bar{\lambda}=\lambda(\overline{X})$ 附近是局部 Lipschitz 连续的.

在下文中, 我们假设 g 在 $\bar{\lambda}=\lambda(\overline{X})$ 的一开邻域 $\mathcal{N}_{\bar{\lambda}}\in\mathbb{R}^m$ 上是 Lipschitz 连续的. 根据 Rademacher 定理, 设子集 $\mathcal{D}_g^{\downarrow}\in\mathcal{N}_{\bar{\lambda}}$ 为

$$\mathcal{D}_g^{\downarrow}:=\{\lambda\in\mathcal{N}_{\bar{\lambda}}|\,g\text{ 在 }\lambda\text{ 处是 Fréchet 可微的且 }\lambda\text{ 是非升序的}\}.$$

则对称映射 g 在开邻域 $\mathcal{N}_{\bar{\lambda}}\in\mathbb{R}^m$ 上是几乎处处 Fréchet 可微的, 即谱算子 G 在对应的开邻域 $\mathcal{N}_{\overline{X}}\in\mathbb{S}^m$ 中是几乎处处 (以 Lebesgue 测度) Fréchet 可微的. 根据 B-次微分的定义

$$\partial_B g(\bar{\lambda}):=\Big\{\mathcal{U}:\mathbb{R}^m\to\mathbb{R}^m|\exists\lambda^\nu\to\bar{\lambda},\ \lambda^\nu\in\mathcal{D}_g^{\downarrow},\ \mathcal{J}g(\lambda^\nu)\to\mathcal{U}\Big\}.$$

对于任意的 $\lambda\in\mathcal{D}_g^{\downarrow}$, 定义线性算子 $J(\lambda,\cdot):\mathbb{S}^m\to\mathbb{S}^m$ 为

$$J(\lambda,H)=\begin{bmatrix}(\mathcal{A}^D(\lambda))_{\alpha_1\alpha_1}\circ H_{\alpha_1\alpha_1} & \cdots & 0\\ \vdots & \ddots & \vdots\\ 0 & \cdots & (\mathcal{A}^D(\lambda))_{\alpha_r\alpha_r}\circ H_{\alpha_r\alpha_r}\end{bmatrix}\in\mathbb{S}^m, \tag{5.10}$$

① 对于任意两个矩阵 $X,Y\in\mathbb{R}^{m\times n}$, $Z=X\circ Y\in\mathbb{R}^{m\times n}$.

其中矩阵 $\mathcal{A}^D(\lambda)\in\mathbb{S}^m$ 如 (5.6) 中定义. 定义

$$\mathcal{V}_{\bar\lambda}:=\left\{V(\cdot):\mathbb{S}^m\to\mathbb{S}^m\,\middle|\,V(\cdot)=\lim_{\mathcal{D}_g^{\downarrow}\ni\lambda\to\bar\lambda}\mathcal{L}(\lambda,\cdot)+J(\lambda,\cdot)\right\},$$

对于任意的 $\lambda\in\mathcal{D}_g^{\downarrow}$, 线性算子 $\mathcal{L}(\lambda,\cdot):\mathbb{S}^m\to\mathbb{S}^m$ 如 (5.10) 中定义. 令 $\mathcal{K}_{\bar\lambda}$ 是一线性算子集合. 线性算子 $K(\cdot)\in\mathcal{K}_{\bar\lambda}$ 当且仅当存在 $P_k\in\mathbb{O}^{|\alpha_k|},k=1,\cdots,r$ 以及 $V\in\mathcal{V}_{\bar\lambda}$ 使得

$$K(H)=PV(\widehat{H})P^{\mathrm{T}}\in\mathbb{S}^m,$$

其中 $P=\mathrm{Diag}(P_1,\cdots,P_r)\in\mathbb{O}^m$ 且 $\widehat{H}=P^{\mathrm{T}}HP\in\mathbb{S}^m$. 因此谱算子 G 在 $\overline{X}$ 处的 B-次微分 $\partial_B G(\overline{X})$ 有如下刻画.

定理 5.5 [12,Theorem 3.13] (B-次微分) 给定 $\overline{X}\in\mathbb{S}^m$, 设 $\overline{X}$ 的特征值分解如 (5.4) 式. 若对称映射 g 在 $\bar\lambda=\lambda(\overline{X})$ 附近是局部 Lipschitz 连续的, 则 $\mathcal{U}\in\partial_B G(\overline{X})$ 当且仅当存在 $K\in\mathcal{K}_{\bar\lambda}$ 使得对于任意的 $H\in\mathbb{S}^m$,

$$\mathcal{U}(H)=\overline{P}\left(K(\widetilde{H})+(\mathcal{A}(\bar\lambda))\circ\widetilde{H}\right)\overline{P}^{\mathrm{T}},$$

其中 $\widetilde{H}=\overline{P}H\overline{P}^{\mathrm{T}}$.

由于谱算子 G 在 $\overline{X}$ 处的 Clarke 广义 Jacobian $\partial_c G(\overline{X})$ 是 B-次微分的凸包, 即

$$\partial_c G(\overline{X})=\mathrm{con}\{\partial_B G(\overline{X})\},$$

因此我们有如下结论.

定理 5.6 (Clarke 广义 Jacobian) 给定 $\overline{X}\in\mathbb{S}^m$, 设 $\overline{X}$ 的特征值分解如 (5.4) 式. 若对称映射 g 在 $\bar\lambda=\lambda(\overline{X})$ 附近是局部 Lipschitz 连续的, 则 $\mathcal{U}\in\partial_c G(\overline{X})$ 当且仅当存在 $K\in\mathcal{K}_{\bar\lambda}$ 使得对于任意的 $H\in\mathbb{S}^m$,

$$\mathcal{U}(H)=\overline{P}\left(\widehat{K}(\widetilde{H})+(\mathcal{A}(\bar\lambda))\circ\widetilde{H}\right)\overline{P}^{\mathrm{T}},$$

其中 $\widetilde{H}=\overline{P}H\overline{P}^{\mathrm{T}}$, $\widehat{K}(\widetilde{H})$ 是一些 $\{K_x(\widetilde{H})\}$ 在 $\mathcal{K}_{\bar\lambda}$ 中的凸组合.

5.3 抽象集合上 Lipschitz 连续优化问题

对于无约束的 Lipschitz 连续优化问题, 即

$$\min\varphi(x), \tag{5.11}$$

其中 $\varphi:\mathbb{R}^n\to\mathbb{R}$ 的 Lipschitz 连续函数, 其最优性条件较为显然.

引理 5.2　若 $\bar{x}$ 是无约束 Lipschitz 连续优化问题 (5.11) 的局部最优解, 其中 φ 关于 $x \in \mathbb{R}^n$ 是 Lipschitz 连续. 则

$$0 \in \partial_c \varphi(\bar{x}).$$

下面考虑只有约束 $x \in C$ 约束时问题的最优性条件. 考虑问题

$$\begin{cases} \min & \varphi(x) \\ \text{s.t.} & x \in C. \end{cases} \tag{5.12}$$

命题 5.5　设 φ 是在包含集合 C 的开集合 $\mathcal{U}$ 上的 Lipschitz 连续函数, Lipschitz 常数为 $L_0 > 0$.

(1) 若 $\bar{x}$ 是问题 (5.12) 的最小点, 则对于任何的 $L \geqslant L_0$, $\bar{x}$ 是 $\varphi(\cdot) + Ld_C(\cdot)$ 在 $\mathcal{U}$ 上的极小点.

(2) 相反地, 若 C 是闭集, 对于某些 $L > L_0$, $\bar{x}$ 是 $\varphi(\cdot) + Ld_C(\cdot)$ 在 $\mathcal{U}$ 上的极小点, 则 $\bar{x}$ 是问题 (5.12) 的最小点.

证明　(1) 由局部 Lipschitz 连续的定义 (定义 9.14) 可得

$$\varphi(z) - L_0\|y - z\| \leqslant \varphi(y) \leqslant \varphi(z) + L_0\|y - z\|, \quad \forall\, y, z \in \mathcal{U}.$$

再由 $\bar{x}$ 是问题 (5.12) 的最小点, 有

$$\varphi(\bar{x}) \leqslant \varphi(y), \quad \forall\, y \in C.$$

令 $z \in \mathcal{U}, \varepsilon > 0$. 存在 $y \in C$ 满足 $\|y - z\| \leqslant d_C(z) + \varepsilon$. 于是

$$\varphi(\bar{x}) + Ld_C(\bar{x}) = \varphi(\bar{x}) \leqslant \varphi(y) \leqslant \varphi(z) + L_0\|y - z\| \leqslant \varphi(z) + Ld_C(\bar{x}) + L\varepsilon.$$

令 $\varepsilon \downarrow 0$ 即证得结论.

(2) 反证法. 假设 $\bar{x}$ 是 $\varphi(\cdot) + Ld_C(\cdot)$ 在 $\mathcal{U} \setminus C$ 上的极小点, 由于 C 是闭集, 则 $d_C(\bar{x}) > 0$. 选取 $c \in C$ 使得

$$\|c - \bar{x}\| \leqslant (L/L_0)d_C(\bar{x}).$$

由 $\bar{x}$ 是 $\varphi(\cdot) + Ld_C(\cdot)$ 在 $\mathcal{U}$ 上的极小点且 $s \in S \subset U$, 可得

$$\varphi(\bar{x}) + Ld_C(\bar{x}) \leqslant \varphi(c) \leqslant \varphi(\bar{x}) + L_0\|c - \bar{x}\| \leqslant \varphi(\bar{x}) + Ld_C(\bar{x}).$$

此处矛盾意味着 $\bar{x} \in C$, 因此 $\bar{x}$ 是问题 (5.12) 的最小点. ■

带约束的 Lipschitz 优化问题可以化为无约束的 Lipschitz 优化问题, 利用引理 5.2 可得, $\bar{x}$ 是问题 (5.12) 的局部极小点, 则

$$0 \in \partial_c (f + Ld_C)(\bar{x}) \subseteq \partial_c f(\bar{x}) + L\partial_c d_C(\bar{x}).$$

我们总结为以下结论.

命题 5.6 设 $\bar{x}$ 是问题 (5.12) 的极小点, 函数 φ 在 $\bar{x}$ 附近 Lipschitz 连续, Lipschitz 常数为 $L_0 > 0$. 则

$$0 \in \partial_c(f + L_0 d_C)(\bar{x}) \subseteq \partial_c f(\bar{x}) + L_0 \partial_c d_C(\bar{x}) \subseteq \partial_c f(\bar{x}) + \overline{N}_C(\bar{x}).$$

证明 由引理 5.2 和命题 5.5 可知 $0 \in \partial_c(f + L_0 d_C)(\bar{x})$. 再利用 Clarke 次微分的运算法则命题 5.2(1) 以及法锥的表达式 (5.2) 即得结论. ■

针对 Lipschitz 优化问题, 倘若可以准确地刻画约束集合的正则切锥 $\hat{T}_S(\bar{x})$ 和 Clarke 法锥 $\overline{N}_C(\bar{x})$, 则可以得到关于最优性条件的刻画. 针对不等式约束有以下结论.

定理 5.7 令空间 $X \subseteq \mathbb{R}^n$, $f: X \to \mathbb{R}$ 是一局部 Lipschitz 连续函数, 定义

$$C = \{x \in X | f(x) \leqslant 0\}.$$

若点 $x \in C$ 满足 $0 \notin \partial_c f(x)$, 则有

$$\hat{T}_C(x) \supseteq \{d \in \mathbb{R}^n | f^\circ(x; d) \leqslant 0\}, \quad \overline{N}_C(x) \subseteq \{\lambda\zeta | \lambda \geqslant 0, \zeta \in \partial_c f(x)\}.$$

进一步, 若 f 在点 x 处正则, 则上述两个的等式成立且 C 在点 x 处正则, 即 $\hat{T}_C(x) = T_C(x), \hat{N}_C(x) = \overline{N}_C(x)$.

证明 首先证明正则切锥的包含关系. 观察到存在 $d_0 \in X$ 使得 $f^\circ(x; d_0) < 0$, 否则 $0 \in \partial_c f(x)$. 如果 $d \in D := \{d \in \mathbb{R}^n | f^\circ(x; d) \leqslant 0\}$, 则对于任意的 $\varepsilon > 0$ 都有 $f^\circ(x; d + \varepsilon d_0) < 0$. 由正则切锥是闭集, 我们仅需证明 $\{d \in X | f^\circ(x; d) < 0\} \subseteq \hat{T}_C(x)$ 即可. 对于任给满足 $f^\circ(x; \bar{d}) < 0$ 的 $\bar{d}$, 由 $f^\circ(x; d)$ 的定义, 存在正常数 δ, ε 满足

$$f(y + t\bar{d}) - f(y) \leqslant -\delta t, \quad \forall y \in \mathbb{B}(x, \varepsilon), t \in (0, \varepsilon).$$

下证 $\bar{d} \in \hat{T}_C(x)$. 利用正则切锥的定义 (定义 9.8), 有

$$\hat{T}_C(x) = \left\{d \in \mathbb{R}^n | \forall t_k \downarrow 0, \forall x^k \xrightarrow{C} x, \exists d^k \to d \text{使} f(x^k + t_k d^k) \leqslant 0\right\}.$$

特取 $d^k \equiv \bar{d}$, 那么对于任意的 $\forall t_k \downarrow 0, \forall x^k \xrightarrow{C} x$,

$$f(x^k + t_k\bar{d}) \leqslant f(x^k) - \delta t_i \leqslant -\delta t_i.$$

因此 $\bar{d} \in \hat{T}_C(x)$.

下面证明法锥的包含关系. 观察到闭凸锥 $K = \{\lambda\zeta | \lambda \geqslant 0, \zeta \in \partial_c f(x)\}$ 的极锥是 D, 因此

$$\overline{N}_C(x) = \hat{T}_C(x)^\circ \subseteq D^\circ = (K^\circ)^\circ = K.$$

若 f 在点 x 处正则. 我们仅需考虑在边界的情况, 即 $f(x)=0$ (若 $f(x)<0$, 则 $\hat{T}_C(x)=T_C(x)=\mathbb{R}$). 显然有 $\hat{T}_C(x)\subseteq T_C(x)$. 下证 $T_C(x)\subseteq\hat{T}_C(x)$. 令 $d\in T_C(x)$, 根据定义, 存在序列 $x^k\in C$, $t_k\downarrow 0$ 使得 $d^k:=(x^k-x)/t_k\to d$. 则

$$\begin{aligned}f^\circ(x;d)=f'(x;d)&=\lim_{k\to\infty}\frac{f(x+t_kd)-f(x)}{t_k}=\lim_{k\to\infty}\frac{f(x+t_kd^k)-f(x)}{t_k}\\&=\lim_{k\to\infty}\frac{f(x^k)-f(x)}{t_k}=\lim_{k\to\infty}\frac{f(x^k)}{t_k}\leqslant 0.\end{aligned}$$

因此由刚刚证明的正则切锥的包含关系, 有 $T_C(x)\subseteq\hat{T}_C(x)$. 法锥的关系我们由下述推断得出:

$$\begin{aligned}\hat{N}_C(x)&=T_C^\circ(x)=D^\circ=[\partial_cf(x)^\circ]^\circ\\&=(K^\circ)^\circ=K\supseteq\overline{N}_C(x)\supseteq\hat{N}_C(x).\end{aligned}$$

■

5.4 非线性 Lipschitz 连续优化问题

本节建立 Lipschitz 连续优化问题的最优性必要条件, 素材选自文献 [30]. 考虑下述 Lipschitz 连续优化问题

$$\begin{cases}\min & f(x)\\ \text{s.t.} & h(x)=0,\\ & g(x)\leqslant 0,\\ & x\in C,\end{cases}\tag{5.13}$$

其中 $f:\mathbb{R}^n\to\mathbb{R}, h:\mathbb{R}^n\to\mathbb{R}^q, g:\mathbb{R}^n\to\mathbb{R}^p$ 均是包含集合 C 上的一开邻域上的局部 Lipschitz 连续函数, 集合 $C\subseteq\mathbb{R}^n$ 是闭集合. 由于问题中的函数不再是可微的, 对于此类问题仅可以应用次微分来讨论最优性条件. 在本节中所提及的次微分是 Clarke 次微分, 即其为 B-次微分的凸包.

结合引理 5.2 和命题 5.5, 给出问题 (5.13) 的最优性条件的刻画.

定理 5.8 设 $\bar{x}$ 是问题 (5.13) 的局部极小点, 且 f,h,g 是局部 Lipschitz 连续的, C 是 $\mathbb{R}^n$ 上的一非空闭子集. 则存在 λ_0,μ,λ 满足

$$0\in\lambda_0\partial_cf(\bar{x})+\sum_{j=1}^q\mu_j\partial_ch_j(\bar{x})+\sum_{i=1}^p\lambda_i\partial_cg_i(\bar{x})+\overline{N}_C(\bar{x}),\tag{5.14}$$

$$0\leqslant(\lambda_0,\lambda),\ (\lambda_0,\mu,\lambda)\neq 0,\tag{5.15}$$

$$\lambda_ig_i(\bar{x})=0,\ i=1,\cdots,p.\tag{5.16}$$

证明 对于 $\varepsilon>0$, 定义函数

$$\varphi(x):=\max\left\{f(x)-f(\bar{x})+\frac{\varepsilon}{2},|h_1(x)|,\cdots,|h_q(x)|,g_1(x),\cdots,g_p(x)\right\}.$$

φ 是下半连续的下有界函数. 考虑问题

$$\begin{cases}\min & \varphi(x)\\ \text{s.t.} & x\in C.\end{cases}\tag{5.17}$$

对于任意的 $x\in C$, 有 $\varphi(x)>0$. 由于 $\bar{x}$ 是问题 (5.13) 的局部极小点, 有 $\varphi(\bar{x})=\dfrac{\varepsilon}{2}$, 即 $\bar{x}$ 是问题 (5.17) 的 ε 最优解. 由 Ekeland 变分原理 (定理 9.10), 存在一点 $x_\varepsilon\in\mathbb{R}^n$ 满足

(i) $\|x_\varepsilon-\bar{x}\|\leqslant\sqrt{\varepsilon}$;

(ii) $\{x_\varepsilon\}=\operatorname{argmin}\{\varphi(x)+\sqrt{\varepsilon}\|x-x_\varepsilon\|\}$;

(iii) $f(x_\varepsilon)\leqslant f(\bar{x})$.

从上述结论 (ii) 和 Ekeland 变分原理 (定理 9.10), 可得

$$\{x_\varepsilon\}=\operatorname{argmin}\{\varphi(x)+\sqrt{\varepsilon}\|x-x_\varepsilon\|+L\mathrm{dist}(\bar{x},C)\}.$$

再由 Fermat 定理, 有

$$0\in\partial_c\left[\varphi(x)+\sqrt{\varepsilon}\|x-x_\varepsilon\|+L\mathrm{dist}(\bar{x},C)\right]|_{x=x_\varepsilon}.$$

其等价于 $0\in\partial_c\varphi(x_\varepsilon)+\sqrt{\varepsilon}\mathbf{B}+\overline{N}_C(x_\varepsilon)$. 当 ε 充分小时, 有 $I(x_\varepsilon)\subseteq I(\bar{x})$. 代入函数 φ 的定义有

$$0\in\operatorname{con}\left\{\partial_c f(x_\varepsilon),\partial_c|h_j(x_\varepsilon)|,j=1,\cdots,q,\partial g_i(x_\varepsilon),i\in I(x_\varepsilon)\right\}+\sqrt{\varepsilon}\mathbf{B}+\overline{N}_C(x_\varepsilon).\tag{5.18}$$

因此存在 $\lambda_0^{\varepsilon_1},\mu_j^{\varepsilon_1},j=1,\cdots,q,\lambda_i^{\varepsilon_1},i\in I(x_\varepsilon)$ 使得 $\lambda_0^{\varepsilon_1}+\sum\limits_{j=1}^{q}\mu_j^{\varepsilon_1}+\sum\limits_{i\in I(x_\varepsilon)}\lambda_i^{\varepsilon_1}=1$. (5.18) 式可以表示为

$$0\in\lambda_0^{\varepsilon_1}\partial_c f(x_\varepsilon)+\sum_{j=1}^{q}\mu_j^{\varepsilon_1}\partial_c|h_j(x_\varepsilon)|+\sum_{i\in I(x_\varepsilon)}\lambda_i^{\varepsilon_1}\partial g_i(x_\varepsilon)+\varepsilon\mathbf{B}+\overline{N}_C(x_\varepsilon).\tag{5.19}$$

利用复合函数求次微分的链式法则, 以及绝对值函数的次微分表达式, 很容易得到

$$\partial_c|h_j(x)|=\begin{cases}\partial_c h_j(x), & h_j(x)>0,\\ \partial_c h_j(x)[-1,1], & h_j(x)=0,\\ -\partial_c h_j(x), & h_j(x)<0.\end{cases}$$

记

$$\lambda_0^\varepsilon = \lambda_0^{\varepsilon_1}, \quad \mu_j^\varepsilon = \operatorname{sgn}(h_j(x_\varepsilon))\mu_j^{\varepsilon_1}, \quad j = 1, \cdots, q, \quad \lambda_i^\varepsilon = \lambda_i^{\varepsilon_1}, \quad i \in I(x_\varepsilon).$$

此时 (5.19) 式可以表示为

$$\begin{aligned} &0 \in \lambda_0^\varepsilon \partial_c f(x_\varepsilon) + \sum_{j=1}^q \mu_j^\varepsilon \partial_c h_j(x_\varepsilon) + \sum_{i\in I(x_\varepsilon)} \lambda_i^\varepsilon \partial_c g_i(x_\varepsilon) + \varepsilon \mathbf{B} + \overline{N}_C(x_\varepsilon), \\ &(\lambda_0^\varepsilon, \lambda_i^\varepsilon) \geqslant 0,\ (\lambda_0^\varepsilon, \mu_j^\varepsilon, \lambda_i^\varepsilon) \neq 0. \end{aligned} \tag{5.20}$$

因此存在

$$V^\varepsilon \in \lambda_0^\varepsilon \partial_c f(x_\varepsilon) + \sum_{j=1}^q \mu_j^\varepsilon \partial_c h_j(x_\varepsilon) + \sum_{i\in I(x_\varepsilon)} \lambda_i^\varepsilon \partial_c g_i(x_\varepsilon)$$

以及 $-V^\varepsilon \in \varepsilon\mathbf{B} + \overline{N}_C(x_\varepsilon)$. 观察到序列 $\{V^\varepsilon\}$ 是有界的, $(\lambda_0^\varepsilon, \mu^\varepsilon, \lambda^\varepsilon)$ 是有界的, 并且 $\|x_\varepsilon - \bar{x}\| \leqslant \sqrt{\varepsilon}$.

由于 ε 的任意性, 任取 $\varepsilon_k \downarrow 0$, 有 $x_{\varepsilon_k} \to \bar{x}$,

$$\limsup_{k\to\infty} I(x_{\varepsilon_k}) \subseteq I(\bar{x})$$

(集合列的外极限). 存在 V, 它是 V^{ε_k} 的聚点. 定义 $\lambda_i^\varepsilon = 0, i \notin I(x_{\varepsilon_k})$, 则存在 $(\lambda_0, \mu, \lambda)$ 为 $(\lambda_0^\varepsilon, \mu^\varepsilon, \lambda^\varepsilon)$ 的聚点. 不妨设 $V^{\varepsilon_k} \to V$, $(\lambda_0^{\varepsilon_k}, \mu^{\varepsilon_k}, \lambda^{\varepsilon_k}) \to (\lambda_0, \mu, \lambda)$. 由于 $-V^{\varepsilon_k} \in \varepsilon_k\mathbf{B} + \overline{N}_C(x_{\varepsilon_k})$, 当 $k \to \infty$ 时, 有 $-V \in \overline{N}_C(\bar{x})$. 此时 (5.20) 式变为如下形式

$$\begin{aligned} &0 \in \lambda_0 \partial_c f(\bar{x}) + \sum_{j=1}^q \mu_j \partial_c h_j(\bar{x}) + \sum_{i\in I(\bar{x})} \lambda_i \partial_c g_i(\bar{x}) + \overline{N}_C(\bar{x}), \\ &0 \leqslant (\lambda_0, \lambda_{I(\bar{x})}),\ (\lambda_0, \mu, \lambda_{I(\bar{x})}) \neq 0. \end{aligned}$$

■

5.5 均衡约束优化问题 *

本节讨论具有如下形式的带有均衡约束的优化问题:

$$(\text{MPEC}) \qquad \begin{cases} \min & f(x, z) \\ \text{s.t.} & z \in S(x), \\ & x \in U_{ad},\ z \in Z, \end{cases} \tag{5.21}$$

其中映射 $f:\mathbb{R}^n\times\mathbb{R}^k\to\mathbb{R}$, U_{ad} 是 $\mathbb{R}^n$ 上的非空闭子集, Z 是 $\mathbb{R}^k$ 上的非空闭子集, 集值映射 $S:U_{ad}\rightrightarrows\mathbb{R}^k$ 是满足如下广义方程形式的解映射:

$$0\in C(x,z)+N_Q(z), \tag{5.22}$$

其中 $C:\mathbb{R}^n\times\mathbb{R}^k\to\mathbb{R}^k$ 是一个连续映射, Q 是 $\mathbb{R}^k$ 上的非空闭凸子集, $N_Q(z)$ 表示集合 Q 在点 $z\in\mathbb{R}^k$ 处的法锥. (MPEC) 问题中的约束 $z\in S(x)$ 被称为均衡约束. (MPEC) 问题在 Stackelberg 博弈、力学设计问题、传输网络设计等方面有着重要应用. 本节内容选自 [20]. 为进一步了解 (MPEC) 问题, 下面给出 (MPEC) 问题中的一个应用——Stackelberg 博弈模型.

例 5.2 (双人 Stackelberg 博弈) 考虑一个由两个玩家组成的游戏, 每个玩家都试图在其可行的策略集中最小化他的目标. 第一个玩家是领导者. 这意味着他首先行动, 了解第二个玩家 (也称为跟随者), 随后将其收益降至最低. 假设跟随者从其解集中 (若解集不为单点集) 选择一种对领导者最优的策略. 因此我们得到了一个双层规划问题

$$\begin{cases}\min & f_L(x,z)\\ \text{s.t.} & z\in\underset{v\in\Omega_F}{\operatorname{argmin}}\ f_F(x,v),\\ & x\in\Omega_L,\end{cases} \tag{5.23}$$

其中 f_L,f_F 是目标函数, Ω_L,Ω_F 分别是领导者和跟随者的可行决策集. 注意到问题

$$\begin{cases}\min & f_F(x,v)\\ \text{s.t.} & v\in\Omega_F\end{cases} \tag{5.24}$$

是双层规划问题 (5.23) 的一部分. 如果 $f_F(x,\cdot)$ 对于所有 x 是凸的连续可微的且集合 Ω_F 是闭凸集, 则跟随者的优化问题 (5.24) 等价于一个广义方程

$$0\in\nabla_z f_F(x,z)+N_{\Omega_F}(z).$$

此时我们得到一个 (MPEC) 问题. 然而, 即使目标函数 $f_F(x,v)$ 是光滑的且策略集 Ω_F 是简单集合, 最优解映射 S 可能具有复杂的结构.

若映射 S 在集合 U_{ad} 上是单值映射且约束集合 $Z=\mathbb{R}^k$, 则 (MPEC) 问题 (5.21) 退化为如下只关于变量 x 的优化问题

$$\begin{cases}\min & \Theta(x):=f(x,S(x))\\ \text{s.t.} & x\in U_{ad}.\end{cases} \tag{5.25}$$

此时解映射 S 是由广义方程 (5.22) 定义的隐函数. 若 S 是 Lipschitz 连续且方向可微的, 则容易得到问题 (5.25) 的最优性条件. 我们称问题 (5.25) 为隐规划问题 (IMP). 为了建立 (5.21) 问题的最优性条件, 给出以下假设:

条件 A 在局部解 $(\bar{x}, \bar{z})$ 处, 存在 $\bar{x}$ 的一个邻域 $\mathcal{U}$ 以及 $\bar{z}$ 的一个邻域 $\mathcal{V}$ 和 S 的一个方向可微的 Lipschitz 连续的映射 $\sigma : \mathcal{U} \to \mathbb{R}^k$, 使得 $\sigma(\bar{x}) = \bar{z}$, 并且

$$S(x) \cap \mathcal{V} = \sigma(x), \quad \forall x \in \mathcal{U}.$$

注意到, 条件 A 没有要求广义方程 (5.22) 的解集是单点集. 条件 A 仅需确保对于接近 $\bar{x}$ 的 x, 广义方程 (5.22) 在 $\bar{z}$ 的邻域中仅有唯一的解 z.

5.5.1 解的存在性

通常, 即使目标函数和约束集合 U_{ad}, Z 都是凸的, (MPEC) 问题也可能是一个非凸优化问题. 因此, (MPEC) 的解的存在性问题通常不容易回答. 这里我们介绍 [20] 中两个存在性结果.

命题 5.7 [20,Propsition 1.1] 令 f 是连续的且图 $\operatorname{gph} S$① 是闭的. 进一步假设存在一对点 $(x_0, z_0) \in \mathbb{R}^n \times \mathbb{R}^k$ 使得如下交集

$$\Gamma := \operatorname{lev}_f(x_0, z_0) \cap \operatorname{gph} S \cap (U_{ad} \times Z) \text{ 是非空有界的.} \tag{5.26}$$

则 (MPEC) 存在一组解 $(\bar{x}, \bar{z})$.

证明 由于 f 连续, 集合 U_{ad}, Z 是闭集, 可知集合 Γ 是紧致的. 由于 Γ 非空, (MPEC) 问题 (5.21) 等价于在集合 Γ 极小化函数 f. 此时问题 (MPEC) 必存在一个解 $(\bar{x}, \bar{z})$. ■

命题 5.8 [20,Propsition 1.2] 令 f 是连续的, 集合 U_{ad} 是紧致的, $Z = \mathbb{R}^k$ 且 S 在包含 U_{ad} 的一个开集上是单值的连续的. 则 (MPEC) 存在一组解 $(\bar{x}, \bar{z})$.

证明 此时, (MPEC) 问题 (5.21) 退化为问题 (5.25). 复合目标函数 Θ 在包含 U_{ad} 的一个开集上是连续的, 因此其必存在一组解 $(\bar{x}, \bar{z})$. ■

5.5.2 最优性条件

由于 (MPEC) 问题是非凸问题, 因此寻求全局解几乎是无法实现的. 实际上, 大多数数值方法仅会收敛到各种稳定点, 这些稳定点即是在一些附加假设下的局部最小值点. 本节将讨论一类特殊的 (MPEC) 问题的一阶必要性最优条件, 即

$$S(x) := \text{sol } (\text{NLP}_x), \tag{5.27}$$

---

① 集值映射 $S : X \rightrightarrows U$ 的图 $\operatorname{gph} S$ 是 $X \times U$ 上的子集合, 定义为

$$\operatorname{gph} S := \{(x, u) | \, u \in S(x)\}.$$

其中 (NLP_x) 是下述非线性规划的扰动问题

$$(\mathrm{NLP}_x) \qquad \begin{cases} \min & F(x,y) \\ \text{s.t.} & H(x,y)=0, \\ & G(x,y)\leqslant 0, \end{cases} \tag{5.28}$$

其中 $x\in\mathcal{A}\subset\mathbb{R}^n$ 是扰动参数, 映射 $F:\mathcal{A}\times\mathbb{R}^m\to\mathbb{R}$ 是关于 (x,u) 光滑的, 映射 $H:=(h_1,\cdots,h_q)^{\mathrm{T}}:\mathcal{A}\times\mathbb{R}^m\to\mathbb{R}^q$ 和 $G:=(g_1,\cdots,g_p)^{\mathrm{T}}:\mathcal{A}\times\mathbb{R}^m\to\mathbb{R}^p$ 是关于 (x,u) 二次连续可微的. 进一步, 我们假设对于任意的 $x\in\mathcal{A}$, 函数 $H(x,\cdot)$ 是仿射函数, $g_i(x,\cdot)$ 在 $\mathbb{R}^m$ 是凸的.

问题 (NLP_x) 的 Lagrange 函数关于 y 的导数记为

$$\mathcal{L}(x,y,\mu,\lambda)=\nabla_y F(x,y)+\mathcal{J}_y H(x,y)^{\mathrm{T}}\mu+\mathcal{J}_y G(x,y)^{\mathrm{T}}\lambda,$$

其中 $\mu\in\mathbb{R}^q,\lambda\in\mathbb{R}^p$ 是乘子. 问题 (5.28) 的 Kurash-Kuhn-Tucker 系统可以用广义方程表示为

$$0\in\begin{bmatrix}\mathcal{L}(x,y,\mu,\lambda)\\ H(x,y)\\ -G(x,y)\end{bmatrix}+N_{\mathbb{R}^m\times\mathbb{R}^q\times\mathbb{R}^p_+}(y,\mu,\lambda). \tag{5.29}$$

若广义方程 (5.29) 在局部极小点 $(\bar{x},\bar{y},\bar{\mu},\bar{\lambda})$ 处是强正则的, 由定理 9.11, 可知存在条件 A 中的方向可微的 Lipschitz 连续的映射 $\sigma=(\sigma_1,\sigma_2,\sigma_3):\mathcal{A}\to\mathbb{R}^m\times\mathbb{R}^q\times\mathbb{R}^p_+$, 使得存在 $\bar{x}$ 的一个邻域 $\mathcal{U}$, 对于任意的 $x\in\mathcal{U}$, 有

$$y=\sigma_1(x),\quad \mu=\sigma_2(x),\quad \lambda=\sigma_3(x).$$

此时 (MPEC) 问题 (5.21) 被简化为

$$\begin{cases} \min & f(x,y) \\ \text{s.t.} & y=\sigma_1(x),\ \mu=\sigma_2(x),\ \lambda=\sigma_3(x), \\ & x\in U_{ad}\cap\mathcal{U}. \end{cases} \tag{5.30}$$

其中 $\mathcal{U}$ 是一个开邻域, 函数 f 在 $\mathcal{U}\times\mathbb{R}^m$ 上是连续可微的.

设广义方程 (5.29) 在局部极小点 $(\bar{x},\bar{y},\bar{\mu},\bar{\lambda})$ 处是强正则的, 则关于点 $(\bar{x},\bar{y})$ 的乘子 $(\bar{\mu},\bar{\lambda})$ 是唯一的. 定义如下指标集 $I(\bar{x},\bar{y}):=\{i\in\{1,\cdots,p\}\,|\,g_i(\bar{x},\bar{y})=0\}$,

$$I^+(\bar{x},\bar{y}):=\{i\in I(\bar{x},\bar{y})\,|\,\lambda_i(\bar{x},\bar{y})>0\},\quad I^0(\bar{x},\bar{y}):=I(\bar{x},\bar{y})\backslash I^+(\bar{x},\bar{y}).$$

令 a, a^+, a^0 分别表示

$$a = |I(\bar{x}, \bar{y})|, \quad a^+ = |I^+(\bar{x}, \bar{y})|, \quad a^0 = |I^0(\bar{x}, \bar{y})|.$$

定义 $(m+q+p) \times (m+q+p)$ 的矩阵 $D(\bar{x}, \bar{y}, \bar{\mu}, \bar{\lambda})$:

$$D(\bar{x}, \bar{y}, \bar{\mu}, \bar{\lambda}) := \begin{bmatrix} \mathcal{J}_y \mathcal{L}(\bar{x}, \bar{y}, \bar{\mu}, \bar{\lambda}) & (\mathcal{J}_y H(\bar{x}, \bar{y}))^{\mathrm{T}} & (\mathcal{J}_y G(\bar{x}, \bar{y}))^{\mathrm{T}} \\ \mathcal{J}_y H(\bar{x}, \bar{y}) & 0 & 0 \\ -\mathcal{J}_y G(\bar{x}, \bar{y}) & 0 & 0 \end{bmatrix}$$

和仅取 $I(\bar{x}, \bar{y})$ 中某个子集 N 时的矩阵 $D_{(N)}(\bar{x}, \bar{y}, \bar{\mu}, \bar{\lambda})$:

$$D_{(N)}(\bar{x}, \bar{y}, \bar{\mu}, \bar{\lambda}) := \begin{bmatrix} \mathcal{J}_y \mathcal{L}(\bar{x}, \bar{y}, \bar{\mu}, \bar{\lambda}) & (\mathcal{J}_y H(\bar{x}, \bar{y}))^{\mathrm{T}} & (\mathcal{J}_y G_N(\bar{x}, \bar{y}))^{\mathrm{T}} \\ \mathcal{J}_y H(\bar{x}, \bar{y}) & 0 & 0 \\ -\mathcal{J}_y G_N(\bar{x}, \bar{y}) & 0 & 0 \end{bmatrix}, \tag{5.31}$$

其中 G_N 是包含所有 $g_i, i \in N$ 的向量值函数. 记 $\mathcal{P}(I^0(\bar{x}, \bar{y}))$ 表示所有 $I^0(\bar{x}, \bar{y})$ 中的所有子集的集合, $\mathcal{P}(I^0(\bar{x}, \bar{y}))$ 中的元素记为 $M_i(\bar{x}, \bar{y})$, 因此 $M_i(\bar{x}, \bar{y}) \subset I^0(\bar{x}, \bar{y})$, 其中 i 在适当选择的有限指标集 $\mathbb{K}(\bar{x}, \bar{y})$, 即

$$M_i(\bar{x}, \bar{y}) \in \mathcal{P}(I^0(\bar{x}, \bar{y})), \quad i \in \mathbb{K}(\bar{x}, \bar{y}).$$

为了一阶必要性条件证明的需要, 首先给出伴随方程的性质. 考虑一个向量 $q \in \mathbb{R}^m$, 一个 $m \times m$ 的实矩阵 A 以及 $m \times n$ 的实矩阵 P 和 B, 其中 $AP = B$.

引理 5.3 若 $\bar{p}$ 是伴随方程 $A^{\mathrm{T}} p - q = 0$ 的解, 则

$$P^{\mathrm{T}} q = B^{\mathrm{T}} \bar{p}. \tag{5.32}$$

证明 结论由下述等式说明

$$B^{\mathrm{T}} \bar{p} = (AP)^{\mathrm{T}} \bar{p} = P^{\mathrm{T}} A^{\mathrm{T}} \bar{p} = P^{\mathrm{T}} q.$$ ■

若广义方程 (5.29) 在 $(\bar{x}, \bar{y}, \bar{\mu}, \bar{\lambda})$ 处是强正则的, 则广义 Jacobian $\partial_c \sigma_1(\bar{x})$ 有以下表示.

引理 5.4 [20,Theorem 6.12] 设广义方程 (5.29) 在 $(\bar{x}, \bar{y}, \bar{\mu}, \bar{\lambda})$ 处是强正则的, 则

$$\partial_c \sigma_1(\bar{x}) \subset \mathrm{con}\{[P_i(\bar{x}, \bar{y})]_m | \, i \in \mathbb{K}(\bar{x}, \bar{y})\},$$

其中矩阵 $P_i(\bar{x}, \bar{y})$ 是下述线性矩阵方程的唯一解

$$D_{(I^+ \cup M_i)}(\bar{x}, \bar{y}, \bar{\mu}, \bar{\lambda}) \Pi = \begin{bmatrix} -\mathcal{J}_x \mathcal{L}(\bar{x}, \bar{y}, \bar{\mu}, \bar{\lambda}) \\ -\mathcal{J}_x H(\bar{x}, \bar{y}) \\ \mathcal{J}_x G_{I^+ \cup M_i}(\bar{x}, \bar{y}) \end{bmatrix}, \quad i \in \mathbb{K}(\bar{x}, \bar{y}),$$

其中 Π 是线性方程的变量.

下面建立问题 (5.30) 的一阶必要性条件.

定理 5.9 [20, Theorem 7.2] 令 $(\bar{x},\bar{y},\bar{\mu},\bar{\lambda})$ 是形如 (5.30) 的 (MPEC) 问题的局部极小点, 其中解映射 S 如 (5.27) 所示, 且函数 f 不依赖于 μ 和 λ. 假设广义方程 (5.29) 在 $(\bar{x},\bar{y},\bar{\mu},\bar{\lambda})$ 处是强正则的, 且对于所有的 $i\in\mathbb{K}(\bar{x},\bar{y})$, 向量 $\bar{r}_i,\bar{s}_i,\bar{t}_i$ 是如下伴随方程组的 (唯一) 解

$$\begin{aligned}&(\mathcal{J}_y\mathcal{L}(\bar{x},\bar{y},\bar{\mu},\bar{\lambda}))^{\mathrm{T}}\bar{r}_i+(\mathcal{J}_yH(\bar{x},\bar{y}))^{\mathrm{T}}\bar{s}_i+(\mathcal{J}_yG_{I^+\cup M_i}(\bar{x},\bar{y}))^{\mathrm{T}}\bar{t}_i=\nabla_yf(\bar{x},\bar{y}),\\&\mathcal{J}_yH(\bar{x},\bar{y})\bar{r}_i=0,\\&\mathcal{J}_yG_{I^+\cup M_i}(\bar{x},\bar{y})\bar{r}_i=0,\end{aligned}\tag{5.33}$$

则

$$\begin{aligned}0_{\mathbb{R}^n}\in\nabla_xf(\bar{x},\bar{y})+\operatorname{con}\{&-(\mathcal{J}_x\mathcal{L}(\bar{x},\bar{y},\bar{\mu},\bar{\lambda}))^{\mathrm{T}}\bar{r}_i\\&-(\mathcal{J}_xH(\bar{x},\bar{y}))^{\mathrm{T}}\bar{s}_i+(\mathcal{J}_xG_{I^+\cup M_i}(\bar{x},\bar{y}))^{\mathrm{T}}\bar{t}_i\,|\,i\in\mathbb{K}(\bar{x},\bar{y})\}+\overline{N}_{U_{ad}}(\bar{x}).\end{aligned}\tag{5.34}$$

证明 问题 (5.30) 可简化为

$$\begin{cases}\min & \Theta(x)\\ \text{s.t.} & x\in U_{ad}\cap\mathcal{U},\end{cases}\tag{5.35}$$

其中 $\Theta(x)=f(x,\sigma_1(x))$. 由于 $\bar{x}$ 是问题 (5.35) 的局部解, 由定理 5.6, 可知

$$0\in\partial_c\Theta(\bar{x})+N_{U_{ad}\cap\mathcal{U}}(\bar{x})=\partial_c\Theta(\bar{x})+\overline{N}_{U_{ad}}(\bar{x}).\tag{5.36}$$

由广义 Jacobian 的链式法则命题 5.2(3), 得到

$$\partial_c\Theta(\bar{x})=\nabla_xf(\bar{x},\bar{y})+\operatorname{con}\{\Xi^{\mathrm{T}}\nabla_yf(\bar{x},\bar{y})\,|\,\Xi\in\partial_c\sigma_1(\bar{x})\}.$$

由引理 5.4, $\partial_c\sigma_1(\bar{x})$ 可表示为

$$\partial_c\sigma_1(\bar{x})\subset\operatorname{con}\{[P_i(\bar{x},\bar{y})]_m\,|\,i\in\mathbb{K}(\bar{x},\bar{y})\}.$$

矩阵 $P_i(\bar{x},\bar{y})$ 是下述线性矩阵方程的唯一解

$$D_{(I^+\cup M_i)}(\bar{x},\bar{y},\bar{\mu},\bar{\lambda})\Pi=\begin{bmatrix}-\mathcal{J}_x\mathcal{L}(\bar{x},\bar{y},\bar{\mu},\bar{\lambda})\\-\mathcal{J}_xH(\bar{x},\bar{y})\\\mathcal{J}_xG_{I^+\cup M_i}(\bar{x},\bar{y})\end{bmatrix},$$

其中 Π 是线性方程的变量. 因此

$$\partial_c\Theta(\bar{x})\subset\nabla_xf(\bar{x},\bar{y})+\operatorname{con}\left\{[P_i(\bar{x},\bar{y})]^{\mathrm{T}}\begin{bmatrix}\nabla_yf(\bar{x},\bar{y})\\0_{\mathbb{R}^t}\end{bmatrix}\,\middle|\,i\in\mathbb{K}(\bar{x},\bar{y})\right\},\tag{5.37}$$

其中 $t=q+a^{+}+a_i^{0}$. 令 $A:=D_{(I^{+}\cup M_i)}(\bar{x},\bar{y},\bar{\mu},\bar{\lambda})$, $P:=P_i(\bar{x},\bar{y})$,

$$B:=\begin{bmatrix} -\mathcal{J}_x\mathcal{L}(\bar{x},\bar{y},\bar{\mu},\bar{\lambda}) \\ -\mathcal{J}_x H(\bar{x},\bar{y}) \\ \mathcal{J}_x G_{I^{+}\cup M_i}(\bar{x},\bar{y}) \end{bmatrix},\quad q:=\begin{bmatrix} \nabla_y f(\bar{x},\bar{y}) \\ 0 \end{bmatrix},$$

由向量 $\bar{r}_i,\bar{s}_i,\bar{t}_i$ 是伴随方程组 (5.33) 的解, 即方程 $A^{\mathrm{T}}p-q=0$ 的最优解 $\bar{p}=[\bar{r}_i,\bar{s}_i,\bar{t}_i]^{\mathrm{T}}$. 因此, 由引理 5.3, 可得

$$\begin{aligned}[P_i(\bar{x},\bar{y})]^{\mathrm{T}}\begin{bmatrix} \nabla_y f(\bar{x},\bar{y}) \\ 0 \end{bmatrix}&=\begin{bmatrix} -\mathcal{J}_x\mathcal{L}(\bar{x},\bar{y},\bar{\mu},\bar{\lambda}) \\ -\mathcal{J}_x H(\bar{x},\bar{y}) \\ \mathcal{J}_x G_{I^{+}\cup M_i}(\bar{x},\bar{y}) \end{bmatrix}^{\mathrm{T}}\begin{bmatrix} \bar{r}_i \\ \bar{s}_i \\ \bar{t}_i \end{bmatrix}\\ &=-(\mathcal{J}_x\mathcal{L}(\bar{x},\bar{y},\bar{\mu},\bar{\lambda}))^{\mathrm{T}}\bar{r}_i-(\mathcal{J}_x H(\bar{x},\bar{y}))^{\mathrm{T}}\bar{s}_i+(\mathcal{J}_x G_{I^{+}\cup M_i}(\bar{x},\bar{y}))^{\mathrm{T}}\bar{t}_i,\end{aligned}$$

再结合 (5.36) 与 (5.37) 即得结论. ■

5.6 互补约束优化问题

本节讨论具有如下形式的互补约束规划问题 (MPCC):

$$(\text{MPCC})\quad\begin{cases} \min\limits_{x} & f(x) \\ \text{s.t.} & h(x)=0, \\ & g(x)\leqslant 0, \\ & 0\leqslant G(x)\perp H(x)\geqslant 0, \end{cases}\tag{5.38}$$

其中 $f:\mathbb{R}^n\to\mathbb{R},h:\mathbb{R}^n\to\mathbb{R}^q,g:\mathbb{R}^n\to\mathbb{R}^p,G:\mathbb{R}^n\to\mathbb{R}^m,H:\mathbb{R}^n\to\mathbb{R}^m$ 均是连续可微函数. (MPCC) 问题有很广泛的应用, 例如考虑一双层规划问题

$$\begin{cases} \min & \varphi(x,y) \\ \text{s.t.} & h(x,y)=0, \\ & g(x,y)\leqslant 0, \end{cases}\tag{5.39}$$

其中 y 是问题

$$\begin{cases} \min & \psi(x,y) \\ \text{s.t.} & G(x,y)\leqslant 0 \end{cases}\tag{5.40}$$

的最优解. 因此, y 可以看作为 x 的函数. 设下层问题 (5.40) 关于 x 是凸的, (5.40) 等价于如下形式:

$$\begin{cases} \nabla_y \psi(x,y) + \mathcal{J}_y G(x,y)^{\mathrm{T}} \lambda = 0, \\ 0 \leqslant \lambda \perp G(x,y) \leqslant 0. \end{cases}$$

因此, 双层问题 (5.39) 等价于如下 (MPCC) 问题:

$$\begin{cases} \min\limits_{x,y} & \varphi(x,y) \\ \text{s.t.} & h(x,y) = 0, \\ & g(x,y) \leqslant 0, \\ & \nabla_y \psi(x,y) + \mathcal{J}_y G(x,y)^{\mathrm{T}} \lambda = 0, \\ & 0 \leqslant \lambda \perp G(x,y) \leqslant 0. \end{cases}$$

虽然 (MPCC) 问题的应用十分广泛, 但是 (MPCC) 问题无法直接视为非线性规划. 可以验证, Mangasarian-Fromovitz 约束规范在 (MPCC) 问题的任何可行点处均是不成立的. 因此, 此类问题的最优性条件不能由一般的非线性规划的最优性条件直接得到. 下面利用变分分析的工具, 定义不同的稳定点.

记问题 (5.38) 的可行集为

$$\Phi = \{x \in \mathbb{R}^n \mid h(x) = 0,\ g(x) \leqslant 0,\ 0 \leqslant G(x) \perp H(x) \geqslant 0\}. \tag{5.41}$$

在点 $\bar{x}$ 处定义下述指标集合:

$$\begin{aligned} I_g &:= \{i \mid g_i(\bar{x}) = 0\}, \\ \alpha &:= \{i \mid G_i(\bar{x}) = 0,\ H_i(\bar{x}) > 0\}, \\ \beta &:= \{i \mid G_i(\bar{x}) = 0,\ H_i(\bar{x}) = 0\}, \\ \gamma &:= \{i \mid G_i(\bar{x}) > 0,\ H_i(\bar{x}) = 0\}. \end{aligned}$$

回顾非凸集合的极小化问题的一阶最优性定理 (定理 2.4), 若 $\bar{x} \in \Phi$ 是 (MPCC) 问题的局部最优解, 则有

$$\nabla f(\bar{x})^{\mathrm{T}} d \geqslant 0, \quad \forall\, d \in T_\Phi(\bar{x}). \tag{5.42}$$

一些文献将满足上述条件的可行点称为 Bouligand-稳定点 (B-稳定点). 由于可行集 Φ 切锥较难刻画, 因此文献 [29] 给出用线性化切锥刻画的 B-稳定点的定义.

定义 5.7 (B-稳定点) 称 $\bar{x} \in \Phi$ 是问题 (MPCC) 的 B-稳定点, 倘若

$$\nabla f(\bar{x})^{\mathrm{T}} d \geqslant 0, \quad \forall\, d \in T_\Phi^{\mathrm{lin}}(\bar{x}), \tag{5.43}$$

其中

$$T_{\Phi}^{\text{lin}}(\bar{x}) = \left\{ d \in \mathbb{R}^n \;\middle|\; \begin{array}{l} \nabla h_i(\bar{x})^{\mathrm{T}} d = 0,\ i = 1, \cdots, q,\ \nabla g_i(\bar{x})^{\mathrm{T}} d = 0,\ i \in I_g, \\ \nabla G_i(\bar{x})^{\mathrm{T}} d = 0,\ \forall i \in \alpha,\ \nabla H_i(\bar{x})^{\mathrm{T}} d = 0,\ \forall i \in \gamma, \\ \min\{\nabla G_i(\bar{x})^{\mathrm{T}} d,\ \nabla H_i(\bar{x})^{\mathrm{T}} d\} = 0,\ \forall i \in \beta \end{array} \right\}.$$

显然 $T_{\Phi}(\bar{x}) \subset T_{\Phi}^{\text{lin}}(\bar{x})$. 称 $\bar{x}$ 点处 MPCC Abadie 约束规范成立, 若 $T_{\Phi}(\bar{x}) = T_{\Phi}^{\text{lin}}(\bar{x})$. 此时, 上述关于 B-稳定点的两个定义是等价的.

为研究问题 (MPCC) 的一阶最优性条件, 除 B-稳定点外, 学者们更常采用的是几类对偶稳定点条件 (对应地, B-稳定点也称为原始稳定点), 即弱稳定点 (W-稳定点)、Clarke 稳定点 (C-稳定点)、Mordukhovich 稳定点 (M-稳定点) 和强稳定点 (S-稳定点). 下面来一一介绍它们.

因为切锥的极锥是正则法锥, 所以 (5.42) 等价于

$$0 \in \nabla f(\bar{x}) + \hat{N}_{\Phi}(\bar{x}). \tag{5.44}$$

记

$$\begin{aligned} &\Phi_1 = \{x \in \mathbb{R} \mid h(x) = 0,\ g(x) \leqslant 0\}, \\ &\Phi_2 = \{x \in \mathbb{R} \mid 0 \leqslant G(x) \perp H(x) \geqslant 0\} = \{x \in \mathbb{R} \mid (G(x),\ -H(x)) \in \operatorname{gph} N_{\mathbb{R}_+^m}\}. \end{aligned}$$

显然由 $\Phi = \Phi_1 \cap \Phi_2$, 以及定理 9.6 与定理 9.4 知

$$\begin{aligned} &\hat{N}_{\Phi}(\bar{x}) \supset \hat{N}_{\Phi_1}(\bar{x}) + \hat{N}_{\Phi_2}(\bar{x}), \\ &\hat{N}_{\Phi_1}(\bar{x}) \supset \left\{ \sum_{i=1}^{q} \lambda_i^h \nabla h_i(\bar{x}) + \sum_{i=1}^{p} \lambda_i^g \nabla g_i(\bar{x}) \;\middle|\; 0 \leqslant \lambda^g \perp g(x) \leqslant 0 \right\}, \\ &\hat{N}_{\Phi_2}(\bar{x}) \supset \left\{ \sum_{i=1}^{m} [\lambda_i^G \nabla G_i(\bar{x}) - \lambda_i^H \nabla H_i(\bar{x})] \;\middle|\; (\lambda^G, \lambda^H) \in \hat{N}_{\operatorname{gph} N_{\mathbb{R}_+^m}}(G(\bar{x}),\ -H(\bar{x})) \right\}. \end{aligned}$$

如果上述三个包含关系式均是等式 (在一定的约束规范下可能成立), 则有

$$\begin{aligned} \hat{N}_{\Phi}(\bar{x}) = \Bigg\{ &\sum_{i=1}^{q} \lambda_i^h \nabla h_i(\bar{x}) + \sum_{i=1}^{p} \lambda_i^g \nabla g_i(\bar{x}) + \sum_{i=1}^{m} [\lambda_i^G \nabla G_i(\bar{x}) - \lambda_i^H \nabla H_i(\bar{x})] \;\Bigg| \\ &0 \leqslant \lambda^g \perp g(x) \leqslant 0,\ (\lambda^G, \lambda^H) \in \hat{N}_{\operatorname{gph} N_{\mathbb{R}_+^m}}(G(\bar{x}),\ -H(\bar{x})) \Bigg\}, \end{aligned}$$

则 (5.44) 所给出的最优性条件即为 S-稳定点条件. 借助于下述引理, 可以给出上式的显式表达式.

引理 5.5 对于 $(\bar{a},\bar{b})\in \operatorname{gph} N_{\mathbb{R}_+^m}$, 有

$$\hat{N}_{\operatorname{gph} N_{\mathbb{R}_+^m}}(\bar{a},\bar{b})=\bigotimes_{i=1}^m \hat{N}_{\operatorname{gph} N_{\mathbb{R}_+}}(\bar{a}_i,\bar{b}_i) \text{ 与 } N_{\operatorname{gph} N_{\mathbb{R}_+^m}}(\bar{a},\bar{b})=\bigotimes_{i=1}^m N_{\operatorname{gph} N_{\mathbb{R}_+}}(\bar{a}_i,\bar{b}_i),$$

其中

$$\bigotimes_{i=1}^m \hat{N}_{\operatorname{gph} N_{\mathbb{R}_+}}(\bar{a}_i,\bar{b}_i)=\left\{(u,v)\mid (u_i,v_i)\in \hat{N}_{\operatorname{gph} N_{\mathbb{R}_+}}(\bar{a}_i,\bar{b}_i)\right\},$$

$$\bigotimes_{i=1}^m N_{\operatorname{gph} N_{\mathbb{R}_+}}(\bar{a}_i,\bar{b}_i)=\left\{(u,v)\mid (u_i,v_i)\in N_{\operatorname{gph} N_{\mathbb{R}_+}}(\bar{a}_i,\bar{b}_i)\right\},$$

且

$$\hat{N}_{\operatorname{gph} N_{\mathbb{R}_+}}(\bar{a}_i,\bar{b}_i)=\begin{cases}\{0\}\times\mathbb{R}, & \bar{a}_i>0,\ \bar{b}_i=0,\\ \mathbb{R}\times\{0\}, & \bar{a}_i=0,\ \bar{b}_i<0,\\ \mathbb{R}_-\times\mathbb{R}_+, & \bar{a}_i=0,\ \bar{b}_i=0,\end{cases}$$

$$N_{\operatorname{gph} N_{\mathbb{R}_+}}(\bar{a}_i,\bar{b}_i)=\begin{cases}\{0\}\times\mathbb{R}, & \bar{a}_i>0,\ \bar{b}_i=0,\\ \mathbb{R}\times\{0\}, & \bar{a}_i=0,\ \bar{b}_i<0,\\ (\{0\}\times\mathbb{R})\cup(\mathbb{R}\times\{0\})\cup(\mathbb{R}_-\times\mathbb{R}_+), & \bar{a}_i=0,\ \bar{b}_i=0.\end{cases}$$

定义 5.8 (S-稳定点) 称 $\bar{x}\in\Phi$ 是问题 (MPCC) 的 S-稳定点, 倘若存在 $(\lambda^h,\lambda^g,\lambda^G,\lambda^H)\in\mathbb{R}^{q+p+2m}$, 满足

$$\begin{aligned}&\nabla f(\bar{x})+\sum_{i=1}^q \lambda_i^h\nabla h_i(\bar{x})+\sum_{i=1}^p \lambda_i^g\nabla g_i(\bar{x})\\ &\quad-\sum_{i=1}^m[\lambda_i^G\nabla G_i(\bar{x})+\lambda_i^H\nabla H_i(\bar{x})]=0,\end{aligned}\tag{5.45}$$

$$\lambda_\gamma^G=0,\ \lambda_\alpha^H=0,\ 0\leqslant\lambda^g\perp g(\bar{x})\leqslant 0,\tag{5.46}$$

$$\lambda_i^G\geqslant 0,\ \lambda_i^H\geqslant 0,\ \forall i\in\beta.\tag{5.47}$$

容易验证, S-稳定点条件是下述松弛非线性规划的 KKT 条件:

$$\begin{cases}\min\limits_x & f(x)\\ \text{s.t.} & h(x)=0,\ g(x)\leqslant 0,\\ & G_\alpha(x)=0,\ G_{\beta\cup\gamma}(x)\geqslant 0,\\ & H_\gamma(x)=0,\ H_{\alpha\cup\beta}(x)\geqslant 0.\end{cases}\tag{5.48}$$

倘若可行集是非凸的, 则正则法锥 $\widehat{N}_\Phi(\bar{x})\subset N_\Phi(\bar{x})$. 若将上述讨论中的正则法锥都用法锥代替, 则得到的条件即为 M-稳定点.

定义 5.9 (M-稳定点) 称 $\bar{x} \in \Phi$ 是问题 (MPCC) 的 M-稳定点, 倘若存在 $(\lambda^h, \lambda^g, \lambda^G, \lambda^H) \in \mathbb{R}^{q+p+2m}$, 满足 (5.45), (5.46) 与

$$\text{或者 } \lambda_i^G > 0,\ \lambda_i^H > 0, \quad \text{或者 } \lambda_i^G \lambda_i^H = 0,\ \forall i \in \beta. \tag{5.49}$$

如果将 (MPCC) 视为下述非凸约束优化问题:

$$\begin{cases} \min\limits_x & f(x) \\ \text{s.t.} & h(x) = 0,\ g(x) \leqslant 0, \\ & (G(x), -H(x)) \in \operatorname{gph} N_{\mathbb{R}^m_+}. \end{cases}$$

则 M-稳定点条件即为上述问题的局部极小点的用在极限法锥描述的必要性条件.

如果将问题 (MPCC) 等价地表示为

$$\begin{cases} \min_x & f(x) \\ \text{s.t.} & h(x) = 0,\ g(x) \leqslant 0, \\ & \min\{G(x),\ H(x)\} = 0, \end{cases} \tag{5.50}$$

可利用 Lipschitz 连续函数的优化问题的最优性条件, 得到问题 (MPCC) 的必要性最优条件. 上述问题的利用 Clarke 次微分表示的非光滑 KKT 条件即定义为 C-稳定点. 具体地说, 在一定约束规范下, 定理 5.8 给出的 Fritz-John 形式的最优性条件中的 $\lambda_0 \neq 0$, 此即为 Lipschitz 优化的 KKT 条件, 具体到问题 (5.50) 即是

$$\begin{aligned} &\nabla f(\bar{x}) + \sum_{i=1}^{q} \lambda_i^h \nabla h_i(\bar{x}) + \sum_{i=1}^{p} \lambda_i^g \nabla g_i(\bar{x}) - \sum_{i=1}^{m} \lambda_i^c z_i = 0, \\ &z_i \in \partial \min\{G_i(\bar{x}),\ H_i(\bar{x})\},\ i = 1, \cdots, m, \\ &0 \leqslant \lambda^g \perp g(\bar{x}) \leqslant 0. \end{aligned}$$

利用例 9.2, 有

$$\partial \min\{G_i(\bar{x}),\ H_i(\bar{x})\} = \begin{cases} \nabla G_i(\bar{x}), & i \in \alpha, \\ \nabla H_i(\bar{x}), & i \in \gamma, \\ \operatorname{con}\{\nabla G_i(\bar{x}),\ \nabla H_i(\bar{x})\}, & i \in \beta. \end{cases}$$

所以 $z_i = t_i \nabla H_i(\bar{x}) + (1 - t_i) \nabla G_i(\bar{x}), t_\alpha = 0, t_\gamma = 1, t_i \in [0, 1], i \in \beta$. 令 $\lambda_i^G =$

$(1-t_i)\lambda_i^c, \lambda_i^H = t_i\lambda_i^c$. 则上述 KKT 条件化为

$$\nabla f(\bar{x}) + \sum_{i=1}^{q} \lambda_i^h \nabla h_i(\bar{x}) + \sum_{i=1}^{p} \lambda_i^g \nabla g_i(\bar{x}) - \sum_{i=1}^{m} [\lambda_i^G \nabla G_i(\bar{x}) + \lambda_i^H \nabla H_i(\bar{x})] = 0,$$

$$\lambda_\gamma^G = 0,\ \lambda_\alpha^H = 0,\ 0 \leqslant \lambda^g \perp g(\bar{x}) \leqslant 0,$$

$$\lambda_i^G \lambda_i^H \geqslant 0,\ \forall i \in \beta.$$

定义 5.10 (C-稳定点) 称 $\bar{x} \in \Phi$ 是问题 (MPCC) 的 C-稳定点, 倘若存在 $(\lambda^h, \lambda^g, \lambda^G, \lambda^H) \in \mathbb{R}^{q+p+2m}$, 满足 (5.45), (5.46) 与

$$\lambda_i^G \lambda_i^H \geqslant 0, \quad \forall i \in \beta. \tag{5.51}$$

W-稳定点是四个稳定点中条件最弱的稳定点, 它可以视为下述紧的非线性规划的 KKT 条件:

$$\begin{cases} \min\limits_{x} & f(x) \\ \text{s.t.} & h(x) = 0,\ g(x) \leqslant 0, \\ & G(x)_{\alpha\cup\beta} = 0,\ G_\gamma(x) \geqslant 0, \\ & H_{\beta\cup\gamma}(x) = 0,\ H_\alpha(x) \geqslant 0. \end{cases} \tag{5.52}$$

定义 5.11 (W-稳定点) 称 $\bar{x} \in \Phi$ 是问题 (MPCC) 的 W-稳定点, 倘若存在 $(\lambda^h, \lambda^g, \lambda^G, \lambda^H) \in \mathbb{R}^{q+p+2m}$, 满足 (5.45), (5.46).

由四种稳定点的定义易知

$$\text{S-稳定点} \Rightarrow \text{M-稳定点} \Rightarrow \text{C-稳定点} \Rightarrow \text{W-稳定点}.$$

在讨论一阶最优性条件之前, 先介绍 (MPCC) 的两种常用的约束规范.

定义 5.12 称在 $\bar{x} \in \Phi$ 处 MPCC LICQ 成立, 若向量

$$\nabla h_i(\bar{x}),\ i \in \{1, \cdots, q\}; \quad \nabla g_i(\bar{x}),\ i \in I_g; \quad \nabla G_i(\bar{x}),\ i \in \alpha\cup\beta; \quad \nabla H_i(\bar{x}),\ i \in \beta\cup\gamma$$

线性无关.

定义 5.13 称在 $\bar{x} \in \Phi$ 处 MPCC MFCQ 成立, 若

(i) 向量

$$\nabla h_i(\bar{x}),\ i \in \{1, \cdots, q\}; \quad \nabla G_i(\bar{x}),\ i \in \alpha \cup \beta; \quad \nabla H_i(\bar{x}),\ i \in \beta \cup \gamma$$

线性无关;

(ii) 存在向量 v 满足

$$\mathcal{J}H(\bar{x})v = 0, \quad \nabla G_i(\bar{x})^{\mathrm{T}} v = 0, \quad i \in \alpha \cup \beta, \quad \nabla H_i(\bar{x})^{\mathrm{T}} v = 0, \quad i \in \beta \cup \gamma,$$

并且

$$\nabla g_i(\bar{x})^{\mathrm{T}} v < 0, \quad i \in I_g.$$

注记 5.1 容易验证, $\bar{x}$ 处 MPCC LICQ 等价于问题 (5.52) 或问题 (5.48) 在 $\bar{x}$ 处的 LICQ, 而 $\bar{x}$ 处 MPCC MFCQ 等价于问题 (5.52) 在 $\bar{x}$ 处的 MFCQ. 进而可知, MPCC LICQ 是强于 MPCC MFCQ 的约束规范.

下述定理给 (MPCC) 局部极小点的必要性最优条件, 用 M-稳定点来描述.

定理 5.10 设 $\bar{x}$ 为 (MPCC) 的局部最优解且该点处 MPCC MFCQ 成立, 则 $\bar{x}$ 为 M-稳定点.

证明 回顾 (MPCC) 问题 (5.38) 的可行集 Φ, 定义函数

$$F(x) := (h(x)^{\mathrm{T}}, g(x)^{\mathrm{T}}, G(x)^{\mathrm{T}}, H(x)^{\mathrm{T}})^{\mathrm{T}};$$

定义集合

$$\Omega := \{(a,b) \in \mathbb{R}^m \times \mathbb{R}^m | 0 \leqslant a \perp b \geqslant 0\}$$

和

$$D := \{\mathbf{0}_q\} \times \mathbb{R}^p_- \times \Omega.$$

则得到 $\Phi = \{x | F(x) \in D\}$. 由定义 5.9, M-稳定点是由法锥定义的, 即若 $\bar{x}$ 为 M-稳定点, 其等价于

$$0 \in \nabla f(\bar{x}) + N_\Phi(\bar{x}). \tag{5.53}$$

由定理 9.4, 如果在 $\bar{x}$ 处基本约束规范成立, 则法锥

$$\begin{aligned} N_\Phi(\bar{x}) &\subseteq \left\{ \sum_{i=1}^{q+p+2m} y_i \nabla F_i(\bar{x}) \,\middle|\, y \in N_D(F(\bar{x})) \right\} \\ &= \mathcal{J}h(\bar{x})^{\mathrm{T}}\mathbb{R}^q + \mathcal{J}g(\bar{x})^{\mathrm{T}} N_{\mathbb{R}^p_-}(g(\bar{x})) + (\mathcal{J}H(\bar{x})^{\mathrm{T}}, \mathcal{J}G(\bar{x})^{\mathrm{T}}) N_\Omega(G(\bar{x}), H(\bar{x})). \end{aligned}$$

由于 $\bar{x}$ 为 (MPCC) 的局部最优解, 此时必有 (5.53) 成立. 因此在证明中仅需给出在 $\bar{x}$ 处 MPCC MFCQ 成立时, 有 $\bar{x}$ 处基本约束规范成立. 观察到基本约束规范可以具体表示为下述系统成立时,

$$\begin{aligned} &\mathcal{J}h(\bar{x})^{\mathrm{T}}\lambda^h + \mathcal{J}g(\bar{x})^{\mathrm{T}}\lambda^g + \mathcal{J}G(\bar{x})^{\mathrm{T}}\lambda^G + \mathcal{J}H(\bar{x})^{\mathrm{T}}\lambda^H = 0, \\ &\lambda^g \in N_{\mathbb{R}^p_-}(g(\bar{x})), \\ &(\lambda^G, \lambda^H) \in N_\Omega(G(\bar{x}), H(\bar{x})). \end{aligned} \tag{5.54}$$

必有 $\lambda^h = 0, \lambda^g = 0, \lambda^G = 0, \lambda^H = 0$. (5.54) 的第三式意味着

$$\lambda^G_\gamma = 0, \lambda^H_\alpha = 0, \quad \text{或者} \lambda^G_j \leqslant 0, \lambda^H_j \leqslant 0, \quad \text{或者} \lambda^G_j \lambda^H_j = 0, \forall j \in \beta.$$

因此 (5.54) 可以等价地表示为

$$\begin{aligned}&\mathcal{J}h(\bar{x})^{\mathrm{T}}\lambda^h+\sum_{i\in I_g}\lambda_i^g\nabla g_i(\bar{x})+\mathcal{J}G(\bar{x})^{\mathrm{T}}\lambda_{\alpha\cup\beta}^G+\mathcal{J}H(\bar{x})^{\mathrm{T}}\lambda_{\beta\cup\gamma}^H=0,\\&\lambda_i^g\geqslant 0,\ \text{或者}\ \lambda_j^G\leqslant 0,\ \lambda_j^H\leqslant 0,\ \text{或者}\ \lambda_j^G\lambda_j^H=0,\ \forall j\in\beta.\end{aligned}\tag{5.55}$$

由 MPCC MFCQ, 向量

$$\nabla h_i(\bar{x}),\ i\in\{1,\cdots,q\};\quad \nabla G_i(\bar{x}),\ i\in\alpha\cup\beta;\quad \nabla H_i(\bar{x}),\ i\in\beta\cup\gamma$$

线性无关且存在向量 u,v 与上述向量正交, 并且 $\nabla g_i(\bar{x})^{\mathrm{T}}v<0,i\in I_g$. 由向量的线性无关性, 可知 $\lambda^h=0,\lambda_{\alpha\cup\beta}^G=0,\lambda_{\beta\cup\gamma}^H=0$. 再对 (5.55) 的第一式两边同乘 v^{T}, 此时, (5.55) 的第一式变为

$$\sum_{i\in I_g}\lambda_i^g\nabla g_i(\bar{x})^{\mathrm{T}}v=0,$$

因此必有 $\lambda_i^g=0,\forall i\in I_g$.

综上, 在 (5.54) 式成立时, 有 $\lambda^h=0,\lambda^g=0,\lambda^G=0,\lambda^H=0$. 这意味着基本约束规范成立. 通过之前的分析, 有 $\bar{x}$ 满足 (5.53) 式, 其必为 M-稳定点. ■

对于 B-稳定点与其他稳定点的关系, 根据文献 [15], 有

S-稳定点 ⇒ B-稳定点 ⇒ M-稳定点 ⇒ C-稳定点 ⇒ W-稳定点.

5.7 半定锥互补约束优化问题 *

本节讨论半定锥互补约束规划问题, 它比向量互补约束优化问题要复杂, 内容选自文献 [13]. 考虑具有如下形式的半定锥互补约束规划问题:

$$(\text{SDCMPCC})\quad\left\{\begin{array}{ll}\min\limits_{x} & f(x)\\ \text{s.t.} & h(x)=0,\\ & g(x)\preceq_{\mathcal{Q}}0,\\ & \mathbb{S}_+^{n_i}\ni G_i(x)\perp H_i(x)\in\mathbb{S}_-^{n_i},\ i=1,\cdots,m,\end{array}\right.\tag{5.56}$$

其中 X 和 $\mathcal{H}$ 是有限维实欧氏空间; $f:X\to\mathbb{R},h:X\to\mathbb{R}^p,g:X\to\mathcal{H},G_i:X\to\mathbb{S}^{n_i},H_i:X\to\mathbb{S}^{n_i},i=1,\cdots,m$ 均是连续可微映射; $\mathcal{Q}\in\mathcal{H}$ 是一内部非空的闭凸对称锥 (例如, 非负卦限、二阶锥、对称半正定实矩阵锥); 对于每一 $i\in\{1,\cdots,m\}$, “$G_i(x)\perp H_i(x)$” 表示矩阵 $G_i(x)$ 与 $H_i(x)$ 是互相垂直的, 即 $\langle G_i(x),H_i(x)\rangle=0$; “$g(x)\preceq_{\mathcal{Q}}0$” 表示 $-g(x)\in\mathcal{Q}$. (MPCC) 可作为半定锥互补约

束优化问题的一个特例. 事实上, 如果 $\mathcal{Q} \equiv \mathbb{R}^q_+$ 且 $n_i \equiv 1, i = 1, \cdots, m$, 则半定锥互补约束优化问题退化为 (MPCC) 问题 (5.38).

半定锥互补约束优化问题存在大量的应用背景, 其中一类问题是秩优化问题. 我们可以证明, 秩优化问题等价于半定锥互补约束优化问题.

例 5.3 [6] 给定线性算子 $\mathcal{A}: \mathbb{R}^{n\times n} \to \mathbb{R}^m$ 以及向量 $b \in \mathbb{R}^m$, 本节考虑一般约束极小化问题

$$\begin{cases} \min\limits_{X\in\Omega} & \operatorname{rank}(X) \\ \text{s.t.} & \|\mathcal{A}(X) - b\| \leqslant \delta, \end{cases} \tag{5.57}$$

其中 Ω 是 $\mathbb{R}^{n\times n}$ 上的有界闭凸子集, 用于刻画目标矩阵的某些结构或者先验信息, 而约束 $\|\mathcal{A}(X) - b\| \leqslant \delta$ 用于刻画与观察数据相容的条件, 常数 $\delta \geqslant 0$ 通常表示噪声水平. 首先给出秩函数的一个变分刻画.

记 $\overline{C}(\mathbb{R})$ 是由满足以下三个条件的实值闭凸函数 $\phi: \mathbb{R} \supseteq [0,1] \to \mathbb{R}$ 构成的集合:

$$1 > t^* := \operatorname*{argmin}_{0\leqslant t\leqslant 1} \phi(t), \quad \phi(t^*) = 0, \quad \phi'_-(1) < +\infty. \tag{5.58}$$

注意到, 式 (5.58) 中前两个条件意味着函数 ϕ 在区间 $[0,1]$ 上非负, 且 $t = t^*$ 是 ϕ 在区间 $[0,1]$ 上的唯一最小值点.

引理 5.6 [6,Lemma 2.1] 设 $\phi \in \overline{C}(\mathbb{R})$. 那么, 对于任意给定的 $X \in \mathbb{R}^{n\times n}$, 都有下述等式成立

$$\phi(1)\operatorname{rank}(X) = \min_{W\in\mathbb{R}^{n\times n}} \left\{ \sum_{i=1}^n \phi(\sigma_i(W)) : \|X\|_* - \langle W, X\rangle = 0,\ \|W\| \leqslant 1 \right\}, \tag{5.59}$$

其中 $\sigma_i(X)$ 是矩阵 X 的第 i 个奇异值, $\|X\|_*$ 是表示矩阵 X 的核范数.

若 $\Omega = \mathbb{S}^n_+$, 此时 (5.59) 中的约束等价于如下形式

$$\langle I - W, X\rangle = 0, \quad X \succeq 0, \quad I - W \succeq 0.$$

因此秩约束优化问题 (5.60) 等价于如下形式的 (SDCMPCC) 问题

$$\begin{cases} \min\limits_{X,W\in\mathbb{S}^n} & \sum\limits_{i=1}^n \phi(\lambda_i(W)) \\ \text{s.t.} & \|\mathcal{A}(X) - b\| \leqslant \delta,\ X \in \mathbb{S}^n_+, \\ & \mathbb{S}^n_- \ni W - I \perp X \in \mathbb{S}^n_+. \end{cases} \tag{5.60}$$

显然, 半定锥互补约束规划问题 (SDCMPCC) 的 Robinson 约束规范为

$$h'_i(\bar{x}),\ i = 1, \cdots, p \text{ 是线性无关的},$$

$$
\text{存在 } d \text{ 使得}\begin{cases}
h_i'(\bar{x})d=0,\ i=1,\cdots,p,\\
-g(\bar{z})-g'(\bar{z})d\in\operatorname{int}\mathcal{Q},\\
(H'(\bar{x})^*G(\bar{x})+G'(\bar{x})^*H(\bar{x}))d>0,\\
G(\bar{x})+G'(\bar{x})d\in\operatorname{int}\mathbb{S}_+^n,\\
H(\bar{x})+H'(\bar{x})d\in\operatorname{int}\mathbb{S}_-^n.
\end{cases}
$$

首先证明结论: Robinson 约束规范在半定锥互补约束规划问题 (SDCMPCC) 的任何可行点处均是不成立的.

命题 5.9 [13,Proposition 4.1] Robinson 约束规范在半定锥互补约束规划问题 (SDCMPCC) 的任何可行点处均是不成立的.

证明 由 von Neumann-Theobald 定理, 当 $G(x)\succeq 0,H(x)\preceq 0$ 时有

$$
\langle G(x),H(x)\rangle\leqslant\lambda(G(x))^{\mathrm{T}}\lambda(H(x))\leqslant 0.
$$

因此, 对于 (SDCMPCC) 的任何可行点 $\bar{x}$ 一定是下述非线性半定规划问题的解

$$
\begin{cases}
\min & -\langle G(x),H(x)\rangle\\
\text{s.t.} & G(x)\succeq 0,\ H(x)\preceq 0.
\end{cases}
$$

对于目标函数 $f(x)=-\langle G(x),H(x)\rangle$, 有 f 的梯度为 $\nabla f(x)=-H'(x)^*G(x)+G'(x)^*H(x)$. 由一般优化问题的 (Fritz-John 条件) 定理 4.4, 存在 $\lambda^e=1,\Omega^G\preceq 0,\Omega^H\succeq 0$ 使得

$$
\begin{aligned}
&0=-\lambda^e[H'(\bar{x})^*G(\bar{x})+G'(\bar{x})^*H(\bar{x})]+G'(\bar{x})^*\Omega^G+H'(\bar{x})^*\Omega^H,\\
&G(\bar{x})\Omega^G=0,\ H(\bar{x})\Omega^H=0.
\end{aligned}
$$

由于乘子 $(-\lambda^e,\Omega^G,\Omega^H)\neq 0$, 这表明 $(0,0,-\lambda^e,\Omega^G,\Omega^H)$ 是问题 (SDCMPCC) 的奇异 Lagrange 乘子. 由 [8, Propsition 3.16(ii) 和 Propsition 3.19(iii)], 可知奇异 Lagrange 乘子存在当且仅当 Robinson 约束规范在该点处不成立. 因此 Robinson 约束规范在 (SDCMPCC) 的任何可行点 $\bar{x}$ 处均是不成立的. ■

为了后续讨论, 回顾到 $\mathbb{S}_+^n$ 上的投影算子的方向导数的计算公式. 设 $A\in\mathbb{S}^n$ 具有谱分解

$$
A=P\Lambda(A)P^{\mathrm{T}}, \tag{5.61}
$$

其中 $P\in\mathbb{O}^n$, 且

$$
\Lambda(A)=\operatorname{Diag}(\Lambda_\alpha,0_{|\beta|},\Lambda_\gamma),
$$

其中

$$\alpha = \{i|\lambda_i(A) > 0\}, \quad \beta = \{i|\lambda_i(A) = 0\}, \quad \gamma = \{i|\lambda_i(A) < 0\},$$

$\lambda_1(A) \geqslant \lambda_2(A) \geqslant \cdots \geqslant \lambda_n(A)$ 是 A 的按递降顺序的特征值. 定义

$$\Sigma_{ij} := \frac{\max\{\lambda_i(A), 0\} - \max\{\lambda_j(A), 0\}}{\lambda_i(A) - \lambda_j(A)}, \quad i, j = 1, \cdots, n. \tag{5.62}$$

投影算子 $\Pi_{\mathbb{S}^n_+}(\cdot)$ 在任意 $A \in \mathbb{S}^n$ 处方向可微, 且 $\Pi_{\mathbb{S}^n_+}(\cdot)$ 在 A 沿 $H \in \mathbb{S}^n$ 方向的方向导数为

$$\Pi'_{\mathbb{S}^n_+}(A; H) = P \begin{bmatrix} P_\alpha^{\mathrm{T}} H P_\alpha & P_\alpha^{\mathrm{T}} H P_\beta & P_\alpha^{\mathrm{T}} H P_\gamma \circ \Sigma_{\alpha\gamma} \\ P_\beta^{\mathrm{T}} H P_\alpha & W(P_\beta^{\mathrm{T}} H P_\beta) & 0 \\ \Sigma_{\alpha\gamma}^{\mathrm{T}} \circ P_\gamma^{\mathrm{T}} H P_\alpha & 0 & 0 \end{bmatrix} P^{\mathrm{T}},$$

其中 $P = (P_\alpha, P_\beta, P_\gamma)$. 下面我们介绍半定锥互补约束规划问题 (SDCMPCC) 的各类稳定点.

定义 5.14 (S-稳定点) 令 $\bar{x}$ 是半定锥互补约束规划问题 (SDCMPCC) 的可行解. 令 $A := G(\bar{x}) + H(\bar{x})$ 具有如 (5.61) 的分解. 称 $\bar{x}$ 是问题 (SDCMPCC) 的 S-稳定点, 倘若存在 $(\lambda^h, \lambda^g, \Gamma^G, \Gamma^H) \in \mathbb{R}^p \times \mathcal{H} \times \mathbb{S}^n \times \mathbb{S}^n$ 使得

$$0 = \nabla f(\bar{x}) + h'(\bar{x})^* \lambda^h + g'(\bar{x})^* \lambda^g + G'(\bar{x})^* \Gamma^G + H'(\bar{x})^* \Gamma^H, \tag{5.63}$$

$$\lambda^g \in \mathcal{Q}, \ \langle g(\bar{x}), \lambda^g \rangle = 0, \tag{5.64}$$

$$\widetilde{\Gamma}^G_{\alpha\alpha} = 0, \ \widetilde{\Gamma}^G_{\alpha\beta} = 0, \ \widetilde{\Gamma}^G_{\beta\alpha} = 0, \tag{5.65}$$

$$\widetilde{\Gamma}^H_{\gamma\gamma} = 0, \ \widetilde{\Gamma}^H_{\beta\gamma} = 0, \ \widetilde{\Gamma}^H_{\gamma\beta} = 0, \tag{5.66}$$

$$\Sigma_{\alpha\gamma} \circ \widetilde{\Gamma}^G_{\alpha\gamma} + (E_{\alpha\gamma} - \Sigma_{\alpha\gamma}) \circ \widetilde{\Gamma}^H_{\alpha\gamma} = 0, \tag{5.67}$$

$$\widetilde{\Gamma}^G_{\beta\beta} \preceq 0, \ \widetilde{\Gamma}^H_{\beta\beta} \succeq 0, \tag{5.68}$$

其中 E 是一个元素均为 1 的 $n \times n$ 矩阵, Σ 如 (5.62) 所示且 $\widetilde{\Gamma}^G = P^{\mathrm{T}} \Gamma^G P, \widetilde{\Gamma}^H = P^{\mathrm{T}} \Gamma^H P$.

可以证明若 $\bar{x}$ 是一个传统的 KKT 点, 则 $\bar{x}$ 一定能是问题 (SDCMPCC) 的 S-稳定点.

定义集值映射 $N_{\mathbb{S}^n_+}$ 的图为

$$\begin{aligned} \operatorname{gph} N_{\mathbb{S}^n_+} &= \{(X, Y) \in \mathbb{S}^n_+ \times \mathbb{S}^n_- | \Pi_{\mathbb{S}^n_+}(X + Y) = X\} \\ &= \{(X, Y) \in \mathbb{S}^n_+ \times \mathbb{S}^n_- | \Pi_{\mathbb{S}^n_-}(X + Y) = Y\} \\ &= \{(X, Y) \in \mathbb{S}^n_+ \times \mathbb{S}^n_- | XY = YX = 0, \ \langle X, Y \rangle = 0\}. \end{aligned}$$

对于任意 $(X,Y)\in \operatorname{gph} N_{\mathbb{S}^n_+}$, 令 $A=X+Y$ 具有如 (5.61) 的分解. 记 $\mathscr{P}(\beta)$ 表示指标集 β 的所有分区的集合. 令 $\mathbb{R}^{|\beta|}_{\gtrsim}$ 表示 $\mathbb{R}^{|\beta|}$ 中所有成分按非升序排列的向量的集合, 即

$$\mathbb{R}^{|\beta|}_{\gtrsim}:=\{x\in\mathbb{R}^{|\beta|}|x_1\geqslant\cdots\geqslant x_{|\beta|}\}.$$

对于任意的 $x\in\mathbb{R}^{|\beta|}_{\gtrsim}$, 令 $D(x)$ 表示函数 $f(t)=\max\{t,0\}$ 在 x 处的广义一阶差分矩阵, 即

$$(D(x))_{ij}=\begin{cases}\dfrac{\max\{\lambda_i(A),0\}-\max\{\lambda_j(A),0\}}{\lambda_i(A)-\lambda_j(A)}\in[0,1], & x_i\neq x_j,\\ 1, & z_i=z_j>0,\\ 0, & z_i=z_j\leqslant 0,\end{cases}\quad i,j=1,\cdots,|\beta|.$$

定义

$$\mathcal{U}_{|\beta|}:=\left\{\overline{\Omega}\in\mathbb{S}^{|\beta|}|\overline{\Omega}=\lim_{k\to\infty}D(x^k),x^k\to 0,x^k\in\mathbb{R}^{|\beta|}_{\gtrsim}\right\}.$$

令 $\Xi_1\in\mathcal{U}_{|\beta|}$. 由 $D(x)$ 的定义, 存在一个划分 $\pi(\beta):=(\beta_+,\beta_0,\beta_-)\in\mathscr{P}(\beta)$ 使得

$$\Xi_1=\begin{bmatrix}E_{\beta_+\beta_+} & E_{\beta_+\beta_0} & (\Xi_1)_{\beta_+\beta_-}\\ E^{\mathrm{T}}_{\beta_+\beta_0} & 0 & 0\\ (\Xi_1)^{\mathrm{T}}_{\beta_+\beta_-} & 0 & 0\end{bmatrix}, \tag{5.69}$$

其中 $(\Xi_1)_{\beta_+\beta_-}$ 的每一元素都在区间 $[0,1]$ 中.

定义 5.15 (M-稳定点) 令 $\bar{x}$ 是半定锥互补约束规划问题 (SDCMPCC) 的可行解. 令 $A:=G(\bar{x})+H(\bar{x})$ 具有如 (5.61) 的分解. 称 $\bar{x}$ 是问题 (SDCMPCC) 的 M-稳定点, 倘若存在 $(\lambda^h,\lambda^g,\Gamma^G,\Gamma^H)\in\mathbb{R}^p\times\mathcal{H}\times\mathbb{S}^n\times\mathbb{S}^n$ 使得 (5.63)—(5.67) 成立且存在 $Q\in\mathbb{O}^{|\beta|}$ 和 (5.69) 所给出的 $\Xi_i\in\mathcal{U}_{|\beta|}$ 使得

$$\Xi_1\circ Q^{\mathrm{T}}\widetilde{\Gamma}^G_{\beta\beta}Q+\Xi_2\circ Q^{\mathrm{T}}\widetilde{\Gamma}^H_{\beta\beta}Q=0, \tag{5.70}$$

$$Q^{\mathrm{T}}_{\beta_0}\widetilde{\Gamma}^G_{\beta\beta}Q_{\beta_0}\preceq 0,\ Q^{\mathrm{T}}_{\beta_0}\widetilde{\Gamma}^H_{\beta\beta}Q_{\beta_0}\succeq 0, \tag{5.71}$$

其中 $\widetilde{\Gamma}^G=P^{\mathrm{T}}\Gamma^G P,\widetilde{\Gamma}^H=P^T\Gamma^H P$ 且

$$\Xi_2=\begin{bmatrix}0 & 0 & E_{\beta_+\beta_-}-(\Xi_1)_{\beta_+\beta_-}\\ 0 & 0 & E_{\beta_0\beta_-}\\ (E_{\beta_+\beta_-}-(\Xi_1)_{\beta_+\beta_-})^{\mathrm{T}} & E^{\mathrm{T}}_{\beta_0\beta_-} & E_{\beta_-\beta_-}\end{bmatrix}.$$

我们称 $(\lambda^h,\lambda^g,\Gamma^G,\Gamma^H)\in\mathbb{R}^p\times\mathcal{H}\times\mathbb{S}^n\times\mathbb{S}^n$ 是问题 (SDCMPCC) 的一个奇异 M-乘子, 若存在不全为零的乘子 $(\lambda^h,\lambda^g,\lambda^e,\Omega^G,\Omega^H)$ 满足当 (5.63) 中除去 $\nabla f(\bar{x})$ 这一项后, 以上所有条件成立.

如果将 (SDCMPCC) 视为下述非凸约束优化问题:

$$
\text{(GP-SDCMPCC)} \qquad \begin{cases} \min\limits_{x} & f(x) \\ \text{s.t.} & h(x)=0,\ g(x)\preceq_{\mathcal{Q}} 0, \\ & (G(x),H(x))\in \operatorname{gph} N_{\mathbb{S}^n_+}. \end{cases}
$$

则 M-稳定点条件即为上述问题的局部极小点的用在极限法锥描述的必要性条件.

如果将问题 (SDCMPCC) 等价地表示为

$$
\text{(NS-SDCMPCC)} \qquad \begin{cases} \min_x & f(x) \\ \text{s.t.} & h(x)=0,\ g(x)\preceq_{\mathcal{Q}} 0, \\ & G(x)-\Pi_{\mathbb{S}^n_+}(G(x)+H(x))=0. \end{cases} \tag{5.72}
$$

则与 (MPCC) 类似, 利用 Clarke 次微分表示的非光滑 KKT 条件即定义为 C-稳定点.

定义 5.16 (C-稳定点)　令 $\bar{x}$ 是半定锥互补约束规划问题 (SDCMPCC) 的可行解. 令 $A:=G(\bar{x})+H(\bar{x})$ 具有如 (5.61) 的分解. 称 $\bar{x}$ 是问题 (SDCMPCC) 的 C-稳定点, 倘若存在 $(\lambda^h,\lambda^g,\Gamma^G,\Gamma^H)\in\mathbb{R}^p\times\mathcal{H}\times\mathbb{S}^n\times\mathbb{S}^n$ 使得 (5.63)—(5.67) 成立且

$$
\langle \widetilde{\Gamma}^G_{\beta\beta},\ \widetilde{\Gamma}^H_{\beta\beta}\rangle \leqslant 0, \tag{5.73}
$$

其中 $\widetilde{\Gamma}^G=P^{\mathrm{T}}\Gamma^G P, \widetilde{\Gamma}^H=P^T\Gamma^H P$.

由 (MPCC) 问题的各种稳定点之间的关系易知, 对于 (SDCMPCC) 也存在类似的关系

$$
\text{S-稳定点} \Rightarrow \text{M-稳定点} \Rightarrow \text{C-稳定点}.
$$

在讨论一阶最优性条件之前, 先介绍 (SDCMPCC) 问题处的 SDCMPCC 线性无关约束规范. 称 (SDCMPCC) 问题在可行解 $\bar{x}$ 处 SDCMPCC LICQ 成立, 若不存在不全为零的向量 $(\lambda^h,\lambda^g,\lambda^e,\Omega^G,\Omega^H)\in\mathbb{R}^p\times\mathcal{H}\times\mathbb{S}^n\times\mathbb{S}^n$ 使得

$$
\begin{aligned}
& h'(\bar{x})^*\lambda^h+g'(\bar{x})^*\lambda^g+G'(\bar{x})^*\Gamma^G+H'(\bar{x})^*\Gamma^H=0, \\
& \widetilde{\Gamma}^G_{\alpha\alpha}=0,\ \widetilde{\Gamma}^G_{\alpha\beta}=0,\ \widetilde{\Gamma}^G_{\beta\alpha}=0, \\
& \widetilde{\Gamma}^H_{\gamma\gamma}=0,\ \widetilde{\Gamma}^H_{\beta\gamma}=0,\ \widetilde{\Gamma}^H_{\gamma\beta}=0, \\
& \Sigma_{\alpha\gamma}\circ\widetilde{\Gamma}^G_{\alpha\gamma}+(E_{\alpha\gamma}-\Sigma_{\alpha\gamma})\circ\widetilde{\Gamma}^H_{\alpha\gamma}=0.
\end{aligned}
$$

为了叙述 (SDCMPCC) 的一阶必要性最优条件, 需要引入两个定义. 定义半定锥互补约束规划问题 (SDCMPCC) 的扰动可行域 $\mathcal{F}$ 为如下形式

$$
\mathcal{F}(r,s,t,P):=\{x|h(x)+r=0,g(x)+s\preceq_{\mathcal{Q}}0,-\langle G(x),H(x)\rangle+t
$$

$$\leqslant 0, (G(x), H(x)) + P \in \mathbb{S}^n_+ \times \mathbb{S}^n_-\}, \tag{5.74}$$

其中 $G(x) := (G_1(x), \cdots, G_m(x)) \in \mathbb{S}^n$, $H(x) := (H_1(x), \cdots, H_m(x)) \in \mathbb{S}^n$, $n := \sum_{i=1}^m n_i$.

定义 5.17 (Clarke 平稳) 称半定锥互补约束规划问题 (SDCMPCC) 在局部最优解 $\bar{x}$ 处是 Clarke 平稳的如果存在正数 ε 和 μ 使得对于所有的 $(r, s, t, P) \in \varepsilon\mathbb{B}$ 以及 $x \in (\bar{x} + \varepsilon\mathbb{B}) \cap \mathcal{F}(r, s, t, P)$ 满足

$$f(x) - f(\bar{x}) + \mu\|(r, s, t, P)\| \geqslant 0.$$

定义 5.18 称 $(\lambda^h, \lambda^g, \lambda^e, \Omega^G, \Omega^H) \in \mathbb{R}^p \times \mathcal{H} \times \mathbb{R} \times \mathbb{S}^n \times \mathbb{S}^n$ 且 $\lambda^g \in \mathcal{Q}, \lambda^e \leqslant 0, \Omega^G \preceq 0, \Omega^H \succeq 0$ 是奇异 M-乘子, 若 $(\lambda^h, \lambda^g, \lambda^e, \Omega^G, \Omega^H)$ 是不全为零的, 且

$$\begin{aligned}
&0 = h'(\bar{x})^*\lambda^h + g'(\bar{x})^*\lambda^g + \lambda^e[H'(\bar{x})^*G(\bar{x}) + G'(\bar{x})^*H(\bar{x})] \\
&\qquad + G'(\bar{x})^*\Omega^G + H'(\bar{x})^*\Omega^H, \\
&\langle g(\bar{x}), \lambda^g\rangle = 0,\ G(\bar{x})\Omega^G = 0,\ H(\bar{x})\Omega^H = 0.
\end{aligned}$$

下述定理给出 (SDCMPCC) 的局部最优解的必要性最优条件, 它由 M-稳定点表述.

定理 5.11 [13,Theorem 6.1] 设 $\bar{x}$ 为 (SDCMPCC) 的局部最优解. 设问题 (GP-SDCMPCC) 在 $\bar{x}$ 处是 Clarke 平稳的且下述条件之一成立, 则 $\bar{x}$ 是问题 (SDCM-PCC) 的 M-稳定点.

(i) 问题 (SDCMPCC) 在 $\bar{x}$ 处不存在奇异 M-乘子.

(ii) SDCMPCC LICQ 在 $\bar{x}$ 处成立.

5.8 习　　题

1. 设函数 f 在 x 附近是 Lipschitz 连续, 在点 x 处是 Gâteaux 可微的. 证明: $Df(x) \in \partial_c f(x)$.

2. 设 S 是闭集合, 利用 $\hat{T}_S(\bar{x})$ 的定义证明: $\partial_c d_S(\bar{x})$ 的极锥为 $\hat{T}_S(\bar{x})$.

3. 由 Rademacher 定理, Lipschitz 连续函数是几乎处处可微的. 考虑有界变差函数: 设 $f(x)$ 是定义在区间 $[a, b]$ 上的函数, 任取 $[a, b]$ 的分割 $D: a = x_0 < x_1 < \cdots < x_n = b$, 令

$$V_b^a(f, D) = \sum_{i=1}^n |f(x_i) - f(x_{i-1})|,$$

称 $V_b^a(f,D)$ 为 $f(x)$ 关于分割 D 的变差. 若存在一常数 M, 使得对任意分割 D, $V_b^a(f,D) \leqslant M$, 则称 $f(x)$ 为 $[a,b]$ 上的有界变差函数.

证明: 有界变差函数是几乎处处可微的.

提示 1(Jordan 分解定理) f 为 $[a,b]$ 上的有界变差函数的充要条件是 f 可表为两个不减的非负函数之差.

提示 2 若 f 是 $[a,b]$ 上的单调函数, 则 f 在 $[a,b]$ 上几乎处处可微.

4. 考虑绝对连续函数: 设 $f(x)$ 是定义在区间 $[a,b]$ 上的函数, 若对任给的 $\varepsilon > 0$, 存在 $\delta > 0$, 使得对于在 $[a,b]$ 上任意有限个互不相交的开区间 $(a_1,b_1),(a_2,b_2),\cdots,(a_n,b_n)$, 当

$$\sum_{i=1}^{n}(b_i - a_i) < \delta$$

时, 就有

$$\sum_{i=1}^{n}|f(b_i) - f(a_i)| < \varepsilon,$$

则称 $f(x)$ 为 $[a,b]$ 上的绝对连续函数.

证明: 绝对连续函数是几乎处处可微的.

提示 只需验证绝对连续函数必是有界变差函数.

5. 若广义方程 (5.29) 在点 $(\bar{x},\bar{y},\bar{\mu},\bar{\lambda})$ 处是强正则的, 证明: 矩阵

$$D_{(I^+\cup M_i)}(\bar{x},\bar{y},\bar{\mu},\bar{\lambda}) := \begin{bmatrix} \mathcal{J}_y\mathcal{L}(\bar{x},\bar{y},\bar{\mu},\bar{\lambda}) & (\mathcal{J}_yH(\bar{x},\bar{y}))^{\mathrm{T}} & (\mathcal{J}_yG_{I^+\cup M_i}(\bar{x},\bar{y}))^{\mathrm{T}} \\ \mathcal{J}_yH(\bar{x},\bar{y}) & 0 & 0 \\ -\mathcal{J}_yG_{I^+\cup M_i}(\bar{x},\bar{y}) & 0 & 0 \end{bmatrix}$$

对于所有的 $i \in \mathbb{K}(\bar{x},\bar{y})$, 是非奇异的.

6. 阅读 [13, Theorem 6.1], 证明定理 5.11.

第 6 章　锥约束优化问题

本章将讨论锥约束优化问题的最优性条件, 为之后讨论的二阶锥优化问题以及半定规划问题做铺垫. 考虑如下问题模型

$$\begin{cases} \min & f(x) \\ \text{s.t.} & G(x) \in K. \end{cases} \tag{6.1}$$

设 X, Y 是有限维 Hilbert 空间, $f: X \to \mathbb{R}, G: X \to Y$ 均是光滑映射, $K \subseteq Y$ 是一闭凸子集. 显然当 $K = \{\mathbf{0}_q\} \times \mathbb{R}^p_-$ 时, 问题转化为非线性规划. 记问题的可行集

$$\Phi := G^{-1}(K) = \{x \in X | G(x) \in K\}, \tag{6.2}$$

显然这一类问题可以应用非凸约束集合的极小化问题的基本定理 (定理 2.4 和定理 2.5). 因此, 在接下来的一节中将讨论该问题约束集合的切锥与二阶切集; 之后将分析该优化问题的一、二阶最优性条件, 以及 “无间隙” 的二阶最优性条件.

6.1 可行集的变分几何

6.1.1 度量正则性

考虑连续映射 $G: X \to Y$, 闭凸集 $K \subset Y$, 与相应的集值映射

$$\mathcal{F}_G(x) = G(x) - K. \tag{6.3}$$

关系 $y_0 \in \mathcal{F}_G(x_0)$ 意味着 $G(x_0) - y_0 \in K$. 设 $y_0 \in \mathcal{F}_G(x_0)$, 若 $\mathcal{F}_G$ 在 (x_0, y_0) 处是度量正则的, 即如果 (x, y) 在 (x_0, y_0) 的一邻域中, 有

$$d(x, \mathcal{F}_G^{-1}(y)) \leqslant c\, d(y, \mathcal{F}_G(x)), \tag{6.4}$$

或等价地,

$$d(x, G^{-1}(K + y)) \leqslant c\, d(G(x) - y, K), \tag{6.5}$$

其中 $c > 0$ 是某一常数. 设 $H: X \to Y$ 是另一连续映射. 下述定理给出条件, 在此条件下, 相应的集值映射 $\mathcal{F}_H(x) = H(x) - K$ 在 $(x_0, H(x_0) - G(x_0) + y_0)$ 处也是度量正则的.

定理 6.1 [8,Theorem 2.84]　设 $G : X \to Y$ 是一连续映射. 设相应的集值映射 $\mathcal{F}_G$ 在 (x_0, y_0) 处以率 $c > 0$ 度量正则, 差值映射 $D(x) := G(x) - H(x)$ 在 x_0 的一邻域以模 $\kappa < c^{-1}$ Lipschitz 连续. 则集值映射 $\mathcal{F}_H$ 在 $(x_0, y_0 - D(x_0))$ 处以率 $c(\kappa) := c(1 - c\kappa)^{-1}$ 度量正则, 即

$$d(x, \mathcal{F}_H^{-1}(y)) \leqslant c(\kappa) d(y, \mathcal{F}_H(x)) \tag{6.6}$$

对充分接近于 $(x_0, y_0 - D(x_0))$ 的 (x, y) 成立.

证明　设 $\eta_x > 0$, $\eta_y > 0$, 满足只要

$$\|y - y_0\| < \eta_y \quad \text{且} \quad \|x - x_0\| < \eta_x, \tag{6.7}$$

不等式 (6.4) 成立. 要证 (6.6) 对满足

$$\|y - (y_0 - D(x_0))\| < \eta_y' \quad \text{且} \quad \|x - x_0\| < \eta_x' \tag{6.8}$$

的 x 与 y 成立, 其中正数 η_x' 与 η_y' 是下面将要估计的正常数.

由于度量正则性不受集值映射加上一常数项的影响, 不妨设 $D(x_0) = 0$. 令 (x, y) 满足 (6.8). 注意到

$$x^* \in \mathcal{F}_H^{-1}(y) \Longleftrightarrow x^* \in \mathcal{F}_G^{-1}(y + D(x^*)). \tag{6.9}$$

令 $\beta \in (c\kappa, 1)$ 且 $\varepsilon > 0$ 满足

$$(1 + \varepsilon)c\kappa < \beta. \tag{6.10}$$

从 $x^1 = x$, 构造序列 $\{x^k\}$, 它将满足下述递归关系:

$$\begin{aligned} &\text{(i) } x^{k+1} \in \mathcal{F}_G^{-1}(y + D(x^k)); \\ &\text{(ii) } \|x^k - x^{k+1}\| \leqslant (1 + \varepsilon)\, d(x^k, \mathcal{F}_G^{-1}(y + D(x^k))). \end{aligned} \tag{6.11}$$

令 η_x', η_y' 满足下述条件 (附加条件之后将给出):

$$\eta_x' < \eta_x; \quad \eta_y' + \kappa \eta_x' < \eta_y. \tag{6.12}$$

则使 (6.8) 成立的 (x, y) 满足

$$\|y + D(x) - y_0\| < \eta_y \quad \text{且} \quad \|x - x_0\| < \eta_x.$$

因此, 由 $\mathcal{F}_G$ 在 (x_0, y_0) 的度量正则性得到

$$d\left(x, \mathcal{F}_G^{-1}(y + D(x))\right) \leqslant c\, d\left(G(x) - y - D(x), K\right) = c\, d\left(y, \mathcal{F}_H(x)\right).$$

存在 $x^2 \in \mathcal{F}_G^{-1}(y+D(x))$, 由 (6.10) 得

$$\|x^2 - x^1\| \leqslant c(1+\varepsilon)\, d\,(y, \mathcal{F}_H(x)) < \kappa^{-1}\beta\, d\,(y, \mathcal{F}_H(x))\,. \tag{6.13}$$

记

$$\alpha(\eta) = \sup\{\|G(x) - G(x_0)\| : x \in \mathbb{B}(x_0, \eta)\} \tag{6.14}$$

为 G 在 x_0 处的连续性的模数, 则

$$\begin{aligned} d\,(y, \mathcal{F}_H(x)) &= d\,(G(x) - y - D(x), K) \\ &\leqslant \|G(x) - G(x_0)\| + \|y - y_0\| + \|D(x)\| \\ &\leqslant \alpha(\eta_x') + \kappa\eta_x' + \eta_y'. \end{aligned} \tag{6.15}$$

因此, 由 (6.13),

$$\|x^2 - x^1\| \leqslant \kappa^{-1}\beta(\alpha(\eta_x') + \kappa\eta_x' + \eta_y'). \tag{6.16}$$

则对充分小的 $\eta_x' > 0$ 与 $\eta_y' > 0$, 下述关系对 $k = 2$ 成立:

$$x^k \in \mathbb{B}(x_0, \eta_x) \quad 且 \quad y + D(x^k) \in \mathbb{B}(y_0, \eta_x). \tag{6.17}$$

现在用数学归纳法证明: 对充分小的 $\eta_x' > 0$ 与 $\eta_y' > 0$, 上述关系对所有的 k 均成立. 若对 $k \geqslant 2$, 这些关系是成立的, 则 $x^k \in \mathcal{F}_G^{-1}(y + D(x^{k-1}))$ 满足

$$\begin{aligned} d\left(x^k, \mathcal{F}_G^{-1}(y + D(x^k))\right) &\leqslant c\, d\left(y + D(x^k), \mathcal{F}_G(x^k)\right) \\ &\leqslant c\,\|D(x^k) - D(x^{k-1})\| \leqslant c\kappa\|x^k - x^{k-1}\|. \end{aligned}$$

注意到, 上述的第二个不等式由下式得到

$$x^k \in \mathcal{F}_G^{-1}(y + D(x^{k-1})) \Longleftrightarrow y + D(x^{k-1}) \in \mathcal{F}_G(x^k).$$

现在设 (6.17) 对所有的 $k < k_0$ 成立, $k_0 > 2$(已经知道这对 $k_0 = 3$ 是成立的). 由 (6.11)(ii), 对 $2 \leqslant k < k_0$ 有

$$\|x^{k+1} - x^k\| < c^{-1}\kappa^{-1}\beta\, d\left(x^k, \mathcal{F}_G^{-1}(y + D(x^k))\right) \leqslant \beta\|x^k - x^{k-1}\|,$$

从而 $\|x^{k+1} - x^k\| < \beta^{k-1}\|x^2 - x^1\|$. 由 (6.13) 得

$$\|x^{k_0} - x^1\| < (1-\beta)^{-1}\|x^2 - x^1\| \leqslant \kappa^{-1}\beta(1-\beta)^{-1} d\,(y, \mathcal{F}_H(x))\,, \tag{6.18}$$

从而

$$\|x^{k_0} - x_0\| \leqslant \|x^{k_0} - x^1\| + \|x^1 - x_0\| < \eta_x' + \kappa^{-1}\beta(1-\beta)^{-1} d\,(y, \mathcal{F}_H(x))\,, \tag{6.19}$$

再由 (6.8) 有

$$\begin{aligned}\|y+D(x^{k_0})-y_0\| &\leqslant \|y-y_0\|+\kappa\|x^{k_0}-x_0\| \\ &\leqslant \eta_y'+\kappa\eta_x'+\beta(1-\beta)^{-1}d\left(y,\mathcal{F}_H(x)\right).\end{aligned} \tag{6.20}$$

注意到 (6.15), 用数学归纳法证得, 若 $\eta>0$ 充分小 (不依赖于 k_0), 则 (6.17) 对所有的 k 是成立的.

由 X 是完备的, 由上述估计可得序列 x^k 存在且收敛到 $\mathbb{B}(x_0,\eta)$ 的闭包中的一点 x^*. 进一步, 由于 $D(\cdot)$ 是连续的且 $\mathcal{F}_G^{-1}$ 是闭的, 有 $x^*\in\mathcal{F}_G^{-1}(y+D(x^*))$, 因此有 $x^*\in\mathcal{F}_H^{-1}(y)$.

由 (6.18) 及 $\mathcal{F}_G$ 的度量正则性得到, 对充分接近 (x_0,y_0) 的所有的 (x,y),

$$d\left(x,\mathcal{F}_H^{-1}(y)\right)\leqslant\|x-x^*\|\leqslant\kappa^{-1}\beta(1-\beta)^{-1}d\left(y,\mathcal{F}_H(x)\right).$$

因为 β 可取充分接近于 $c\kappa$, 结论证得. ■

设 $G(x)$ 是可微的且 $DG(x)$ 是关于 x(以算子范数拓扑) 的连续映射. 考虑点 $x_0\in\Phi$. 用 $G(\cdot)$ 在 x_0 处的线性化函数来近似集值映射 $\mathcal{F}_G$. 即考虑集值映射

$$\mathcal{F}^*(x)=G(x_0)+DG(x_0)(x-x_0)-K. \tag{6.21}$$

由中值定理, 差函数

$$G(x)-[G(x_0)+DG(x_0)(x-x_0)]$$

在 x_0 的邻域 V 内是 Lipschitz 连续的, 其相应的 Lipschitz 常数 κ 可以充分小, 只要 V 的直径充分小. 结合定理 6.1, 这可推出, 若线性化集值映射 $\mathcal{F}^*$ 在 $(x_0,0)$ 处是度量正则的, 则 $\mathcal{F}_G$ 在 $(x_0,0)$ 处亦是度量正则的, 相反地, $\mathcal{F}_G$ 在 $(x_0,0)$ 处的度量正则性可推出 $\mathcal{F}^*$ 的度量正则性.

由于线性化集值映射 $\mathcal{F}^*$ 是凸的、外半连续的, 所需要的正则性条件 $0\in\operatorname{int}(\operatorname{rge}\mathcal{F}^*)$ 变为下述形式

$$0\in\operatorname{int}\left\{G(x_0)+DG(x_0)X-K\right\}. \tag{6.22}$$

定义 6.1 [8,Definition 2.86]　称 Robinson 约束规范在满足 $G(x_0)\in K$ 的点 $x_0\in X$, 关于映射 $G(\cdot)$ 及集合 K 是成立的, 若上述正则性条件 (6.22) 是成立的.

定理6.2 [8,Theorem 2.87] (稳定性定理)　设 Robinson 约束规范 (6.22) 在 $x_0\in\Phi$ 处成立, 则对 x_0 邻域里的 x, 有

$$\operatorname{dist}(x,\Phi)=O\left(\operatorname{dist}(G(x),K)\right). \tag{6.23}$$

若 (6.5) 成立, 即集值映射 $\mathcal{F}_G$ 在 $(x_0, 0)$ 处是度量正则的, 我们称映射 G 在 x_0 处关于 K 是度量正则的 (metric regular). 由定理 6.2 可得, 若 G 是连续可微的且 Robinson 约束规范成立, 则 G 在 x_0 处关于 K 是度量正则的.

由定理 6.1 得, 若映射 G 在 x_0 处是度量正则的, 则其在 x_0 处线性化映射也是度量正则的. 因此, 我们得到下述结论.

命题 6.1 连续可微映射 $G: X \to Y$ 在点 $x_0 \in G^{-1}(K)$ 处关于集合 K 是度量正则的充分必要条件是 Robinson 约束规范 (6.22) 成立.

证明 这一命题的证明基于以下三个事实:

(a) 由定理 6.2, 如果 G 连续可微且 Robinson 约束规范 (6.22) 成立, 则 G 在 x_0 处关于 K 是度量正则的;

(b) 由定理 6.1, 如果 G 在 x_0 处关于 K 是度量正则的, 则它的线性化映射在 x_0 也是度量正则的;

(c) 对于外半连续的凸的映射 $\mathcal{F}^*$, 它在 $(x_0, 0)$ 处的度量正则性等价于 $0 \in \operatorname{int}(\operatorname{rge} \mathcal{F}^*)$. ■

下面介绍 Robinson 约束规范 (6.22) 的一些等价表示.

命题 6.2 设 $G(x_0) \in K$. 则下述两个表示条件与 Robinson 约束规范 (6.22) 等价.

$$DG(x_0)X - \mathcal{R}_K(G(x_0)) = Y, \tag{6.24}$$

$$DG(x_0)X - T_K(G(x_0)) = Y. \tag{6.25}$$

证明 因为 $\mathcal{R}_K(G(x_0)) \subset T_K(G(x_0))$, 由式 (6.24) 可以推出式 (6.25). 如果式 (6.25) 成立, 由推论 9.2 得

$$\begin{aligned}\operatorname{cl}(DG(x_0)X - \mathcal{R}_K(G(x_0))) &\supset \operatorname{cl}(DG(x_0)X) - \operatorname{cl}(\mathcal{R}_K(G(x_0))) \\ &= DG(x_0)X - T_K(G(x_0)) = Y.\end{aligned}$$

因此有 $\operatorname{cl}(DG(x_0)X - \mathcal{R}_K(G(x_0))) = Y$, 而 $DG(x_0)X - \mathcal{R}_K(G(x_0))$ 具有非空的相对内部, 因此式 (6.24) 成立.

设式 (6.24) 成立. 考虑如下定义的集值映射 $\mathcal{M}: X \times \mathbb{R} \to 2^Y$:

$$\mathcal{M}(x,t) = \begin{cases} DG(x_0)x - t(K - G(x_0)), & t \geqslant 0, \\ \varnothing, & t < 0. \end{cases}$$

显然, $\mathcal{M}$ 是闭凸的集值映射, 且

$$\operatorname{rge}\mathcal{M} = DG(x_0)X - \mathcal{R}_K(G(x_0)).$$

于是, 由式 (6.24) 得到 $0 \in \operatorname{rge}\mathcal{M}$. 由广义开映射定理得 $0 \in \int(\mathcal{M}(X \times [0,1]))\mathrm{d}x\mathrm{d}t$,

即得到式 (6.22). 由于 $K - G(x_0) \subset \mathcal{R}_K(G(x_0))$ 以及 (6.24) 的左端是一锥, 可由式 (6.22) 推出式 (6.24). ■

6.1.2　$\Phi = G^{-1}(K)$ 的切锥

本节基于定理 6.2 来讨论约束集合 $\Phi = G^{-1}(K)$ 的切锥, 其中 K 是有限维 Hilbert 空间 Y 的闭凸子集, $G: X \to Y$ 是二阶连续可微的映射.

定理 6.3　设映射 $G: X \to Y$ 在点 $x_0 \in \Phi := G^{-1}(K)$ 处是连续可微的, 且 Robinson 约束规范 (6.22) 成立. 则 Φ 在 x_0 处的切锥表示为

$$T_\Phi(x_0) = \{h \in X | DG(x_0)h \in T_K(G(x_0))\}. \tag{6.26}$$

证明　记 $T' := \{h \in X | DG(x_0)h \in T_K(G(x_0))\}$. 首先证明

$$T_\Phi(x_0) \subset \{h \in X | DG(x_0)h \in T_K(G(x_0))\}. \tag{6.27}$$

$\forall h \in T_\Phi(x_0)$, $\exists t_n \downarrow 0$, 满足 $d(x_0 + t_n h, \Phi) = o(t_n)$. 因为 Robinson 约束规范 (6.22) 成立, 由定理 6.2 知 $d(G(x_0 + t_n h), K) = o(t_n)$. 而 $G(x_0 + t_n h) = G(x_0) + t_n DG(x_0)h + o(t_n)$, 故 $d(G(x_0) + t_n DG(x_0)h, K) = o(t_n)$, 即 $h \in T'$.

因为 $T^i_\Phi(x_0) \subset T_\Phi(x_0)$, 我们只要证明

$$T' \subset T^i_\Phi(x_0), \tag{6.28}$$

就可证得切锥的表达式为 (6.26). 现在证明包含关系 (6.28). 设 $h \in X$ 满足 $DG(x_0)h \in T_K(G(x_0))$. 因为 K 为闭凸集, 则 $T_K(G(x_0)) = T^i_K(G(x_0))$, 因此 $d(G(x_0) + tDG(x_0)h, K) = o(t)$, 故 $d(G(x_0 + th), K) = o(t)$. 再由稳定性定理知 $d(x_0 + th, \Phi) = o(t)$, 此即 $h \in T^i_\Phi(x_0)$. ■

6.1.3　$\Phi = G^{-1}(K)$ 的二阶切集

现在设 Φ 如 (6.2) 所示, 其中 $G: X \to Y$ 是二阶连续可微的映射. 下述的公式给出用 K 的二阶切集表示的计算 Φ 的二阶切集的法则, 这里 Σ 是收敛到 0 的正数序列的全体.

命题 6.3　设 $K \subset Y$ 是闭凸集, $G: X \to Y$ 是二阶连续可微的映射, $x_0 \in \Phi = G^{-1}(K)$. 设 Robinson 约束规范 (即 $0 \in \operatorname{int}\{G(x_0) + DG(x_0)X - K\}$) 成立. 则对所有的 $h \in X$ 与任意的序列 $\sigma = \{t_n\} \in \Sigma$,

$$T^{i,2,\sigma}_\Phi(x_0, h) = DG(x_0)^{-1}[T^{i,2,\sigma}_K(G(x_0), DG(x_0)h) - D^2G(x_0)(h, h)]. \tag{6.29}$$

证明　考虑点 $w \in T^{i,2,\sigma}_\Phi(x_0, h)$, 令 $x_n = x_0 + t_n h + \frac{1}{2}t_n^2 w$ 是相应的抛物序列. 由 G 的二阶 Taylor 展开, 有

$$G(x_n) = G(x_0) + t_n DG(x_0)h + \frac{1}{2}t_n^2[DG(x_0)w + D^2G(x_0)(h, h)] + o(t_n^2). \tag{6.30}$$

因为 G 是连续可微的, 所以是局部 Lipschitz 连续的且 $d(x_n,\Phi)=o(t_n^2)$, 故 $d(G(x_n),K)=o(t_n^2)$. 结合 (6.30) 得到

$$DG(x_0)w+D^2G(x_0)(h,h)\in T_K^{i,2,\sigma}(G(x_0),DG(x_0)h),$$

因此, (6.29) 的左端包含在 (6.29) 的右端. 相反的包含关系可通过与上述的相反的推证及应用稳定性定理得到. ■

由命题 6.3 的假设及 (6.29) 得到

$$T_\Phi^{i,2}(x_0,h)=DG(x_0)^{-1}[T_K^{i,2}(G(x_0),DG(x_0)h)-D^2G(x_0)(h,h)], \tag{6.31}$$

$$T_\Phi^{2}(x_0,h)=DG(x_0)^{-1}[T_K^{2}(G(x_0),DG(x_0)h)-D^2G(x_0)(h,h)]. \tag{6.32}$$

6.1.4 重要例子

本节我们将计算负卦限锥 $K=\mathbb{R}_-^p$, 半负定锥 $K=\mathbb{S}_-^p$ 以及二阶锥 $K=Q^{m+1}$ 的切锥与二阶切集. 首先给出凸函数水平集的切锥与二阶切集的计算公式.

引理 6.1 设 $\psi:X\to\bar{\mathbb{R}}$ 是下半连续正常凸函数, 考虑集合 $K=\{y\in Y|\psi(y)\leqslant 0\}$. 假设 Slater 条件成立, 即存在 $y_0\in Y$ 使得 $\psi(y_0)<0$. 则对于满足 $\psi(\bar{y})=0$ 的点 $\bar{y}\in K$ 的切锥可以表示为

$$T_K(\bar{y})=\{h\in Y|\psi^{\downarrow}(\bar{y};h)\leqslant 0\};$$

对于 $\bar{y}\in K$ 以及 $h\in T_K(\bar{y})$, 其二阶切锥表示为

$$T_K^2(\bar{y};h)=\{w\in Y|\psi_-^{\downarrow\downarrow}(\bar{y};h,w)\leqslant 0\}.$$

回顾若 $f(\cdot)$ 是 Lipschitz 连续的, 在 x 处方向可微, 则对 $h,w\in X$ 有 $f^{\downarrow}(x;h)=f'(x;h)$ 且 $f_-^{\downarrow\downarrow}(x;h,w)=f''(x;h,w)$. 此时切锥与二阶切集可以表示为

$$T_K(\bar{y})=\{h\in Y|\psi'(\bar{y};h)\leqslant 0\},$$
$$T_K^2(\bar{y};h)=\{w\in Y|\psi''(\bar{y};h,w)\leqslant 0\}.$$

例 6.1 负卦限锥的切集与二阶切集. 考虑 $K=\mathbb{R}_-^p=\{y\in\mathbb{R}^p|y_i\leqslant 0,i=1,\cdots,q\}$ 令

$$\varphi(y)=\max_{1\leqslant i\leqslant m}\{y_i\},$$

则 φ 是凸的 Lipschitz 函数, $\mathbb{R}_-^p$ 可以表示为如下的凸函数的水平集

$$\mathbb{R}_-^p=\{y\in\mathbb{R}^p|\varphi(y)\leqslant 0\}.$$

函数 φ 在 $y \in \mathbb{R}^p_-$ 处的方向导数为

$$\varphi'(y;h) = \max_{i \in I(y)} \{h_i\},$$

在 $y \in \mathbb{R}^p_-$ 处关于 h 与 w 的二阶方向导数为

$$\varphi''(y;h,w) = \max_{i \in I_1(y,h)} \{w_i\},$$

其中 $I(y) = \{i|y_i = \varphi(y), 1 \leqslant i \leqslant m\}, I_1(y,h) = \{i \in I(y)|h_i = \varphi'(y;h), 1 \leqslant i \leqslant m\}$. 不难看到, Slater 条件对函数 $\varphi(\cdot)$ 是成立的. 设 $\varphi(y) = 0, y \in \mathbb{R}^p_-$,

$$T_{\mathbb{R}^p_-}(y) = \{h \in \mathbb{R}^p | h_i \leqslant 0,\ i \in I(y)\},$$

再设 $\varphi'(y;h) = 0$, 则

$$T^2_{\mathbb{R}^p_-}(y;h) = \{w \in \mathbb{R}^p | w_i \leqslant 0,\ i \in I_1(y,h)\}.$$

例 6.2　二阶锥的切锥与二阶切集. $\mathbb{R}^{m+1}$ 中的二阶锥定义如下

$$Q^{m+1} = \{s = (s_0; \bar{s}) \in \mathbb{R} \times \mathbb{R}^m | \|\bar{s}\| \leqslant s_0\}.$$

不难证明, 二阶锥是一自对偶的闭凸锥. 令 $\psi(s) = \|\bar{s}\| - s_0$, 则二阶锥 Q_{m+1} 可以表示为

$$Q_{m+1} = \{s \in \mathbb{R}^{m+1} | \psi(s) \leqslant 0\},$$

利用凸函数水平集的切锥与二阶切集公式来计算 Q_{m+1} 的切锥与二阶切集.

命题 6.4　令 $s \in Q_{m+1}$. 则

$$T_{Q_{m+1}}(s) = \begin{cases} \mathbb{R}^{m+1}, & s \in \operatorname{int} Q_{m+1}, \\ Q_{m+1}, & s = 0, \\ \{d \in \mathbb{R}^{m+1} | \bar{d}^{\mathrm{T}}\bar{s} - d_0 s_0 \leqslant 0\}, & s \in \operatorname{bdry} Q_{m+1} \setminus \{0\}. \end{cases} \tag{6.33}$$

证明　当 $s \in \operatorname{int} Q_{m+1}$ 及 $s = 0$ 时, 由切锥的定义可直接得到所要的结论.

下面假设 $s \in \operatorname{bdry} Q_{m+1} \setminus \{0\}$, 即 $s_0 = \|\bar{s}\| \neq 0$. 注意到在这种情况下 ($\|\bar{s}\| \neq 0$), $\psi(s)$ 是连续可微函数. 由于函数 $\psi(s)$ 是 Lipschitz 连续的, $\psi' = \psi^{\downarrow}$, 根据引理 6.1, 可得到 $T_{Q_{m+1}}(s) = \{d \in \mathbb{R}^{m+1} | \psi'(s;d) \leqslant 0\}$. 因为此时 $\psi'(s)(s;d) = \nabla\psi(s)^{\mathrm{T}} d = \bar{d}^{\mathrm{T}}\bar{s}/\|\bar{s}\| - d_0$, 所以当 $s \in \operatorname{bdry} Q_{m+1} \setminus \{0\}$ 时, 结论成立. 命题得证. ■

命题 6.5 假设 $s \in Q_{m+1}$ 及 $d \in T_{Q_{m+1}}(s)$. 则

$$T^2_{Q_{m+1}}(s,d) = \begin{cases} \mathbb{R}^{m+1}, & d \in \operatorname{int} T_{Q_{m+1}}(s), \\ T_{Q_{m+1}}(d), & s = 0, \\ \{w \in \mathbb{R}^{m+1} | \bar{w}^{\mathrm{T}}\bar{s} - w_0 s_0 \leqslant d_0^2 - \|\bar{d}\|^2\}, & \text{否则}. \end{cases} \tag{6.34}$$

证明 当 $d \in \operatorname{int} T_{Q_{m+1}}(s)$ 及 $s = 0$ 时, 由外二阶切集的定义可直接得到.

下面假设 $s \in \operatorname{bdry} Q_{m+1} \setminus \{0\}$ 且 $d \in \operatorname{bdry} T_{Q_{m+1}}(s)$. 由于函数 $\psi(s)$ 是 Lipschitz 连续的, $\psi'' = \psi^{\downarrow\downarrow}$, 根据引理 6.1, $T^2_{Q_{m+1}}(s,d)$ 可以表示为 $T^2_{Q_{m+1}}(s,d) = \{w \in \mathbb{R}^{m+1} | \psi''(s;d,w) \leqslant 0\}$, 其中

$$\psi''(s;d,w) = \lim_{t \downarrow 0} \frac{\psi\left(s + td + \frac{1}{2}t^2 w\right) - \psi(s) - t\psi'(s;d)}{\frac{1}{2}t^2}.$$

由于此时, ψ 是二阶连续可微的函数, 所以有

$$\psi''(s;d,w) = \nabla\psi(s)^{\mathrm{T}} w + d^{\mathrm{T}} \nabla^2 \psi(s) d = \frac{\bar{s}^{\mathrm{T}} \bar{w}}{\|\bar{s}\|} - w_0 + \frac{\|\bar{d}\|^2}{\|s\|} - \frac{(\bar{d}^{\mathrm{T}} \bar{s})^2}{\|s\|^3},$$

注意到 $\|\bar{s}\| = s_0$ (因为 $s \in \operatorname{bdry} Q_{m+1} \setminus \{0\}$) 以及 $\bar{s}^{\mathrm{T}} \bar{d} = s_0 d_0$ (因为 $d \in \operatorname{bdry} T_{Q_{m+1}}(s)$), 可立即得到所要证明的结论. 命题得证. ■

例 6.3 对称半负定矩阵锥的切集与二阶切集. 考虑 $p \times p$ 对称矩阵构成的线性空间, 赋予内积 $\langle A, B \rangle = \operatorname{Tr}(A^{\mathrm{T}} B)$. 令 $K = \mathbb{S}^p_-$ 表示 $p \times p$ 的对称半负定矩阵锥, 其可以表示为下述凸函数的水平集

$$\mathbb{S}^p_- = \{A \in \mathbb{S}^p | \lambda_{\max}(A) \leqslant 0\},$$

其中 $\lambda_{\max}(A)$ 即矩阵 $A \in \mathbb{S}^p$ 的最大特征值. 为推导最大特征值函数的方向导数公式, 需要如下的 Danskin 定理.

定理 6.4 [8] 设对所有的 $x \in X$, 函数 $f(x,\cdot)$ 是 Gâteaux 可微的, $f(x,u)$ 与 $D_u f(x,u)$ 在 $X \times U$ 上是连续的, 下确界紧致性条件成立: 存在 $\alpha \in \mathbb{R}$, 一紧致集合 $C \subset X$, 满足对接近于 u_0 的每一 u, 水平集

$$\operatorname{lev}_\alpha f(\cdot,u) = \{x \in \Phi | f(x,u) \leqslant \alpha\}$$

是非空的且包含在集合 C 中, 则最优值函数

$$v(\cdot) = \inf_{x \in \Phi} f(x,\cdot)$$

在 u_0 处是 Fréchet 方向可微的, 且

$$v'(u_0, d) = \inf_{x\in\mathcal{S}(u_0)} D_u f(x, u_0)d, \tag{6.35}$$

其中

$$\mathcal{S}(u) := \operatorname*{argmin}_{x\in\Phi} f(x, u).$$

进一步, 若对 $t_n \downarrow 0, d_n \to d, x_n \in \mathcal{S}(u_0 + t_n d_n)$, 则由 $x_n \to \bar{x}$ 可得 $\bar{x} \in \mathcal{S}_1(u_0, d)$, 其中

$$\mathcal{S}_1(u_0, d) := \operatorname*{argmin}_{x\in\mathcal{S}(u_0)} D_u f(x, u_0)d.$$

矩阵的最大特征值可表示为

$$\lambda_{\max}(A) = \max_{\|x\|=1} x^{\mathrm{T}}Ax.$$

由于 $\lambda_{\max}(A)$ 可写为关于 A 的线性函数的最大值函数, 它是一凸函数. 为计算方向导数, 可用 $\lambda_{\max}(A)$ 的上述最大值函数的表达式. 令 $f(x, A) = x^{\mathrm{T}}Ax, \Phi = \mathrm{bdry}\mathbf{B}$, 则

$$\lambda_{\max}(A) = \max\{f(x, A) | x \in \Phi\}.$$

很显然, f 关于两个变量均是无穷次连续可微的, 水平有界性条件成立, 因此, 由定理 6.4, 得

$$\lambda'_{\max}(A; H) = \max_{x\in\mathcal{S}(A)} D_A f(x, A)H,$$

其中

$$D_A f(x, A)H = \lim_{t\downarrow 0} \frac{x^{\mathrm{T}}(A + tH)x - x^{\mathrm{T}}Ax}{t} = x^{\mathrm{T}}Hx,$$

最优解集合 $\mathcal{S}(A) = \{x \in \mathrm{bdry}\mathbf{B} | x^{\mathrm{T}}Ax = \lambda_{\max}(A)\}$. 令 $E = (e_1, \cdots, e_s)$ 是一 $p\times s$ 矩阵, 其列 $e_1, \cdots, e_s$ 由对应最大特征值 $\lambda_{\max}(A)$ 的特征向量空间的一组基构成. 则 $\mathcal{S}(A) = \mathrm{rge}E \cap \mathrm{bdry}\mathbf{B}$,

$$\lambda'_{\max}(A; H) = \max_{x=Ey, \|x\|=1} x^{\mathrm{T}}Hx = \max_{\|y\|=1} y^{\mathrm{T}}(E^{\mathrm{T}}HE)y,$$

从而有

$$\lambda'_{\max}(A; H) = \lambda_{\max}(E^{\mathrm{T}}HE). \tag{6.36}$$

最大特征值函数 $\lambda_{\max}(\cdot) : \mathbb{S}^p \to \mathbb{R}$ 的二阶方向导数的表达式需要采用 Mounir Torki[33] 的方法推导. 本书直接给出其表达式:

$$\lambda''_{\max}(A; H, W) = \lambda_{\max}(F^{\mathrm{T}}E^{\mathrm{T}}(W - 2H(A - \lambda_{\max}(A)I_p)^{\dagger}H)EF), \tag{6.37}$$

其中 $A, H, W \in \mathbb{S}^p$ 是对称矩阵, $E = (e_1, \cdots, e_s)$ 是一 $p \times s$ 矩阵, 其列 $e_1, \cdots, e_s$ 构成对应于最大特征值的 A 的特征向量空间的一组正交基; $F = (f_1, \cdots, f_r)$ 的列 $f_1, \cdots, f_r$ 构成对应于最大特征值的 $s \times s$ 矩阵 $E^{\mathrm{T}}AE$ 的特征向量空间的一组正交基.

不难看到, $A = -I$ 时, $\lambda_{\max}(-I) = -1 < 0$. 因此 Slater 条件对函数 $\lambda_{\max}(\cdot)$ 是成立的. 由于 $\lambda_{\max}(\cdot)$ 是 Lipschitz 连续的, $\lambda'_{\max} = \lambda^{\downarrow}_{\max}$ 且 $\lambda''_{\max} = \lambda^{\downarrow\downarrow}_{\max}$. 根据引理 6.1, 总结为以下命题.

命题 6.6 令 $A \in \mathbb{S}^p_-$, 设 $\lambda_{\max}(A) = 0$, $\mathbb{S}^p_-$ 在矩阵 A 处的切锥为

$$T_{\mathbb{S}^p_-}(A) = \{H \in \mathbb{S}^p | E^{\mathrm{T}}HE \preceq 0\}, \tag{6.38}$$

其中 E 的列构成对应于 A 的 0 特征值的特征向量空间的一组正交基. 对于 $\lambda_{\max}(A) = 0, \lambda'_{\max}(A; H) = 0$, 则 $\mathbb{S}^p_-$ 在矩阵 A 处的二阶切集表示为

$$T^2_{\mathbb{S}^p_-}(A; H) = \{W \in \mathbb{S}^p | F^{\mathrm{T}}E^{\mathrm{T}}WEF \preceq 2F^{\mathrm{T}}E^{\mathrm{T}}HA^{\dagger}HEF\}, \tag{6.39}$$

其中 F 是对应 $E^{\mathrm{T}}HE$ 的 0 特征值的特征向量空间的一组标准正交基为列构成的矩阵.

若 $\lambda_{\max}(A) < 0$, 则 A 是锥 $\mathbb{S}^p_-$ 的内部点, 此种情形 $T_{\mathbb{S}^p_-}(A) = \mathbb{S}^p$. 若 $\lambda_{\max}(A) = 0$, $\lambda'_{\max}(A; H) < 0$, 则 $T^2_{\mathbb{S}^p_-}(A; H) = \mathbb{S}^p$.

6.2 一阶最优性条件

考虑如下问题

$$(\mathrm{P}) \qquad \begin{cases} \min\limits_{x \in Q} & f(x) \\ \text{s.t.} & G(x) \in K. \end{cases} \tag{6.40}$$

其中 $f: X \to \mathbb{R}, G: X \to Y$ 是连续映射, Q 与 K 是 X 与 Y 的非空的闭的凸子集. 记问题的可行集为

$$\Phi = \{x \in Q | G(x) \in K\} = Q \cap G^{-1}(K), \tag{6.41}$$

问题 (6.40) 的 Lagrange 函数为

$$L(x, \lambda) = f(x) + \langle \lambda, G(x) \rangle, \quad (x, \lambda) \in X \times Y^*.$$

回顾 (P) 的对偶问题表示为

$$(\mathrm{D}) \qquad \max_{\lambda \in Y^*} \left\{ \inf_{x \in Q} L(x, \lambda) - \sigma_K(\lambda) \right\}.$$

问题 (P) 在可行点 $\bar{x}$ 处的最优性条件为: 存在 $\lambda \in Y^*$ 使得

$$\bar{x} \in \operatorname*{argmin}_{x\in Q} L(x,\lambda), \quad \lambda \in N_K(G(\bar{x})). \tag{6.42}$$

注意到, 存在 λ 使得条件 $\lambda \in N_K(G(\bar{x}))$ 可推出 $G(\bar{x}) \in K$. 因此, 上述条件 (6.42) 可推出 $\bar{x}$ 是问题 (P) 的可行点. 我们有以下命题.

命题 6.7　若 $\mathrm{val}\,(P) = \mathrm{val}\,(D)$, $\bar{x} \in X, \lambda \in Y^*$ 分别是 (P) 与 (D) 的最优解, 则条件 (6.42) 成立. 相反地, 若存在 $\bar{x}$ 与 λ, 使得条件 (6.42) 成立, 则 $\bar{x}$ 是 (P) 的最优解, λ 是 (D) 的最优解, 且 (P) 与 (D) 间没有对偶间隙.

现在考虑凸情况, 即 f 是凸函数, K 是闭凸集, G 关于集合 $(-K)$ 为凸的映射, 则对任何 $\lambda \in N_K(y), y \in K$, $L(\cdot,\lambda)$ 是 X 上的凸函数. 所以, 此种情况 $L(\cdot,\lambda)+I_Q(\cdot)$ 是一凸函数, 条件 (6.42) 等价于

$$0 \in \partial_x(L(\cdot,\lambda)+I_Q(\cdot))(\bar{x}), \quad \lambda \in N_K(G(\bar{x})). \tag{6.43}$$

若 f 与 G 还是连续的, 则

$$\partial_x(L(\cdot,\lambda)+I_Q(\cdot))(\bar{x}) = \partial_x L(\bar{x},\lambda) + \partial_x I_Q(\bar{x}),$$

进一步, $\partial_x I_Q(\bar{x}) = N_Q(\bar{x})$. 所以, 系统 (6.43) 等价于

$$0 \in \partial_x L(\bar{x},\lambda) + N_Q(\bar{x}), \quad \lambda \in N_K(G(\bar{x})). \tag{6.44}$$

在问题 (P) 是凸的情况, 满足条件 (6.44) 的向量 $\lambda \in Y^*$ 称为 Lagrange 乘子, 即 Lagrange 乘子的集合与满足条件 (6.42) 的乘子 λ 的集合 Λ_0 是相同的. 下面给出一般问题 (P) 的 Lagrange 乘子集合的定义.

定义 6.2　若 f 与 G 都是连续可微的函数, 称 $\lambda \in Y^*$ 是问题 (P) 在点 $\bar{x} \in \Phi$ 处的 Lagrange 乘子, 若它满足条件

$$-D_x L(\bar{x},\lambda) \in N_Q(\bar{x}), \quad \lambda \in N_K(G(\bar{x})). \tag{6.45}$$

用 $\Lambda(\bar{x})$ 记 $\bar{x}$ 处所有 Lagrange 乘子的集合.

倘若问题 (P) 是凸的可微的情况, 则 $\Lambda_0 = \Lambda(\bar{x})$; 若问题 (P) 是非凸的, 则 $\Lambda_0 \subset \Lambda(\bar{x})$. 为了建立凸情况下的一阶必要性条件, 回顾定理 3.6, 其中正则性条件

$$0 \in \mathrm{int}\{G(Q)-K\},$$

在映射 G 是连续可微的前提下, 等价于 Robinson 约束规范

$$0 \in \mathrm{int}\{G(\bar{x}) + DG(\bar{x})(Q-\bar{x}) - K\} \tag{6.46}$$

对每一点 $\bar{x} \in \Phi$ 处都成立.

下面考虑 $Q = X$ 时的问题 (P). 首先建立一阶必要性最优定理. 此时, 问题 (P) 在 $\bar{x} \in \Phi$ 处的 Lagrange 乘子集合定义为

$$\Lambda(\bar{x}) = \{\lambda \in N_K(G(\bar{x})) | Df(\bar{x}) + DG(\bar{x})^*\lambda = 0\}.$$

定理 6.5 (一阶必要性条件) 考虑 $Q = X$ 时的问题 (P). 设 $\bar{x}$ 是问题 (P) 的局部极小点, 在 $\bar{x}$ 附近 f 与 G 是连续可微的. 则下述性质等价:

(i) Robinson 约束规范 (6.46) 在 $\bar{x}$ 处成立;

(ii) Lagrange 乘子的集合 $\Lambda(\bar{x})$ 是 Y^* 中非空凸紧致子集.

证明 设 $\bar{x}$ 是问题 (P) 的局部极小点. 现在证明 "(i) $\Rightarrow$ (ii)". 考虑如下优化问题

$$\begin{cases} \min & Df(\bar{x})d \\ \text{s.t.} & d \in T_\Phi(\bar{x}). \end{cases}$$

由定理 2.4, 其最优值为零. 在 Robinson 约束规范成立时,

$$T_\Phi(\bar{x}) = \{d \in X | DG(\bar{x})d \in T_K(G(\bar{x}))\}.$$

因此如下凸问题

$$\begin{cases} \min & Df(\bar{x})d \\ \text{s.t.} & DG(\bar{x})d \in T_K(G(\bar{x})) \end{cases} \tag{6.47}$$

的最优值为 0. 其 Lagrange 函数表示为

$$\mathcal{L}(d, \lambda) = Df(\bar{x})d + \langle \lambda, DG(\bar{x})d \rangle = D_xL(\bar{x}, \lambda)d.$$

问题 (6.47) 的 Lagrange 对偶问题表示为

$$\begin{aligned} & \max_{\lambda} \left[\inf_{d} \mathcal{L}(d, \lambda) - \sigma_{T_K(G(\bar{x}))}(\lambda) \right] \\ = & \max_{D_xL(\bar{x},\lambda)=0} [-\sigma_{T_K(G(\bar{x}))}(\lambda)] \\ = & \begin{cases} \max & 0 \\ \text{s.t.} & \lambda \in N_K(G(\bar{x})), \\ & D_xL(\bar{x}, \lambda) = 0 \end{cases} \\ = & \begin{cases} \max & 0 \\ \text{s.t.} & \lambda \in \Lambda(\bar{x}). \end{cases} \end{aligned}$$

由定理 3.6, 其中的正则性条件 $0 \in \operatorname{int}\{G(Q) - K\}$, 等价于

$$0 \in \operatorname{int}\{DG(\bar{x})X - T_K(G(\bar{x}))\},$$

再由命题 6.2, 它等价于 Robinson 约束规范. 这表明问题 (6.47) 的正则性条件成立, 从而其对偶问题的最优解集合, 即 $\Lambda(\bar{x})$, 是非空凸紧致的.

下面用反证法证明 "(ii) ⇒ (i)". 假设 $\Lambda(\bar{x})$ 是非空紧致, 但是 Robinson 约束规范不成立, 即

$$DG(\bar{x})X + T_K(G(\bar{x})) \neq Y.$$

也就是, 存在 $\xi \in Y^*, \xi \neq 0$ 满足

$$\begin{aligned} \xi &\in [DG(\bar{x})X + T_K(G(\bar{x}))]^\circ \\ &= (DG(\bar{x})X)^\circ \cap (T_K(G(\bar{x})))^\circ \\ &= \ker DG^*(\bar{x}) \cap N_K(G(\bar{x})), \end{aligned}$$

即 $DG^*(\bar{x})\xi = 0, \xi \in N_K(G(\bar{x}))$. 那么对于任意的 $\hat{\lambda} \in \Lambda(\bar{x})$, 一定有 $\hat{\lambda} + t\xi \in \Lambda(\bar{x})$, 对于任意的 $t > 0$ 成立, 这与 $\Lambda(\bar{x})$ 的有界性矛盾. ■

下面介绍问题 (P) 的比 Robinson 约束规范严苛的约束规范.

定义 6.3 (严格 Robinson 约束规范)　考虑 $Q = X$ 时的问题 (P). 称严格 Robinson 约束规范在满足 $G(\bar{x}) \in K$ 的点 $\bar{x} \in X$, 关于映射 $G(\cdot)$, 集合 K 以及乘子 $\lambda \in \Lambda(\bar{x})$ 是成立的, 若下述条件成立

$$DG(\bar{x})X + T_K(G(\bar{x})) \cap \lambda^\perp = Y. \tag{6.48}$$

严格 Robinson 约束规范成立时, 下述性质成立.

命题 6.8　考虑 $Q = X$ 时的问题 (P). 设 $\bar{x}$ 是问题 (P) 的局部极小点, 在 $\bar{x}$ 附近 f 与 G 是连续可微的. 若乘子的集合 $\Lambda(\bar{x}) \neq \varnothing, \lambda \in \Lambda(\bar{x})$ 且严格 Robinson 约束规范 (6.48) 在 $\bar{x}$ 处成立, 则 $\Lambda(\bar{x})$ 是单点集, 即 $\Lambda(\bar{x}) = \{\lambda\}$.

证明　反证法. 倘若有 $\lambda, \lambda' \in \Lambda(\bar{x})$, 定义 $\mu = \lambda' - \lambda$. 对于任意的元素 $y \in Y$, 存在 $d \in X, \xi \in T_K(G(\bar{x})) \cap \lambda^\perp$, 满足 $y = DG(\bar{x})d + \xi$. 因此

$$\langle \mu, y \rangle = \langle DG(\bar{x})^{\mathrm{T}}\mu, d \rangle + \langle \mu, \xi \rangle = \langle \lambda' - \lambda, \xi \rangle = \langle \lambda', \xi \rangle \leqslant 0.$$

这意味着 $\mu \in Y^\circ = \{0\}$, 即 $\lambda' \equiv \lambda$. ■

下面介绍一个比严格 Robinson 约束规范更强的条件.

定义 6.4 (约束非退化条件)　考虑 $Q = X$ 时的问题 (P). 称点 $\bar{x} \in X$ 关于光滑映射 $G(\cdot)$ 及集合 K 是约束非退化的, 如果

$$DG(\bar{x})X + \operatorname{lin} T_K(G(\bar{x})) = Y. \tag{6.49}$$

同样地, 有如下性质.

命题 6.9 考虑 $Q=X$ 时的问题 (P). 设 $\bar{x}$ 是问题 (P) 的局部极小点, 在 $\bar{x}$ 附近 f 与 G 是连续可微的. 若在 $\bar{x}$ 处约束非退化条件 (6.49) 成立, 则 $\Lambda(\bar{x})$ 是单点集, 即 $\Lambda(\bar{x})=\{\lambda\}$.

证明 反证法. 假设乘子不唯一, 存在 $\lambda\neq\lambda'\in\Lambda(\bar{x})$, 定义 $\mu=\lambda'-\lambda$. 因此, $DG(\bar{x})^*\mu=0$ 且 $\lambda,\lambda'\in N_K(G(\bar{x}))$. 观察到

$$\mu\in N_K(G(\bar{x}))-N_K(G(\bar{x}))=[\operatorname{lin}T_K(G(\bar{x}))]^\circ.$$

综上

$$0\neq\mu\in\ker(DG(\bar{x})^*)\cap[\operatorname{lin}T_K(G(\bar{x}))]^\circ=(DG(\bar{x})X+\operatorname{lin}T_K(G(\bar{x})))^\circ=\{0\}.$$

上式中的矛盾意味着 $\Lambda(\bar{x})=\{\lambda\}$. ■

然而, 乘子集合 $\Lambda(\bar{x})$ 是单点集无法推出 $\bar{x}$ 处约束非退化条件成立, 还需要如下的严格互补松弛条件.

定义 6.5 (严格互补松弛条件) 考虑 $Q=X$ 时的问题 (P). 称严格互补松弛条件在可行点 $\bar{x}\in\Phi$ 与对应的乘子 $\lambda\in\Lambda(\bar{x})$ 处关于映射 $G(\cdot)$ 及集合 K 成立, 如果

$$\lambda\in\operatorname{ri}N_K(G(\bar{x})). \tag{6.50}$$

命题 6.10 考虑 $Q=X$ 时的问题 (P). 设 $\bar{x}$ 是问题 (P) 的局部极小点, 在 $\bar{x}$ 附近 f 与 G 是连续可微的. 若 $\Lambda(\bar{x})$ 是单点集且严格互补松弛条件 (6.50) 在 $\bar{x}$ 处成立, 则在 $\bar{x}$ 处约束非退化条件成立.

证明 反证法. 假设 $DG(\bar{x})X+\operatorname{lin}T_K(G(\bar{x}))\neq Y$. 其等价于存在 $\xi\neq 0$ 使得

$$\xi\in\ker(DG(\bar{x})^*)\cap[\operatorname{lin}T_K(G(\bar{x}))]^\circ=\ker(DG(\bar{x})^*)\cap[N_K(G(\bar{x}))-N_K(G(\bar{x}))].$$

对于 $\lambda\in\operatorname{ri}N_K(G(\bar{x}))$, 存在 $t>0$, 使得 $\lambda+t\xi\in N_K(G(\bar{x}))$, 并且

$$Df(\bar{x})+DG(\bar{x})^*(\lambda+t\xi)=0.$$

这说明 $\lambda+t\xi\in\Lambda(\bar{x})$, 这与 $\Lambda(\bar{x})$ 是单点集矛盾. ■

6.3 二阶必要性条件

这一节考虑如下问题

$$(\mathrm{P})\qquad\left\{\begin{array}{ll}\min\limits_{x\in X} & f(x)\\ \text{s.t.} & G(x)\in K.\end{array}\right. \tag{6.51}$$

其中 $f: X \to \mathbb{R}, G: X \to \mathcal{Y}$ 是连续映射, K 是 Y 的非空的闭的凸子集. 应用非凸约束的极小化问题的第二基本定理 (定理 2.5) 以及对偶定理, 可以得到一般问题的二阶必要性条件.

首先定义问题 (P) 在 $\bar{x}$ 处的临界锥:

$$C(\bar{x}) = \{d \in X | Df(\bar{x})d \leqslant 0, DG(\bar{x})d \in T_K(G(\bar{x}))\}.$$

回顾在 Robinson 约束规范成立时, 二阶切集可以表示为

$$T_{\Phi}^2(\bar{x}, d) = \{w \in X | DG(\bar{x})w + D^2G(\bar{x})(d, d) \in T_K^2(G(\bar{x}), DG(\bar{x})d)\}. \tag{6.52}$$

因此, 由第二基本定理 (定理 2.5), 对于任何的 $d \in C(\bar{x})$, 优化问题

$$\begin{cases} \min\limits_{w \in X} & Df(\bar{x})w + D^2f(\bar{x})(d, d) \\ \text{s.t.} & DG(\bar{x})w + D^2G(\bar{x})(d, d) \in T_K^2(G(\bar{x}), DG(\bar{x})d) \end{cases} \tag{6.53}$$

的最优值是非负的.

定理 6.6 (二阶必要性条件) 设 $\bar{x}$ 是问题 (P) 的一个局部极小点, f 与 G 在 $\bar{x}$ 附近二次连续可微, 则

(i) Robinson 约束规范在 $\bar{x}$ 处成立当且仅当 $\Lambda(\bar{x})$ 是非空紧致的;

(ii) 若 Robinson 约束规范在 $\bar{x}$ 处成立, 则对于任意的 $d \in C(\bar{x})$, 以及任意非空凸子集 $\mathcal{T}(d) \subseteq T_K^2(G(\bar{x}), DG(\bar{x})d)$, 有下述不等式成立:

$$\sup_{\lambda \in \Lambda(\bar{x})} \left\{ D_{xx}^2 L(\bar{x}, \lambda)(d, d) - \sigma_{\mathcal{T}(d)}(\lambda) \right\} \geqslant 0, \tag{6.54}$$

其中 $\sigma_{\mathcal{T}(d)}(\lambda)$ 表示集合 $\mathcal{T}(d)$ 的支撑函数.

证明 考虑集合 $T(d) = \mathrm{cl}\{\mathcal{T}(d) + T_K(G(\bar{x}))\}$. 这一集合是两个凸集合之和的闭包, 因而它是闭凸的. 进一步, 由

$$T_S^2(x, d) + T_{T_S(x)}(d) \subseteq T_S^2(x, d) \subseteq T_{T_S(x)}(d) \tag{6.55}$$

的第一包含关系, 由于二阶上切锥是闭的, 有 $T(d) \subset T_K^2(G(\bar{x}), DG(\bar{x})d)$. 显然, 如果在 (6.53) 中将外二阶切集用其子集 $T(d)$ 代替, 所得到最优化问题的最优值大于或等于 (6.53) 的最优值, 因此, 问题

$$\begin{cases} \min\limits_{w \in X} & Df(\bar{x})w + D^2f(\bar{x})(d, d) \\ \text{s.t.} & DG(\bar{x})w + D^2G(\bar{x})(d, d) \in T(d) \end{cases} \tag{6.56}$$

的最优值是非负的.

最优化问题 (6.56) 是线性的, 现在来推导它的共轭对偶问题. 问题 (6.56) 的 Lagrange 函数是

$$\begin{aligned}\mathcal{L}(w,\lambda)&=Df(\bar{x})w+D^2f(\bar{x})(d,d)+\langle\lambda,DG(\bar{x})w+D^2G(\bar{x})(d,d)\rangle\\&=D_xL(\bar{x},\lambda)w+D_x^2xL(\bar{x},\lambda)(d,d).\end{aligned}$$

问题 (6.56) 的对偶问题为

$$\max_{\lambda\in Y^*}\inf_w\{\mathcal{L}(w,\lambda)-\sigma_{T(d)}(\lambda)\}.$$

对任意的 $z\in T(d)$, 有 $z+T_K(G(\bar{x}))\in T(d)$, 对任意的 $\lambda\notin[T_K(G(\bar{x}))]^\circ=N_K(G(\bar{x})),\sigma_{T(d)}(\lambda)=+\infty$ 成立. 对于 $\lambda\in N_K(G(\bar{x}))$,

$$\inf_w\{\mathcal{L}(w,\lambda)-\sigma_{T(d)}(\lambda)\}=\begin{cases}-\sigma_{T(d)}(\lambda), & D_xL(\bar{x},\lambda)=0,\\-\infty, & \text{否则},\end{cases}$$

可见, (6.56) 的参数对偶的有效域包含在 $\Lambda(\bar{x})$ 中, 从而得到对偶问题为

$$\max_{\lambda\in\Lambda(\bar{x})}\{D_{xx}^2L(\bar{x},\lambda)(d,d)-\sigma_{T(d)}(\lambda)\}. \tag{6.57}$$

进一步, Robinson 约束规范等价于

$$DG(\bar{x})X-T_K(G(\bar{x}))=Y.$$

由于对任何 $z\in T(d),z+T_K(G(\bar{x}))\in T(d)$, 有

$$z+DG(\bar{x})X-T(d)=Y,$$

因此 $DG(\bar{x})X-T(d)=Y$. 于是, (6.56) 有一可行解, 且 Robinson 约束规范对 (6.56) 也成立. 由对偶定理 (定理 3.6), 问题 (6.56) 与其对偶问题 (6.57) 间不存在对偶间隙. 因此 (6.57) 的最优值是非负的, 因为 $\mathcal{T}(d)\subset T(d)$, 有 $\sigma_{\mathcal{T}(d)}(\lambda)\leqslant\sigma_{T(d)}(\lambda)$, 可见 (6.54) 成立. ■

一般地, $\sigma_{\mathcal{T}(d)}(\lambda)$ 被称为 Sigma 项. 若优化问题是非线性规划问题, 则可以证明其 Sigma 项为零, 对于其他的优化问题, Sigma 项的计算并非常关键.

注记 6.1 Sigma 项 $\sigma_{\mathcal{T}(d)}(\lambda)$ 是不大于零的. 考虑

$$\mathcal{T}(d)\subseteq T_K^2(G(\bar{x}),DG(\bar{x})d)\subseteq T_{T_K(G(\bar{x}))}(DG(\bar{x})d)=\mathrm{cl}\left\{T_K(G(\bar{x}))+[|DG(\bar{x})d|]\right\},$$

其中 $[|x|]$ 表示由 x 生成的线性空间. 因此凸子集 $\mathcal{T}(d)$ 中的元素 $\bar{d}$ 满足

$$\bar{d}=(1-\alpha)d_1+\alpha d_2,\quad \alpha\in[0,1],\quad d_1\in T_K(G(\bar{x})),\quad d_2\in[|DG(\bar{x})d|],$$

其中 $d \in C(\bar{x})$. 由于 $\lambda \in \Lambda(\bar{x})$, 因此 $\lambda \in N_K(G(\bar{x}))$. 由于法锥是切锥的极锥, 有

$$\langle \lambda, d_1 \rangle \leqslant 0. \tag{6.58}$$

再由乘子集合中的元素满足 $Df(\bar{x}) + DG(\bar{x})^*\lambda = 0$, 两边同乘 d 可得

$$Df(\bar{x})d + \langle DG(\bar{x})^*\lambda, d \rangle = 0.$$

由于乘子集合非空, 因此 $d \in C(\bar{x})$ 满足 $Df(\bar{x})d = 0$, 那么可以得到存在 $c \in \mathbb{R}$ 使得

$$\langle \lambda, d_2 \rangle = c\langle \lambda, DG(\bar{x})d \rangle = c\langle DG(\bar{x})^*\lambda, d \rangle = 0. \tag{6.59}$$

结合 (6.58) 式和 (6.59) 式有 $\langle \lambda, \bar{d} \rangle \leqslant 0$, 即 Sigma 项 $\sigma_{\mathcal{T}(d)}(\lambda) \leqslant 0$.

6.4 二阶“无间隙”最优性条件

本节引入外二阶正则的概念, 其目的主要是讨论弥填 (6.54) 形式的二阶必要性条件与二阶充分性条件间的间隙的情况.

定义 6.6 (外二阶正则性) 称集合 K 在点 $y \in K$ 处沿方向 $d \in T_K(y)$ 关于线性映射 $M : X \to Y$ 是外二阶正则的, 若对任何具有下述形式的 $y_n \in K : y_n = y + t_n d + \frac{1}{2}t_n^2 r_n$, 其中 $t_n \downarrow 0, r_n = Mw_n + a_n$, 其中 $\{a_n\}$ 是 Y 中的收敛序列, $\{w_n\}$ 是 X 中的满足 $t_n w_n \to 0$ 的序列, 下述条件成立:

$$\lim_{n\to\infty} \operatorname{dist}(r_n, T_K^2(y,d)) = 0. \tag{6.60}$$

若 K 在点 $y \in K$ 处沿每一方向 $d \in T_K(y)$ 相对于 $M : X \to Y$ 是外二阶正则的, 即 (6.60) 对任何满足 $t_n r_n \to 0$ 的序列 $y + t_n d + \frac{1}{2}t_n^2 r_n \in K$ 及 $d \in T_K(y)$ 成立, 称 K 在 y 处是二阶正则的, 若 K 在点 y 处对所有的 d 均是外二阶正则的, 外二阶切集 $T_K^2(y,d)$ 与内二阶切集 $T_K^{i,2}(y,d)$ 是相同的.

下面定义问题 (P) 的广义 Lagrange 函数

$$L^g(x, \lambda_0, \lambda) = \lambda_0 f(x) + \langle \lambda, G(x) \rangle, \tag{6.61}$$

其中 $(x, \lambda_0, \lambda) \in X \times \mathbb{R} \times Y^*$. 显然 $\lambda_0 = 1$, 广义 Lagrange 函数即 Lagrange 函数 $L(x, \lambda)$.

定义 6.7 称 $(\lambda_0, \lambda) \in \mathbb{R} \times Y^*$ 是广义的 Lagrange 乘子, 若满足最优性条件

$$-D_x L^g(x, \lambda_0, \lambda) \in N_Q(\bar{x}), \quad \lambda \in N_K(G(\bar{x})), \quad \lambda_0 \geqslant 0, \quad (\lambda_0, \lambda) \neq (0, 0). \tag{6.62}$$

用 $\Lambda^g(\bar{x})$ 记满足最优性条件 (6.7) 的广义的 Lagrange 乘子 $(\lambda_0,\lambda)\in\mathbb{R}\times Y^*$ 的集合.

下面给出二阶 "无间隙" 最优性定理.

定理 6.7　设 $\bar{x}$ 是问题 (P) 的一个可行点, f 与 g 在 $\bar{x}$ 附近二次连续可微. 假设

(i) $\Lambda^g(\bar{x})\neq\varnothing$;

(ii) $\forall d\in C(\bar{x})$, K 在 $G(\bar{x})$ 处沿方向 $DG(\bar{x})d$ 关于映射 $M=DG(\bar{x})$ 是外二阶正则的, 并且对于任意的 $d\in C(\bar{x})\setminus\{0\}$ 有

$$\sup_{(\lambda_0,\lambda)\in\Lambda^g(\bar{x})}\left\{D^2_{xx}L^g(\bar{x},\lambda_0,\lambda)(d,d)-\sigma(\lambda\,|\,T^2_K(G(\bar{x}),DG(\bar{x})d))\right\}>0,\tag{6.63}$$

则二阶增长条件在 $\bar{x}$ 处成立.

进一步, 若 Robinson 约束规范在 $\bar{x}$ 处成立且对于任何 $d\in C(\bar{x})$, 外二阶切集 $T^2_K(G(\bar{x}),DG(\bar{x})d)$ 是凸集, 则二阶条件

$$\sup_{\lambda\in\Lambda(\bar{x})}\left\{D^2_{xx}L(\bar{x},\lambda)(d,d)-\sigma(\lambda\,|\,T^2_K(G(\bar{x}),DG(\bar{x})d))\right\}>0\tag{6.64}$$

是在 $\bar{x}$ 处二阶增长条件成立的充分必要条件.

证明　用反证法. 假设二阶增长条件在 $\bar{x}$ 处不成立. 则存在一可行点序列 x^k 收敛到 $\bar{x}$, 满足

$$f(x^k)<f(\bar{x})+\frac{1}{k}\|x^k-\bar{x}\|^2.\tag{6.65}$$

定义 $t_k=\|x^k-\bar{x}\|, t_k\downarrow 0$, 若有必要可取一子列, 可设 $d^k=(x^k-\bar{x})/t_k$ 收敛到向量 $d\in C(\bar{x})$. 显然, $\|d\|=1$, 因而 $d\neq 0$.

由 $G(x^k)$ 在 $\bar{x}$ 处的二阶 Taylor 展式, 有

$$G(x^k)=G(\bar{x})+t_kDG(\bar{x})^{\mathrm{T}}d+\frac{t_k^2}{2}(DG(\bar{x})w^k+D^2G(\bar{x})(d,d))+o(t_k^2)\in K,$$

其中 $w^k=2t_k^{-2}(x^k-\bar{x}-t_kd)$. 注意到 $x^k-\bar{x}-t_kd=o(t_k)$, 有 $t_kw^k\to 0$.

结合外二阶正则性的定义, 可以得到

$$DG(\bar{x})w^k+D^2G(\bar{x})(d,d)\in T^2_K(G(\bar{x}),DG(\bar{x})d)+o(1)\mathbf{B}_Y.\tag{6.66}$$

类似地, 有

$$f(x^k)=f(\bar{x})+t_kDf(\bar{x})^{\mathrm{T}}d+\frac{t_k^2}{2}(Df(\bar{x})w^k+D^2f(\bar{x})(d,d))+o(t_k^2),$$

因此, 结合 (6.65) 和 (6.66), 可找到一序列 $\varepsilon_k \to 0$ 满足

$$\begin{cases} 2t_k^{-1}Df(\bar{x})^{\mathrm{T}}d + (Df(\bar{x})w^k + D^2 f(\bar{x})(d,d)) \leqslant \varepsilon_k, \\ DG(\bar{x})w^k + D^2G(\bar{x})(d,d) \in T_K^2(G(\bar{x}), DG(\bar{x})d) + \varepsilon_k \mathrm{cl}\, \mathbf{B}_Y. \end{cases} \tag{6.67}$$

由条件 (6.63), 存在 $(\lambda_0, \lambda) \in \Lambda^g(\bar{x})$ 满足

$$D_{xx}^2 L^g(\bar{x}, \lambda_0, \lambda)(d,d) - \sigma(\lambda |\, T_K^2(G(\bar{x}), DG(\bar{x})d)) \geqslant \kappa, \tag{6.68}$$

其中 $\kappa > 0$ 是一数. 由式 (6.67) 的第二个条件得

$$\begin{aligned} \langle \lambda, DG(\bar{x})w^k + D^2G(\bar{x})(d,d)\rangle &\leqslant \sigma(\lambda |\, T_K^2(G(\bar{x}), DG(\bar{x})d) + \varepsilon_k \mathrm{cl}\, \mathbf{B}_Y) \\ &= \sigma(\lambda, T_K^2(G(\bar{x}), DG(\bar{x})d)) + \varepsilon_k \|\lambda\|. \end{aligned}$$

对于广义的 Lagrange 乘子 $\lambda_0 \geqslant 0$, 若 $\lambda_0 \neq 0$, 则存在一 Lagrange 乘子, 因此有 $Df(\bar{x})d = 0$. 任何情况都有 $\lambda_0 Df(\bar{x})d = 0$, 因此, 由式 (6.67) 和 (6.68), 可得

$$\begin{aligned} 0 &\geqslant \lambda_0(2t_k^{-1}Df(\bar{x})^{\mathrm{T}}d + Df(\bar{x})w^k + D^2 f(\bar{x})(d,d) - \varepsilon_k) \\ &\quad + \langle \lambda, DG(\bar{x})w^k + D^2G(\bar{x})(d,d)\rangle - \sigma(\lambda |\, T_K^2(G(\bar{x}), DG(\bar{x})d)) - \varepsilon_k\|\lambda\| \\ &= D_{xx}^2 L^g(\bar{x}, \lambda_0, \lambda)(d,d) - \sigma(\lambda |\, T_K^2(G(\bar{x}), DG(\bar{x})d)) - \varepsilon_k(\lambda_0 + \|\lambda\|) \\ &\geqslant \kappa - \varepsilon_k(\lambda_0 + \|\lambda\|). \end{aligned}$$

因为 $\varepsilon_k \to 0$, 得到一矛盾.

对于 $\bar{x}$ 处 Robinson 约束规范成立的情况, 充分性由上述推导得到, 必要性由定理 6.6 得到. ■

下面讨论凸函数满足什么条件时, 水平集是外二阶正则的.

命题 6.11　设 $g: X \to \bar{\mathbb{R}}$ 是下半连续正常凸函数, 考虑集合

$$K := \{y \in Y | g(y) \leqslant 0\}.$$

假设 Slater 条件成立, 即存在 $\bar{y} \in Y$ 使得 $g(\bar{y}) < 0$. 令 $y_0, d \in Y$ 满足 $g(y_0) = 0$ 且 $g^{\downarrow}(y_0; d) = 0$. 若对任何具有形式 $y(t) = y_0 + td + \dfrac{1}{2}t^2 r(t), t \geqslant 0$ 的路径 $y(t) \in K$, 其中 $r(t)$ 满足当 $t \downarrow 0$ 时 $tr(t) \to 0$, 不等式

$$\limsup_{t \downarrow 0} g_{-}^{\downarrow\downarrow}(y_0; d, r(t)) \leqslant 0 \tag{6.69}$$

成立, 则 K 在点 y_0 处沿方向 d 是外二阶正则的.

证明 由引理 6.1 可得

$$T_K(y_0)=\{d\in Y|g^{\downarrow}(y_0;d)\leqslant 0\},$$

从而由 $g^{\downarrow}(y_0;d)=0$, 可得 $d\in T_K(y_0)$.

设 (6.69) 成立. 考虑序列 $y_k=y_0+t_kd+\frac{1}{2}t_k^2r_k\in K$ 满足 $t_k\downarrow 0$, 且 $t_kr_k\to 0$. 选取 $\alpha>0$, 固定 $k\in\mathbb{N}$, 令 $w_{\alpha,k}=r_k+\alpha(\bar{y}-y_0)$, 则由 g 的凸性, 对充分小的 $t\geqslant 0$ 有

$$g\left(y_0+td+\frac{1}{2}t^2w_{\alpha,k}\right)\leqslant\left(1-\frac{1}{2}\alpha t^2\right)\gamma(t,r_k)+\frac{1}{2}\alpha t^2g(\bar{y}), \tag{6.70}$$

其中

$$\gamma(t,r)=g\left(y_0+t\left(1-\frac{1}{2}\alpha t^2\right)^{-1}d+\frac{1}{2}t^2\left(1-\frac{1}{2}\alpha t^2\right)^{-1}r\right).$$

推导可得

$$g_-^{\downarrow\downarrow}(y_0;d,w_{\alpha,k})\leqslant g_-^{\downarrow\downarrow}(y_0;d,r_k)+\alpha g(\bar{y}). \tag{6.71}$$

因为 $g(\bar{y})<0$, 由式 (6.69) 与 (6.71) 得, 存在 k_0 (依赖于 α) 满足对所有的 $k\geqslant k_0$, $g_-^{\downarrow\downarrow}(y_0;d,w_{\alpha,k})<0$, 因此, 由引理 6.1 有 $w_{\alpha,k}\in T_K^2(y_0,d)$. 于是

$$\limsup_{k\to\infty}\operatorname{dist}(r_k,T_K^2(y_0,d))\leqslant\alpha\|\bar{y}-y_0\|.$$

由于 α 可以取得任意小, 得到

$$\limsup_{k\to\infty}\operatorname{dist}(r_k,T_K^2(y_0,d))=0,$$

因此 K 在点 y_0 处沿方向 d 是外二阶正则的. ■

通常考虑的情况 $g(\cdot)$ 是 Lipschitz 连续的, 在 x 处方向可微, 则对 $h,w\in X$ 有 $f_-^{\downarrow\downarrow}(x;h,w)=f''(x;h,w)$. 下面给出常见的几种具有二阶正则性的集合.

例 6.4 负卦限锥 $K=\mathbb{R}_-^p$, 二阶锥 $K=Q^{m+1}$ 以及半负定对称矩阵锥 $K=\mathbb{S}_-^p$ 都是二阶正则的.

(a) 令 $g(y)=\max\limits_{1\leqslant i\leqslant m}\{y_i\}$. 对于 y_0,d 满足 $g(y_0)=0,g'(y_0;d)=0$ 以及任何满足 $tr(t)\to 0$ 的路径 $y(t)=y_0+td+t^2r(t)\in\mathbb{R}_-^p$, 容易验证: 对于 $i\in I_1(y_0,d),y(t)_i=t^2r(t)$, 从而

$$g''(y_0;d,r(t))=\max_{i\in I_1(y_0,d)}\{r(t)_i\}\leqslant 0,$$

可见 $\mathbb{R}_-^p$ 是外二阶正则性的.

(b) 令 $g(s)=\|\bar{s}\|-s_0, s=(s_0;\bar{s}), s_0\in\mathbb{R}, \bar{s}\in\mathbb{R}^m$, 则

$$Q_{m+1}=\{s\in\mathbb{R}^{m+1}|g(s)\leqslant 0\}.$$

对于 s 满足 $g(s)=0$ 且 $s\neq 0$, 由于 g 在 s 的附近是二次连续可微的凸函数, Q_{m+1} 在 s 处的二阶正则性是显然的. 现在设 $s=0$, d 满足 $g'(0;d)=0$, 即有 $g(d)=0$. 则任何满足 $tr(t)\to 0$ 的路径 $s(t)=td+t^2r(t)/2\in Q_{m+1}$, 有 $g(td+t^2r(t)/2)\leqslant 0$. 由 g 的正齐次性, $g(d+tr(t)/2)=t^{-1}g(td+t^2r(t)/2)\leqslant 0$, 于是

$$g^{\downarrow\downarrow}(0;d,r(t))=\liminf_{\mu\downarrow 0,w\to r(t)}\frac{g(\mu d+\mu^2/2w)}{\mu^2/2}\leqslant\liminf_{\mu\downarrow 0}\frac{g(d+\mu/2r(t))}{\mu/2}.$$

由于 g 是凸函数, 对任何 $\mu\in(0,t)$, 令 $\lambda=1-\mu/t$, 得到

$$\begin{aligned}g(d+\mu/2r(t))&=g(\lambda d+(1-\lambda)(d+t/2r(t)))\\&\leqslant\lambda g(d)+(1-\lambda)g(d+t/2r(t))\leqslant 0.\end{aligned}$$

可见 Q_{m+1} 是外二阶正则性的.

(c) 令 $g(y)=\lambda_{\max}(A)\leqslant 0$, 则 $\mathbb{S}^p_-=\{A\in\mathbb{S}^p|\lambda_{\max}(A)\leqslant 0\}$. 对于 A,H 满足 $\lambda_{\max}(A)=0,\lambda'_{\max}(A;H)=0$ 以及任何满足 $tW(t)\to 0$ 的路径 $X(t)=A+tH+\dfrac{1}{2}t^2W(t)\in\mathbb{S}^p_-$, 有

$$g(X(t))\geqslant g(A)+t\lambda'_{\max}(A;H)+\frac{1}{2}t^2\lambda''_{\max}(A;H,W(t))+o(t^2),$$

由于 $g(X(t))=\lambda_{\max}(X(t))\leqslant 0,\lambda'_{\max}(A;H)=0$, 有

$$\lambda''_{\max}(A;H,W(t))\leqslant o(t^2),$$

从而

$$\limsup_{t\downarrow 0}g^{\downarrow\downarrow}_-(A;H,W(t))=\limsup_{t\downarrow 0}\lambda''_{\max}(A;H,W(t))\leqslant 0,$$

由命题 6.11 知 $\mathbb{S}^p_-$ 是外二阶正则性的.

6.5 锥约束优化问题的稳定性分析

在这一节, 设约束优化问题

$$(\mathrm{P})\qquad\left\{\begin{array}{ll}\min & f(x)\\ \text{s.t.} & G(x)\in K\end{array}\right.\tag{6.72}$$

中的函数 $f: X \to \mathbb{R}$ 与映射 $G: X \to Y$ 均是二次连续可微的, $K \subseteq Y$ 是一闭凸子集. 本节将针对优化问题 (P) 的稳定性进行讨论.

问题 (P) 的 Lagrange 函数 $L: X \times Y \to \mathbb{R}$ 为

$$L(x, \lambda) := f(x) + \langle \lambda, G(x) \rangle, \quad (x, \lambda) \in X \times Y,$$

因此问题 (P) 的一阶最优性条件, 即 KKT 条件如下:

$$\nabla_x L(x, \lambda) = 0, \quad \lambda \in N_K(G(x)), \tag{6.73}$$

对任何满足 (6.73) 的 (x, λ), 称 x 为稳定点, 称 (x, λ) 为 KKT 点. 设 x_0 为问题 (P) 可行点, 即 $y_0 := G(x_0) \in K$.

6.5.1 $\mathcal{C}^2$-锥简约

定义 6.8 称闭凸集 K 在 $y_0 \in K$ 处是 $\mathcal{C}^2$-锥简约的, 如果存在 y_0 的开邻域 $N \subset Y$, 有限维空间 Z 中的闭凸点锥 $\mathcal{Q}$(锥被称为点的当且仅当它的线空间为原点) 和二次连续可微映射 $\Xi: N \to Z$ 使得:

(i) $\Xi(y_0) = 0 \in Z$;

(ii) 导数映射 $D\Xi(y_0): Y \to Z$ 是映上的;

(iii) $K \cap N = \{y \in N \mid \Xi(y) \in \mathcal{Q}\}$.

称 K 是 $\mathcal{C}^2$-锥简约的如果 K 在每一 $y_0 \in K$ 处是 $\mathcal{C}^2$-锥简约的.

上述定义中的条件 (iii) 意味着集合 K 可以局部地被定义为约束 $\Xi(y) \in \mathcal{Q}$, 因此在 x_0 附近, 问题 (P) 的可行集可以被局部地定义为约束 $\mathcal{G}(x) \in \mathcal{Q}$, 其中 $\mathcal{G}(x) := \Xi(G(x))$. 进而, 在 x_0 的某邻域内, 原始问题 (P) 与下述退化问题等价:

$$(\mathcal{P}) \qquad \begin{cases} \min\limits_{x \in X} & f(x) \\ \text{s.t.} & \mathcal{G}(x) \in \mathcal{Q}. \end{cases} \tag{6.74}$$

(P) 与 $(\mathcal{P})$ 的可行集在 x_0 附近一致, 因此 (P) 和 $(\mathcal{P})$ 在 x_0 一邻域内有相同的最优解. 下面我们将讨论问题 (P) 和 $(\mathcal{P})$ 之间的关系.

回顾问题 (P) 在可行点 x_0 处的 Robinson 约束规范 (RCQ) 为

$$DG(x_0)X + T_K(G(x_0)) = Y;$$

其在 x_0 处关于 $\lambda_0 \in \Lambda(x_0) \neq \varnothing$ 的严格 Robinson 约束规范为

$$DG(x_0)X + T_K(G(x_0)) \cap \lambda_0^{\perp} = Y,$$

其中 $\Lambda(x_0)$ 为 (P) 的关于 x_0 的 Lagrange 乘子集合.

注意到, 一般情况下, 甚至当 K 是凸集时, K 的内二阶切集与外二阶切集不等, 即 $T_K^{i,2}(y,h) \neq T_K^2(y,h)$. 然而, 由 [8, Proposition 3.136], 当 K 是凸的 $\mathcal{C}^2$-锥简约集合时, 上述等式成立. 此时, $T_K^2(y,h)$ 被简称为 K 在 $y \in K$ 处关于方向 $h \in Y$ 的二阶切集.

引理 6.2 给定 $y_0 \in K$. 存在 y_0 的开邻域 $N \subset Y$, 有限维空间 Z 中的闭凸点锥 $\mathcal{Q}$, 二次连续可微函数 $\Xi : N \to Z$ 满足定义 6.8 中的 (i)—(iii), 使得任意充分接近 y_0 的 $y \in N$ 有

$$N_K(y) = D\Xi(y)^* N_{\mathcal{Q}}(\Xi(y)). \tag{6.75}$$

设 $\Lambda(x_0)$ 和 $\mathcal{M}(x_0)$ 分别为问题 (P) 和 ($\mathcal{P}$) 的 Lagrange 乘子集合, 则

$$\Lambda(x_0) = D\Xi(y_0)^* \mathcal{M}(x_0). \tag{6.76}$$

注意到 $D\Xi(y_0)$ 是映上的, 则 $D\Xi(y_0)^*$ 是一对一的. 问题 (P) 在 x_0 处的 Robinson 约束规范成立当且仅当问题 ($\mathcal{P}$) 在 x_0 处的 Robinson 约束规范成立.

问题 (P) 在可行点 x_0 处是约束非退化的, 如果

$$DG(x_0)X + \text{lin}T_K(G(x_0)) = Y. \tag{6.77}$$

因为 $D\Xi(y_0)$ 是映上的, 即 $D\Xi(y_0)Y = Z$, 则由下式

$$\begin{aligned}
&DG(x_0)X + \text{lin}T_K(G(x_0)) = Y \\
\Longleftrightarrow &D\Xi(y_0)DG(x_0)X + \text{lin}[D\Xi(y_0)T_K(G(x_0))] = D\Xi(y_0)Y \\
\Longleftrightarrow &D\mathcal{G}(x_0)X + \text{lin}T_{\mathcal{Q}}(\mathcal{G}(x_0)) = Z,
\end{aligned} \tag{6.78}$$

我们可得问题 (P) 在 x_0 处约束非退化条件成立当且仅当问题 ($\mathcal{P}$) 在 x_0 处约束非退化条件成立.

问题 (P) 在可行点 x_0 处的临界锥 $C(x_0)$ 定义为

$$C(x_0) := \{d \in X | DG(x_0)d \in T_K(G(x_0)), Df(x_0)d \leqslant 0\}. \tag{6.79}$$

注意到

$$\begin{aligned}
C(x_0) =&\{d \in X | DG(x_0)d \in T_K(G(x_0)), Df(x_0)d \leqslant 0\} \\
=&\{d \in X | D\Xi(y_0)DG(x_0)d \in D\Xi(y_0)T_K(y_0), Df(x_0)d \leqslant 0\} \\
=&\{d \in X | D\mathcal{G}(x_0)d \in T_{\mathcal{Q}}(\mathcal{G}(x_0)), Df(x_0)d \leqslant 0\},
\end{aligned} \tag{6.80}$$

因此问题 (P) 与 ($\mathcal{P}$) 的临界锥相同.

如果 x_0 是问题 (P) 的稳定点, 即 $\exists\lambda \in \Lambda(x_0) \neq \varnothing$, 则

$$\begin{aligned} C(x_0) =& \{d \in X | DG(x_0)d \in T_K(G(x_0)), Df(x_0)d = 0\} \\ =& \{d \in X | DG(x_0)d \in C_K(G(x_0), \lambda)\}, \end{aligned}$$

其中对任何 $y \in K$, 定义 K 在 y 处关于 $\lambda \in N_K(y)$ 的临界锥 $C_K(y,\lambda)$ 为

$$C_K(y,\lambda) := T_K(y) \cap \lambda^{\perp}. \tag{6.81}$$

回顾问题 (P) 在稳定点 x_0 处的二阶充分性条件成立, 如果

$$\sup_{\lambda\in\Lambda(x_0)} \left\{\langle d, \nabla^2_{xx} L(x_0,\lambda)d\rangle - \sigma(\lambda, T^2_K(G(x_0), DG(x_0)d)\right\} > 0, \quad \forall d \in C(x_0)\setminus\{0\}. \tag{6.82}$$

若 (P) 在 x_0 处二阶充分性条件成立当且仅当 $(\mathcal{P})$ 在 x_0 处的二阶充分性条件成立, 即

$$\sup_{\mu\in\mathcal{M}(x_0)} \langle d, \nabla^2_{xx}\mathcal{L}(x_0,\mu)d\rangle > 0, \quad \forall d \in C(x_0)\setminus\{0\}, \tag{6.83}$$

其中 $\mathcal{L} : X \times Z \to \mathbb{R}$ 退化为问题 $(\mathcal{P})$ 的 Lagrange 函数, 定义为 $\mathcal{L}(x,\mu) := f(x) + \langle \mu, \mathcal{G}(x)\rangle$.

6.5.2 稳定性的具体结论

考虑下述参数优化问题

$$(\mathrm{P}_u) \qquad \begin{cases} \min & f(x,u) \\ \text{s.t.} & G(x,u) \in K, \end{cases} \tag{6.84}$$

其中参数变量 u 属于 Banach 空间 $\mathcal{U}$, $f : X \times \mathcal{U} \to \mathbb{R}$ 和 $G : X \times \mathcal{U} \to Y$ 是连续函数, X 和 Y 为两个有限维 Hilbert 空间, K 为 Y 中非空闭凸集. 假设对于给定的 u_0, 问题 (P_{u_0}) 与非扰动问题 (P) 一致.

原始问题 (6.73) 的 KKT 系统等价于下述广义方程:

$$0 \in F(x,\lambda), \tag{6.85}$$

其中集值映射 $F : X \times Y \rightrightarrows X \times Y$ 定义为

$$F(x,\lambda) := \begin{bmatrix} Df(x) + DG(x)^*\lambda \\ -G(x) \end{bmatrix} + \begin{bmatrix} \{0\} \\ N_K^{-1}(\lambda) \end{bmatrix}. \tag{6.86}$$

引理 6.3 设 (x_0, λ_0) 是上述广义方程 (6.85) 的强正则解, 则问题 (P) 在 x_0 处的 Robinson 约束规范成立.

证明 对应于 (6.85), 在 (x_0, λ_0) 处的线性化广义方程 (LE_δ) 可以写成形式: 求 $(h, \mu) \in X \times Y^*$ 满足

$$\begin{cases} D_{xx}^2 L(x_0, \lambda_0)h + DG(x_0)^*\mu = \delta_1, \\ G(x_0) + DG(x_0)h + \delta_2 \in N_K^{-1}(\lambda_0 + \mu), \end{cases} \tag{6.87}$$

其中 $L(x, \lambda) := f(x) + \langle \lambda, G(x) \rangle$, $\delta := (\delta_1, \delta_2) \in X^* \times Y$. 上述线性化广义方程可表示下述问题的一阶最优性条件

$$\begin{cases} \min\limits_{h \in X} & \dfrac{1}{2} D_{xx}^2 L(x_0, \lambda_0)(h, h) - \langle \delta_1, h \rangle \\ \text{s.t.} & G(x_0) + DG(x_0)h + \delta_2 \in K. \end{cases} \tag{6.88}$$

若 (x_0, λ_0) 是 (6.85) 的强正则解, 则对充分接近于 $0 \in Y$ 的所有 δ_2, 问题 (6.88) 有可行解, 因此

$$0 \in \operatorname{int}\{G(x_0) + DG(x_0)X - K\}. \tag{6.89}$$

这说明强正则性可推出 Robinson 约束规范. ■

下述定理表明问题 (P) 的参数优化问题在一致二阶增长条件和 Robinson 约束规范成立的情况下, 可得到解依赖参数的连续性.

定理 6.8 [8,Theorem 5.17] 设 x_0 是稳定点, $(f(x, u), G(x, u))$ 是最优化问题 (P) 的一个 $\mathcal{C}^2$-光滑参数化. 假设所考虑的参数化包含倾斜参数化, (相对于所考虑的参数化的) 一致二阶增长条件在 x_0 处成立, Robinson 约束规范在 (x_0, u_0) 处成立, 则存在 x_0 与 u_0 的邻域 $\mathcal{V}_X$ 与 $\mathcal{V}_U$ 以及常数 $\kappa > 0$ 满足: 对任何 $u \in \mathcal{V}_U$, 参数化问题 (P_u) 有局部最优解 $\bar{x}(u) \in \mathcal{V}_X$, 且

$$\|\bar{x}(u) - \bar{x}(u')\| \leqslant \kappa \|u - u'\|^{1/2}, \quad \forall u, u' \in \mathcal{V}_U. \tag{6.90}$$

证明 设 $\mathcal{V}_X$ 与 $\mathcal{V}_U$ 是 x_0 与 u_0 的对应于一致二阶增长条件的邻域. 可假设 $\mathcal{V}_X$ 是闭的. 令 $\beta > 0$ 满足 $\mathbf{B}(u_0, 2\beta) \subset \mathcal{V}_U$. 给定 $u \in \mathbf{B}(u_0, \beta)$, 取 ε_k 是收敛到 0 的正数序列, x_k, $k = 1, 2, \cdots$ 是 $f(\cdot, u)$ 在集合

$$\Psi(u) := \{x \in \mathcal{V}_X | G(x, u) \in K\}$$

上极小化问题的 ε_k^2 最优解. 因为 Robinson 约束规范在小的扰动下是稳定的, 如有必要可缩减邻域 $\mathcal{V}_X$ 与 $\mathcal{V}_U$, 可以设映射 $G(\cdot, u)$ 在集合 $\Psi(u)$ 内的每一点 x 处均有 Robinson 约束规范成立, 当然也假设 $\Psi(u)$ 非空.

由 Ekeland 变分原理, 存在 $x'_k \in X$, $\delta_k \in X^*$, 满足 x'_k 是 $f(\cdot, u)$ 在 $\Psi(u)$ 上的 ε_k^2 最优解, $\|x_k - x'_k\| \leqslant \varepsilon_k$, $\|\delta_k\| \leqslant \varepsilon_k \leqslant \beta$ 对充分大的 k 成立, 且 x'_k 是极小化 $\psi_k(\cdot) := f(\cdot, u) - \langle \delta_k, \cdot \rangle$ 于集合 $\Psi(u)$ 上的问题的稳定点. 因为 $u \in \mathbf{B}(u_0, \beta)$, 且

$\mathbf{B}(u_0, 2\beta) \subset \mathcal{V}_U$, 一致二阶增长条件适用于这一问题. 由命题 9.21 的界 (9.41), 对任何 $k, m \in N$, 有 $\|x_k' - x_m'\| \leqslant c^{-1}\|\delta_k - \delta_m\|$. 这表明 x_k' 是 Cauchy 列, 因而收敛到某一点 $\bar{x}(u)$. 于是得到 $\bar{x}(u)$ 是 $f(\cdot, u)$ 在 $\Psi(u)$ 上的局部极小点. 根据命题 9.22 的界 (9.43), 由一致二阶增长条件可得连续性性质 (6.90), 因为由稳定性定理 (定理 6.2), 对 $u, u' \in \mathcal{V}_U$, 集合 $\Psi(u)$ 与 $\Psi(u')$ 间的 Hausdorff 距离是 $O(\|u-u'\|)$ 阶的.

注意到对充分小的 β, $\bar{x}(u)$ 不属于 $\mathcal{V}_X$ 的边界, 因此 $\bar{x}(u)$ 是 (P_u) 的局部最优解. ■

注记 6.2 在上述定理的假设下, 对所有 $u \in \mathcal{V}_U$, 问题 (P_u) 在 $\mathcal{V}_X$ 中有唯一的稳定点 $\bar{x}(u)$, $\bar{x}(u)$ 是 $f(\cdot, u)$ 在集合 $\{x \in \mathcal{V}_X | G(x, u) \in K\}$ 上的极小点. 由 (6.90) 还可以得到, 局部最优解 $\bar{x}(u) \in \mathcal{V}_X$ 关于 $u \in \mathcal{V}_U$ 是连续的且 $\bar{x}(u_0) = x_0$.

下面讨论强正则性与一致二阶增长条件的联系.

引理 6.4 设 $(f(x, u), G(x, u))$ 是问题 (P) 的 $\mathcal{C}^2$-光滑参数化. 设

(i) (x_0, λ_0) 是广义方程 (6.85) 的强正则解;

(ii) x_0 是问题 (P) 的局部最优解;

(iii) 若 $(x, u) \to (x_0, u_0)$, $\lambda(u) \in \Lambda(x, u)$, 则 $\lambda(u) \to \lambda_0$,

则非扰动问题 (P) 的二阶增长条件在 x_0 处成立.

证明 令 $\hat{x} \neq x_0$ 是问题 (P) 的可行解, 则 $f(\hat{x}) > f(x_0)$. 令

$$\alpha = \frac{\sqrt{f(\hat{x}) - f(x_0)}}{\|\hat{x} - x_0\|},$$

得 $f(\hat{x}) = f(x_0) + \alpha^2\|\hat{x} - x_0\|^2$. 令 $\varepsilon = \alpha^2\|\hat{x} - x_0\|^2$, 则 $\hat{x}$ 是 ε-最优解. 由 Ekeland 变分原理, 可知存在 δ 与问题 (P) 的 ε-最优解 $\tilde{x}$, 满足

$$\|\tilde{x} - \hat{x}\| \leqslant \alpha\|\hat{x} - x_0\|, \quad \|\delta\| \leqslant \alpha\|\hat{x} - x_0\|,$$

且 $\tilde{x}$ 是 $f(x) - \langle\delta, x\rangle$ 在约束 $G(x) \in K$ 下的极小化问题的稳定点. 若 $\hat{x}$ 接近于 x_0, α 充分小, 由上面的估计, $\tilde{x}$ 接近于 x_0, 由假设 (iii), 相应的 Lagrange 乘子也接近于 λ_0. 由强正则性可得存在常数 $\gamma > 0$, 满足对充分小的 $\alpha > 0$ 与充分接近于 x_0 的 $\hat{x}$, $\|\tilde{x} - x_0\| \leqslant \gamma\|\delta\|$. 结果, $\|\hat{x} - x_0\| \leqslant \|\tilde{x} - x_0\| + \|\tilde{x} - \hat{x}\| \leqslant \alpha(\gamma+1)\|\hat{x} - x_0\|$, 有 $\alpha \geqslant (\gamma+1)^{-1}$, 则 α 不可能任意小, 即存在 κ 使得 $\alpha^2 \geqslant \kappa$, 对 x_0 某邻域内的任意 $\hat{x}$, 有 $f(\hat{x}) \geqslant f(x_0) + \kappa\|\hat{x} - x_0\|^2$, 即 x_0 处二阶增长条件成立. ■

定理 6.9 [8,Theorem 5.20] 设 $(f(x, u), G(x, u))$ 是问题 (P) 的 $\mathcal{C}^2$-光滑参数化. 设引理 6.4 的条件 (i)—(iii) 成立, 则存在 x_0 与 u_0 的邻域 $\mathcal{V}_X$ 与 $\mathcal{V}_U$, 满足

(a) 对任何 $u \in \mathcal{V}_U$, 参数化优化问题 (P_u) 有唯一临界点 $(\bar{x}(u), \bar{\lambda}(u)) \in \mathcal{V}_X \times Y^*$ 在 $\mathcal{V}_U$ 上是 Lipschitz 连续的;

(b) 对任何 $u \in \mathcal{V}_U$, 点 $\bar{x}(u)$ 是 (P_u) 的局部最优解;

(c) 一致二阶增长条件在 x_0 处成立.

相反地, 令 (x_0, λ_0) 是问题 (P) 的临界点, 设相对于标准参数化一致二阶增长条件在 x_0 处成立, 且 $DG(x_0)$ 是映上的, 则 (x_0, λ_0) 是广义方程 (6.85) 的强正则解.

证明 结论 (a) 可由 [8, Theorem 5.13] 直接得到. 下证结论 (b). 由引理 6.4, 可得问题 (P) 在 x_0 处的二阶增长条件成立. 现考虑一点 $u \in \mathcal{V}_U$. 设邻域 $\mathcal{V}_X$ 满足 (P) 的二阶增长条件在 $\mathcal{V}_X$ 上成立. 令 ε_k 是收敛到 0 的正数序列, x_k 是 $f(\cdot, u)$ 在集合 $\Psi(u) := \mathcal{V}_X \cap \Phi(u)$ 的 ε_k^2 极小点. 因为二阶增长条件与 Robinson 约束规范在 x_0 处成立, 由命题 9.22, 对充分小的 ε_k, 如有必要可减小邻域 $\mathcal{V}_U$, 可设点 x_k 充分接近 x_0, 因而属于邻域 $\mathcal{V}_X$ 的内部. 由 Ekeland 变分原理, 存在 x_k' 满足 x_k' 是 $f(\cdot, u)$ 在集合 $\Psi(u)$ 上的 ε_k^2 极小点, $\|x_k - x_k'\| \leqslant \varepsilon_k$, 且 x_k' 是函数 $\phi_k(x) := f(x, u) + \varepsilon_k \|x_k - x_k'\|$ 在集合 $\Psi(u)$ 上的极小点. 因为对充分小的 ε_k, 可假设 x_k' 属于 $\mathcal{V}_X$ 的内部, 则对于满足 $\|\delta_k\| \leqslant \varepsilon_k$ 的某一 δ_k, x_k' 是 $f(\cdot, u) - \langle \delta_k, \cdot \rangle$ 在问题 (P_u) 的可行集 $\Phi(u)$ 上的极小化问题的稳定点. 由强正则性有 x_k' 是 Cauchy 列, 因而收敛到某一点 $\hat{x}$. 得到 $\hat{x}$ 是 $f(\cdot, u)$ 在 $\Psi(u)$ 上的极小点, 且是 $\mathcal{V}_X$ 的内部点, 因此是问题 (P_u) 的局部最优解. 结果, $\hat{x}$ 是 (P_u) 的稳定点, 因此与 $\bar{x}(u)$ 重合.

证明 (c). 因为 $\bar{x}(u)$ 是 $f(\cdot, u)$ 在集合 $\Psi(u)$ 上的极小点, 上述推证表明, 原问题在 x_0 处的二阶增长条件关于参数 u 的小的扰动是一致的, 所以可用完全相同的方式证明一致二阶增长条件成立.

下证相反的结论. 考虑 (P) 的标准参数化, 相应的参数向量是 $\delta := (\delta_1, \delta_2) \in X^* \times Y$. 要证对于 $\|\delta\|$ 充分小, 方程 (6.87) 在 (x_0, λ_0) 的邻域内有唯一解 $(h(\delta), \mu(\delta))$ 是 Lipschitz 连续的. 注意到, (6.87) 可解释为最优化问题 (6.88) 的最优性系统.

由一致二阶增长条件, 因为 $DG(x_0)$ 是映上的, 所以 Robinson 约束规范成立, 由定理 6.8 可推出, 存在 $0 \in X^* \times Y$ 的邻域 $\mathcal{V}$ 和 x_0 的邻域 $\mathcal{V}_X$, 满足对所有的 $\delta \in \mathcal{V}$, (6.87) 有唯一解 $(h(\delta), \mu(\delta))$ 连续地依赖于 δ, 使得 $h(\delta)$ 是 (6.88) 的局部最优解. 剩下要证明映射 $(h(\cdot), \mu(\cdot))$ 是 Lipschitz 连续的. 因此, 考虑 $\mathcal{V}$ 中的两个元素 $\hat{\delta}$, $\tilde{\delta}$, 与它们相联系的解记为 $(\hat{h}, \hat{\mu})$ 与 $(\tilde{h}, \tilde{\mu})$. 因为 $DG(x_0)$ 是映上的, 由开映射定理, 存在 $\bar{h}$ 满足 $DG(x_0)\bar{h} = \hat{\delta}_2 - \tilde{\delta}_2$, $\|\bar{h}\| \leqslant M \|\hat{\delta}_2 - \tilde{\delta}_2\|$, 其中 M 是不依赖 $\hat{\delta}$ 与 $\tilde{\delta}$ 的某个常数. 作变量变换 $\eta := h - \bar{h}$ 后, 我们看到对 $\delta = \hat{\delta}$, 方程 (6.87) 等价于

$$D_{xx}^2 L(x_0, \lambda_0)\eta + DG(x_0)^* \mu = \hat{\delta}_1 - D_{xx}^2 L(x_0, \lambda_0)\bar{h},$$

$$G(x_0) + DG(x_0)\eta + \tilde{\delta}_2 \in N_K^{-1}(\lambda_0 + \mu).$$

将上述问题解释为当 $\delta=\tilde{\delta}$ 时 (6.87) 的扰动, 其中扰动只进入到目标函数, 且是 $O(\|\hat{\delta}-\tilde{\delta}\|)$ 阶的. 由命题 9.21, 上述系统的解 η 满足 $\eta=\bar{h}+O(\|\hat{\delta}-\tilde{\delta}\|)$. 回到 $\bar{h}$ 的定义, 即得到 $\hat{h}=\tilde{h}+O(\|\hat{\delta}-\tilde{\delta}\|)$. ■

注记 6.3 注意到强正则性可推出 Robinson 约束规范, 从而可推出 Lagrange 乘子的一致有界性. 若空间 Y 是有限维的, 则定理 6.9 的假设 (iii) 是假设 (i) 的结果.

现在考虑集合 K 在 $y_0:=G(x_0)$ 处的 $\mathcal{C}^2$-锥简约为 Banach 空间 Z 的闭凸锥 $\mathcal{C}$ 的情况, 即存在 y_0 的邻域 N 与二次连续可微映射 $\Xi: N\to Z$ 满足 $D\Xi(y_0): Y\to Z$ 是映上的且 $K\cap N=\{y\in N|\Xi(y)\in\mathcal{Q}\}$(见定义 6.8). 令 $\mathcal{G}(x):=\Xi(G(x))$ 且相应的简化问题表示如 (6.74). 因为 $D\Xi(y_0)$ 是映上的, 有它的伴随映射 $D\Xi(y_0)^*: Z^*\to Y^*$ 是一对一的且像等于 $[\ker D\Xi(y_0)]^{\perp}$, 因而是 Y^* 的闭子空间. 所以简化问题 (6.74) 的临界点的强正则性与原问题 (6.72) 的临界点的强正则性是等价的. 在上述简化之下, 一致二阶增长条件也被保持.

定理 6.10 [8,Theorem 5.24] 令 x_0 是问题 (P) 的局部最优解, λ_0 是相应的 Lagrange 乘子. 设空间 Y 是有限维的, 集合 K 在点 $G(x_0)$ 处 $\mathcal{C}^2$ 简约到一点的闭凸锥 $\mathcal{Q}\subset Z$. 则 (x_0,λ_0) 是广义方程 (6.85) 的强正则解的充要条件是 x_0 是非退化的且一致二阶增长条件在 x_0 处成立.

证明 充分性. 假设 x_0 是非退化的, 则由 [8, Definition 4.70] 有

$$DG(x_0)X+\ker(D\Xi(y_0))=Y,$$

对上式两端取极运算可得

$$(DG(x_0)X)^{\perp}\cap[\ker(D\Xi(y_0))]^{\perp}=0,$$

即

$$\ker DG(x_0)^*\cap \mathrm{rge} D\Xi(y_0)^*=0.$$

上式等价于如下条件: 若 $DG(x_0)^*z=0$ 且 $z=D\Xi(y_0)^*\eta$, 则必有 $z=0$. 由于 $D\Xi(y_0)^*$ 是一对一的, 则有 $\eta=0$, 即若 $DG(x_0)^*D\Xi(y_0)^*\eta=0$, 则必有 $\eta=0$. 因此, $D\Xi(y_0)DG(x_0)$ 是映上的, 即 $D\mathcal{G}(x_0)$ 是映上的. 那么由定理 6.9 可得, 若点 x_0 是非退化的且一致二阶增长条件在 x_0 处成立, 则 (x_0,λ_0) 是强正则的.

必要性. 由定理 6.9, 若 (x_0,λ_0) 是强正则的, 则一致二阶增长条件在 x_0 处成立. 所以只需证明, 若 (x_0,λ_0) 是强正则的, 则 x_0 是非退化的.

先设严格互补条件在 x_0 处成立. 则由 [8, Proposition 4.75], 有 Lagrange 乘子 λ_0 是唯一的当且仅当 x_0 是非退化的. 因为强正则性可推出 λ_0 的唯一性, 所以可得到 x_0 的非退化性质. 现在考虑一般情形. 因为 Y 是有限维的 (任何凸集

相对内部非空), 所以 $N_K(y_0)$ 具有非空的相对内部, 如它含有某一向量 $\mu \in Y^*$, 则 $\alpha := \mu - \lambda_0$ 满足 $\lambda_0 + t\alpha \in \mathrm{ri}(N_K(y_0))$ 对所有充分小的 $t > 0$ 成立. 将线性项 $\langle -t\alpha, DG(x_0)x\rangle$ 加到目标函数上, 即考虑标准形式的参数化问题 (P_δ), 其中 $\delta_1 := t[DG(x_0)]^*\alpha$, $\delta_2 := 0$, 则对于 $t > 0$ 充分小, 点 $(x_0, \lambda_0 + t\alpha)$ 是 (P_δ) 的稳定点, 且对问题 (P_δ), 严格互补条件在 $(x_0, \lambda_0 + t\alpha)$ 处成立. 由强正则性, $\lambda_0 + t\alpha$ 是唯一的, 从而 x_0 是非退化的. ■

下面将讨论锥约束优化问题的一致二阶增长条件的必要条件. 令 x_0 是问题 (6.72) 的局部最优解, λ_0 是相应的 Lagrange 乘子, 回顾其临界锥 $C(x_0)$ 可以表示为

$$C(x_0) := \{d \in X | DG(x_0)d \in T_K(y_0), \langle \lambda_0, DG(x_0)d\rangle = 0\}, \tag{6.91}$$

其中 $y_0 = G(x_0)$. 定义雷达临界锥与强的广义多面性条件.

定义 6.9　考虑如下定义的具有 "零曲率" 的临界方向集合与雷达临界方向集

$$C'(x_0) := \{d \in C(x_0) | 0 \in T_K^2(G(x_0), DG(x_0)d)\}, \tag{6.92}$$

$$C_{\mathcal{R}}(x_0) := \{d \in C(x_0) | DG(x_0)d \in \mathcal{R}_K(G(x_0))\}, \tag{6.93}$$

称问题 (P) 在可行点 x_0 处满足广义多面性条件 (强广义多面性条件), 若 $C'(x_0)$ $(C_{\mathcal{R}}(x_0))$ 是 $C(x_0)$ 的稠密子集.

定理 6.11 [8,Theorem 5.25]　设 x_0 是问题 (P) 的局部最优解, λ_0 是与 x_0 相联系的唯一的 Lagrange 乘子. 设 (相对于标准的参数化的) 一致二阶增长条件在 x_0 处成立. 则存在 $\alpha > 0$, 满足

$$D_{xx}^2 L(x_0, \lambda_0)(d, d) \geqslant \alpha \|d\|^2, \quad \forall\, d \in \mathrm{aff}(C_{\mathcal{R}}(x_0)). \tag{6.94}$$

若还有强的广义多面性条件成立, 则存在 $\alpha > 0$ 满足

$$D_{xx}^2 L(x_0, \lambda_0)(d, d) \geqslant \alpha \|d\|^2, \quad \forall\, d \in \mathrm{aff}(C(x_0)). \tag{6.95}$$

证明　考虑点 $d_0 \in C_{\mathcal{R}}(x_0)$, 标准的扰动 $\delta := (\delta_1, \delta_2)$, 其中 $\delta_1 := 0$, $\delta_2 := \tau DG(x_0)d_0, \tau > 0$ 满足

$$\bar{y} := G(x_0) + \tau DG(x_0)d_0 \in K. \tag{6.96}$$

则 (x_0, λ_0) 是临界点, 因而 x_0 是 $\tau > 0$ 充分小时的标准的扰动问题 (P_δ) 的稳定点. 事实上, 由 (6.96) 可得 x_0 是 (P_δ) 的可行点, Lagrange 函数在 (x_0, λ_0) 处关于 x 的导数是零. 因为 d_0 是临界方向, 所以 $\langle \lambda_0, DG(x_0)d_0\rangle = 0$. 因为 $\lambda_0 \in N_K(y_0)$, 所以对任何的 $y \in K$, 有

$$\langle \lambda_0, y - \bar{y}\rangle = \langle \lambda_0, y - y_0\rangle \leqslant 0,$$

因此 $\lambda_0 \in N_K(\bar{y})$.

令 $C_\delta(x_0)$ 是标准的扰动问题 (P_δ) 在 x_0 处的临界锥. 考虑点 $d_1 \in C_{\mathcal{R}}(x_0)$. 如有必要可减少 $\tau>0$, 可假设 $\tilde{y} := G(x_0)+\tau DG(x_0)d_1 \in K$. 因为 $\langle \lambda_0, DG(x_0)d_0\rangle = 0$, $\langle \lambda_0, DG(x_0)d_1\rangle = 0$, $DG(x_0)(d_1-d_0) = \tau(\tilde{y}-\bar{y})$, 得到

$$DG(x_0)(d_1-d_0) \in T_K(\bar{y}) \cap \lambda_0^{\perp},$$

即 $d_1 - d_0 \in C_\delta(x_0)$. 因此, 由一致二阶增长条件结合定理 6.6 可推得

$$D_{xx}^2 L(x_0,\lambda_0)(d_1-d_0, d_1-d_0) \geqslant \alpha\|d_1-d_0\|^2,$$

其中 α 是不依赖于 h_1 与 h_0 的某正数. 证得 (6.94).

广义多面性条件意味着 $C_{\mathcal{R}}(x_0)$ 是 $C(x_0)$ 的稠密子集, 于是得到 $\operatorname{aff} C_{\mathcal{R}}(x_0)$ 是 $\operatorname{aff}(C(x_0))$ 的稠密子集. 因为 $D_{xx}^2 L(\cdot,\lambda_0)$ 是连续的, 所以 (6.95) 成立. ■

6.6 习　　题

1. 若 $C \in \mathbb{R}^n$ 是一凸锥, 证明:

(a) $\operatorname{lin} C = C \cap (-C)$;

(b) $[\operatorname{lin} C]^\circ = C^\circ - C^\circ = \operatorname{aff} C^\circ$.

2. 讨论非线性规划问题中的严格 Robinson 约束规范, 约束非退化条件和严格互补松弛条件的具体形式. 给出并证明这些条件之间相应的结论.

提示　在非线性规划问题中, 严格 Robinson 约束规范是严格 Mangasarian-Fromovitz 约束规范; 约束非退化条件是线性无关约束规范.

3. 设 X, Y 是有限维 Hilbert 空间, 考虑一般优化模型

$$\begin{cases} \min\ f(x) \\ \text{s.t. } G(x) \in K, \end{cases} \tag{6.97}$$

其中函数 $f: X \to \mathbb{R}, G: X \to Y$ 在 $\bar{x}$, $K \subset Y$ 是闭凸子集. 定义广义 Lagrange 函数

$$L^g(x,\lambda_0,\lambda) = \lambda_0 f(x) + \langle \lambda, G(x)\rangle, \quad (\lambda_0,\lambda) \in \mathbb{R}_+ \times Y^*,$$

其中 Y^* 表示 Y 的共轭空间. 证明如下 Fritz-John 条件.

设 $\bar{x}$ 是问题 (6.97) 的局部极小点, 函数 f, G 在 $\bar{x}$ 附近连续可微, 则存在不全为零的乘子 $(\lambda_0,\lambda) \in \mathbb{R}_+ \times Y^*$ 满足

$$\begin{cases} \mathcal{D}_x L^g(\bar{x},\lambda_0,\lambda) = 0, \\ \lambda \in N_K(G(\bar{x})) = 0. \end{cases} \tag{6.98}$$

4. 对于矩阵函数 $f:\mathbb{R}^{m\times n}\to\mathbb{R}$, $f(X)=\|X\|_*$ 是 X 的核范数, 即 X 的所有奇异值之和, 定义

$$K:=\operatorname{epi} f.$$

(1) 证明 K 是外二阶正则的;

(2) 对 $\widetilde{X}=(X,t)\in K$, 写出 $T_K(\widetilde{X})$ 与 $N_K(\widetilde{X})$;

(3) 对 $\widetilde{X}=(X,t)\in K$ 满足 $t=\|X\|_*$, $\widetilde{H}=(H,s)\in T_K(\widetilde{X})$, 写出外二阶切集合 $T_K^2(\widetilde{X},\widetilde{H})$;

(4) 设 $\widetilde{Y}=(Y,\mu)\in N_K(\widetilde{X})$, 计算

$$\sigma_{T_K^2(\widetilde{X},\widetilde{H})}(\widetilde{Y});$$

(5) 考虑约束集合

$$\Phi=\{x|G(x)\in K\},$$

写出约束非退化条件; 可否推导出用向量的线性无关系刻画的约束非退化条件.

5. 对 $f(X)=\|X\|_2$, 即 X 的最大奇异值, 回答上一习题中的所有问题.

第 7 章　二阶锥约束优化

7.1　二阶锥简介

我们将 $\mathbb{R}^{m+1}$ 中的向量 s 记作 $s=(s_0;\bar{s})$, 其中 $\bar{s}=(s_1,s_2,\cdots,s_m)\in\mathbb{R}^m$. $\mathbb{R}^{m+1}$ 中的二阶锥可表示如下:

$$Q_{m+1}=\{s=(s_0;\bar{s})\in\mathbb{R}\times\mathbb{R}^m:\|\bar{s}\|\leqslant s_0\},$$

不难证明, 它是一自对偶的闭凸锥. 记 $\mathrm{int}Q_{m+1}$ 为 Q_{m+1} 所有内点组成的集合, $\mathrm{bdry}Q_{m+1}$ 为 Q_{m+1} 的边界, 即

$$\begin{aligned}\mathrm{int}Q_{m+1}&:=\{s=(s_0;\bar{s})\in\mathbb{R}\times\mathbb{R}^m:\|\bar{s}\|<s_0\},\\ \mathrm{bdry}Q_{m+1}&:=\{s=(s_0;\bar{s})\in\mathbb{R}\times\mathbb{R}^m:\|\bar{s}\|=s_0\}.\end{aligned}$$

与二阶锥密切相关的一种代数是所谓的欧氏 Jordan 代数. 对于 $x,y\in\mathbb{R}^{m+1}$, 定义它们的 Jordan 乘法:

$$x\circ y=(x^{\mathrm{T}}y;x_0\bar{y}+y_0\bar{x}).$$

于是, 通常的加法 “+”,“$\circ$” 以及单位元 $e=(1;0)$ 就产生了与二阶锥相联系的 Jordan 代数, 记为 $(\mathbb{R}^{m+1},\circ)$.

与矩阵的谱分解相类似, $\mathbb{R}^{m+1}$ 中的向量 x 有与上述 Jordan 乘法相对应的谱分解:

$$x=\lambda_1(x)c_1(x)+\lambda_2(x)c_2(x),\tag{7.1}$$

其中, $\lambda_1(x),\lambda_2(x)$ 称为 x 的特征值, $c_1(x),c_2(x)$ 称为 x 的对应于特征值 $\lambda_1(x)$, $\lambda_2(x)$ 的特征向量, 它们通过下列式子给出:

$$\begin{aligned}\lambda_i(x)&=x_0+(-1)^i\|\bar{x}\|,\\ c_i(x)&=\begin{cases}\dfrac{1}{2}\left(1;(-1)^i\dfrac{\bar{x}}{\|\bar{x}\|}\right), & \bar{x}\neq 0,\\ \dfrac{1}{2}(1;(-1)^i w), & \bar{x}=0,\end{cases}\end{aligned}\tag{7.2}$$

在上式中, $i=1,2$, $w\in\mathbb{R}^m$ 满足 $\|w\|=1$. 向量 x 的行列式 $\det(x)=\lambda_1(x)\lambda_2(x)=x_0^2-\|\bar{x}\|^2$.

结合二阶锥的定义与 $\mathbb{R}^{m+1}$ 中向量特征值的表达式, 容易知道二阶锥 Q_{m+1} 可以等价地表示为

$$Q_{m+1}=\{s\circ s: s\in\mathbb{R}^{m+1}\}=\{s\in\mathbb{R}^{m+1}:\lambda_1(s)\geqslant 0\}. \tag{7.3}$$

下面给出的性质将在本章的讨论中用到.

命题 7.1 若 $x,y\in Q_{m+1}$ 且 $x\circ y=0$, 则或者 (a) $x=0$, 或者 (b) $y=0$, 或者 (c) 存在 $\sigma>0$ 使得 $x=\sigma(y_0;-\bar{y})$.

证明 由于 $x,y\in Q_{m+1}$, 所以有 $x_0\geqslant\|\bar{x}\|, y_0\geqslant\|\bar{y}\|$. 根据 Jordan 乘法的定义, 由 $x\circ y=0$ 可得 $\bar{x}^{\mathrm{T}}\bar{y}+x_0y_0=0$, 因此, 一方面, 由上面的结论可得 $-\bar{x}^{\mathrm{T}}\bar{y}\geqslant\|\bar{x}\|\|\bar{y}\|$, 另一方面, 由 Cauchy-Schwarz 不等式得到 $-\bar{x}^{\mathrm{T}}\bar{y}\leqslant\|\bar{x}\|\|\bar{y}\|$, 于是有 $-\bar{x}^{\mathrm{T}}\bar{y}=\|\bar{x}\|\|\bar{y}\|$, 或者 (a) $x=0$, 或者 (b) $y=0$ 成立时, 上式成立; 或者存在 $\sigma>0$ 使得 $\bar{x}=-\sigma\bar{y}$, 此时可得 $x_0=\|\bar{x}\|, y_0=\|\bar{y}\|$, 于是有 $x_0=\sigma y_0$, 从而得到 $x=\sigma(y_0;-\bar{y})$. ■

7.2 二阶锥的投影映射

本节介绍二阶锥上投影算子的相关性质.

设 $u\in\mathbb{R}^{m+1}$ 具有谱分解

$$u=\lambda_1(u)c_1(u)+\lambda_2(u)c_2(u),$$

则 u 到 Q_{m+1} 上的度量投影 (即在欧氏距离意义下的投影), 记为 $\Pi_{Q_{m+1}}(u)$, 可表示为

$$\Pi_{Q_{m+1}}(u)=[\lambda_1(u)]_+c_1(u)+[\lambda_2(u)]_+c_2(u), \tag{7.4}$$

其中 $[\lambda_i]_+=\max\{0,\lambda_i\}, i=1,2$. 直接计算可得

$$\Pi_{Q_{m+1}}(u)=\begin{cases}\dfrac{1}{2}\left(1+\dfrac{u_0}{\|\bar{u}\|}\right)(\|\bar{u}\|,\bar{u}), & |u_0|<\|\bar{u}\|,\\ u, & \|\bar{u}\|\leqslant u_0,\\ 0, & \|\bar{u}\|\leqslant -u_0.\end{cases} \tag{7.5}$$

由 [9] 可知投影算子 $\Pi_{Q_{m+1}}(\cdot)$ 在 $\mathbb{R}^{m+1}$ 中的每一点处均是方向可微的, 同时是强半光滑的, 即对 $u\in\mathbb{R}^{m+1}$, $v\in\mathbb{R}^{m+1}$, 存在 $V\in\partial\Pi_{Q_{m+1}}(u+v)$, 满足

$$\Pi_{Q_{m+1}}(u+v)=\Pi_{Q_{m+1}}(u)+V\ v+O(\|v\|^2). \tag{7.6}$$

引理 7.1[21] 投影算子 $\Pi_{Q_{m+1}}$ 在 z 处沿 h 的方向导数表示为

$$\Pi'_{Q_{m+1}}(z;h)=\begin{cases}\mathcal{J}\Pi_{Q_{m+1}}(z)h, & z\in\mathbb{R}^{m+1}\backslash\{-Q_{m+1}\cup Q_{m+1}\},\\ h, & z\in \mathrm{int}Q_{m+1},\\ h-2[c_1(z)^{\mathrm{T}}h]_-c_1(z), & z\in \mathrm{bdry}Q_{m+1}\setminus\{0\},\\ 0, & z\in \mathrm{int}Q^-_{m+1},\\ 2[c_2(z)^{\mathrm{T}}h]_+c_2(z), & z\in \mathrm{bdry}Q^-_{m+1}\setminus\{0\},\\ \Pi_{Q_{m+1}}(h), & z=0,\end{cases} \tag{7.7}$$

其中

$$\mathcal{J}\Pi_{Q_{m+1}}(z)=\frac{1}{2}\begin{bmatrix}1 & \dfrac{\bar{z}^{\mathrm{T}}}{\|\bar{z}\|}\\ \dfrac{\bar{z}}{\|\bar{z}\|} & I_m+\dfrac{z_0}{\|\bar{z}\|}I_m-\dfrac{z_0}{\|\bar{z}\|}\dfrac{\bar{z}\bar{z}^{\mathrm{T}}}{\|\bar{z}\|^2}\end{bmatrix},$$

$\left[c_1(z)^{\mathrm{T}}h\right]_-=\min\left\{0,c_1(z)^{\mathrm{T}}h\right\}$, $\left[c_2(z)^{\mathrm{T}}h\right]_+=\max\left\{0,c_2(z)^{\mathrm{T}}h\right\}$.

由 Rademacher 定理可知 $\Pi_{Q_{m+1}}(\cdot)$ 在 $\mathbb{R}^{m+1}$ 上是几乎处处 Fréchet 可微的, 且对任意的 $y\in\mathbb{R}^{m+1}$, 投影算子 $\Pi_{Q_{m+1}}$ 的 Clarke 广义 Jacobian 与 B-次微分都是有定义的, 它们可以由 [22] 直接得到, 具体由下述引理描述.

引理 7.2 对于 $u\in\mathbb{R}^{m+1}$

(a) 如果 $|u_0|<\|\bar{u}\|$, 则

$$\partial\Pi_{Q_{m+1}}(u)=\partial_B\Pi_{Q_{m+1}}(u)=\left\{\frac{1}{2}\begin{bmatrix}1 & \dfrac{\bar{u}^{\mathrm{T}}}{\|\bar{u}\|}\\ \dfrac{\bar{u}}{\|\bar{u}\|} & I_m+\dfrac{u_0}{\|\bar{u}\|}I_m-\dfrac{u_0}{\|\bar{u}\|}\dfrac{\bar{u}\bar{u}^{\mathrm{T}}}{\|\bar{u}\|^2}\end{bmatrix}\right\};$$

(b) 如果 $u\in\mathrm{int}Q_{m+1}$, 则

$$\partial\Pi_{Q_{m+1}}(u)=\partial_B\Pi_{Q_{m+1}}(u)=\{I_{m+1}\};$$

(c) 如果 $u\in\mathrm{bdry}Q_{m+1}\backslash\{0\}$, 即 $u_0=\|\bar{u}\|\neq 0$, 则

$$\partial_B\Pi_{Q_{m+1}}(u)=\left\{I_{m+1},\ \frac{1}{2}\begin{bmatrix}1 & \dfrac{\bar{u}^{\mathrm{T}}}{\|\bar{u}\|}\\ \dfrac{\bar{u}}{\|\bar{u}\|} & 2I_m-\dfrac{\bar{u}\bar{u}^{\mathrm{T}}}{\|\bar{u}\|^2}\end{bmatrix}\right\};$$

(d) 如果 $u\in\mathrm{int}Q^-_{m+1}$, 则

$$\partial\Pi_{Q_{m+1}}(u)=\partial_B\Pi_{Q_{m+1}}(u)=\{0\};$$

(e) 如果 $u \in \text{bdry}Q_{m+1}^{-}\backslash\{0\}$, 即 $-u_0 = \|\bar{u}\| \neq 0$, 则

$$\partial_B \Pi_{Q_{m+1}}(u) = \left\{ 0,\ \frac{1}{2}\begin{bmatrix} 1 & \dfrac{\bar{u}^{\mathrm{T}}}{\|\bar{u}\|} \\ \dfrac{\bar{u}}{\|\bar{u}\|} & \dfrac{\bar{u}\bar{u}^{\mathrm{T}}}{\|\bar{u}\|^2} \end{bmatrix} \right\};$$

(f) 如果 $u = 0$, 则

$$\begin{aligned} &\partial_B \Pi_{Q_{m+1}}(0) \\ =&\{0, I_{m+1}\} \cup \left\{ \frac{1}{2}\begin{bmatrix} 1 & w^{\mathrm{T}} \\ w & 2a(I_m - ww^{\mathrm{T}}) + ww^{\mathrm{T}} \end{bmatrix} \middle| a \in [0,1], \|w\| = 1 \right\}. \end{aligned}$$

7.3　二阶锥约束优化的最优性条件

7.3.1　(SOCP) 问题

这一节考虑下述形式的最优化问题

$$(\text{SOCP}) \qquad \begin{cases} \min\limits_{x\in\mathbb{R}^n} & f(x) \\ \text{s.t.} & h(x) = \mathbf{0}_l, \\ & g(x) \leqslant \mathbf{0}_p, \\ & q(x) \in Q, \end{cases} \tag{7.8}$$

其中 $f:\mathbb{R}^n \to \mathbb{R}$, $h := (h_1, \cdots, h_l)^{\mathrm{T}} : \mathbb{R}^n \to \mathbb{R}^l$ 和 $g := (g_1, \cdots, g_p)^{\mathrm{T}} : \mathbb{R}^n \to \mathbb{R}^p$ 是光滑映射. Q 为 J 个二阶锥的卡氏积, 即 $Q = Q_{m_1+1} \times Q_{m_2+1} \times \cdots \times Q_{m_J+1}$. 相应地, $q(x) = (q^1(x); q^2(x); \cdots; q^J(x))$, 其中 $q^j : \mathbb{R}^n \to \mathbb{R}^{m_j+1}, j = 1, \cdots, J$ 是光滑映射. 记我们称问题 (7.8) 为二阶锥规划 (SOCP) 问题. 倘若记 $G(x) = (h(x), g(x), q(x))^{\mathrm{T}}$, 以及 $K = \{\mathbf{0}_l\} \times \mathbb{R}_{-}^{p} \times Q$, 问题的约束变为一般形式 $G(x) \in K$.

回顾例 6.2 对于二阶锥的切锥与二阶切集的计算公式, 即命题 6.4 和命题 6.5, 如果 $s \in Q_{m+1}$ 则

$$T_{Q_{m+1}}(s) = \begin{cases} \mathbb{R}^{m+1}, & s \in \text{int}\, Q_{m+1}, \\ Q_{m+1}, & s = 0, \\ \{d \in \mathbb{R}^{m+1} | \bar{d}^{\mathrm{T}}\bar{s} - d_0 s_0 \leqslant 0\}, & s \in \text{bdry}\, Q_{m+1} \setminus \{0\}. \end{cases} \tag{7.9}$$

若 $s \in Q_{m+1}$ 及 $d \in T_{Q_{m+1}}(s)$, 则

$$T^2_{Q_{m+1}}(s,d) = \begin{cases} \mathbb{R}^{m+1}, & d \in \text{int}\, T_{Q_{m+1}}(s), \\ T_{Q_{m+1}}(d), & s = 0, \\ \{w \in \mathbb{R}^{m+1} | \bar{w}^{\mathrm{T}}\bar{s} - w_0 s_0 \leqslant d_0^2 - \|\bar{d}\|^2\}, & \text{否则}. \end{cases} \tag{7.10}$$

7.3.2 一阶必要性条件

二阶锥规划问题 (7.8) 的 Lagrange 函数具有下述形式:

$$L(x,\mu,\xi,\lambda)=f(x)+\mu^{\mathrm{T}}h(x)+\xi^{\mathrm{T}}g(x)-\lambda^{\mathrm{T}}q(x),$$

其中 $\lambda=(\lambda^1;\lambda^2;\cdots;\lambda^J)$, $\lambda^j:=(\lambda_0^j,\bar{\lambda}^j)\in\mathbb{R}^{m_j+1}$, $j=1,2,\cdots,J$. 相应地, 记 $q(x)^j:=(q(x)_0^j,\bar{q}^j(\bar{x}))$, $j=1,\cdots,J$.

因此, 问题 (7.8) 的 (Lagrange) 对偶问题为

$$\text{(DSOCP)}\qquad \max_{(\mu,\xi,\lambda)\in K}\left\{\min_{x\in\mathbb{R}^n}\ L(x,\mu,\xi,\lambda)\right\}, \tag{7.11}$$

其中 $K=\{\mathbf{0}_l\}\times\mathbb{R}_+^p\times Q$.

若二阶锥规划问题 (7.8) 及其对偶问题 (7.11) 有有限最优值且相等, 原始对偶问题的解对 (x,μ,ξ,λ) 可以由下述系统进行刻画:

$$\begin{cases}L(x,\mu,\xi,\lambda)=\min\limits_{x'\in\mathbb{R}^n}L(x',\mu,\xi,\lambda);\\ h(x)=0;\quad 0\geqslant g(x)\perp\xi\geqslant 0;\\ \lambda^j\in Q_{m_j+1};\quad q^j(x)\in Q_{m_j+1};\\ \lambda^j\circ q^j(x)=0,\quad j=1,2,\cdots,J.\end{cases} \tag{7.12}$$

于是, 由 Lagrange 对偶理论, 我们有下述命题成立.

命题 7.2 令 val(P) 与 val(D) 分别表示原始问题 (7.8) 与对偶问题 (7.11) 的最优值. 则 val(D) $\leqslant$ val(P). 进一步, val(P) = val(D), 且 x 与 (μ,ξ,λ) 分别是 (P) 与 (D) 的最优解的充分必要条件是 (7.12) 成立.

称 $(\bar{x},\mu,\xi,\lambda)$ 是二阶锥规划问题 (7.8) 的 KKT 点, 若 $(\bar{x},\mu,\xi,\lambda)$ 满足下列 KKT 条件:

$$\nabla_x L(\bar{x},\mu,\xi,\lambda)=0, \tag{7.13a}$$

$$h(\bar{x})=0,\quad 0\geqslant g(\bar{x})\perp\xi\geqslant 0, \tag{7.13b}$$

$$q(\bar{x})\in Q,\quad \lambda\in Q,\quad q(\bar{x})\circ\lambda=0. \tag{7.13c}$$

如果 $(\bar{x},\mu,\xi,\lambda)$ 满足上述 KKT 条件, 则称 $\bar{x}$ 是问题 (7.8) 的一个稳定点, 用 $\Lambda(\bar{x})$ 记满足 KKT 条件的 Lagrange 乘子 (μ,ξ,λ) 的集合. 由上面的 (7.13c) 以及命题 7.1, 容易得到 $q(\bar{x})$ 与对应乘子 λ 的关系.

引理 7.3 设 $(\bar{x},\mu,\xi,\lambda)$ 是问题 (7.8) 的 KKT 点. 则对所有的 $j=1,\cdots,J$, 或者 $q^j(\bar{x})=0$, 或者 $\lambda_j=0$, 或者存在 $\sigma_j>0$ 满足 $\lambda_j=\sigma_j(q_0^j(\bar{x});-\bar{q}^j(\bar{x}))$.

为建立一阶最优性条件, 首先建立问题 (7.8) 的 Robinson 约束规范:

$$0 \in \operatorname{int}\left\{\begin{bmatrix} h(\bar{x}) \\ g(\bar{x}) \\ q(\bar{x}) \end{bmatrix} + \begin{bmatrix} \mathcal{J}h(\bar{x}) \\ \mathcal{J}g(\bar{x}) \\ \mathcal{J}q(\bar{x}) \end{bmatrix} \mathbb{R}^n - \{\mathbf{0}_l\} \times \mathbb{R}^p_- \times Q\right\}. \tag{7.14}$$

记二阶锥 $Q \subset \mathbb{R}^m$, 其中 $m = \sum_{j=1}^{J}(m_j+1)$, Robinson 约束规范等价于如下形式:

$$\mathbb{R}^l \times \mathbb{R}^p \times \mathbb{R}^m = \begin{bmatrix} \mathcal{J}h(\bar{x}) \\ \mathcal{J}g(\bar{x}) \\ \mathcal{J}q(\bar{x}) \end{bmatrix} \mathbb{R}^n + T_{\{\mathbf{0}_l\}\times\mathbb{R}^p_-\times Q}((h(\bar{x}), g(\bar{x}), q(\bar{x}))). \tag{7.15}$$

定理 7.1　假设 $\bar{x}$ 是二阶锥规划问题 (7.8) 的一个局部极小点, 在 $\bar{x}$ 附近 f, h, g 与 q 是连续可微的. 则下述性质等价:

(i) Robinson 约束规范 (7.14) 在 $\bar{x}$ 处成立;

(ii) Lagrange 乘子的集合 $\Lambda(\bar{x})$ 是非空凸紧致的.

假设 $\bar{x}$ 是二阶锥规划问题 (7.8) 的稳定点. 称 $\bar{x}$ 是非退化的, 若在 $\bar{x}$ 处, 下述的约束非退化条件成立:

$$\begin{bmatrix} \mathcal{J}h(\bar{x}) \\ \mathcal{J}g(\bar{x}) \\ \mathcal{J}q(\bar{x}) \end{bmatrix} \mathbb{R}^n + \operatorname{lin} T_{\{\mathbf{0}_l\}\times\mathbb{R}^p_-\times Q}((h(\bar{x}), g(\bar{x}), q(\bar{x}))) = \mathbb{R}^l \times \mathbb{R}^p \times \mathbb{R}^m. \tag{7.16}$$

对二阶锥规划的一般形式 (7.8), 下面给出可行解 $\bar{x}$ 处非退化的条件的刻画. 令

$$\begin{aligned} I_q^* &:= \{1 \leqslant j \leqslant J \mid q^j(\bar{x}) \in \operatorname{int} Q_{m_j+1}\}, \\ Z_q^* &:= \{1 \leqslant j \leqslant J \mid q^j(\bar{x}) = 0\}, \\ B_q^* &:= \{1 \leqslant j \leqslant J \mid q^j(\bar{x}) \in \operatorname{bdry} Q_{m_j+1} \setminus \{0\}\}. \end{aligned}$$

记 $q^{I^*}(\cdot)$ 是由 $q^j(\cdot)$, $j \in I_q^*$ 构成的映射, 记 $q^{Z^*}(\cdot)$ 是由 $q^j(\cdot)$, $j \in Z_q^*$ 构成的映射, 记 $q^{B^*}(\cdot)$ 是由 $q^j(\cdot)$, $j \in B_q^*$ 构成的映射. 令记 $|I| = \sum_{j\in I_q^*}(m_j+1)$, $|Z| = \sum_{j\in Z_q^*}(m_j+1)$, $|B| = \sum_{j\in B_q^*}(m_j+1)$.

定理 7.2　设 $\bar{x}$ 是二阶锥规划问题 (7.8) 的稳定点, 则 $\bar{x}$ 是非退化的当且仅

当如下定义的映射 $\mathcal{A}:\mathbb{R}^n\to\mathbb{R}^l\times\mathbb{R}^{|I(\bar{x})|}\times\mathbb{R}^{|Z|}\times\mathbb{R}^{|B|}$ 是满射:

$$\mathcal{A}(d)=\begin{bmatrix}\mathcal{J}h(\bar{x})d\\ \mathcal{J}g^{I(\bar{x})}(\bar{x})d\\ \mathcal{J}q^{Z_q^*}(\bar{x})d\\ q^{B_q^*}(\bar{x})^{\mathrm{T}}R_{m_j}\mathcal{J}q^{B_q^*}(\bar{x})d\end{bmatrix},\tag{7.17}$$

其中 $I(\bar{x})=\{i|g_i(\bar{x})=0\}$, $R_{m_j}:=\begin{bmatrix}1 & 0^{\mathrm{T}}\\ 0 & -I_{m_j}\end{bmatrix}$.

证明 不妨设

$$I(\bar{x})=\{1,\cdots,t\},\quad I_q^*=\{1,\cdots,r\},\quad Z_q^*=\{r+1,\cdots,s\},\quad B_q^*=\{s+1,\cdots,J\}.$$

由二阶锥的切锥公式, 令 $T_i^*=T_{Q_{m_i+1}}(q^i(\bar{x})),i\in B_q^*$. 由于 $\mathrm{lin}Q_{m_i+1}=\{0\},i\in Z_q^*$, 根据 $T_{Q_{m_i+1}}(q^i(\bar{x}))$ 的表达式, $\mathrm{lin}T_i^*=\ker[q^i(\bar{x})^{\mathrm{T}}R_{m_i}],i\in B_q^*$, 约束非退化性条件 (7.16) 等价于

$$\begin{aligned}&\left(\mathcal{J}h(\bar{x})^{\mathrm{T}},\mathcal{J}g(\bar{x})^{\mathrm{T}},\mathcal{J}q_*(\bar{x})^{\mathrm{T}}\right)^{\mathrm{T}}\mathbb{R}^n+\{\mathbf{0}_l\}\times\{\mathbf{0}_t\}\\&\times\mathbb{R}^{p-t}\times\Pi_{i\in Z_q^*}\{0\}\times\Pi_{i\in B_q^*}\ker[q^i(\bar{x})^{\mathrm{T}}R_{m_i}]\\=&\,\mathbb{R}^l\times\mathbb{R}^p\times\mathbb{R}^{m_*},\end{aligned}\tag{7.18}$$

其中 $q_*=(q_{r+1};\cdots;q_J)$, $m^*=J-r$. 将 (7.18) 两边取极运算得到等价形式

$$\begin{aligned}&\ker(\mathcal{J}h(\bar{x})^{\mathrm{T}},\mathcal{J}g(\bar{x})^{\mathrm{T}},\mathcal{J}q_*(\bar{x})^{\mathrm{T}})\\&\cap\mathbb{R}^l\times\mathbb{R}^t\times\{\mathbf{0}_{p-t}\}\times\Pi_{i\in Z_q^*}\mathbb{R}^{m_i+1}\times\Pi_{i\in B_q^*}\mathrm{rge}[R_{m_i}^{\mathrm{T}}q^i(\bar{x})]=\{0\}.\end{aligned}\tag{7.19}$$

则对任何 $\xi^1=(\xi_1^1;\cdots;\xi_l^1)$, $\xi^2=(\xi_{t+1}^2;\cdots;\xi_p^2)$, $\xi^3=(\xi_{r+1}^3;\cdots;\xi_s^3)$, $\xi^4=(\xi_{s+1}^4;\cdots;\xi_J^4)$, $\xi_i^3\in\mathbb{R}^{m_i+1}$, $i\in Z_q^*$, $\xi_j^4\in\mathbb{R}^{m_j+1}$, $j\in B_q^*$, 如果

$$\mathcal{J}h(\bar{x})^{\mathrm{T}}\xi^1+\sum_{i=1}^t\xi_i^2\nabla g_i(\bar{x})+\mathcal{J}q_{Z_q^*}(\bar{x})\xi^3+\sum_{j=s+1}^J\mathcal{J}q^j(\bar{x})R_{m_j}^{\mathrm{T}}q^j(x^*)\xi_j^4=0,$$

则必有 $\xi^1=0$, $\xi^2=0$, $\xi^3=0$, $\xi^4=0$. 这表明在 $\bar{x}$ 处的约束非退化条件等价于由 $\nabla g_i(\bar{x}),i\in I(\bar{x})$ 以及矩阵 $\mathcal{J}h(\bar{x})$, $\mathcal{J}q^j(\bar{x}),j\in Z_q^*$ 和所有的 $q^j(\bar{x})^{\mathrm{T}}R_{m_j}\mathcal{J}q^j(\bar{x}),j\in B_q^*$ 一起构成的行向量组的线性无关性, 这等价于定理中的结论. ■

非退化条件与 Lagrange 乘子的唯一性有如下关系.

命题 7.3 假设 $\bar{x}$ 是二阶锥规划问题 (7.8) 的一个稳定点, 若 $\bar{x}$ 是非退化的, 则存在唯一的 Lagrange 乘子 $(\bar{\mu},\bar{\xi},\bar{\lambda})$. 反之, 如果 $(\bar{x},\bar{\mu},\bar{\xi},\bar{\lambda})$ 满足严格互补条件, 即 $\xi_i>0$, $i\notin I(\bar{x})$, $q(\bar{x})+\bar{\lambda}\in\mathrm{int}\,Q$, 且 $(\bar{\mu},\bar{\xi},\bar{\lambda})$ 是唯一的对应于 $\bar{x}$ 的 Lagrange 乘子, 则 $\bar{x}$ 是非退化的.

7.3.3 二阶最优性条件

假设 x^* 是问题 (7.8) 的一个稳定点, 问题 (7.8) 在 x^* 处的临界锥由如下定义:

$$C(\bar{x}) = \left\{ d \in \mathbb{R}^n \;\middle|\; \begin{array}{l} \mathcal{J}h(\bar{x})d = 0,\ \nabla g_i(\bar{x})d \leqslant 0,\ i \in I(\bar{x}), \\ \mathcal{J}q(\bar{x})d \in T_Q(q(\bar{x})), \nabla f(\bar{x})^{\mathrm{T}} d \leqslant 0 \end{array} \right\}. \tag{7.20}$$

定义 $\mathcal{H}(\bar{x},\lambda) = \sum\limits_{j=1}^{J} \mathcal{H}^j(\bar{x},\lambda^j)$, 其中 $\mathcal{H}^j(\bar{x},\lambda^j), j=1,\cdots,J$ 由如下公式定义:

$$\mathcal{H}^j(\bar{x},\lambda^j) = \begin{cases} -\dfrac{\lambda_0^j}{s_0^j}\nabla q^j(\bar{x}) \begin{bmatrix} 1 & 0^{\mathrm{T}} \\ 0 & -I_{m_j} \end{bmatrix} \mathcal{J}q^j(\bar{x}), & s^j \in \operatorname{bdry} Q_{m_j+1} \setminus \{0\}, \\ 0, & \text{否则}, \end{cases} \tag{7.21}$$

在上述式子中, $s^j = q^j(\bar{x})$.

对于任意问题 (7.8) 的可行点 $\bar{x}$, 集合 $K = \{\mathbf{0}_l\} \times \mathbb{R}^p_- \times Q$ 在 $G(\bar{x}) = (h(\bar{x}), g(\bar{x}), q(\bar{x}))^{\mathrm{T}}$ 处沿方向 $(\mathcal{J}h(\bar{x})^{\mathrm{T}},\ \mathcal{J}g(\bar{x})^{\mathrm{T}},\ \mathcal{J}q(\bar{x})^{\mathrm{T}})^{\mathrm{T}}d$ 是二阶正则的, 因此二阶必要性最优条件与“无间隙”最优性条件的建立, 主要依赖于对于 Sigma 项的计算. 总结为下述命题.

命题 7.4 假设 $\bar{x}$ 是二阶锥规划问题 (7.8) 的一个稳定点, 对应的乘子 $(\mu,\xi,\lambda) \in \Lambda(\bar{x})$. 若 Robinson 约束规范 (7.14) 在 $\bar{x}$ 处成立, 则对于任意的 $d \in C(\bar{x}) \setminus \{0\}$, Sigma 项可以表示如下形式:

$$\sigma((\mu,\xi,-\lambda) \,|\, T_K^2(G(\bar{x}), DG(\bar{x})d)) = -d^{\mathrm{T}}\mathcal{H}(\bar{x},\lambda)d.$$

证明 由于

$$\begin{aligned} &\sigma((\mu,\xi,-\lambda) \,|\, T_K^2(G(\bar{x}), DG(\bar{x})d)) \\ =\ &\sigma(\mu \,|\, T^2_{\{\mathbf{0}_l\}}(h(\bar{x}), \mathcal{J}h(\bar{x})d)) + \sigma(\xi \,|\, T^2_{\mathbb{R}^p_-}(g(\bar{x}), \mathcal{J}g(\bar{x})d)) + \sigma(-\lambda \,|\, T_Q^2(q(\bar{x}), \mathcal{J}q(\bar{x})d)) \\ =\ &\sigma(-\lambda \,|\, T_Q^2(q(\bar{x}), \mathcal{J}q(\bar{x})d)), \end{aligned}$$

只需计算 $\sigma(-\lambda \,|\, T_Q^2(q(\bar{x}), \mathcal{J}q(\bar{x})d))$ 即可. 回顾, 在 $s^j = q^j(\bar{x})$ 处沿着方向 $h^j(d) = \mathcal{J}q^j(\bar{x})d$ 的二阶切集:

$$T^2_{Q_{m_j+1}}(s^j, h^j(d))$$

$$
= \begin{cases} \mathbb{R}^{m_j+1}, & h^j(d) \in \operatorname{int} T_{Q_{m_j+1}}(s^j), \\ T_{Q_{m_j+1}}(h^j(d)), & s^j = 0, \\ \left\{ w \in \mathbb{R}^{m_j+1} | \bar{w}^{\mathrm{T}} \bar{s}^j - w_0 s_0^j \leqslant h_0^j(d)^2 - \|\bar{h}^j(d)\|^2 \right\}, & \text{否则}. \end{cases} \tag{7.22}
$$

由于 $Q = \prod_{j=1}^{J} Q_{m_j+1}$, 所以

$$
\sigma(-\lambda |\, T_Q^2(q(\bar{x}), \mathcal{J}q(\bar{x})d)) = \sum_{j=1}^{J} \sigma(-\lambda^j |\, T^2_{Q_{m_j+1}}(s^j, h^j(d))).
$$

下面计算 $\sigma(-\lambda^j |\, T^2_{Q_{m_j+1}}(s^j, h^j(d)))$.

由 $d \in C(\bar{x})$ 得知 $h^j(d) \in T_{Q_{m_j+1}}(s^j)$, 又因为 $-\lambda^j \in N_{Q_{m_j+1}}(s^j)$ 且 $s^j \in Q_{m_j+1}$, 根据二阶切集的定义, 得到 $\sigma(-\lambda^j |\, T^2_{Q_{m_j+1}}(s^j, h^j(d))) \leqslant 0$. 因此, 若 $0 \in T^2_{Q_{m_j+1}}(s^j, h^j(d))$, 则有 $\sigma(-\lambda^j |\, T^2_{Q_{m_j+1}}(s^j, h^j(d))) = 0$. 由 (7.22) 可知, 当 $h^j(d) \in \operatorname{int} T_{Q_{m_j+1}}(s^j)$, 或者 $s^j = 0$, 或者 $h^j(d) = 0$ 时, 都有 $0 \in T^2_{Q_{m_j+1}}(s^j, h^j(d))$.

下面考虑 $s^j \in \operatorname{bdry} Q_{m_j+1} \setminus \{0\}$ 且 $h^j(d) \in \operatorname{bdry} T_{Q_{m_j+1}}(s^j)$ 时的情形. 记

$$
\alpha := \{ j | s^j \in \operatorname{bdry} Q_{m_j+1} \setminus \{0\}, h^j(d) \in \operatorname{bdry} T_{Q_{m_j+1}}(s^j) \}.
$$

对于 $j \in \alpha$, 由 (7.22), 我们得到

$$
\begin{aligned} \sigma(-\lambda^j |\, T^2_{Q_{m_j+1}}(s^j, h^j(d))) = \sup_{w \in \mathbb{R}^{m_j+1}} & \{ -(w_0 \lambda_0^j + \bar{w}^{\mathrm{T}} \bar{\lambda}^j) | \bar{w}^{\mathrm{T}} \bar{s}^j - w_0 s_0^j \\ & \leqslant h_0^j(d)^2 - \|\bar{h}^j(d)\|^2 \}. \end{aligned} \tag{7.23}
$$

由 KKT 条件的 $\lambda^j \circ s^j = 0$ 得到 $\bar{\lambda}^j = -(\lambda_0^j / s_0^j) \bar{s}^j$, 于是有

$$
-(w_0 \lambda_0^j + \bar{w}^{\mathrm{T}} \bar{\lambda}^j) = (\lambda_0^j / s_0^j)(\bar{w}^{\mathrm{T}} \bar{s}^j - w_0 s_0^j),
$$

由此得到, 当 $j \in \alpha$ 时,

$$
\sigma(-\lambda^j |\, T^2_{Q_{m_j+1}}(s^j, h^j(d))) = \frac{\lambda_0^j}{s_0^j} (h_0^j(d)^2 - \|\bar{h}^j(d)\|^2).
$$

从而有

$$
\sigma(-\lambda |\, T^2_{Q_{m_j+1}}(s^j, h^j(d))) = \sum_{j \in \alpha} \frac{\lambda_0^j}{s_0^j} (h_0^j(d)^2 - \|\bar{h}^j(d)\|^2) = -d^{\mathrm{T}} \mathcal{H}(\bar{x}, \bar{\lambda}) d.
$$

命题得证. ■

根据定理 6.6 以及定理 6.7, 下面给出二阶锥规划问题 (7.8) 的二阶必要性条件和二阶“无间隙”最优性条件.

定理 7.3 (二阶必要性条件) 设 $\bar{x}$ 是二阶锥规划问题 (7.8) 的局部极小点, 且在 $\bar{x}$ 附近 f, h, g, q 是二次连续可微的. 设 Robinson 约束规范 (7.14) 在 $\bar{x}$ 处成立, 则

(i) $\Lambda(\bar{x})$ 是非空凸紧致的;

(ii) 对于任意的 $d \in C(\bar{x})$, 有下述不等式成立:

$$\sup_{(\mu,\xi,\lambda)\in\Lambda(\bar{x})} \left\{\langle \nabla_{xx}^2 L(\bar{x},\mu,\xi,\lambda)d, d\rangle + d^{\mathrm{T}}\mathcal{H}(\bar{x},\lambda)d\right\} \geqslant 0, \tag{7.24}$$

其中临界锥 $C(\bar{x})$ 是由式 (7.20) 所给出.

定理 7.4 (二阶 “无间隙” 最优性条件) 设 $\bar{x}$ 是二阶锥规划问题 (7.8) 的一可行解, 且在 $\bar{x}$ 附近 f, h, g, q 是二次连续可微的. 设 Robinson 约束规范 (7.14) 在 $\bar{x}$ 处成立且 $\Lambda(\bar{x}) \neq \varnothing$, 以下性质等价:

(i) 二阶增长条件在 $\bar{x}$ 处成立;

(ii) 对于任意的 $d \in C(\bar{x}) \setminus \{0\}$, 有

$$\sup_{(\mu,\xi,\lambda)\in\Lambda(\bar{x})} \left\{\langle \nabla_{xx}^2 L(\bar{x},\mu,\xi,\lambda)d, d\rangle + d^{\mathrm{T}}\mathcal{H}(\bar{x},\lambda)d\right\} > 0. \tag{7.25}$$

7.4 二阶锥约束优化的稳定性分析

7.4.1 Jacobian 唯一性条件

考虑以二阶锥约束优化的扰动问题:

$$(\mathrm{SOCP}_u) \qquad \begin{cases} \min & \tilde{f}(x,u) \\ \text{s.t.} & \tilde{h}(x,u) = 0, \\ & \tilde{g}(x,u) \leqslant 0, \\ & \tilde{q}(x,u) \in Q, \end{cases} \tag{7.26}$$

其中映射 $\tilde{f}: \mathbb{R}^n \times \mathcal{U} \to \mathbb{R}$, $\tilde{h}: \mathbb{R}^n \times \mathcal{U} \to \mathbb{R}^l$, $\tilde{g}: \mathbb{R}^n \times \mathcal{U} \to \mathbb{R}^p$ 和 $\tilde{q}: \mathbb{R}^n \times \mathcal{U} \to \mathbb{R}^m$ 都是关于 (x,u) 二次连续可微的. 同样地, Q 为 J 个二阶锥的卡氏积, 即

$$Q = Q_{m_1+1} \times Q_{m_2+1} \times \cdots \times Q_{m_J+1}.$$

相应地,

$$q(x) = (q^1(x); q^2(x); \cdots; q^J(x)), \quad m = \sum_{i=j}^{J}(m_j+1).$$

并且设 $\tilde{f}(x,u_0) = f(x)$, $\tilde{h}(x,u_0) = h(x)$, $\tilde{g}(x,u_0) = g(x)$, $\tilde{q}(x,u_0) = q(x)$. 那么 (SOCP) 问题等价于问题 (SOCP_{u_0}). 为建立稳定性结论, 下面定义二阶锥约束优化问题的 Jacobian 唯一性条件.

定义 7.1 (Jacobian 唯一性条件) 设 $\bar{x}$ 是问题 (SOCP) 的最优解, f,h,g,q 在 $\bar{x}$ 附近二次连续可微. 称 $\bar{x}$ 处 Jacobian 唯一性条件成立若如下条件成立:

(i) $\Lambda(\bar{x})\neq\varnothing$, $(\xi,\lambda)\in\Lambda(\bar{x})$ 是一个乘子向量;

(ii) 约束非退化条件在 $\bar{x}$ 处成立;

(iii) 严格互补条件成立, 即 $\xi_i>0$, $i\in I(\bar{x})$, $q^j(\bar{x})+\lambda^j\in\operatorname{int}Q_{m_j+1}$, $j=1,\cdots,J$;

(iv) 二阶充分性条件在 $(\bar{x},\mu,\xi,\lambda)$ 处成立, 即对于任意的 $d\in C(\bar{x})\setminus\{0\}$,

$$d^{\mathrm{T}}\nabla^2_{xx}L(\bar{x},\mu,\xi,\lambda)d+d^{\mathrm{T}}\mathcal{H}(\bar{x},\lambda)>0.$$

在此基础上定义如下函数

$$F^{\mathrm{KKT}}(x,\mu,\xi,\lambda)=\begin{bmatrix}\nabla_x L(x,\mu,\xi,\lambda)\\ h(x)\\ g(x)-\Pi_{\mathbb{R}^p_-}(\xi+g(x))\\ q(x)-\Pi_Q(q(x)-\lambda)\end{bmatrix},\tag{7.27}$$

命题 7.5 设 Jacobian 唯一性条件在 $(\bar{x},\mu,\xi,\lambda)$ 处成立, 则如上定义的函数的 Jacobian 矩阵 $\mathcal{J}F^{\mathrm{KKT}}(\cdot,\cdot,\cdot,\cdot)$ 在 $(\bar{x},\mu,\xi,\lambda)$ 处非奇异.

证明 记 $g(\bar{x})$ 的前 $t<p$ 个分量满足 $g_i(\bar{x})=0$, $i=1,\cdots,t$, 即 $I(\bar{x})=\{1,\cdots,t\}$. 另记

$$I_q^*=\{1,\cdots,r\},\quad Z_q^*=\{r+1,\cdots,s\},\quad B_q^*=\{s+1,\cdots,J\}.$$

由严格互补条件, 乘子 $\xi_i>0,i=1,\cdots,t$; $\xi_i=0,i=t+1,\cdots,p$; 乘子 $\lambda^j=0,j=1,\cdots,r$; $\lambda^j\in\operatorname{int}Q_{m_j+1},j=r+1,\cdots,s$; $\lambda^j=\sigma_j(q_0^j(\bar{x});-\bar{q}^j(\bar{x})),j=s+1,\cdots,J$. 对于向量 $\eta_1\in\mathbb{R}^n,\eta_2\in\mathbb{R}^l,\eta_3\in\mathbb{R}^p,\eta_4\in\mathbb{R}^m$ 满足 $\mathcal{J}F^{\mathrm{KKT}}(\bar{x},\mu,\xi,\lambda)(\eta_1,\eta_2,\eta_3,\eta_4)^{\mathrm{T}}=0$, 则有

$$\nabla^2_{xx}L(\bar{x},\mu,\xi,\lambda)\eta_1+\mathcal{J}h(\bar{x})^{\mathrm{T}}\eta_2+\mathcal{J}g(\bar{x})^{\mathrm{T}}\eta_3-\mathcal{J}q(\bar{x})^{\mathrm{T}}\eta_4=0,\tag{7.28}$$

$$\mathcal{J}h(\bar{x})\eta_1=0,\tag{7.29}$$

$$\mathcal{J}g(\bar{x})\eta_1-\Pi'_{\mathbb{R}^p_-}(g(\bar{x})+\xi;\mathcal{J}g(\bar{x})\eta_1+\eta_3)=0,\tag{7.30}$$

$$j=1,\cdots,J,\quad \mathcal{J}q^j(\bar{x})\eta_1-\Pi'_{Q_{m_j+1}}(q^j(\bar{x})-\lambda^j;\mathcal{J}q^j(\bar{x})\eta_1-\eta_4^j)=0.\tag{7.31}$$

首先观察 (7.30), 因为在 $w\in\mathbb{R}$ 在 $\mathbb{R}_-$ 上的投影沿方向 Δw 的方向导数表示为

$$\Pi'_{\mathbb{R}_-}(w;\Delta w)=\begin{cases}0, & w>0,\\ \min(0,\Delta w), & w=0,\\ \Delta w, & w<0,\end{cases}$$

那么, 当 $i=1,\cdots,t$ 时, 乘子 $\xi_i>0$, $g_i(\bar{x})=0$, 此时 $\Pi'_{\mathbb{R}_-}(\xi_i;\nabla g_i(\bar{x})^{\mathrm{T}}\eta_1+(\eta_3)_i)=0$; 当 $i=t+1,\cdots,p$ 时, 乘子 $\xi_i=0$, $g_i(\bar{x})<0$, 此时 $\Pi'_{\mathbb{R}_-}(g_i(\bar{x});\nabla g_i(\bar{x})^{\mathrm{T}}\eta_1+(\eta_3)_i)=-\nabla g_i(\bar{x})^{\mathrm{T}}\eta_1-(\eta_3)_i$. (7.30) 式意味着

$$i\in I(\bar{x}),\nabla g_i(\bar{x})^{\mathrm{T}}\eta_1=0;\quad i\notin I(\bar{x}),(\eta_3)_i=0. \tag{7.32}$$

再观察 (7.31), 在严格互补成立的条件下, 可以 I_q^*, Z_q^*, B_q^* 等价于下述表示:

$$\begin{aligned}
I_q^*&=N_1(x):=\{j=1,\cdots,r\,|\,q^j(x)\in\operatorname{int}Q_{m_j+1},\lambda_j=0\},\\
Z_q^*&=N_2(x):=\{j=r+1,\cdots,s\,|\,q^j(x)=0,\lambda_j\in\operatorname{int}Q_{m_j+1}\},\\
B_q^*&=N_3(x):=\{j=s+1,\cdots,J\,|\,q^j(x)\in\operatorname{bdry}Q_{m_j+1}\setminus\{0\},\\
&\qquad\qquad\lambda_j\in\operatorname{bdry}Q_{m_j+1}\setminus\{0\}\}.
\end{aligned}$$

由引理 7.1 可知

$$\begin{aligned}
&\Pi'_{Q_{m_j+1}}(q^j(\bar{x})-\lambda^j;\mathcal{J}q^j(\bar{x})\eta_1-\eta_4^j)\\
&=\begin{cases}\mathcal{J}q^j(\bar{x})\eta_1-\eta_4^j, & j\in N_1(\bar{x}),\\ 0, & j\in N_2(\bar{x}),\\ \mathcal{J}\Pi_{Q_{m_j+1}}(q^j(\bar{x})-\lambda^j)(\mathcal{J}q^j(\bar{x})\eta_1-\eta_4^j), & j\in N_3(\bar{x}).\end{cases}
\end{aligned}\tag{7.33}$$

观察到, 当 $j\in N_3(\bar{x})$ 时, 有 $q^j(\bar{x}):=(\bar{q}^{j1};\bar{q}^{j2})\in\operatorname{bdry}Q_{m_j+1}\setminus\{0\}$, $\lambda_j=(\sigma\bar{q}^{j1};-\sigma\bar{q}^{j2})\in\operatorname{bdry}Q_{m_j+1}\setminus\{0\}$, $\sigma>0$, 则 $\bar{y}^j=q^j(\bar{x})-\lambda_j=((1-\sigma)\bar{q}^{j1};(1+\sigma)\bar{q}^{j2})$. 记

$$w_j:=\frac{\bar{q}^{j2}}{\|\bar{q}^{j2}\|},$$

结合 (7.31) 可得

$$\mathcal{J}q^j(\bar{x})\eta_1=\mathcal{J}\Pi_{Q_{m_j+1}}(\bar{y}^j)(\mathcal{J}q^j(\bar{x})\eta_1-\eta_4^j)=A_j(\mathcal{J}q^j(\bar{x})\eta_1-\eta_4^j),$$

其中

$$A_j:=\mathcal{J}\Pi_{Q_{m_j+1}}(\bar{y}_j)=\frac{1}{2}\begin{bmatrix}1 & w_j^{\mathrm{T}}\\ w_j & \dfrac{2}{1+\sigma}I-\dfrac{1-\sigma}{1+\sigma}w_jw_j^T\end{bmatrix}, \tag{7.34}$$

因此有

$$\left\langle\mathcal{J}q^j(\bar{x})\eta_1,\begin{bmatrix}q^{j1}(\bar{x})\\-q^{j2}(\bar{x})\end{bmatrix}\right\rangle=q^{j1}(\bar{x})\left\langle A_j(\mathcal{J}q^j(\bar{x})\eta_1-\eta_4^j),\begin{bmatrix}1\\-w_j\end{bmatrix}\right\rangle=0.$$

综上 (7.31) 式意味着

$$j \in I_q^*, \eta_4^j = 0; \quad j \in Z_q^*, \mathcal{J}q^j(\bar{x})\eta_1 = 0; \quad j \in B_q^*, \langle \mathcal{J}q^j(\bar{x})\eta_1, \lambda^j \rangle = 0. \qquad (7.35)$$

综合式 (7.32) 和 (7.35), 得 $\eta_1 \in C(\bar{x})$. 对 (7.28) 左乘 η_1^{T}, 得到

$$\begin{aligned}
&\eta_1^{\mathrm{T}}\nabla_{xx}^2 L(\bar{x},\mu,\xi,\lambda)\eta_1 + \eta_1^{\mathrm{T}}\mathcal{J}h(\bar{x})^{\mathrm{T}}\eta_2 + \eta_1^{\mathrm{T}}\mathcal{J}g(\bar{x})^{\mathrm{T}}\eta_3 - \eta_1^{\mathrm{T}}\mathcal{J}q(\bar{x})^{\mathrm{T}}\eta_4 \\
&= \eta_1^{\mathrm{T}}\nabla_{xx}^2 L(\bar{x},\mu,\xi,\lambda)\eta_1 + (\mathcal{J}h(\bar{x})\eta_1)^{\mathrm{T}}\eta_2 + \sum_{i\in I(\bar{x})}((\eta_3)_i\nabla g_i(\bar{x})^{\mathrm{T}}\eta_1) \\
&\quad - \sum_{j\in Z_q^*}(\mathcal{J}q^j(\bar{x})\eta_1)^{\mathrm{T}}\eta_4^j - \sum_{j\in B_q^*}(\mathcal{J}q^j(\bar{x})\eta_1)^{\mathrm{T}}\eta_4^j \\
&= \eta_1^{\mathrm{T}}\nabla_{xx}^2 L(\bar{x},\mu,\xi,\lambda)\eta_1 - \sum_{j\in B_q^*}(\mathcal{J}q^j(\bar{x})\eta_1)^{\mathrm{T}}\eta_4^j = 0.
\end{aligned}$$

由 [1, 命题 7.8] 可得, $\sum\limits_{j\in\in B_q^*}(\mathcal{J}q^j(\bar{x})\eta_1)^{\mathrm{T}}\eta_4^j \geqslant \sum\limits_{j\in\in B_q^*} K^j(\bar{x},\lambda^j)$, 其中

$$K^j(\bar{x},\lambda^j) = \begin{cases} -\dfrac{\lambda_0^j}{q_0^j(\bar{x})}(\mathcal{J}q^j(\bar{x})\eta_1)^{\mathrm{T}}\begin{bmatrix} 1 & 0^{\mathrm{T}} \\ 0 & -I_{m_j}\end{bmatrix}(\mathcal{J}q^j(\bar{x})\eta_1)^{\mathrm{T}}, & j \in B_q^*, \\ 0, & \text{否则}, \end{cases} \qquad (7.36)$$

由二阶充分性条件可知, $\eta_1 = 0$. 于是 (7.28) 与 (7.31) 成为

$$\mathcal{J}h(\bar{x})^{\mathrm{T}}\eta_2 + \sum_{i=1}^{t}(\eta_3)_i\nabla g_i(\bar{x}) - \sum_{j\in Z_q^*}\mathcal{J}q^j(\bar{x})^{\mathrm{T}}\eta_4^j - \sum_{j\in B_q^*}\mathcal{J}q^j(\bar{x})^{\mathrm{T}}\eta_4^j = 0,$$

$$\Pi'_{Q_{m_j+1}}(q^j(\bar{x}) - \lambda^j; \eta_4^j) = 0, \quad j \in B_q^*.$$

由约束非退化条件 $q^{B^*}(\bar{x})^{\mathrm{T}}R_{m_j}\mathcal{J}q^{B^*}(\bar{x})$ 构成的行向量是线性无关的及上面第二式, 得 $\eta_4^j = 0$, $j \in B_q^*$. 再由约束非退化条件, $\eta_2 = 0, \eta_3 = 0, \eta_4 = 0$. 因此 $(\eta_1, \eta_2, \eta_3, \eta_4) = 0$. ■

下面给出关于扰动问题 (SOCP$_u$) 的重要的稳定性定理, 这里的分析主要依赖于隐函数定理的应用.

定理 7.5 令 $f(\cdot,\cdot)$, $h(\cdot,\cdot)$, $g(\cdot,\cdot)$, $q(\cdot,\cdot)$ 在 $(\bar{x}, u_0)$ 附近的某一开邻域上是二次连续可微的. 若 Jacobian 唯一性条件在 $(\bar{x},\mu,\xi,\lambda)$ 处成立, 那么存在 $\varepsilon > 0$, $\delta > 0$, 以及映射 $(x(\cdot),\mu(\cdot),\xi(\cdot),\lambda(\cdot)) : \mathbf{B}_\delta(u_0) \to \mathbf{B}_\varepsilon((\bar{x},\mu,\xi,\lambda))$ 满足

(i) $(x(u_0),\mu(u_0),\xi(u_0),\lambda(u_0)) = (\bar{x},\mu,\xi,\lambda)$;

(ii) 对 $\forall u \in \mathbf{B}_\delta(u_0)$,$(x(\cdot),\mu(\cdot),\xi(\cdot),\lambda(\cdot))$ 是一连续可微映射;

(iii) 对 $\forall u \in \mathbf{B}_\delta(u_0)$, $(x(u),\mu(u),\xi(u),\lambda(u))$ 关于问题 (SOCP$_u$) 的 Jacobian 唯一性条件成立.

证明　定义映射

$$F(x,\mu,\xi,\lambda;u)=\begin{bmatrix}\nabla_x\tilde{f}(x,u)+\mathcal{J}_x\tilde{h}(x,u)^{\mathrm{T}}\mu+\mathcal{J}_x\tilde{g}(x,u)^{\mathrm{T}}\xi-\mathcal{J}_x\tilde{q}(x,u)^{\mathrm{T}}\lambda\\ \tilde{h}(x,u)\\ \mathrm{Diag}(\xi)\tilde{g}(x,u)\\ \mathrm{Diag}(\lambda)\tilde{q}(x,u)\end{bmatrix},$$

其中 $\mathrm{Diag}(\xi)$ 表示以 ξ 各分量为对角线的对角矩阵, 有

$$\mathrm{Diag}(\xi)g(x)=(\xi_1g_1(x),\cdots,\xi_pg_p(x))^{\mathrm{T}}.$$

由命题 7.5, 对于映射 $F(x,\mu,\xi,\lambda;u)$ 有以下性质

(i) $F(\bar{x},\mu,\xi,\lambda;u_0)=0$;

(ii) 映射 $F(\cdot,\cdot,\cdot,\cdot;\cdot)$ 在 $(\bar{x},\mu,\xi,\lambda;u_0)$ 附近连续可微;

(iii) $D_{(x,\mu,\xi,\lambda)}F(\bar{x},\mu,\xi,\lambda;u_0)$ 是非奇异的.

根据经典的隐函数定理, 存在 $\varepsilon>0$, $\delta_1>0$, 以及映射 $(x(\cdot),\mu(\cdot),\xi(\cdot),\lambda(\cdot))$: $\mathbf{B}_{\delta_1}(u_0)\to\mathbf{B}_{\varepsilon}((\bar{x},\mu,\xi,\lambda))$ 满足

(a) $(x(u_0),\mu(u_0),\xi(u_0),\lambda(u_0))=(\bar{x},\mu,\xi,\lambda)$;

(b) $F(x(u),\mu(u),\xi(u),\lambda(u);u)\equiv 0,\ \forall u\in\mathbf{B}_{\delta_1}(u_0)$;

(c) $(x(\cdot),\mu(\cdot),\xi(\cdot),\lambda(\cdot))$ 在 $\mathbf{B}_{\delta_1}(u_0)$ 上连续可微且 $\nabla h_i(x(u)),i=1,\cdots,q$ 与 $\nabla g_j(x(u))$, $j=1,\cdots,p$, $\nabla q_l(x(u)),l=1,\cdots,m$, 关于 u 连续.

此外, 还满足当 $(x',\mu',\xi',\lambda')\in\mathbf{B}_{\varepsilon}((\bar{x},\mu,\xi,\lambda))$ 以及 $u\in\mathbf{B}_{\delta_1}(u_0)$, 对 $1\leqslant i\leqslant p$ 和 $1\leqslant j\leqslant J$ 有

$$g_i(\bar{x},u_0)<0\Longrightarrow g_i(x',u)<0,\tag{7.37a}$$

$$\xi_i>0\Longrightarrow\xi_i'>0,\tag{7.37b}$$

$$q^j(\bar{x},u_0)\in\operatorname{int}Q_{m_j+1}\Longrightarrow q^j(x',u)\in\operatorname{int}Q_{m_j+1},\ j\in I_q^*,\tag{7.37c}$$

$$\lambda^j\in\operatorname{int}Q_{m_j+1}\Longrightarrow(\lambda')^j\in\operatorname{int}Q_{m_j+1},\ j\in Z_q^*.\tag{7.37d}$$

$$q^j(\bar{x},u_0)\in\operatorname{bdry}Q_{m_j+1}\setminus\{0\}\Longrightarrow q^j(x',u)\in\operatorname{bdry}Q_{m_j+1}\setminus\{0\},\ j\in B_q^*,\tag{7.37e}$$

对 (7.37e) 式作出说明, 选取适当的 δ_1, 则可保证 $q^j(x',u)\neq 0,\ \forall\, u\in\mathbf{B}_{\delta_1}(u_0)$. 因为 $F(x(u),\mu(u),\xi(u),\lambda(u),u)=0$, 则对任何 $u\in\mathbf{B}_{\delta_1}(u_0)$, $(x(u),\mu(u),\xi(u),\lambda(u))$ 满足问题 (SOCP_u) 的 KKT 条件, 此时若 $q^j(x',u)=(\bar{q}^j(x',u);\ q_0^j(x',u))\in\operatorname{int}Q_{m_j+1}$, 必有 $(\lambda')^j=(\sigma\bar{q}^j(x',u);-\sigma q_0^j(x',u))\notin Q_{m_j+1}$, $\sigma>0$, 这与 $(\lambda')^j$ 满足 KKT 条件中的 $(\lambda')^j\in Q_{m_j+1}$ 矛盾. 因此 (7.37e) 式是成立的.

选定 $i: 1 \leqslant i \leqslant p$, 如果 $\xi_i > 0$, 则有 $\xi_i' > 0$, 因此 $g_i(x', u) = 0$; 另一方面, 如果 $g_i(\bar{x}, u_0) < 0$, 则有 $g_i(x', u) < 0$, 因此 $\xi_i' = 0$. 再考虑二阶锥约束条件, 选定 $j: 1 \leqslant j \leqslant J$, 如果 $j \in I_q^*$, 则 $q^j(x', u) \in \operatorname{int} Q_{m_j+1}$, 因此 $(\lambda')^j = 0$; 如果 $j \in Z_q^*$, 则 $(\lambda')^j \in \operatorname{int} Q_{m_j+1}$, 因此 $q^j(x', u) = 0$; 如果 $j \in B_q^*$, 则 $q^j(x', u) = (\bar{q}^j(x', u); q_0^j(x', u)) \in \operatorname{bdry} Q_{m_j+1} \setminus \{0\}$, 此时

$$(\lambda')^j = (\sigma \bar{q}^j(x', u); -\sigma q_0^j(x', u)) \in \operatorname{bdry} Q_{m_j+1} \setminus \{0\},$$

其中 $\sigma > 0$. 综上可知 x' 为问题 (SOCP_u) 可行点, 因此 $(x(u), \mu(u), \xi(u), \lambda(u))$ 是问题 (SOCP_u) 的 KKT 点. 进一步, 由 (7.37) 我们注意到 $\forall u \in \mathbf{B}_{\delta_1}(u_0)$, $x(u)$ 与 $x(u_0)$ 有相同的不等式约束, 因此对于 $(x(u), \mu(u), \xi(u), \lambda(u))$ 严格互补条件也成立.

因为 $x(u_0)$ 处约束非退化条件成立, 则算子 $\mathcal{A}(x(u_0), u_0)$ 是映上的. 考虑如下与扰动问题 (7.26) 相关的算子 $\mathcal{A}(x(u), u)$, 其中, $\forall d \in \mathbb{R}^n$,

$$\mathcal{A}(x(u), u)(d) := \begin{bmatrix} \mathcal{J}_x h(x(u), u) d \\ \mathcal{J}_x g^{I(x(u), u)}(x(u), u) d \\ \mathcal{J}_x q^{Z_q^*}(x(u), u) d \\ q^{B_q^*}(x(u), u)^{\mathrm{T}} R_{m_j} \mathcal{J} q^{B_q^*}(x(u), u) d \end{bmatrix}, \tag{7.38}$$

其中 $I(x(u), u) = \{i | g_i(x(u), u) = 0\} = \{i | g_i(\bar{x}) = 0\}$, $R_{m_j} := \begin{bmatrix} 1 & 0^{\mathrm{T}} \\ 0 & -I_{m_j} \end{bmatrix}$. 由隐函数定理的结论 (c) 可得到, 存在 $\mathbf{B}_{\delta_2}(u_0) \subseteq \mathbf{B}_{\delta_1}(u_0)$, 使得对于任何的 $u \in \mathbf{B}_{\delta_2}(u_0)$, 算子 $\mathcal{A}(x(u), u)$ 是映上的, 即 $x(u)$ 处的约束非退化条件成立.

下证 $(x(u), \mu(u), \xi(u), \lambda(u))$ 处的二阶充分性条件仍然成立. 注意到对任何 $u \in \mathbf{B}_{\delta_2}(u_0)$, $(x(u), \mu(u), \xi(u), \lambda(u))$ 是 KKT 点, 若有效梯度约束 (算子 $\mathcal{A}(x(u), u)$ 的维数) 包含 n 个向量, 则 $\forall u \in \mathbf{B}_{\delta_2}(u_0)$, $(x(u), \mu(u), \xi(u), \lambda(u))$ 的二阶充分性条件平凡成立. 不失一般性, 我们假设有效梯度约束包含的向量个数少于 n 个. $\forall u \in \mathbf{B}_{\delta_2}(u_0)$, 考虑集值映射:

$$\Gamma(u) := \{d \in \mathbb{R}^n | \mathcal{A}(x(u), u) d = 0\}.$$

显然, 集值映射 Γ 的图是闭的, 因此令 B 为 $\mathbb{R}^n$ 空间中的单位球面, 那么 $\Gamma(u) \cap B$ 在 $\mathbf{B}_{\delta_2}(u_0)$ 上是上半连续的. 由假设有效梯度约束包含的向量个数小于 n, 可知 $\Gamma(u) \cap B$ 是非空的. 考虑函数

$$\delta(u) := \min_{d \in \Gamma(u) \cap B} \left\{ d^{\mathrm{T}} \nabla_{xx}^2 L(x(u), \mu(u), \xi(u), \lambda(u)) d + d^{\mathrm{T}} \mathcal{H}(\bar{x}, \lambda) d \right\}. \tag{7.39}$$

其中 $\mathcal{H}(\bar{x},\lambda)=\sum\limits_{j=1}^{J}\mathcal{H}^j(\bar{x},\lambda^j)$, $\mathcal{H}^j(\bar{x},\lambda^j)$ 由公式 (7.21) 给出. 由函数 $(x(\cdot),\mu(\cdot),\xi(\cdot),\lambda(\cdot))$ 在 $\mathbf{B}_{\delta_2}(u_0)$ 关于 u 的连续性以及 f, h, g, q 关于 x 是二次连续可微的, 可知 (7.39) 式的目标函数在 $\mathbf{B}_{\delta_2}(u_0)$ 上关于 u, d 均连续, 并且约束集合 $\Gamma(u)\cap B$ 关于 u 是上半连续的, 由 [2, Theorem 2], 可得函数 $\delta(\cdot)$ 在 $\mathbf{B}_{\delta_2}(u_0)$ 上关于 u 是下半连续的. 又由于 $(x(u_0),\mu(u_0),\xi(u_0),\lambda(u_0))$ 处的二阶充分性条件成立, 则有 $\delta(u_0)>0$. 因此, 存在一个开邻域 $\mathbf{B}_{\delta}(u_0)\subset\mathbf{B}_{\delta_2}(u_0)$, 使得 $\forall u\in\mathbf{B}_{\delta}(u_0)$, 均有 $\delta(u)>0$ 成立, 即 $\forall u\in\mathbf{B}_{\delta}(u_0)$, $(x(u),\mu(u),\xi(u),\lambda(u))$ 满足二阶充分性条件. ■

7.4.2 强二阶充分性最优条件

令

$$S:=\{j\mid q^j(\bar{x})+\lambda_j\in \mathrm{int}Q_{m_j+1},\ j=1,\cdots,J\},\quad N:=\{1,\cdots,J\}\setminus S.$$

定义指标集合

$$\begin{aligned}&S_1:=\{j\in S|q^j(\bar{x})=0\},\\&S_2:=\{j\in S|q^j(\bar{x})\in \mathrm{bdry}\ Q_{m_j+1}\setminus\{0\},\ \lambda_j\in \mathrm{bdry}Q_{m_j+1}\setminus\{0\}\},\\&S_3:=\{j\in S|q^j(\bar{x})\in \mathrm{int}\ Q_{m_j+1}\}\end{aligned}\tag{7.40}$$

与

$$\begin{aligned}&N_1:=\{j|q^j(\bar{x})=\lambda_j=0\},\\&N_2:=\{j|q^j(\bar{x})=0,\ \lambda_j\in \mathrm{bdry}\ Q_{m_j+1}\setminus\{0\}\},\\&N_3:=\{j|q^j(\bar{x})\in \mathrm{bdry}\ Q_{m_j+1}\setminus\{0\},\ \lambda_j=0\}.\end{aligned}\tag{7.41}$$

显然 $\{S_1,S_2,S_3\}$ 是 S 的一个分划, $\{N_1,N_2,N_3\}$ 是 N 的一个分划.

设 $\bar{x}$ 是问题 (7.8) 的可行解, $\Lambda(\bar{x})$ 非空, 则临界锥的仿射包 $\mathrm{aff}(C(\bar{x}))$ 为

$$\mathrm{aff}(C(\bar{x}))=\left\{d\in\mathbb{R}^n\ \middle|\ \begin{array}{l}\mathcal{J}q^j(\bar{x})d=0,j\in S_1;\ \ \langle\lambda_j,\mathcal{J}q^j(\bar{x})d\rangle=0,j\in S_2;\\ \mathcal{J}q^j(\bar{x})d\in\mathbb{R}((\lambda_j)_0;-\overline{\lambda_j}),j\in N_2;\ \ \mathcal{J}h(\bar{x})d=0;\\ \nabla g_i(\bar{x})^{\mathrm{T}}d=0,\forall i:\ g_i(\bar{x})=0,\xi_i>0\end{array}\right\}.\tag{7.42}$$

定义 7.2 设 $\bar{x}$ 是问题 (7.8) 的可行解, 满足 $\Lambda(\bar{x})=\{(\mu,\xi,\lambda)\}$ 是单点集合. 称强二阶充分性条件 (简记为 SSOSC) 在 $\bar{x}$ 处成立, 如果

$$\langle d,\nabla^2_{xx}L(\bar{x},\mu,\xi,\lambda)d\rangle+\langle d,\mathcal{H}(\bar{x},\lambda)d\rangle>0,\quad\forall\ d\in\mathrm{aff}\ C(\bar{x})\setminus\{0\},\tag{7.43}$$

其中 $\{(\mu,\xi,\lambda)\}=\Lambda(\bar{x})\subset\mathbb{R}^l\times\mathbb{R}^p\times\mathbb{R}^m$,

$$\mathcal{H}(\bar{x},\lambda)=\sum_{j=1}^{J}\mathcal{H}^j(\bar{x},\lambda),$$

其中 $\mathcal{H}^j(\bar{x},\lambda)$ 如 (7.21) 定义.

7.4.3 (SOCP) 问题的 KKT 系统的强正则性

现在研究 KKT 条件 (7.13) 的强正则解与其等价条件. 设 $\bar{x}$ 是问题 (7.8) 的稳定点. 则 $(\bar{x},\bar{\mu},\bar{\xi},\bar{\lambda})$ 满足 KKT 条件 (7.13) 的充分必要条件是 $F^{\mathrm{KKT}}(\bar{x},\bar{\mu},\bar{\xi},\bar{\lambda})=0$, 其中 F^{KKT} 如 (7.27) 所定义. 这一方程等价于 $(\bar{x},\bar{\mu},\bar{\xi},\bar{\lambda})$ 是下述系统的解

$$0\in\begin{bmatrix}\nabla_x L(x,\mu,\xi,\lambda)\\-h(x)\\-g(x)\\q(x)\end{bmatrix}+\begin{bmatrix}N_{\mathbb{R}^n}(x)\\N_{\mathbb{R}^l}(\mu)\\N_{\mathbb{R}^p_+}(\xi)\\N_Q(\lambda)\end{bmatrix}.\tag{7.44}$$

方程 (7.44) 可以表示为下述广义方程的形式

$$0\in\phi(z)+N_D(z),\tag{7.45}$$

其中 ϕ 是由有限维的向量空间 $Z=\mathbb{R}^n\times\mathbb{R}^l\times\mathbb{R}^p\times\mathbb{R}^m$ 到它自身的连续可微映射,

$$\phi(z)=\begin{bmatrix}\nabla_x L(x,\mu,\xi,\lambda)\\-h(x)\\-g(x)\\q(x)\end{bmatrix},\quad z=(x,\mu,\xi,\lambda),$$

集合 $D=\mathbb{R}^n\times\mathbb{R}^l\times\mathbb{R}^p_+\times Q$ 是 Z 的一闭凸锥. 具体到广义方程 (7.45), 回顾 Robinson [26] 引入广义方程的解的强正则性的概念.

称 $\bar{z}=(\bar{x},\bar{\mu},\bar{\xi},\bar{\lambda})$ 为 KKT 条件系统的强正则解, 如果存在 $(\bar{x},\bar{\mu},\bar{\xi},\bar{\lambda})$ 的一个邻域 V 与 $(\mathbf{0}_n\times\mathbf{0}_l\times\mathbf{0}_p\times\mathbf{0}_m)$ 的一个邻域 $B\subset\mathbb{R}^n\times\mathbb{R}^l\times\mathbb{R}^p\times\mathbb{R}^m$, 满足对每一 $\delta:=(\delta_1,\delta_2,\delta_3,\delta_4)\in B$, 下述线性化系统

$$\delta\in\phi(\bar{z})+\mathcal{J}\phi(\bar{z})(z-\bar{z})+N_D(z)\tag{7.46}$$

具有唯一解 $z_V(\delta)=(x_V(\delta_1),\mu_V(\delta_2),\xi_V(\delta_3),\lambda_V(\delta_4))\in V$, 且这一解是 Lipschitz 连续的.

考虑广义方程的法映射:

$$\begin{aligned}\mathcal{F}(z) &= \phi(\Pi_D(z)) + z - \Pi_D(z) \\ &= \begin{bmatrix} \nabla_x L(x,\mu,\zeta - \Pi_{\mathbb{R}^p_-}(\zeta), \eta - \Pi_Q(\eta)) \\ -h(x) \\ -g(x) + \Pi_{\mathbb{R}^p_-}(\zeta) \\ -q(x) + \Pi_Q(\eta) \end{bmatrix}.\end{aligned} \tag{7.47}$$

则 $(\overline{x},\overline{\mu},\overline{\zeta},\overline{\eta})$ 是广义方程 (8.56) 的解当且仅当

$$\mathcal{F}(\overline{x},\overline{\mu},\overline{\zeta},\overline{\eta}) = 0,$$

其中 $\overline{\zeta} = \overline{\xi} + g(\overline{x})$, $\overline{\xi} = \Pi_{\mathbb{R}^p_+}(\overline{\zeta})$, $\overline{\eta} = \overline{q}(\overline{x}) - \overline{\lambda}$, $-\overline{\lambda} = \Pi_{-Q}(\overline{\eta})$.

下面的引理和命题是为主要的稳定性刻画的定理做准备的.

引理 7.4 点$(\overline{x},\overline{\mu},\overline{\xi},\overline{\lambda})$ 是广义方程 (7.44) 的强正则解当且仅当 $\mathcal{F}$ 是 $(\overline{x}, \overline{\mu}, \overline{\zeta}, \overline{\eta})$ 附近的 Lipschitz 同胚.

证明 注意 $\mathcal{F}$ 是 Lipschitz 连续映射, 容易验证此结论. ■

命题 7.6 设 $\overline{x}$ 是问题 (7.8) 的可行点满足 $\Lambda(\overline{x}) \neq \varnothing$. 令 $(\overline{x},\overline{\mu},\overline{\xi},\overline{\lambda}) \in \Lambda(\overline{x})$, $\overline{\zeta} = \overline{\xi} + g(\overline{x})$, $\overline{\eta} = \overline{q}(\overline{x}) - \lambda$. 考虑下述条件:

(a) 强二阶充分性条件 (7.43) 在 $\overline{x}$ 成立, 且 $\overline{x}$ 满足约束非退化条件.

(b) 广义梯度 $\partial\mathcal{F}(\overline{x},\overline{\mu},\overline{\zeta},\overline{\eta})$ 中的任何元素是非奇异的.

(c) KKT 点 $(\overline{x},\overline{\mu},\overline{\xi},\overline{\lambda})$ 是广义方程 (7.44) 的强正则解.

则 (a) $\Longrightarrow$ (b) $\Longrightarrow$ (c).

证明 先证明 (a) $\Longrightarrow$ (b). 因为约束非退化条件在 $\overline{x}$ 处成立, $\Lambda(\overline{x}) = \{(\overline{x},\overline{\mu}, \overline{\xi},\overline{\lambda})\}$. 考虑在 $\overline{x}$ 处的强二阶充分性条件 (7.43) 具有下述形式

$$\langle d, \nabla^2_{xx} L(\overline{x},\mu,\xi,\lambda)d\rangle + \langle d, \mathcal{H}(\bar{x},\lambda)d\rangle > 0, \quad \forall\, d \in \operatorname{aff} C(\bar{x}) \setminus \{0\}, \tag{7.48}$$

其中 $\mathcal{H}(\bar{x},\lambda) := \sum_{j=1}^{J} \mathcal{H}^j(\bar{x},\lambda)$, $\mathcal{H}^j(\bar{x},\lambda)$ 如 (7.21) 定义. 令 $W \in \partial\mathcal{F}(\overline{x},\overline{\mu},\overline{\zeta},\overline{\eta})$. 我们证明 W 是非奇异的. 设 $(\Delta x, \Delta\mu, \Delta\zeta, \Delta\eta) \in \mathbb{R}^n \times \mathbb{R}^l \times \mathbb{R}^p \times \mathbb{R}^m$ 满足

$$W(\Delta x, \Delta\mu, \Delta\zeta, \Delta\eta) = 0.$$

根据 $\mathcal{F}$ 的定义, 存在 $V_1 \in \partial\Pi_{\mathbb{R}^p_-}(\overline{\zeta})$, $V_2 \in \partial\Pi_Q(\overline{\eta})$ 满足

$$W(\Delta x, \Delta\mu, \Delta\zeta, \Delta\eta) = \begin{bmatrix} \nabla^2_{xx}L(\bar{x}, \bar{\mu}, \overline{\xi}, \overline{\lambda})\Delta x + \mathcal{J}h(\overline{x})^{\mathrm{T}}\Delta\mu \\ +\mathcal{J}g(\overline{x})^{\mathrm{T}}[\Delta\zeta - V_1(\Delta\zeta)] + \mathcal{J}q(\overline{x})^{\mathrm{T}}[\Delta\eta - V_2(\Delta\eta)] \\ -\mathcal{J}h(\overline{x})\Delta x \\ -\mathcal{J}g(\overline{x})\Delta x + V_1(\Delta\zeta) \\ -\mathcal{J}q(\overline{x})\Delta x + V_2(\Delta\eta) \end{bmatrix} = 0. \tag{7.49}$$

不妨设不等式约束的乘子 $\overline{\xi}$ 的前 $s < p$ 个分量满足 $\overline{\xi}_i > 0$, 用符号 $I_0^+(\bar{x})$ 表示; $s < i < r < p$ 的分量满足 $\overline{\xi}_i = 0$, 且 $g_i(\bar{x}) = 0$, 用符号 $I_0^0(\bar{x})$ 表示; $r < i \leqslant p$ 的分量满足 $\overline{\xi}_i = 0$, 且 $g_i(\bar{x}) < 0$, 用符号 $I_0^-(\bar{x})$ 表示. 回顾负卦限锥的投影算子的次微分, 有

$$\begin{aligned} &\mathcal{J}g_{I_0^+}(\overline{x})\Delta x = 0; \\ &\mathcal{J}g(\overline{x})_{I_0^0}\Delta x = \hat{D}_{I_0^0}\Delta x_{I_0^0}, \quad \hat{D}_{I_0^0} = \mathrm{Diag}(\hat{d}_{ii}), \quad \hat{d}_{ii} \in [0,1]; \\ &\mathcal{J}g_{I_0^-}(\overline{x})\Delta x = \Delta x_{I_0^-}. \end{aligned} \tag{7.50}$$

另外利用 (7.40) 式与 (7.41) 式对指标集的定义, 记 $-\Delta\lambda = \Delta\eta - V_2(\Delta\eta)$, 由引理 7.1 可知

$$\Pi'_{Q_{m_j+1}}(\overline{\eta}^j; \mathcal{J}q^j(\bar{x})\Delta x - \Delta\lambda^j) = \begin{cases} 0, & j \in S_1(\bar{x}), \\ \mathcal{J}\Pi_{Q_{m_j+1}}(\overline{\eta}^j)(\mathcal{J}q^j(\bar{x})\Delta x - \Delta\lambda^j), & j \in S_2(\bar{x}), \\ \mathcal{J}q^j(\bar{x})\Delta x - \Delta\lambda^j, & j \in S_3(\bar{x}), \\ \Pi_{Q_{m_j+1}}(\mathcal{J}q^j(\bar{x})\Delta x - \Delta\lambda^j), & j \in N_1(\bar{x}), \\ 2[c_2(\overline{\eta}^j)^{\mathrm{T}}(\mathcal{J}q^j(\bar{x})\Delta x - \Delta\lambda^j)]_+ c_2(\overline{\eta}^j), & j \in N_2(\bar{x}), \\ \mathcal{J}q^j(\bar{x})\Delta x - \Delta\lambda^j & \\ -2[c_1(\overline{\eta}^j)^{\mathrm{T}}(\mathcal{J}q^j(\bar{x})\Delta x - \Delta\lambda^j)]_- c_1(\overline{\eta}^j), & j \in N_3(\bar{x}). \end{cases} \tag{7.51}$$

根据定理 7.5 的证明过程, 容易得到

$$\begin{aligned} &j \in S_1, \quad \mathcal{J}q^j(\bar{x})\Delta x = 0; \\ &j \in S_2, \quad \langle \mathcal{J}q^j(\bar{x})\Delta x, \overline{\lambda}^j \rangle = 0; \\ &j \in S_3, \quad \mathcal{J}q_j(\bar{x})\Delta x \in \mathbb{R}^{m_j+1}. \end{aligned} \tag{7.52}$$

当 $j \in N_1(\bar{x})$ 时, 有

$$\mathcal{J}q^j(\bar{x})\Delta x = \Pi_{Q_{m_j+1}}(\mathcal{J}q^j(\bar{x})\Delta x - (\Delta\lambda)^j) \in Q_{m_j+1}.$$

这意味着

$$(\Delta\lambda)^j \begin{cases} = 0, & \mathcal{J}q^j(\bar{x})\Delta x \in Q_{m_j+1} \setminus \{0\}, \\ \in -Q_{m_j+1}, & \mathcal{J}q^j(\bar{x})\Delta x = 0. \end{cases} \tag{7.53}$$

当 $j \in N_2(\bar{x})$ 时, 有 $q^j(\bar{x}) = 0$ 且 $\bar{\lambda}^j = -\bar{\eta}^j := (\bar{\lambda}^{j1}; \bar{\lambda}^{j2}) \in \operatorname{bdry} Q_{m_j+1} \setminus \{0\}$, 则

$$c_2(\bar{\eta}^j) = \frac{1}{2}\left(1; -\frac{\bar{\lambda}^{j2}}{\bar{\lambda}^{j1}}\right)$$

且

$$\mathcal{J}q^j(\bar{x})\Delta x = 2[c_2(\bar{\eta}^j)^{\mathrm{T}}(\mathcal{J}q^j(\bar{x})\Delta x - \Delta\lambda^j)]_+ c_2(\bar{\eta}^j) \in \mathbb{R}_+ \begin{bmatrix} \bar{\lambda}^{j1} \\ -\bar{\lambda}^{j2} \end{bmatrix}. \tag{7.54}$$

我们断言 “若 $c_2(\bar{\eta}^j)^{\mathrm{T}}(\Delta\lambda)^j > 0$, 必有 $\mathcal{J}q^j(\bar{x})\Delta x = 0$.” 采用反证法, 假设 $\mathcal{J}q^j(\bar{x})\Delta x \neq 0$, 则一定存在常数 $a > 0$, 使得 $\mathcal{J}q^j(\bar{x})\Delta x = ac_2(\bar{\eta}^j)$. 由表达式 (7.54), 可得

$$ac_2(\bar{\eta}^j) = \mathcal{J}q^j(\bar{x})\Delta x = 2\|c_2(\bar{\eta}^j)\|^2(ac_2(\bar{\eta}^j) - \Delta\lambda^j) = ac_2(\bar{\eta}^j) - \Delta\lambda^j.$$

可以观察到上述等式成立必使得 $\Delta\lambda^j = 0$, 这与假设矛盾, 因此断言所述结论正确. 如上断言意味着如下事实: 若 $c_2(\bar{\eta}^j)^{\mathrm{T}}(\Delta\lambda)^j > 0$, 则有

$$\langle \mathcal{J}q^j(\overline{x})\Delta x, (\Delta\lambda)^j \rangle = 0;$$

相反地, 若 $c_2(\bar{\eta}^j)^{\mathrm{T}}(\Delta\lambda)^j \leqslant 0$, 根据表达式 (7.54), 存在常数 $a \geqslant 0$, 使得

$$\langle \mathcal{J}q^j(\overline{x})\Delta x, (\Delta\lambda)^j \rangle = ac_2(\bar{\eta}^j)^{\mathrm{T}}(\Delta\lambda)^j \leqslant 0.$$

当 $j \in N_3(\bar{x})$ 时, 有 $\bar{\lambda}^j = 0$ 且 $\bar{\eta}^j = q^j(\bar{x}) := (\bar{q}^{j1}; \bar{q}^{j2}) \in \operatorname{bdry} Q_{m_j+1} \setminus \{0\}$, 则

$$c_1(\bar{\eta}^j) = \frac{1}{2}\left(1; -\frac{\bar{q}^{j2}}{\bar{q}^{j1}}\right),$$

因此

$$\left\langle \mathcal{J}q^j(\bar{x})\Delta x, \begin{bmatrix} q^{j1}(\bar{x}) \\ -q^{j2}(\bar{x}) \end{bmatrix} \right\rangle$$

$$
\begin{aligned}
&= \left\langle \Pi'_{Q_{m_j+1}}(q^j(\bar{x}) - \bar{\lambda}^j; \mathcal{J}q^j(\bar{x})\Delta x - \Delta\lambda^j), \begin{bmatrix} q^{j1}(\bar{x}) \\ -q^{j2}(\bar{x}) \end{bmatrix} \right\rangle \\
&= q^{j1}(\bar{x}) \left\langle \mathcal{J}q^j(\bar{x})\Delta x - \Delta\lambda^j - 2[c_1(\bar{\eta}^j)^{\mathrm{T}}(\mathcal{J}q^j(\bar{x})\Delta x - \Delta\lambda^j)] - c_1(\bar{\eta}^j), 2c_1(\bar{\eta}^j) \right\rangle \\
&= q^{j1}(\bar{x}) \left\{ 2c_1(\bar{\eta}^j)^{\mathrm{T}}(\mathcal{J}q^j(\bar{x})\Delta x - \Delta\lambda^j) - 2[c_1(\bar{\eta}^j)^{\mathrm{T}}(\mathcal{J}q^j(\bar{x})\Delta x - \Delta\lambda^j)]_- \right\} \\
&\geqslant 0.
\end{aligned}
$$

结合 S_1，S_2, N_2 以及 (7.49) 的第二式和 (7.50) 的第一式得到

$$
\Delta x \in \operatorname{aff} C(\overline{x}). \tag{7.55}
$$

再令 $\Delta\zeta - V_1\Delta\zeta = \Delta\xi$, 由 (7.49) 的第三式和第四式可得 $\Delta\zeta = \mathcal{J}q(\overline{x})\Delta x + \Delta\xi$ 和 $\Delta\eta = \mathcal{J}q(\overline{x})\Delta x - \Delta\lambda$. 从而 (7.49) 表示为

$$
W(\Delta x, \Delta\mu, \Delta\xi, \Delta\Gamma) = \begin{bmatrix} \nabla^2_{xx}L(\overline{x}, \overline{\mu}, \overline{\xi}, \overline{\lambda})\Delta x + \mathcal{J}h(\overline{x})^{\mathrm{T}}\Delta\mu \\ +\mathcal{J}g(\overline{x})^{\mathrm{T}}\Delta\xi - \mathcal{J}q(\overline{x})^{\mathrm{T}}\Delta\lambda \\ -\mathcal{J}h(\overline{x})\Delta x \\ -\mathcal{J}g(\overline{x})\Delta x + V_1(\mathcal{J}g(\overline{x})\Delta x + \Delta\xi) \\ -\mathcal{J}q(\overline{x})\Delta x + V_2(\mathcal{J}q(\overline{x})\Delta x - \Delta\lambda) \end{bmatrix} = 0. \tag{7.56}
$$

由 (7.56) 的前两式可得

$$
\begin{aligned}
0 &= \langle \Delta x, \nabla^2_{xx}L(\overline{x}, \overline{\mu}, \overline{\xi}, \overline{\lambda})\Delta x + \mathcal{J}h(\overline{x})^{\mathrm{T}}\Delta\mu + \mathcal{J}g(\overline{x})^{\mathrm{T}}\Delta\xi + \mathcal{J}q(\overline{x})^{\mathrm{T}}\Delta\lambda \rangle \\
&= \langle \Delta x, \nabla^2_{xx}L(\overline{x}, \overline{\mu}, \overline{\xi}, \overline{\lambda})\Delta x \rangle + \langle \Delta\mu, \mathcal{J}h(\overline{x})\Delta x \rangle \\
&\quad + \langle \Delta\xi, \mathcal{J}g(\overline{x})\Delta x \rangle + \langle \Delta\lambda, \mathcal{J}q(\overline{x})\Delta x \rangle \\
&= \langle \Delta x, \nabla^2_{xx}L(\overline{x}, \overline{\mu}, \overline{\xi}, \overline{\lambda})\Delta x \rangle + \sum_{i \in I_0^0} (\Delta\xi)_i \nabla g_i(\overline{x})^{\mathrm{T}}(\Delta x)_i \\
&\quad + \sum_{j \in S_2 \cup N_3} ((\Delta\lambda)^j)^{\mathrm{T}} \mathcal{J}q^j(\overline{x})\Delta x.
\end{aligned} \tag{7.57}
$$

由 [1, 命题 7.8] 可得

$$
\sum_{j \in S_2 \cup N_3} ((\Delta\lambda)^j)^{\mathrm{T}} \mathcal{J}q^j(\bar{x})\Delta x = \sum_{j \in B_q^*} (\mathcal{J}q^j(\bar{x})\Delta x)^{\mathrm{T}} \Delta\lambda^j \geqslant \sum_{j \in B_q^*} K^j(\bar{x}, \overline{\lambda}^j),
$$

其中 $q^j(\bar{x}) := (\bar{q}^{j1}; \bar{q}^{j2})$, $\overline{\lambda}^j := (\bar{\lambda}^{j1}; \bar{\lambda}^{j2}) \in Q_{m_j+1}$ 并且

$$K^j(\bar{x}, \bar{\lambda}^j) = \begin{cases} -\dfrac{\bar{\lambda}^{j1}}{\bar{q}^{j1}} \mathcal{J}q^j(\bar{x})\Delta x \begin{bmatrix} 1 & 0^{\mathrm{T}} \\ 0 & -I_{m_j} \end{bmatrix} (\mathcal{J}q^j(\bar{x})\Delta x)^{\mathrm{T}}, & j \in B_q^*, \\ 0, & \text{否则}. \end{cases} \tag{7.58}$$

结合 (7.56) 中的第三式和第四式, (7.57) 变为

$$0 \geqslant \langle \Delta x, \nabla_{xx}^2 L(\overline{x}, \overline{\mu}, \overline{\xi}, \overline{\lambda})\Delta x \rangle + (\Delta\lambda)_{I_0^0}^{\mathrm{T}} (\hat{D}_{I_0^0})(I - \hat{D}_{I_0^0})(\Delta\lambda)_{I_0^0} + \sum_{j \in B_q^*} K^j(\bar{x}, \overline{\lambda}^j). \tag{7.59}$$

由引理 9.1, 可知 $(\Delta\lambda)_{I_0^0}^{\mathrm{T}} (\hat{D}_{I_0^0})(I - \hat{D}_{I_0^0})(\Delta\lambda)_{I_0^0} \geqslant 0$. 因此, 由 (7.55), (7.59) 和强二阶充分性条件 (7.43) 必有 $\Delta x = 0$. 于是 (7.56) 可简化为

$$\begin{bmatrix} \mathcal{J}h(\overline{x})^{\mathrm{T}}\Delta\mu + \mathcal{J}g(\overline{x})^{\mathrm{T}}\Delta\xi + \mathcal{J}q(\overline{x})^{\mathrm{T}}\Delta\lambda \\ V_1(\Delta\xi) \\ V_2(\Delta\lambda) \end{bmatrix} = 0. \tag{7.60}$$

由 $V_1(\Delta\xi) = V_2(\Delta\lambda) = 0$ 可得

$$\mathcal{J}g_{I_0^-}(\overline{x})^{\mathrm{T}}(\Delta\xi)_{I_0^-} = 0; \quad j \in S_3 = I_q^*, (\Delta\lambda)^j = 0. \tag{7.61}$$

由约束非退化等价条件定理 7.2, 有

$$\Delta\mu = 0, \quad (\Delta\xi)_{i \in I_0^+ \cup I_0^0} = 0, \quad (\Delta\lambda)^{j \in (S_1 \cup N_1 \cup N_2) \cup (S_2 \cup N_3)} = (\Delta\lambda)^{j \in Z_q^* \cup B_q^*} = 0.$$

再注意前面得到的 $\Delta x = 0$ 得到 W 的非奇异性.

再来证明 (b) $\Longrightarrow$ (c). 由 Clarke 的反函数定理 (定理 9.8) 可得 $\mathcal{F}$ 是 $(\overline{x}, \overline{\mu}, \overline{\zeta}, \overline{\eta})$ 附近的局部 Lipschitz 同胚, 由引理 7.4, 这等价于 $(\overline{x}, \overline{\mu}, \overline{\xi}, \overline{\lambda})$ 是广义方程 (7.44) 的强正则解. ■

考虑扰动问题 (SOCP_u), 为了讨论解的强正则性, 需要引入一致二阶增长条件. 下述一致二阶增长条件的概念是定义 9.20 具体化到二阶锥约束优化问题的具体形式.

定义 7.3 设 $\bar{x}$ 是问题 (7.8) 的稳定点. 称关于 $\mathcal{C}^2$-参数化 $(f(x,u), h(x,u), g(x,u), q(x,u))$ 的一致二阶增长条件在 $\bar{x}$ 处成立, 如果存在 $\alpha > 0$ 和 $\bar{x}$ 的邻域 V 与 0 的邻域 $U \subset \mathcal{U}$ 满足, 对任何 $u \in U$ 与扰动问题 (7.26) 的稳定点 $x(u) \in V$, 下述不等式成立:

$$\begin{gathered} f(x,u) \geqslant f(x(u),u) + \alpha\|x - x(u)\|^2, \quad \forall x \in V, \\ \text{满足 } h(x,u) = 0, g(x,u) \in \mathbb{R}_-^p,\ q(x,u) \in Q. \end{gathered} \tag{7.62}$$

如果条件 (7.62) 对任何 $\mathcal{C}^2$-参数化均成立, 则称一致二阶增长条件在 $\bar{x}$ 处成立.

引理 7.5 设 $\bar{x}$ 是问题 (7.8) 的稳定点. 设 Robinson 约束规范在 $\bar{x}$ 处成立. 如果在 $\bar{x}$ 处关于标准参数化的一致二阶增长条件成立, 则强二阶性充分条件 (7.43) 在 $\bar{x}$ 处成立.

证明 令 $(\overline{\mu},\overline{\xi},\overline{\lambda})\in\Lambda(\bar{x})$. 考虑下述参数非线性二阶锥规划问题

$$\left\{\begin{array}{ll}\min\limits_{x\in X} & f(x)\\ \text{s.t.} & h(x)=0,\\ & g(x)-\tau_1\sum\limits_{i\in I_0(\bar{x})}\bar{e}_i\in\mathbb{R}^p_-,\\ & q^j(x)\in Q_{m_j+1}, j\in S,\\ & q^j(x)+\tau_2\overline{\nu}^j\in Q_{m_j+1}, j\in N,\end{array}\right. \tag{7.63}$$

其中 τ_1, $\tau_2\in\mathbb{R}$. $I_0(\bar{x})=\{i|g_i(\bar{x})=0,\overline{\lambda}_i=0\}$, $S=S_1\cup S_2\cup S_3$, $N=N_1\cup N_2\cup N_3$, $\bar{e}_i\in\mathbb{R}^p$ 是 $\mathbb{R}^p$ 的第 i 个单位向量, 并且定义

$$\overline{\nu}^j\in\left\{\begin{array}{ll}\operatorname{int}Q_{m_j+1}, & j\in N_1\cup N_3,\\ \operatorname{bdry}Q_{m_j+1}\setminus\{0\}, & j\in N_2.\end{array}\right. \tag{7.64}$$

则对任何 $\tau_1,\tau_2>0$, $(\bar{x},\overline{\mu},\overline{\xi},\overline{\lambda})$ 满足参数化问题 (7.63) 的 KKT 条件:

$$\begin{aligned}&\mathcal{J}_xL_\tau(\bar{x},\overline{\mu},\overline{\xi},\overline{\lambda})=\mathcal{J}_xL(\bar{x},\overline{\mu},\overline{\xi},\overline{\lambda})=0,\\ &-h(\bar{x})=0,\quad \overline{\xi}\in N_{\mathbb{R}^p_-}\Big(g(\bar{x})-\tau_1\sum_{i\in I_0(\bar{x})}\bar{e}_i\Big),\\ &Q_{m_j+1}\ni\overline{\lambda}^j\perp q^j(x)\in Q_{m_j+1},\quad \forall j\in S,\\ &Q_{m_j+1}\ni\overline{\lambda}^j\perp q^j(x)+\tau_2\overline{\nu}^j\in Q_{m_j+1},\quad \forall j\in N,\end{aligned} \tag{7.65}$$

其中

$$\begin{aligned}L_\tau(x,\mu,\xi,\lambda)=&L(x,\mu,\xi,\lambda)-\tau_1\sum_{i\in I_0(\bar{x})}\xi_i-\tau_2\sum_{j\in N}(\lambda^j)^{\mathrm{T}}\overline{\nu}^j,\\ &(x,\mu,\xi,\lambda)\in\mathbb{R}^n\times\mathbb{R}^l\times\mathbb{R}^p\times\mathbb{R}^m.\end{aligned}$$

用 $\Lambda_\tau(\bar{x})$ 记所有满足 (7.65) 的 $(\mu,\xi,\lambda)\in\mathbb{R}^l\times\mathbb{R}^p\times\mathbb{R}^m$. 因为

$$g(\bar{x})-\tau_1\sum_{i\in I_0(\bar{x})}\bar{e}_i-\overline{\xi}<0$$

和

$$q^j(\bar{x})+\overline{\lambda}^j\in\operatorname{int}Q_{m_j+1},\ j\in S;\quad q^j(\bar{x})+\tau_2\overline{\nu}^j+\overline{\lambda}^j\in\operatorname{int}Q_{m_j+1},\ j\in N,$$

对任何 τ_1, $\tau_2 > 0$ 均成立, 问题 (7.63) 在 $\bar{x}$ 处的临界锥 $C_\tau(\bar{x})$ 具有下述形式:

$$C_\tau(\bar{x}) = \left\{ d \in \mathbb{R}^n \;\middle|\; \begin{array}{l} \mathcal{J}h(\bar{x})d = 0; \nabla g_i(\bar{x})^{\mathrm{T}} d = 0, \forall i : g_i(\bar{x}) = 0, \bar{\xi}_i > 0; \\ \mathcal{J}q^j(\bar{x})d = 0, j \in S_1; \quad \langle \bar{\lambda}_j, \mathcal{J}q^j(\bar{x})d \rangle = 0, j \in S_2; \\ \mathcal{J}q^j(\bar{x})d \in \mathbb{R}((\bar{\lambda}_j)_0; -\overline{\bar{\lambda}_j}), j \in N_2. \end{array} \right\}.$$

因此 $\operatorname{aff} C(\bar{x}) = C_\tau(\bar{x})$. 因为问题 (7.63) 的二阶增长条件在 $\bar{x}$ 处成立, 可得对 $\tau_1, \tau_2 > 0$ 有

$$\sup_{(\mu,\xi,\lambda)\in\Lambda_\tau(\bar{x})} \left\{ \langle \nabla^2_{xx} L_\tau(\bar{x}, \mu, \xi, \lambda)d, d \rangle + d^{\mathrm{T}} \mathcal{H}_\tau(\bar{x}, \lambda) d \right\} > 0, \quad \forall d \in C_\tau(\bar{x}) \setminus \{0\}.$$

这里 $\mathcal{H}_\tau(\bar{x}, \lambda) = \sum_{j=1}^{J} \mathcal{H}^j_\tau(\bar{x}, \lambda^j)$, 其中 $\mathcal{H}^j_\tau(\bar{x}, \lambda^j), j = 1, \cdots, J$ 由如下公式定义:

$$\mathcal{H}^j_\tau(\bar{x}, \lambda^j) = \begin{cases} -\dfrac{\lambda^j_0}{q^j_0(\bar{x})} \nabla q^j(\bar{x}) \begin{bmatrix} 1 & 0^{\mathrm{T}} \\ 0 & -I_{m_j} \end{bmatrix} \mathcal{J}q^j(\bar{x}), & j \in S_2, \\ -\dfrac{\lambda^j_0}{(q^j(\bar{x}) + \tau_2 \overline{\nu}^j)_0} \nabla q^j(\bar{x}) \begin{bmatrix} 1 & 0^{\mathrm{T}} \\ 0 & -I_{m_j} \end{bmatrix} \mathcal{J}q^j(\bar{x}), & j \in N_2, \\ 0, & \text{否则}. \end{cases} \tag{7.66}$$

注意对任何 $(\mu, \xi, \lambda) \in \Lambda_\tau(\bar{x})$, 当 $\|\overline{\nu}^j\|$, $j \in N_2$ 充分大时, 有

$$d^{\mathrm{T}} \mathcal{H}_\tau(\bar{x}, \lambda) d \leqslant d^{\mathrm{T}} \mathcal{H}(\bar{x}, \lambda) d$$

以及 $\nabla^2_{xx} L_\tau(\bar{x}, \mu, \xi, \lambda) = \nabla^2_{xx} L(\bar{x}, \mu, \xi, \lambda)$, 其中

$$\mathcal{H}(\bar{x}, \lambda) := \sum_{j=1}^{J} \mathcal{H}^j(\bar{x}, \lambda),$$

其中 $\mathcal{H}^j(\bar{x}, \lambda)$ 如 (7.21) 定义. 因此

$$\sup_{(\mu,\xi,\lambda)\in\Lambda_\tau(\bar{x})} \left\{ \langle d, \nabla^2_{xx} L(\bar{x}, \mu, \xi, \lambda) d \rangle + d^{\mathrm{T}} \mathcal{H}(\bar{x}, \lambda) d \right\} > 0, \quad \forall d \in \operatorname{aff} C(\bar{x}) \setminus \{0\}. \tag{7.67}$$

因为对任何 $\tau > 0$, $\Lambda_\tau(\bar{x}) \subset \Lambda(\bar{x})$, (7.67) 可推出

$$\sup_{(\mu,\xi,\lambda)\in\Lambda(\bar{x})} \left\{ \langle d, \nabla^2_{xx} L(\bar{x}, \mu, \xi, \lambda) d \rangle + d^{\mathrm{T}} \mathcal{H}(\bar{x}, \lambda) d \right\} > 0, \quad \forall d \in \operatorname{aff} C(\bar{x}) \setminus \{0\}.$$

即强二阶充分性条件成立. ■

现在来叙述并证明主要的稳定性定理.

定理 7.6　设 $\bar{x}$ 是非线性二阶锥约束优化问题 (7.8) 的局部极小点, Robinson 约束规范在 $\bar{x}$ 处成立, $(\overline{\mu},\overline{\xi},\overline{\lambda})\in\mathbb{R}^l\times\mathbb{R}^p\times\mathbb{R}^m$ 是对应 $\bar{x}$ 的 Lagrange 乘子. 定义 $\overline{\zeta}=g(\overline{x})+\overline{\xi}$, $\overline{\eta}=q(\overline{x})-\overline{\lambda}$. 则下述条件彼此是等价的.

(a) 点 $\bar{x}$ 是非退化的且强二阶充分性条件 (7.43) 在点 $\bar{x}$ 处成立.

(b) 广义微分 $\partial\mathcal{F}(\overline{x},\overline{\mu},\overline{\zeta},\overline{\eta})$ 中的任何元素是非奇异的.

(c) KKT 点 $(\bar{x},\overline{\mu},\overline{\xi},\overline{\lambda})$ 是广义方程 (7.44) 的强正则解.

(d) 函数 $\mathcal{F}$ 在 $(\overline{x},\overline{\mu},\overline{\zeta},\overline{\eta})$ 附近是一局部 Lipschitz 同胚.

(e) 点 $\bar{x}$ 是非退化的, 且一致二阶增长条件在 $\bar{x}$ 处成立.

证明　关系 (a)$\Longrightarrow$(b) $\Longrightarrow$(c) 可由命题 7.6. 由强正则解和 Lipschitz 同胚的定义可知 (c)$\Longleftrightarrow$(d). 关系 (e) $\Longleftrightarrow$(c) 由定理 6.10 得到, (a) $\Longleftrightarrow$(e) 由定理 6.10 或 [7, Theorem 30] 得到. ■

7.5　二阶锥优化模型的应用*

本节将描述一些可以被转换为 (SOCP) 的凸优化模型. 这些问题包括涉及范数和最大值的优化问题模型, 以及带有双曲约束的优化模型. 我们还描述了 (SOCP) 在鲁棒凸优化问题中的两种应用: 线性鲁棒优化问题和鲁棒最小二乘问题. 本节内容选自 [18].

1. 包含范数之和和最大值的优化问题

当目标函数涉及范数时, 目标函数不能满足光滑性质. 这一类问题可以转化为光滑的 (SOCP) 问题求解.

给定 $F_i\in\mathbb{R}^{n\times n}$ 和 $g_i\in\mathbb{R}^{n_i}$, $i=1,\cdots,p$. 无约束问题

$$\min\sum_{i=1}^{p}\|F_ix+g_i\|$$

等价于含有 p 个二阶锥约束的 (SOCP) 问题:

$$\begin{cases}\min & \displaystyle\sum_{i=1}^{p}t_i\\ \text{s.t.} & \|F_jx+g_j\|\leqslant t_j,\ j=1,\cdots,p,\end{cases}$$

其中变量 $(t_i,x)\in\mathbb{R}^{1+n_i}$, $i=1,\cdots,p$.

类似的转化还可以应用到范数极大化优化模型:

$$\min\max_{i=1,\cdots,p}\|F_ix+g_i\|.$$

它等价于如下形式的 (SOCP) 问题:

$$\begin{cases} \min & t \\ \text{s.t.} & \|F_i x + g_i\| \leqslant t,\ i = 1, \cdots, p, \end{cases}$$

其中变量 $(t, x) \in \mathbb{R}^{1+n}$.

范数之和问题的一个特殊的例子是复 ℓ_1-范数逼近模型:

$$\min \|Ax - b\|_1,$$

其中 $x \in \mathbb{C}^q$, $A \in \mathbb{C}^{p\times q}$, $b \in \mathbb{C}^p$, $\mathbb{C}^q$ 上的 ℓ_1-范数定义为 $\|v\|_1 = \sum\limits_{i=1}^{p} |v_i|$. 这一类问题可以转化为带有 p 个 3 维的二阶锥约束的 (SOCP) 模型:

$$\begin{cases} \min & \sum\limits_{i=1}^{p} t_i \\ \text{s.t.} & \left\| \begin{bmatrix} \Re a_i^{\mathrm{T}} & -\Im a_i^{\mathrm{T}} \\ \Im a_i^{\mathrm{T}} & \Re a_i^{\mathrm{T}} \end{bmatrix} z + \begin{bmatrix} \Re b_i \\ \Im b_i \end{bmatrix} \right\| \leqslant t_i,\ i = 1, \cdots, p, \end{cases}$$

其中变量 $(t_i, z) := (t_i, \Re x^{\mathrm{T}}, \Im x^{\mathrm{T}})^{\mathrm{T}} \in \mathbb{R}^{1+2q}$, $i = 1, \cdots, p$. $\Re x^{\mathrm{T}}$ 表示向量 x 的实部, $\Im x^{\mathrm{T}}$ 表示向量 x 的虚部.

考虑极小化前 k 个最大范数之和的优化问题:

$$\begin{cases} \min & \sum\limits_{i=1}^{k} y[i] \\ \text{s.t.} & \|F_i x + g_i\| \leqslant y_i,\ i = 1, \cdots, p, \end{cases} \tag{7.68}$$

其中 $y[1], \cdots, y[p]$ 是按降序排序的 $y_1, \cdots, y_p$. (7.68) 中的目标函数是凸的且问题等价于 (SOCP) 模型:

$$\begin{cases} \min & kt + \sum\limits_{i=1}^{p} y_i \\ \text{s.t.} & \|F_i x + g_i\| \leqslant t + y_i,\ i = 1, \cdots, p, \\ & y_i \geqslant 0,\ i = 1, \cdots, p, \end{cases}$$

其中变量 x, $y \in \mathbb{R}^p$, $t \in \mathbb{R}$.

2. 双曲约束的优化问题

w 是一向量, 则下述事实成立,

$$w^{\mathrm{T}} w \leqslant xy,\ x \geqslant 0,\ y \geqslant 0 \ \Leftrightarrow \left\| \begin{bmatrix} 2w \\ x - y \end{bmatrix} \right\| \leqslant x + y. \tag{7.69}$$

我们将这样的约束称为双曲约束, 因为它描述的是半双曲线. 其中一类问题是对数 Chebyshev 逼近问题. 考虑下述形式的优化问题:

$$\min \max_{i=1,\cdots,p} |\log(a_i^{\mathrm{T}}x) - \log(b_i)|, \tag{7.70}$$

其中 $A = (a_1, \cdots, a_p)^{\mathrm{T}} \in \mathbb{R}^{p\times n}$, $b \in \mathbb{R}^p$. 假设 $b > 0$ 且定义当 $a_i^{\mathrm{T}}x \leqslant 0$ 时, $\log(a_i^{\mathrm{T}}x) = -\infty$. (7.70) 的目标是近似求解方程组 $Ax \approx b$ 的一个超定集, 通过 $a_i^{\mathrm{T}}x$ 和 b_i 之间的最大对数偏差来测量误差. 注意到, 假设 $a_i^{\mathrm{T}}x > 0$, 则

$$[\log(a_i^{\mathrm{T}}x) - \log(b_i)] = \log\max(a_i^{\mathrm{T}}x/b_i, b_i/a_i^{\mathrm{T}}x).$$

那么问题 (7.70) 等价于求解 $\min\max_i \max(a_i^{\mathrm{T}}x/b_i, b_i/a_i^{\mathrm{T}}x)$, 即

$$\begin{cases} \min & t \\ \text{s.t.} & 1/t \leqslant a_i^{\mathrm{T}}x/b_i \leqslant t,\ i = 1, \cdots, p. \end{cases}$$

这等价于一个 (SOCP) 模型

$$\begin{cases} \min & t \\ \text{s.t.} & a_i^{\mathrm{T}}x/b_i \leqslant t,\ i = 1, \cdots, p \\ & \left\| \begin{bmatrix} 2 \\ t - a_i^{\mathrm{T}}x/b_i \end{bmatrix} \right\| \leqslant t + a_i^{\mathrm{T}}x/b_i,\ i = 1, \cdots, p. \end{cases}$$

3. 二阶锥可表示函数

在这一部分, 我们以集合或函数的二阶锥的概念将凸优化问题转换为 (SOCP) 的技术理论化. 这一分析摘自 [19].

称凸集合 $C \subseteq \mathbb{R}^n$ 是二阶锥可表示的若 C 可以由有限个二阶锥表示, 即存在 $A_i \in \mathbb{R}^{(n_i-1)\times(n+m)}$, $b_i \in \mathbb{R}^{n_i-1}$, $c_i \in \mathbb{R}^{n+m}$, $d_i \in \mathbb{R}$ 使得

$$x \in C \ \Leftrightarrow\ \exists y \in \mathbb{R}^m,\ \text{s.t.}\ \left\| A_i \begin{bmatrix} x \\ y \end{bmatrix} + b_i \right\| \leqslant c_i^{\mathrm{T}} \begin{bmatrix} x \\ y \end{bmatrix} + d_i,\ i = 1, \cdots, N.$$

称函数 f 是二阶锥可表示的若它的上图 epi f 是一个二阶锥可表示锥. 若函数 f 和集合 C 都是二阶锥可表示的, 则凸优化问题

$$\text{(SDP)} \qquad \begin{cases} \min & f(x) \\ \text{s.t.} & x \in C \end{cases}$$

可以转化为一个 (SOCP) 问题.

在之前提及的例子中, 目标函数 f 和约束集合 C 均是二阶锥可表示的. 二阶锥可表示的函数和集合也可以通过各种组合方式生成新的二阶锥可表示的函数和集合. 例如, 若集合 C_1, C_2 是二阶锥可表示的, 则可验证集合 αC_1 ($\alpha \geqslant 0$), $C_1 \cap C_2$, $C_1 + C_2$ 都是二阶锥可表示的. 若 f_1, f_2 是二阶锥可表示函数, 则函数 αf_1 ($\alpha \geqslant 0$), $f_1 \cap f_2$, $\max\{f_1, f_2\}$ 都是二阶锥可表示函数.

另外, 也可以验证, 若 f_1, f_2 是凹函数, $f_1(x) \geqslant 0$, $f_2(x) \geqslant 0$, 且 $-f_1$, $-f_2$ 是二阶锥可表示函数, 则函数 $f_1 f_2$ 是凹函数且 $-f_1 f_2$ 是二阶锥可表示函数. 根据这一结论, 考虑如下最大化 f_1 与 f_2 乘积的优化模型:

$$
\text{(SDP)} \qquad \begin{cases} \min & f_1(x)f_2(x) \\ \text{s.t.} & f_1(x) \geqslant 0,\ f_2(x) \geqslant 0. \end{cases} \tag{7.71}
$$

问题 (7.71) 可重新表示为如下优化问题

$$
\begin{cases} \min & t \\ \text{s.t.} & t_1 t_2 \geqslant t, \\ & f_1(x) \geqslant t_1,\ f_2(x) \geqslant t_2, \\ & t_1 \geqslant 0,\ t_2 \geqslant 0, \end{cases}
$$

再利用 $-f_1$, $-f_2$ 是二阶锥可表示函数, 最终可转化为一 (SOCP) 模型.

二阶锥可表示函数的复合依然是二阶锥可表示函数. 假设凸函数 f_1, f_2 是二阶锥可表示函数, 且 f_1 是单调非降的, 因此复合函数 $g(x) = f_1(f_2(x))$ 仍是凸函数. 则 $g(x)$ 是二阶锥可表示函数. 事实上, 函数 g 的上图可表示为

$$
\operatorname{epi} g = \{(x,t) | g(x) \leqslant t\} = \{(x,t) | \exists s \in \mathbb{R},\ \text{s.t.}\ f_1(s) \leqslant t,\ f_2(x) \leqslant s\}
$$

且 $f_1(s) \leqslant t$, $f_2(x) \leqslant s$ 可以表示二阶锥约束.

4. 线性鲁棒规划

在这一部分和下一部分中, 我们将说明一些鲁棒凸优化问题可以用 (SOCP) 来解决, 其中明确地考虑了数据的不确定性.

考虑一线性规划问题

$$
\begin{cases} \min & c^{\mathrm{T}} x \\ \text{s.t.} & a_i^{\mathrm{T}} x \leqslant b_i,\ i = 1, \cdots, m, \end{cases}
$$

其中参数 c, a_i, b_i 是不确定或者变化. 为了简化说明, 假设参数 c 和 b_i 是固定的, 并且 a_i 位于给定的椭球中:

$$
a_i \in \mathcal{E}_i = \{\bar{a}_i + P_i u | \, \|u\| \leqslant 1\},
$$

其中 $P_i = P_i^{\mathrm{T}} \succeq 0$ (若 P_i 是奇异的, 则得到维数为 $\mathrm{rank}(P_i)$ 的 "扁平" 椭圆体).

在最坏的情况下, 我们要求对所有的参数 a_i 的所有可能值都满足约束条件, 那么线性鲁棒规划表示为

$$\begin{cases} \min & c^{\mathrm{T}}x \\ \text{s.t.} & a_i^{\mathrm{T}}x \leqslant b_i,\ a_i \in \mathcal{E}_i,\ i = 1, \cdots, m. \end{cases} \tag{7.72}$$

问题 (7.72) 的约束条件可以表示为

$$\max\{a_i^{\mathrm{T}}x | \, a_i \in \mathcal{E}_i\} = \bar{a}_i^{\mathrm{T}}x + \|P_i x\| \leqslant b_i.$$

这是一个二阶锥约束. 因此线性鲁棒规划问题 (7.72) 可以表示为一个 (SOCP) 问题

$$\begin{cases} \min & c^{\mathrm{T}}x \\ \text{s.t.} & \bar{a}_i^{\mathrm{T}}x + \|P_i x\| \leqslant b_i,\ i = 1, \cdots, m. \end{cases}$$

考虑统计学中的线性鲁棒优化问题. 假设参数 a_i 是一组服从 Gauss 分布的独立的随机向量, 期望为 $\bar{a}_i$, 协方差为 Σ_i. 要求每个约束 $a_i^{\mathrm{T}}x \leqslant b_i$ 成立的概率超过 $\eta \geqslant 0.5$, 即

$$P(a_i^{\mathrm{T}}x \leqslant b_i) \geqslant \eta, \quad i = 1, \cdots, m. \tag{7.73}$$

这一概率约束可以表示成二阶锥约束. 令 $u = a_i^{\mathrm{T}}x$, σ 表示其协方差, 此时约束 (7.73) 可以写作

$$P\left(\frac{u - \bar{u}}{\sqrt{\sigma}} \leqslant \frac{b_i - \bar{u}}{\sqrt{\sigma}}\right) \geqslant \eta, \quad i = 1, \cdots, m.$$

由于 $(u - \bar{u})/\sqrt{\sigma}$ 是一个服从期望为 0 方差为 1 的 Gauss 分布的随机向量, 上式概率就是 $\Phi((b_i - \bar{u})/\sqrt{\sigma})$, 其中函数

$$\Phi(z) = \frac{1}{\sqrt{2\pi}} \int_{-\infty}^{z} e^{-t^2/2} dt$$

是一个服从期望为 0 方差为 1 的 Gauss 分布的随机向量的累计分布函数. 因此概率约束 (7.73) 可以被表示为

$$\frac{b_i - \bar{u}}{\sqrt{\sigma}} \geqslant \Phi^{-1}(\eta).$$

由于 $\bar{u} = \bar{a}_i^{\mathrm{T}}x$, $\sigma = x^{\mathrm{T}}\Sigma_i x$, 可以得到

$$\bar{a}_i^{\mathrm{T}}x + \Phi^{-1}(\eta)\|\Sigma_i^{1/2}x\| \leqslant b_i.$$

注意到, $\eta \geqslant 1/2$ 时, 有 $\Phi^{-1}(\eta) \geqslant 0$, 这意味着上述概率约束是一个二阶锥约束.

此时我们考虑的带有概率约束的线性鲁棒规划

$$\begin{cases} \min & c^{\mathrm{T}}x \\ \text{s.t.} & P(a_i^{\mathrm{T}}x \leqslant b_i) \geqslant \eta,\ i=1,\cdots,m \end{cases}$$

可以表示为 (SOCP) 问题

$$\begin{cases} \min & c^{\mathrm{T}}x \\ \text{s.t.} & \bar{a}_i^{\mathrm{T}}x + \Phi^{-1}(\eta)\|\Sigma_i^{1/2}x\| \leqslant b_i,\ i=1,\cdots,m. \end{cases}$$

5. 鲁棒最小二乘优化

考虑一组超定方程组 $Ax \approx b$, 其中 $A \in \mathbb{R}^{m\times n}$, $b \in \mathbb{R}^m$ 是未知的但有有界的误差 $\|\delta A\| \leqslant \rho$ 和 $\|\delta b\| \leqslant \xi$ (其中矩阵范数是谱范数或最大奇异值). 定义鲁棒最小二乘优化的解为 $x^* \in \mathbb{R}^n$, 其最大程度地减少可能的残量, 即 x^* 是下述问题的解

$$\min \max_{\|\delta A\|\leqslant\rho, \|\delta b\|\leqslant\xi} \|(A+\delta A)x-(b+\delta b)\|. \tag{7.74}$$

问题 (7.74) 的目标函数可以重新写作

$$\begin{aligned} &\max_{\|\delta A\|\leqslant\rho, \|\delta b\|\leqslant\xi} \|(A+\delta A)x-(b+\delta b)\| \\ =&\max_{\|\delta A\|\leqslant\rho, \|\delta b\|\leqslant\xi} \max_{\|y\|\leqslant 1} y^{\mathrm{T}}(AX-b)+y^{\mathrm{T}}\delta Ax - y^{\mathrm{T}}\delta b \\ =&\max_{\|z\|\leqslant\rho} \max_{\|y\|\leqslant 1} y^{\mathrm{T}}(AX-b)+z^{\mathrm{T}}x+\xi b \\ =&\|AX-b\|+\rho\|x\|+\xi. \end{aligned}$$

因此, 问题 (7.74) 等价于一个极小化欧氏范数之和问题

$$\min \|AX-b\|+\rho\|x\|+\xi.$$

虽然上述问题可以通过 (SOCP) 来解决, 但通过 A 的奇异值分解可以找到一种更简单的求解方式. 只要我们在 x 上加上其他约束 (例如, 非负约束), (SOCP) 公式就变得有用.

此问题的一个变形是假设 A 的行 a_i 存在独立的误差, 且位于给定的椭球 $\mathcal{E}_i = \{\bar{a}_i + P_i u \mid \|u\| \leqslant 1\}$ 中, 其中 $P_i = P_i^{\mathrm{T}} \succeq 0$. 我们可以通过最小化最坏情况的残差从而估计鲁棒最小二乘问题的解 x:

$$\min \max_{a_i\in\mathcal{E}_i} \left(\sum_{i=1}^{n}(\bar{a}_i^{\mathrm{T}}x-b_i)^2\right)^{1/2}. \tag{7.75}$$

由于 a_i 是独立的, 因此, 目标函数可以表示为

$$\max_{a_i\in\mathcal{E}_i}\left(\sum_{i=1}^{n}(\bar{a}_i^{\mathrm{T}}x-b_i)^2\right)^{1/2}=\left(\sum_{i=1}^{n}\left(\max_{a_i\in\mathcal{E}_i}|\bar{a}_i^{\mathrm{T}}x-b_i|\right)^2\right)^{1/2}.$$

对于每一 i, 都有

$$\begin{aligned}\max_{a_i\in\mathcal{E}_i}|\bar{a}_i^{\mathrm{T}}x-b_i|&=\max_{\|u\|\leqslant 1}\left|\bar{a}_i^{\mathrm{T}}x-b_i+u^{\mathrm{T}}P_ix\right|\\&=\max_{\|u\|\leqslant 1}\max\left\{\bar{a}_i^{\mathrm{T}}x-b_i+u^{\mathrm{T}}P_ix,-\bar{a}_i^{\mathrm{T}}x+b_i-u^{\mathrm{T}}P_ix\right\}\\&=\max\left\{\bar{a}_i^{\mathrm{T}}x-b_i+\|P_ix\|,-\bar{a}_i^{\mathrm{T}}x+b_i+\|P_ix\|\right\}\\&=|\bar{a}_i^{\mathrm{T}}x-b_i|+\|P_ix\|.\end{aligned}$$

因此, 鲁棒最小二乘问题 (7.75) 可重新表示为

$$\min\left(\sum_{i=1}^{n}\left(|\bar{a}_i^{\mathrm{T}}x-b_i|+\|P_ix\|\right)^2\right)^{1/2},$$

这可以等价于如下 (SOCP) 问题

$$\begin{cases}\min & s\\ \text{s.t.} & \|t\|\leqslant s,\\ & |\bar{a}_i^{\mathrm{T}}x-b_i|+\|P_ix\|\leqslant t_i,\ i=1,\cdots,n.\end{cases}$$

第 8 章　非线性半定规划

8.1　非线性半定规划的最优性条件

这一节讨论具有下述形式的非线性半定规划问题:

$$
\text{(SDP)} \qquad \left\{\begin{array}{ll} \min & f(x) \\ \text{s.t.} & h(x) = \mathbf{0}_l, \\ & g(x) \leqslant \mathbf{0}_p, \\ & q(x) \in \mathbb{S}^m_+, \end{array}\right. \tag{8.1}
$$

其中 $f:\mathbb{R}^n \to \mathbb{R}$, $h := (h_1,\cdots,h_l)^{\mathrm{T}}:\mathbb{R}^n \to \mathbb{R}^l$ 和 $g := (g_1,\cdots,g_p)^{\mathrm{T}}:\mathbb{R}^n \to \mathbb{R}^p$ 是光滑映射, $q:\mathbb{R}^n \to \mathbb{S}^m$ 是一光滑的矩阵值函数.

回顾半正定锥的切锥与二阶切集. 令 $A \in \mathbb{S}^p_+$, 设 $\lambda_{\max}(A) = 0$, $\mathbb{S}^p_+$ 在矩阵 A 处的切锥为

$$
T_{\mathbb{S}^p_+}(A) = \{H \in \mathbb{S}^p | E^{\mathrm{T}}HE \succeq 0\}, \tag{8.2}
$$

其中 E 的列构成对应于 A 的 0 特征值的特征向量空间的一组正交基. 对于 $\lambda_{\max}(A) = 0$, $\lambda'_{\max}(A;H) = 0$, 则 $\mathbb{S}^p_+$ 在矩阵 A 处的二阶切集表示为

$$
T^2_{\mathbb{S}^p_+}(A;H) = \{W \in \mathbb{S}^p | F^{\mathrm{T}}E^{\mathrm{T}}WEF \succeq 2F^{\mathrm{T}}E^{\mathrm{T}}HA^{\dagger}HEF\}, \tag{8.3}
$$

其中 F 是对应 $E^{\mathrm{T}}HE$ 的 0 特征值的特征向量空间的一组标准正交基为列构成的矩阵. 从而

$$
\operatorname{lin} T_{\mathbb{S}^p_+}(A) = \{H \in \mathbb{S}^p : E^{\mathrm{T}}HE = 0\}. \tag{8.4}
$$

8.1.1　一阶最优性条件

问题 (8.1) 的 Lagrange 函数可以写为下述形式

$$
L(x,Y) := f(x) + \mu^{\mathrm{T}}h(x) + \lambda^{\mathrm{T}}g(x) + \langle Y, G(x)\rangle, \quad (x,\mu,\lambda,Y) \in \mathbb{R}^n \times \mathbb{R}^l \times \mathbb{R}^p \times \mathbb{S}^m.
$$

因此, (8.1) 的 Lagrange 对偶问题为

$$
\text{(D)} \qquad \max_{(\mu,\lambda,Y)\in\mathbb{R}^l\times\mathbb{R}^p_-\times\mathbb{S}^m_-} \left\{ \inf_{x\in\mathbb{R}^n} L(x,\mu,\lambda,Y) \right\}. \tag{8.5}
$$

这一节, 我们讨论 (SDP) 问题 (8.1) 的一阶最优性条件. 设目标函数 $f(x)$ 与约束映射 $G(x)=(h(x),g(x);q(x))$ 是连续可微的. 暂时设问题 (P) 是凸的. 若 (SDP) 问题 (8.1) 及其对偶问题 (8.5) 有有限最优值且相等, 由鞍点定理得知, 原始对偶问题的解对 (x,μ,λ,Y) 可以由下述系统进行刻画:

$$\left\{\begin{array}{l} L(x,\mu,\lambda,Y)=\min\limits_{x'\in\mathbb{R}^n} L(x',\mu,\lambda,Y); \\ h(x)=0; \quad 0\geqslant g(x)\perp\xi\geqslant 0; \\ \mathbb{S}^m_+\ni q(x)\perp Y\in\mathbb{S}^m_-. \end{array}\right. \tag{8.6}$$

于是, 由 Lagrange 对偶理论, 我们有下述命题成立.

命题 8.1 令 val(P) 与 val(D) 分别表示原始问题 (8.1) 与对偶问题 (8.5) 的最优值. 则 val(D) $\leqslant$ val(P). 进一步, val(P) $=$ val(D), 且 x 与 (μ,λ,Y) 分别是 (P) 与 (D) 的最优解的充分必要条件是 (8.6) 成立.

称 $(\bar{x},\mu,\lambda,Y)$ 是 (SDP) 问题 (8.1) 的 KKT 点, 若 $(\bar{x},\mu,\lambda,Y)$ 满足下列 KKT 条件:

$$\nabla_x L(\bar{x},\mu,\lambda,Y)=0, \tag{8.7a}$$

$$h(\bar{x})=0, \quad 0\geqslant g(\bar{x})\perp\xi\geqslant 0, \tag{8.7b}$$

$$\mathbb{S}^m_+\ni q(\bar{x})\perp Y\in\mathbb{S}^m_-. \tag{8.7c}$$

如果 $(\bar{x},\mu,\lambda,Y)$ 满足上述 KKT 条件, 则称 $\bar{x}$ 是问题 (8.1) 的一个稳定点, 用 $\Lambda(\bar{x})$ 记满足 KKT 条件的 Lagrange 乘子 (μ,μ,λ,Y) 的集合.

为建立一阶最优性条件, 首先建立问题 (8.1) 的 Robinson 约束规范:

$$0\in\operatorname{int}\left\{\begin{bmatrix} h(\bar{x}) \\ g(\bar{x}) \\ q(\bar{x}) \end{bmatrix}+\begin{bmatrix} \mathcal{J}h(\bar{x}) \\ \mathcal{J}g(\bar{x}) \\ Dq(\bar{x}) \end{bmatrix}\mathbb{R}^n-\{\mathbf{0}_l\}\times\mathbb{R}^p_-\times\mathbb{S}^m_+\right\}. \tag{8.8}$$

其可等价于如下形式:

$$\mathbb{R}^l\times\mathbb{R}^p\times\mathbb{S}^m=\begin{bmatrix} \mathcal{J}h(\bar{x}) \\ \mathcal{J}g(\bar{x}) \\ Dq(\bar{x}) \end{bmatrix}\mathbb{R}^n+T_{\{\mathbf{0}_l\}\times\mathbb{R}^p_-\times\mathbb{S}^m_+}((h(\bar{x}),g(\bar{x}),q(\bar{x}))). \tag{8.9}$$

定理 8.1 (一阶必要性条件) 假设 $\bar{x}$ 是非线性半定规划问题 (8.1) 的一个局部极小点, 在 $\bar{x}$ 附近 f, h, g 与 q 是连续可微的. 则下述性质等价:

(i) Robinson 约束规范 (8.8) 在 $\bar{x}$ 处成立;

(ii) Lagrange 乘子的集合 $\Lambda(\bar{x})$ 是非空凸紧致的.

称点 $x\in\mathbb{R}^n$ 关于光滑映射 $G:=(h,g;q):\mathbb{R}^n\to\mathbb{R}^l\times\mathbb{R}^p\times\mathbb{S}^m$ 是约束非退化的, 如果

$$\begin{bmatrix}\mathcal{J}h(x)\\ \mathcal{J}g(x)\\ Dq(x)\end{bmatrix}\mathbb{R}^n+\operatorname{lin}T_{\{\mathbf{0}_l\}\times\mathbb{R}^p_-\times\mathbb{S}^m_+}(h(x),g(x),q(x))=\mathbb{R}^l\times\mathbb{R}^p\times\mathbb{S}^m. \tag{8.10}$$

命题 8.2　设 $\overline{x}$ 是非线性半定规划问题 (8.1) 的可行点, $q(\overline{x})\in\mathbb{S}^p_+$ 满足 $\operatorname{rank}q(\overline{x})=r$. 用 $u_1,\cdots,u_{p-r}$ 记矩阵 $q(\overline{x})$ 的零空间的一组基. 记 $I(\bar{x})=\{i|g_i(\bar{x})=0\}$, 则点 $\overline{x}$ 满足约束非退化条件 (8.10) 的充分必要条件是下述的 n 维向量

$$v_{ij}=\begin{bmatrix}u_i^{\mathrm{T}}\dfrac{\partial q(\overline{x})}{\partial x_1}u_j\\ \vdots\\ u_i^{\mathrm{T}}\dfrac{\partial q(\overline{x})}{\partial x_n}u_j\end{bmatrix},\quad 1\leqslant i\leqslant j\leqslant p-r$$

与 $\{\nabla h_1(\overline{x}),\cdots,\nabla h_m(\overline{x}),\ \nabla g_i(\overline{x}),\ i\in I(\overline{x})\}$ 构成线性无关的向量组.

证明　在方程 (8.10) 的两边取正交补, 可得点 $x\in\mathbb{R}^n$ 关于映射 G 是约束非退化的当且仅当下述条件成立:

$$\ker\begin{bmatrix}\mathcal{J}h(x)\\ \mathcal{J}g(x)\\ Dq(x)\end{bmatrix}\cap\mathbb{R}^l\times[\operatorname{lin}T_{\mathbb{R}^p_-}(g(x))]^\perp\times[\operatorname{lin}T_{\mathbb{S}^m_+}(A)]^\perp=\{0\}, \tag{8.11}$$

其中 $A:=q(x)$. 由公式 (8.4), 空间 $\operatorname{lin}T_{\mathbb{S}^p_-}(A)$ 的正交补由向量 $u_iu_j^{\mathrm{T}}+u_ju_i^{\mathrm{T}}$, $1\leqslant i\leqslant j\leqslant p-r$ 生成. 因为

$$Dq(x)h=\sum_{k=1}^n h_k\frac{\partial q(x)}{\partial x_k},$$

可得

$$[Dq(x)\mathbb{R}^n]^\perp=\left\{W\in\mathbb{S}^p\,\middle|\,\left\langle W,\frac{\partial q(x)}{\partial x_k}\right\rangle=0,\ k=1,\cdots,n\right\}.$$

再回顾, 记 $I(\bar{x})=\{1,\cdots,t\}$, 则 $[\operatorname{lin}T_{\mathbb{R}^p_-}(g(x))]^\perp=\mathbb{R}^t\times\{\mathbf{0}_{p-t}\}$. 因此, 条件 (8.11) 成立当且仅当下述以 $\mu\in\mathbb{R}^l$, $\lambda\in\mathbb{R}^p$, α_{ij}, $1\leqslant i\leqslant j\leqslant p-r$, 为未知数的方程组只有零解:

$$\sum_{i=1}^l\nabla h_i(\bar{x})\mu_i+\sum_{i=1}^t\nabla g_i(\bar{x})\lambda_i+\sum_{1\leqslant i\leqslant j\leqslant p-r}\alpha_{ij}\begin{bmatrix}\left\langle u_iu_j^{\mathrm{T}}+u_ju_i^{\mathrm{T}},\dfrac{\partial q(x)}{\partial x_1}\right\rangle\\ \vdots\\ \left\langle u_iu_j^{\mathrm{T}}+u_ju_i^{\mathrm{T}},\dfrac{\partial q(x)}{\partial x_n}\right\rangle\end{bmatrix}=0.$$

上式等价于

$$\sum_{i=1}^{l}\nabla h_i(\bar{x})\mu_i+\sum_{i=1}^{t}\nabla g_i(\bar{x})\lambda_i+2\sum_{1\leqslant i\leqslant j\leqslant p-r}\alpha_{ij}\begin{bmatrix}u_i^{\mathrm{T}}\dfrac{\partial q(x)}{\partial x_1}u_j\\ \vdots\\ u_i^{\mathrm{T}}\dfrac{\partial q(x)}{\partial x_n}u_j\end{bmatrix}=0,$$

即

$$\sum_{i=1}^{l}\nabla h_i(\bar{x})\mu_i+\sum_{i=1}^{t}\nabla g_i(\bar{x})\lambda_i+2\sum_{1\leqslant i\leqslant j\leqslant p-r}\alpha_{ij}v_{ij}=0,$$

即向量 $\nabla h_1(\bar{x}),\cdots,\nabla h_m(\bar{x})$, $\nabla g_i(\bar{x})$, $i\in I(\bar{x})$ 与 v_{ij}, $1\leqslant i\leqslant j\leqslant p-r$ 是线性无关的. ■

称严格互补条件在可行点 $\bar{x}$ 处成立, 若存在一 Lagrange 乘子矩阵 $(\mu,\lambda,Y)\in\Lambda(\bar{x})$ 满足

$$\lambda_i>0,\quad i\in I(\bar{x}),\quad \operatorname{rank}(G(\bar{x}))+\operatorname{rank}(Y)=p. \tag{8.12}$$

定理 8.2 [8,Theorem 5.85] 设 $\bar{x}$ 是非线性半定规划问题 (8.1) 的局部最优解. 则下述结论成立:

(a) 若点 $\bar{x}$ 是非退化的, 则 $\Lambda(\bar{x})$ 是单点集, 即 Lagrange 乘子矩阵存在且唯一.

(b) 相反地, 若 $\Lambda(\bar{x})$ 是单点集且严格互补条件在 $\bar{x}$ 处成立, 则点 $\bar{x}$ 是非退化的.

8.1.2 二阶最优性条件

这一节我们讨论 (SDP) 问题 (8.1) 的二阶最优性条件. 设 $f(x)$, $h(x)$, $g(x)$ 与 $q(x)$ 是二次连续可微的. 假设 $\bar{x}$ 是问题 (7.8) 的一个稳定点, 问题 (7.8) 在 $\bar{x}$ 处的临界锥由如下定义:

$$C(\bar{x})=\left\{\, d\in\mathbb{R}^n \;\middle|\; \begin{array}{l}\mathcal{J}h(\bar{x})d=0,\ \nabla g_i(\bar{x})d\leqslant 0,\ i\in I(\bar{x}),\\ E^{\mathrm{T}}(Dq(\bar{x})d)E\succeq 0,\nabla f(\bar{x})^{\mathrm{T}}d\leqslant 0\end{array}\right\}. \tag{8.13}$$

其中 E 的列构成对应于 A 的 0 特征值的特征向量空间的一组正交基.

若 $\Lambda(\bar{x})$ 非空, $(\mu,\lambda,Y)\in\Lambda(\bar{x})$, 则 (8.13) 等价于:

$$C(\bar{x})=\left\{\, d\in\mathbb{R}^n \;\middle|\; \begin{array}{l}\mathcal{J}h(\bar{x})d=0,\ \nabla g_i(\bar{x})^{\mathrm{T}}d=0,\ i\in I(\bar{x})\ 且\ \lambda_i>0,\\ \nabla^{\mathrm{T}}g_i(\bar{x})d\leqslant 0,\ i\in I(\bar{x})\ 且\ \lambda_i=0,\\ Dq(\bar{x})d\in T_{\mathbb{S}_+^m}(q(\bar{x})),\ \langle Y,Dq(\bar{x})d\rangle=0\end{array}\right\}. \tag{8.14}$$

对于任意问题 (8.1) 的可行点 $\bar{x}$, 集合 $K = \{\mathbf{0}_l\} \times \mathbb{R}^p_- \times \mathbb{S}^m_+$ 在 $G(\bar{x}) = (h(\bar{x}), g(\bar{x}), q(\bar{x}))^{\mathrm{T}}$ 处沿方向 $(\mathcal{J}h(\bar{x})^{\mathrm{T}}, \mathcal{J}g(\bar{x})^{\mathrm{T}}, Dq(\bar{x})^{\mathrm{T}})^{\mathrm{T}}d$ 是二阶正则的, 因此二阶必要性最优条件与"无间隙"最优性条件的建立, 主要依赖于对于 Sigma 项的计算. 总结为下述命题.

命题 8.3　假设 $\bar{x}$ 是非线性半定规划问题 (8.1) 的一个稳定点, 对应的乘子 $(\mu, \xi, \lambda) \in \Lambda(\bar{x})$. 若 Robinson 约束规范 (8.8) 在 $\bar{x}$ 处成立, 则对于任意的 $d \in C(\bar{x}) \setminus \{0\}$, Sigma 项可以表示如下形式:

$$\sigma((\mu, \lambda, Y)|\, T^2_K(G(\bar{x}), DG(\bar{x})d)) = 2\langle Y, (Dq(\bar{x})d)q(\bar{x})^{\dagger}(Dq(\bar{x})d)\rangle.$$

证明　由于

$$\begin{aligned}
&\sigma((\mu, \lambda, Y)|\, T^2_K(G(\bar{x}), DG(\bar{x})d)) \\
&= \sigma(\mu|\, T^2_{\{\mathbf{0}_l\}}(h(\bar{x}), \mathcal{J}h(\bar{x})d)) + \sigma(\lambda|\, T^2_{\mathbb{R}^p_-}(g(\bar{x}), \mathcal{J}g(\bar{x})d)) + \sigma(Y|\, T^2_{\mathbb{S}^m_+}(q(\bar{x}), Dq(\bar{x})d)) \\
&= \sigma(Y|\, T^2_{\mathbb{S}^m_+}(q(\bar{x}), Dq(\bar{x})d)),
\end{aligned}$$

只需计算 $\sigma(Y|\, T^2_{\mathbb{S}^m_+}(q(\bar{x}), Dq(\bar{x})d))$ 即可. 设 $q(\bar{x})$ 具有谱分解 $q(\bar{x}) = P\Lambda P^{\mathrm{T}}$,

$$\Lambda = \mathrm{Diag}(\Lambda_\alpha, \mathbf{0}_{|\beta|}),$$

其中 $\alpha = \{i|\lambda_i(q(\bar{x})) > 0\}$, $\beta = \{i|\lambda_i(q(\bar{x})) = 0\}$, $\lambda_i(q(\bar{x}))$, $i = 1, \cdots, m$ 是 $q(\bar{x})$ 的特征值. 则对应乘子 Y 具有如下的谱分解

$$Y = P \begin{bmatrix} \mathbf{0}_\alpha & 0 \\ 0 & N \end{bmatrix} P^{\mathrm{T}},$$

其中 $N \preceq 0$. 记 $q(\bar{x})$ 的 0 特征值的特征向量空间一组正交基构成的矩阵 $E = P_\beta$, 矩阵 Y 表示为 $Y = ENE^{\mathrm{T}}$. 由 $d \in C(\bar{x})$, 有

$$Dq(\bar{x})d \in T_{\mathbb{S}^m_+}(q(\bar{x})), \quad \langle Y, Dq(\bar{x})d\rangle = 0.$$

这意味着

$$E^{\mathrm{T}}Dq(\bar{x})dE \succeq 0, \quad \langle N, E^{\mathrm{T}}Dq(\bar{x})dE\rangle = 0.$$

对矩阵 $E^{\mathrm{T}}Dq(\bar{x})dE$ 和 N 进行如下谱分解:

$$E^{\mathrm{T}}Dq(\bar{x})dE = (F, F_1)\begin{bmatrix} 0 & 0 \\ 0 & \overline{\Lambda_1} \end{bmatrix}(F, F_1)^{\mathrm{T}}, \quad N = (F, F_1)\begin{bmatrix} B & 0 \\ 0 & 0 \end{bmatrix}(F, F_1)^{\mathrm{T}},$$

其中 F 是对应 $E^{\mathrm{T}}Dq(\bar{x})dE$ 的 0 特征值的特征向量空间的以一组标准正交基为列构成的矩阵. 因此 $N = FBF^{\mathrm{T}}$, $B \preceq 0$. 这时乘子 Y 写作 $Y = EFBF^{\mathrm{T}}E^{\mathrm{F}}$, 那么 Sigma 项可以写作

$$\begin{aligned}
&\sigma(Y\,|\,T^2_{\mathbb{S}^m_+}(q(\bar{x}), Dq(\bar{x})d)) \\
&= \sup\{\langle Y, W\rangle : F^{\mathrm{T}}E^{\mathrm{T}}WEF \succeq 2F^{\mathrm{T}}E^{\mathrm{T}}(Dq(\bar{x})d)(q(\bar{x}))^{\dagger}(Dq(\bar{x})d)EF\} \\
&= \sup\{\langle EFBF^{\mathrm{T}}E^{\mathrm{F}}, W\rangle : F^{\mathrm{T}}E^{\mathrm{T}}WEF \succeq 2F^{\mathrm{T}}E^{\mathrm{T}}(Dq(\bar{x})d)(q(\bar{x}))^{\dagger}(Dq(\bar{x})d)EF\} \\
&= \sup\{\langle B, F^{\mathrm{T}}E^{\mathrm{F}}WEF\rangle : F^{\mathrm{T}}E^{\mathrm{T}}WEF \succeq 2F^{\mathrm{T}}E^{\mathrm{T}}(Dq(\bar{x})d)(q(\bar{x}))^{\dagger}(Dq(\bar{x})d)EF\} \\
&= \langle B, 2F^{\mathrm{T}}E^{\mathrm{T}}(Dq(\bar{x})d)q(\bar{x})^{\dagger}(Dq(\bar{x})d)EF\rangle \\
&= 2\langle Y, (Dq(\bar{x})d)q(\bar{x})^{\dagger}(Dq(\bar{x})d)\rangle \leqslant 0,
\end{aligned}$$

命题得证. ■

Sigma 项可以表示为如下形式:

$$\sigma(Y \mid T^2_{\mathbb{S}^m_+}(q(\bar{x}), Dq(\bar{x})d)) = -h^{\mathrm{T}}\mathcal{H}(\bar{x}, Y)h, \tag{8.15}$$

$\mathcal{H}(\bar{x}, Y)$ 是具有下述元素的 $n \times n$ 对称矩阵

$$[\mathcal{H}(\bar{x}, Y)]_{ij} = -2\left\langle Y, \frac{\partial q(\bar{x})}{\partial x_i}[q(\bar{x})]^{\dagger}\frac{\partial q(\bar{x})}{\partial x_j}\right\rangle. \tag{8.16}$$

等价地, 矩阵 $\mathcal{H}(\bar{x}, Y)$ 可以表示为形式

$$\mathcal{H}(\bar{x}, Y) = -2\mathcal{J}[\mathrm{vec}\,(q)](\bar{x})(Y \otimes [q(\bar{x})]^{\dagger})\mathcal{J}[\mathrm{vec}\,(q)](\bar{x})^{\mathrm{T}}, \tag{8.17}$$

其中 " $\otimes$ " 是 Kronecker 积, $\mathcal{J}[\mathrm{vec}\,(q)](\bar{x})^{\mathrm{T}}$ 表示为 $m^2 \times n$ Jacobian 阵

$$\mathcal{J}[\mathrm{vec}\,(q)](\bar{x})^{\mathrm{T}} = \left[\mathrm{vec}\left(\frac{\partial q(\bar{x})}{\partial x_1}\right), \cdots, \mathrm{vec}\left(\frac{\partial q(\bar{x})}{\partial x_n}\right)\right],$$

$\mathrm{vec}(A)$ 记由 A 的列拉直得到的向量.

根据定理 6.6 以及定理 6.7, 下面给出非线性半定规划问题 (8.1) 的二阶必要性条件和二阶 " 无间隙" 最优性条件.

定理 8.3 (二阶必要性条件) 设 $\bar{x}$ 是非线性半定规划问题 (8.1) 的局部极小点, 且在 $\bar{x}$ 附近 f, h, g, q 是二次连续可微的. 设 Robinson 约束规范 (8.8) 在 $\bar{x}$ 处成立, 则

(i) $\Lambda(\bar{x})$ 是非空凸紧致的;

(ii) 对于任意的 $d \in C(\bar{x})$ 有下述不等式成立:

$$\sup_{(\mu,\lambda,Y)\in\Lambda(\bar{x})} \left\{\langle \nabla_{xx}^2 L(\bar{x},\mu,\lambda,Y)d, d\rangle - 2\langle Y, (Dq(\bar{x})d)q(\bar{x})^{\dagger}(Dq(\bar{x})d)\rangle\right\} \geqslant 0, \quad (8.18)$$

其中临界锥 $C(\bar{x})$ 是由式 (8.14) 所给出.

定理 8.4 (二阶 "无间隙" 最优性条件) 设 $\bar{x}$ 是非线性半定规划问题 (8.1) 的一可行解, 且在 $\bar{x}$ 附近 f, h, g, q 是二次连续可微的. 设 Robinson 约束规范 (8.8) 在 $\bar{x}$ 处成立且 $\Lambda(\bar{x}) \neq \varnothing$, 以下性质等价:

(i) 二阶增长条件在 $\bar{x}$ 处成立;

(ii) 对于任意的 $d \in C(\bar{x}) \setminus \{0\}$, 有

$$\sup_{(\mu,\lambda,Y)\in\Lambda(\bar{x})} \left\{\langle \nabla_{xx}^2 L(\bar{x},\mu,\lambda,Y)d, d\rangle - 2\langle Y, (Dq(\bar{x})d)q(\bar{x})^{\dagger}(Dq(\bar{x})d)\rangle\right\} > 0. \quad (8.19)$$

8.2 非线性半定规划的稳定性分析

考虑以下非线性半定规划的扰动问题

$$(\mathrm{SDP}_u) \qquad \begin{cases} \min & \tilde{f}(x,u) \\ \text{s.t.} & \tilde{h}(x,u) = 0, \\ & \tilde{g}(x,u) \leqslant 0, \\ & \tilde{q}(x,u) \in \mathbb{S}_+^m, \end{cases} \qquad (8.20)$$

其中映射 $\tilde{f}: \mathbb{R}^n \times \mathcal{U} \to \mathbb{R}$, $\tilde{h}: \mathbb{R}^n \times \mathcal{U} \to \mathbb{R}^l$, $\tilde{g}: \mathbb{R}^n \times \mathcal{U} \to \mathbb{R}^p$ 和 $\tilde{q}: \mathbb{R}^n \times \mathcal{U} \to \mathbb{S}^m$ 都是关于 (x,u) 二次连续可微的. 并且设 $\tilde{f}(x,u_0) = f(x)$, $\tilde{h}(x,u_0) = h(x)$, $\tilde{g}(x,u_0) = g(x)$, $\tilde{q}(x,u_0) = q(x)$. 那么 (SDP) 问题等价于问题 (SDP_{u_0}).

8.2.1 线性-二次函数

为了分析非线性半定规划二阶最优性条件中的 Sigma 项, 我们需要下述线性-二次函数的定义.

定义 8.1 对任何 $B \in \mathbb{S}^m$, 定义函数 $\Upsilon_B: \mathbb{S}^m \times \mathbb{S}^m \to \mathbb{R}$, 它是关于第一个变量的线性函数, 是关于第二个变量的二次函数,

$$\Upsilon_B(\Gamma, A) := 2\langle \Gamma, AB^{\dagger}A\rangle, \quad (\Gamma, A) \in \mathbb{S}^m \times \mathbb{S}^m.$$

下述结果在后续的分析中起着关键性的作用.

命题 8.4 设 $B \in \mathbb{S}_+^m$, $\Gamma \in N_{\mathbb{S}_+^m}(B)$. 则对任何满足 $\Delta B = V(\Delta B + \Delta\Gamma)$ 的 $V \in \partial\Pi_{\mathbb{S}_+^m}(B+\Gamma)$ 与 $\Delta B, \Delta\Gamma \in \mathbb{S}^m$, 有

$$\langle \Delta B, \Delta\Gamma\rangle \geqslant -\Upsilon_B(\Gamma, \Delta B). \quad (8.21)$$

证明 令 $A := B + \Gamma$. 则根据 $\Gamma \in N_{\mathbb{S}_+^m}(B)$ 可得

$$B = \Pi_{\mathbb{S}_+^m}(B + \Gamma) = \Pi_{\mathbb{S}_+^m}(A), \quad B\Gamma = \Gamma B = 0.$$

设 A 具有谱分解 $A = P\Lambda P^{\mathrm{T}}$,

$$\Lambda = \mathrm{Diag}(\Lambda_\alpha, \mathbf{0}_{|\beta|}, \Lambda_\gamma), \tag{8.22}$$

其中

$$\alpha = \{i|\lambda_i(A) > 0\}, \quad \beta = \{i|\lambda_i(A) = 0\}, \quad \gamma = \{i|\lambda_i(A) < 0\},$$

$\lambda_1(A) \geqslant \lambda_2(A) \geqslant \cdots \geqslant \lambda_m(A)$ 是 A 的按递降顺序的特征值. 则 B 与 Γ 具有如下的谱分解

$$B = P\begin{bmatrix} \Lambda_\alpha & 0 & 0 \\ 0 & 0 & 0 \\ 0 & 0 & 0 \end{bmatrix}P^{\mathrm{T}}, \quad \Gamma = P\begin{bmatrix} 0 & 0 & 0 \\ 0 & 0 & 0 \\ 0 & 0 & \Lambda_\gamma \end{bmatrix}P^{\mathrm{T}}.$$

对任何 $Z \in \mathbb{S}^m$, 引入记号 $\widetilde{X} = P^{\mathrm{T}}ZP$. 则根据例 9.3 可得, 存在 $W \in \partial\Pi_{\mathbb{S}_+^{|\beta|}}(0)$, 满足

$$\begin{aligned}
&V(\Delta B + \Delta\Gamma) \\
=&P\begin{bmatrix} \widetilde{\Delta B}_{\alpha\alpha} + \widetilde{\Delta\Gamma}_{\alpha\alpha} & \widetilde{\Delta B}_{\alpha\beta} + \widetilde{\Delta\Gamma}_{\alpha\beta} & U_{\alpha\gamma} \circ \widetilde{\Delta B}_{\alpha\gamma} + \widetilde{\Delta\Gamma}_{\alpha\gamma} \\ (\widetilde{\Delta B}_{\alpha\beta} + \widetilde{\Delta\Gamma}_{\alpha\beta})^{\mathrm{T}} & W(\widetilde{\Delta B}_{\beta\beta} + \widetilde{\Delta\Gamma}_{\beta\beta}) & 0 \\ (\widetilde{\Delta B}_{\alpha\gamma} + \widetilde{\Delta\Gamma}_{\alpha\gamma})^{\mathrm{T}} \circ U_{\alpha\gamma}^{\mathrm{T}} & 0 & 0 \end{bmatrix}P^{\mathrm{T}}.
\end{aligned}$$

由假设 $\Delta B = V(\Delta B + \Delta\Gamma)$ 可得

$$\widetilde{\Delta\Gamma}_{\alpha\alpha} = 0, \quad \widetilde{\Delta\Gamma}_{\alpha\beta} = 0, \quad \widetilde{\Delta B}_{\beta\gamma} = 0, \quad \widetilde{\Delta B}_{\gamma\gamma} = 0, \tag{8.23}$$

$$\widetilde{\Delta B}_{\beta\beta} = W(\widetilde{\Delta B}_{\beta\beta} + \widetilde{\Delta\Gamma}_{\beta\beta}), \tag{8.24}$$

以及

$$\widetilde{\Delta B}_{\alpha\gamma} = U_{\alpha\gamma} \circ \widetilde{\Delta B}_{\alpha\gamma} - U_{\alpha\gamma} \circ \widetilde{\Delta\Gamma}_{\alpha\gamma}. \tag{8.25}$$

根据引理 9.1 中的 (iii), 由 (8.24) 可得

$$\langle\widetilde{\Delta B}_{\beta\beta}, \widetilde{\Delta B}_{\beta\beta}\rangle = \langle W(\widetilde{\Delta B}_{\beta\beta} + \widetilde{\Delta\Gamma}_{\beta\beta}), (\mathcal{I} - W)(\widetilde{\Delta B}_{\beta\beta} + \widetilde{\Delta\Gamma}_{\beta\beta})\rangle \geqslant 0, \tag{8.26}$$

其中 $\mathcal{I}:\mathbb{S}^m\to\mathbb{S}^m$ 是单位映射. 因此由 (8.23), (8.25) 与 (8.26) 可以得到

$$\begin{aligned}\langle\Delta B,\Delta\Gamma\rangle&=\langle\widetilde{\Delta B},\widetilde{\Delta\Gamma}\rangle=2\mathrm{Tr}(\widetilde{\Delta B}_{\alpha\gamma}^{\mathrm{T}}\widetilde{\Delta\Gamma}_{\alpha\gamma})+\mathrm{Tr}(\widetilde{\Delta B}_{\beta\beta}^{\mathrm{T}}\widetilde{\Delta\Gamma}_{\beta\beta})\\&\geqslant 2\mathrm{Tr}(\widetilde{\Delta B}_{\alpha\gamma}^{\mathrm{T}}\widetilde{\Delta\Gamma}_{\alpha\gamma})=2\sum_{i\in\alpha,j\in\gamma}\widetilde{\Delta B}_{ij}\widetilde{\Delta\Gamma}_{ij}\\&=2\sum_{i\in\alpha,j\in\gamma}\frac{|\lambda_j|}{\lambda_i}\widetilde{\Delta B}_{ij}^2=-2\sum_{i\in\alpha,j\in\gamma}\frac{\lambda_j}{\lambda_i}\widetilde{\Delta B}_{ij}^2.\end{aligned}\tag{8.27}$$

注意到 $B^\dagger$ 可以表示为

$$B^\dagger=P\begin{bmatrix}\Lambda_\alpha^{-1}&0&0\\0&0&0\\0&0&0\end{bmatrix}P^{\mathrm{T}},$$

由 (8.23) 与 Γ 的谱分解可得

$$\begin{aligned}\Upsilon_B(\Gamma,\Delta B)&=2\langle\Gamma,(\Delta B)B^\dagger(\Delta B)\rangle=2\langle(\Delta B)\Gamma,B^\dagger(\Delta B)\rangle\\&=2\big\langle(\widetilde{\Delta B})\widetilde{\Gamma},(P^TB^\dagger P)(\widetilde{\Delta B})\big\rangle\\&=2\mathrm{Tr}\big([\widetilde{\Delta B}_{\alpha\gamma}\Lambda_\gamma]^{\mathrm{T}}[\Lambda_\alpha]^{-1}\widetilde{\Delta B}_{\alpha\gamma}\big)\\&=2\sum_{i\in\alpha,j\in\gamma}\frac{\lambda_j}{\lambda_i}\widetilde{\Delta B}_{ij}^2.\end{aligned}\tag{8.28}$$

结合 (8.27) 与 (8.28) 可得 (8.21). ■

8.2.2 强二阶充分性条件

关于强二阶充分性条件的定义取自 Sun 的文献 [32]. 记 $A=q(\overline{x})+Y$ 具有谱分解 (8.22), 则 $q(\overline{x})$ 与 Y 具有如下的谱分解

$$q(\overline{x})=P\begin{bmatrix}\Lambda_\alpha&0&0\\0&0&0\\0&0&0\end{bmatrix}P^{\mathrm{T}},\quad Y=P\begin{bmatrix}0&0&0\\0&0&0\\0&0&\Lambda_\gamma\end{bmatrix}P^{\mathrm{T}}.\tag{8.29}$$

根据 (8.2) 与 (8.4), 可得

$$T_{\mathbb{S}^m_+}(q(\overline{x}))=\{B\in\mathbb{S}^m|(P_\beta,\,P_\gamma)^{\mathrm{T}}B(P_\beta,\,P_\gamma)\succeq 0\}$$

与

$$\mathrm{lin}\left(T_{\mathbb{S}^m_+}(q(\overline{x}))\right)=\{B\in\mathbb{S}^m|(P_\beta,\,P_\gamma)^{\mathrm{T}}B(P_\beta,\,P_\gamma)=0\}.$$

包含关系 $Y \in N_{\mathbb{S}_+^m}(q(\overline{x}))$ 等价于互补关系

$$\mathbb{S}_+^m \ni -Y \perp q(\overline{x}) \in \mathbb{S}_+^m. \tag{8.30}$$

锥 $\mathbb{S}_+^m$ 在 A 处与互补问题 (8.30) 相联系的临界锥为

$$C(A;\mathbb{S}_+^m) = T_{\mathbb{S}_+^m}(q(\overline{x})) \cap (q(\overline{x}) - A)^{\perp},$$

即

$$\begin{aligned} C(A;\mathbb{S}_+^m) &= T_{\mathbb{S}_+^m}(q(\overline{x})) \cap Y^{\perp} \\ &= \{B \in \mathbb{S}^p | P_\beta B P_\beta \succeq 0, P_\beta^{\mathrm{T}} B P_\gamma = 0, P_\gamma^{\mathrm{T}} B P_\gamma = 0\}. \end{aligned} \tag{8.31}$$

$C(A;\mathbb{S}_+^m)$ 的仿射包可表示为

$$\operatorname{aff} C(A;\mathbb{S}_+^m) = \{B \in \mathbb{S}^m | P_\beta^{\mathrm{T}} B P_\gamma = 0, P_\gamma^{\mathrm{T}} B P_\gamma = 0\}.$$

如果 $\Lambda(\overline{x}) \neq \varnothing$, 则问题 (8.1) 在 $\overline{x}$ 处的临界锥 $C(\overline{x})$ 可表示为

$$C(\overline{x}) = \left\{ d \in \mathbb{R}^n \;\middle|\; \begin{array}{l} \mathcal{J}h(\bar{x})d = 0,\ \nabla g_i(\bar{x})^{\mathrm{T}} d = 0,\ i \in I(\bar{x}) \text{ 且 } \lambda_i > 0, \\ \nabla^{\mathrm{T}} g_i(\bar{x}) d \leqslant 0,\ i \in I(\bar{x}) \text{ 且 } \lambda_i = 0, \\ (P_\beta,\, P_\gamma)^{\mathrm{T}}(Dq(\overline{x})d)(P_\beta, P_\gamma) \succeq 0, P_\gamma^{\mathrm{T}}(Dq(\overline{x})d)P_\gamma = 0 \end{array} \right\}$$

$$= \left\{ d \in \mathbb{R}^n \;\middle|\; \begin{array}{l} \mathcal{J}h(\bar{x})d = 0,\ \nabla g_i(\bar{x})^{\mathrm{T}} d = 0,\ i \in I(\bar{x}) \text{ 且 } \lambda_i > 0, \\ \nabla^{\mathrm{T}} g_i(\bar{x}) d \leqslant 0,\ i \in I(\bar{x}) \text{ 且 } \lambda_i = 0, \\ P_\beta^{\mathrm{T}}(Dq(\overline{x})d)P_\beta \succeq 0, (P_\beta,\, P_\gamma)^{\mathrm{T}}(Dq(\overline{x})d)P_\gamma = 0 \end{array} \right\}$$

$$= \left\{ d \in \mathbb{R}^n \;\middle|\; \begin{array}{l} \mathcal{J}h(\bar{x})d{=}0, \nabla g_i(\bar{x})^{\mathrm{T}} d{=}0,\ i \in I(\bar{x}) \text{ 且 } \lambda_i > 0, \\ \nabla g_i(\bar{x})^{\mathrm{T}} d \leqslant 0,\ i \in I(\bar{x}) \text{ 且 } \lambda_i = 0,\ Dq(\overline{x})d \in C(A;\mathbb{S}_+^m) \end{array} \right\}. \tag{8.32}$$

对于 $(\mu, \lambda, Y) \in \Lambda(\overline{x})$, 定义

$$\operatorname{app}(\mu, \lambda, Y) = \left\{ d \;\middle|\; \begin{array}{l} \mathcal{J}h(\overline{x})d = 0, \nabla g_i(\overline{x})^{\mathrm{T}} d = 0,\ i \in I(\overline{x}), \lambda_i > 0, \\ (P_\beta,\, P_\gamma)^{\mathrm{T}}(Dq(\overline{x})d)P_\gamma = 0 \end{array} \right\}. \tag{8.33}$$

显然有

$$\operatorname{aff}(C(\overline{x})) \subset \operatorname{app}(\mu, \lambda, Y). \tag{8.34}$$

如果 $\beta = \varnothing$, 即 $\operatorname{rank}(q(\overline{x})) + \operatorname{rank}(Y) = m$, 有 $\operatorname{aff}(C(\overline{x})) = \operatorname{app}(\mu, \lambda, Y)$.

引理 8.1　设 $\overline{x}$ 是非线性半定规划问题 (8.1) 的可行点, $\Lambda(\overline{x}) \neq \varnothing$. 则对任何 $(\mu, \lambda, Y) \in \Lambda(\overline{x})$, 有

$$
\begin{aligned}
&\sigma((\mu, \lambda, Y) \mid T^2_{\{0_l\}\times\mathbb{R}^p_-\times\mathbb{S}^m_+}((h(\overline{x}), g(\overline{x}), q(\overline{x})), (\mathcal{J}h(\overline{x})d, \mathcal{J}g(\overline{x})d, Dq(\overline{x})d)))\\
=&\sigma\big(Y, T^2_{\mathbb{S}^m_+}(q(\overline{x}), Dq(\overline{x})d)\big)\\
=&\Upsilon_{q(\overline{x})}(Y, Dq(\overline{x})d), \quad \forall d \in C(\overline{x}).
\end{aligned}
$$

定义

$$
\widehat{C}(\overline{x}) = \bigcap_{(\mu,\lambda,Y)\in\Lambda(\overline{x})} \operatorname{app}(\mu, \lambda, Y), \tag{8.35}
$$

则 $\widehat{C}(\overline{x})$ 是线性空间, 且满足

$$
\operatorname{aff} C(\overline{x}) \subset \widehat{C}(\overline{x}).
$$

下面给出强二阶充分性条件的定义.

定义 8.2　设 $\overline{x}$ 是非线性半定规划问题 (8.1) 的可行点, $\Lambda(\overline{x}) \neq \varnothing$. 称强二阶充分性条件在 $\overline{x}$ 处成立, 如果

$$
\sup_{(\mu,\lambda,Y)\in\Lambda(\overline{x})} \big\{\langle d, \nabla^2_{xx}L(\overline{x}, \mu, \lambda, Y)d\rangle - \Upsilon_{q(\overline{x})}(Y, Dq(\overline{x})d)\big\} > 0, \quad \forall d \in \widehat{C}(\overline{x}) \setminus \{0\}. \tag{8.36}
$$

8.2.3 Jacobian 唯一性条件

关于非线性半定规划问题的 Jacobian 唯一性条件摘自 [34].

定义 8.3 (Jacobian 唯一性条件)　设 $\bar{x}$ 是非线性半定规划问题 (8.1) 的最优解, f, h, g, q 在 $\bar{x}$ 附近二次连续可微. 称 $\bar{x}$ 处 Jacobian 唯一性条件成立若如下条件成立:

(i) $\Lambda(\bar{x}) \neq \varnothing$;

(ii) 约束非退化条件 (8.10) 在 $\bar{x}$ 处成立, 即存在唯一的乘子 $(\mu, \lambda, Y) \in \Lambda(\bar{x})$;

(iii) 严格互补条件成立, 即 $\xi_i > 0$, $i \in I(\bar{x})$; $q(\bar{x}) - Y \succ 0$;

(iv) 二阶充分性条件在 $(\bar{x}, \mu, \lambda, Y)$ 处成立, 即对于任意的 $d \in C(\bar{x}) \setminus \{0\}$,

$$
\langle \nabla^2_{xx}L(\bar{x}, \mu, \lambda, Y)d, d\rangle - 2\langle Y, (Dq(\bar{x})d)q(\bar{x})^\dagger(Dq(\bar{x})d)\rangle > 0.
$$

倘若 Jacobian 唯一性条件在 $(\bar{x}, \mu, \lambda, Y)$ 处成立, 则 $\beta = \{i|\lambda_i(q(x) - Y) = 0\} = \varnothing$, 此时 (8.32) 表示的临界锥 $C(\bar{x})$ 可写作如下形式:

$$
C(\overline{x}) = \{d \in \mathbb{R}^n | \mathcal{J}h(\bar{x})d = 0,\ \nabla g_i(\bar{x})^{\mathrm{T}}d = 0,\ i \in I(\bar{x}), P_\gamma^{\mathrm{T}}Dq(\bar{x})dP_\gamma = 0\}. \tag{8.37}
$$

在此基础上定义如下函数

$$F^{\mathrm{KKT}}(x,\mu,\lambda,Y)=\begin{bmatrix}\nabla_x L(x,\mu,\lambda,Y)\\ h(x)\\ g(x)-\Pi_{\mathbb{R}^p_-}(g(x)+\lambda)\\ q(x)-\Pi_{\mathbb{S}^m_+}(q(x)+Y)\end{bmatrix}. \tag{8.38}$$

在讨论映射 $F^{\mathrm{KKT}}(\cdot,\cdot,\cdot,\cdot)$ 导数的可逆性时，需要计算投影 $\Pi_{\mathbb{S}^m_+}(A)$ 的方向导数. 在例 9.3 中讨论了当 A 是奇异的情况，如果 A 非奇异，则 $\Pi_{\mathbb{S}^m_+}(\cdot)$ 在 A 处是可微的. 倘若 A 具有如下谱分解

$$A=(P_\alpha,P_\gamma)\begin{bmatrix}\Lambda_\alpha & 0\\ 0 & \Lambda_\gamma\end{bmatrix}(P_\alpha,P_\gamma)^{\mathrm{T}}, \tag{8.39}$$

其中 $\Lambda_\alpha\succeq 0$, $\Lambda_\gamma\preceq 0$. 那么, $\Pi_{\mathbb{S}^m_+}(\cdot)$ 在 A 处沿方向 H 的方向导数表示为

$$\Pi'_{\mathbb{S}^m_+}(A)H=P\begin{bmatrix}P_\alpha^{\mathrm{T}}HP_\alpha & P_\alpha^{\mathrm{T}}HP_\gamma\circ\Omega_{\alpha\gamma}\\ P_\gamma^{\mathrm{T}}HP_\alpha\circ\Omega_{\gamma\alpha} & 0\end{bmatrix}P^{\mathrm{T}}, \tag{8.40}$$

其中 $P=(P_\alpha,P_\gamma)$, $\Omega_{\alpha\gamma}\in\mathbb{R}^{|\alpha|\times|\gamma|}$, $\Omega_{\gamma\alpha}=\Omega_{\alpha\gamma}^{\mathrm{T}}$ 且

$$\Omega_{ij}=\frac{\lambda_i}{\lambda_i-\lambda_j},\quad i\in\alpha,\ j\in\gamma.$$

命题 8.5 设 Jacobian 唯一性条件在 $(\bar{x},\mu,\lambda,Y)$ 处成立，则如上定义的映射的导数 $DF^{\mathrm{KKT}}(\cdot,\cdot,\cdot,\cdot)$ 在 $(\bar{x},\mu,\lambda,Y)$ 处是可逆的.

证明 记 $g(\bar{x})$ 的前 $t<p$ 个分量满足 $g_i(\bar{x})=0$, $i=1,\cdots,t$, 即 $I(\bar{x})=\{1,\cdots,t\}$. 由严格互补条件，乘子 $\xi_i>0,i=1,\cdots,t$; $\xi_i=0,i=t+1,\cdots,p$; 乘子 Y 满足 $\beta=\{i|\lambda_i(q(x)-Y)=0\}=\varnothing$. 对于任取的向量 $d_x\in\mathbb{R}^n$, $d_\mu\in\mathbb{R}^l$, $d_\lambda\in\mathbb{R}^p$, $d_Y\in\mathbb{S}^m$, 若 $DF^{\mathrm{KKT}}(\bar{x},\mu,\lambda,Y)(d_x,d_\mu,d_\lambda,d_Y)^{\mathrm{T}}=0$, 有

$$\nabla^2_{xx}L(\bar{x},\mu,\lambda,Y)d_x+\mathcal{J}h(\bar{x})^{\mathrm{T}}d_\mu+\mathcal{J}g(\bar{x})^{\mathrm{T}}d_\lambda+Dq(\bar{x})^*d_Y=0, \tag{8.41}$$

$$\mathcal{J}h(\bar{x})d_x=0, \tag{8.42}$$

$$\mathcal{J}g(\bar{x})d_x-\Pi'_{\mathbb{R}^p_-}(g(\bar{x})+\lambda;\mathcal{J}g(\bar{x})d_x+d_\lambda)=0, \tag{8.43}$$

$$Dq(\bar{x})d_x-\Pi'_{\mathbb{S}^m_+}(q(\bar{x})+Y;Dq(\bar{x})d_x+d_Y)=0. \tag{8.44}$$

对于 (8.43), 与命题 7.5 有相同的结果，即

$$i\in I(\bar{x}),\nabla g_i(\bar{x})^{\mathrm{T}}d_x=0;\quad i\notin I(\bar{x}),(d_\lambda)_i=0. \tag{8.45}$$

再观察 (8.44), 由严格互补条件可知, $q(\bar{x})+Y$ 是非奇异的, 因此 $\Pi_{\mathbb{S}_+^m}(\cdot)$ 在 $q(\bar{x})+Y$ 处是可微的. 令 $A=q(\bar{x})+Y$ 具有 (8.39) 的谱分解, 应用 (8.46), $\Pi_{\mathbb{S}_+^m}(\cdot)$ 在 A 处沿方向 $Dq(\bar{x})d_x+d_Y$ 的方向导数表示为

$$\begin{aligned}&\Pi'_{\mathbb{S}_+^m}(A;Dq(\bar{x})d_x+d_Y)\\&=P\begin{bmatrix}P_\alpha^{\mathrm{T}}(Dq(\bar{x})d_x+d_Y)P_\alpha & P_\alpha^{\mathrm{T}}(Dq(\bar{x})d_x+d_Y)P_\gamma\circ\Omega_{\alpha\gamma}\\ P_\gamma^{\mathrm{T}}(Dq(\bar{x})d_x+d_Y)P_\alpha\circ\Omega_{\gamma\alpha} & 0\end{bmatrix}P^{\mathrm{T}}.\end{aligned} \tag{8.46}$$

式 (8.44) 意味着

$$\begin{aligned}&P_\alpha^{\mathrm{T}}(d_Y)P_\alpha=0,\\&P_\alpha^{\mathrm{T}}(Dq(\bar{x})d_x)P_\gamma-P_\alpha^{\mathrm{T}}(Dq(\bar{x})d_x)P_\gamma\circ\Omega_{\alpha\gamma}=P_\alpha^{\mathrm{T}}(d_Y)P_\gamma\circ\Omega_{\alpha\gamma},\\&P_\gamma^{\mathrm{T}}(Dq(\bar{x})d_x)P_\gamma=0.\end{aligned} \tag{8.47}$$

(8.47) 的第二式可以化简为

$$P_i^{\mathrm{T}}(d_Y)P_j=\frac{1-\Omega_{ij}}{\Omega_{ij}}P_i^{\mathrm{T}}(Dq(\bar{x})d_x)P_j,\quad i\in\alpha,\ j\in\gamma. \tag{8.48}$$

综合式 (8.42), (8.45) 和 (8.47) 的第三式, 得 d_x 是 (8.37) 定义的临界锥 $C(\bar{x})$ 中的元素. 对 (8.41) 左乘 d_x^{T}, 得到

$$\begin{aligned}&\langle\nabla_{xx}^2L(\bar{x},\mu,\lambda,Y)d_x,d_x\rangle+d_x^{\mathrm{T}}\mathcal{J}h(\bar{x})^{\mathrm{T}}d_\mu+d_x^{\mathrm{T}}\mathcal{J}g(\bar{x})^{\mathrm{T}}d_\lambda+d_x^{\mathrm{T}}Dq(\bar{x})^*d_Y\\&=\langle\nabla_{xx}^2L(\bar{x},\mu,\lambda,Y)d_x,d_x\rangle+d_x^{\mathrm{T}}Dq(\bar{x})^*d_Y=0.\end{aligned} \tag{8.49}$$

式 (8.49) 的项 $d_x^{\mathrm{T}}Dq(\bar{x})^*d_Y$ 是非负的, 我们可以证明它就是负的 Sigma 项. 由 (8.47) 式的第一项和第三项, 可知

$$d_x^{\mathrm{T}}Dq(\bar{x})^*d_Y=\langle d_Y,Dq(\bar{x})d_x\rangle=2\langle P_\alpha^{\mathrm{T}}(d_Y)P_\gamma,P_\alpha^{\mathrm{T}}(Dq(\bar{x})d_x)P_\gamma\rangle.$$

由 (8.48) 式, 上式可化简为

$$d_x^{\mathrm{T}}Dq(\bar{x})^*d_Y=2\sum_{i\in\alpha,j\in\gamma}\frac{1-\Omega_{ij}}{\Omega_{ij}}(P_i^{\mathrm{T}}(Dq(\bar{x})d_x)P_j)^2.$$

由于 $\dfrac{1-\Omega_{ij}}{\Omega_{ij}}=-\dfrac{\lambda_j}{\lambda_i}$, 因此

$$d_x^{\mathrm{T}}Dq(\bar{x})^*d_Y=-2\sum_{i\in\alpha,j\in\gamma}\frac{\lambda_j}{\lambda_i}(P_i^{\mathrm{T}}(Dq(\bar{x})d_x)P_j)^2. \tag{8.50}$$

由定义 8.1, Sigma 项 $2\langle Y,(Dq(\bar{x})d)q(\bar{x})^{\dagger}(Dq(\bar{x})d)\rangle = \Upsilon_{q(\bar{x})}(Y,Dq(\bar{x})d)$. 再由命题 8.4 的 (8.28) 式, 式 (8.50) 即负的 Sigma 项. 由二阶充分性条件可知, $d_x = 0$.

由 (8.48) 式, $P_{\alpha}^{\mathrm{T}}(d_Y)P_{\gamma} = 0$. 因此 (8.41) 变为

$$
\begin{aligned}
&\sum_{j=1}^{l}(d_{\mu})_j \nabla h_j(\bar{x}) + \sum_{i=1}^{t}(d_{\lambda})_i \nabla g_i(\bar{x}) \\
&+ 2\sum_{\substack{i<j \\ i\in\gamma,j\in\gamma}}^{t}(P_i^{\mathrm{T}}(d_Y)P_j)\begin{bmatrix} P_i^{\mathrm{T}}\dfrac{\partial q(\bar{x})}{\partial x_1}P_j \\ \vdots \\ P_i^{\mathrm{T}}\dfrac{\partial q(\bar{x})}{\partial x_n}P_j \end{bmatrix} + \sum_{i\in\gamma}^{t}(P_i^{\mathrm{T}}(d_Y)P_i)\begin{bmatrix} P_i^{\mathrm{T}}\dfrac{\partial q(\bar{x})}{\partial x_1}P_i \\ \vdots \\ P_i^{\mathrm{T}}\dfrac{\partial q(\bar{x})}{\partial x_n}P_i \end{bmatrix} = 0.
\end{aligned}
$$

由约束非退化的等价命题 8.2, 可知, $d_{\mu} = 0$, $(d_{\lambda})_i = 0$, $i = 1,\cdots,t$, $P_{\gamma}^{\mathrm{T}}(d_Y)P_{\gamma} = 0$. 结合 $d_x = 0, P_{\alpha}^{\mathrm{T}}(d_Y)P_{\gamma} = 0$ 以及 (8.45) 式的第二项和 (8.47) 式的第一项, 有 $d_x = 0$, $d_{\mu} = 0$, $d_{\lambda} = 0$, $d_Y = 0$. 这意味着 DF^{KKT} 在 $(\bar{x},\mu,\lambda,Y)$ 处可逆性. ■

下面给出关于扰动问题 (SDP_u) 的重要的稳定性定理, 这里的分析用经典的隐函数定理.

定理 8.5 令 $f(\cdot,\cdot)$, $h(\cdot,\cdot)$, $g(\cdot,\cdot)$, $q(\cdot,\cdot)$ 在 $(\bar{x},u_0)$ 附近的某一开邻域上是二次连续可微的. 若问题 (SDP_{u_0}) 的 Jacobian 唯一性条件在 $(\bar{x},\mu,\lambda,Y)$ 处成立, 那么存在 $\varepsilon > 0$, $\delta > 0$, 以及映射 $(x(\cdot),\mu(\cdot),\lambda(\cdot),Y(\cdot))$: $\mathbf{B}_{\delta}(u_0) \to \mathbf{B}_{\varepsilon}((\bar{x},\mu,\lambda,Y))$ 满足:

(i) $(x(u_0),\mu(u_0),\lambda(u_0),Y(u_0)) = (\bar{x},\mu,\lambda,Y)$;

(ii) $\forall u \in \mathbf{B}_{\delta}(u_0)$, $(x(\cdot),\mu(\cdot),\lambda(\cdot),Y(\cdot))$ 是一连续可微映射;

(iii) $\forall u \in \mathbf{B}_{\delta}(u_0)$,$(x(u),\mu(u),\lambda(u),Y(u))$ 关于问题 (SDP_u) 的 Jacobian 唯一性条件成立.

证明 由命题 8.5, Jacobian 矩阵 $DF^{\mathrm{KKT}}(\cdot,\cdot,\cdot,\cdot,\cdot)$ 在点 $(\bar{x},\mu,\lambda,Y,u_0)$ 处是非奇异的, 即 $DF^{\mathrm{KKT}}(\bar{x},\mu,\lambda,Y,u_0)$ 有连续的逆. 由 $F(\bar{x},\mu,\lambda,Y,u_0) = 0$, 由隐函数定理 [16,Theorems1-2(4.XVII)] 可得存在 $\varepsilon > 0$, $\delta_1 > 0$, 以及映射 $(x(\cdot),\mu(\cdot),\lambda(\cdot),$ $Y(\cdot))$: $\mathbf{B}_{\delta_1}(u_0) \to \mathbf{B}_{\varepsilon}((\bar{x},\mu,\lambda,Y))$ 满足 $(x(u_0),\mu(u_0),\lambda(u_0),Y(u_0)) = (\bar{x},\mu,\lambda,Y)$ 且 $\forall u \in \mathbf{B}_{\delta_1}(u_0)$, $(x(\cdot),\mu(\cdot),\lambda(\cdot),Y(\cdot))$ 是一连续可微映射. 此外, 还满足当 $(x',\mu',\lambda',Y') \in \mathbf{B}_{\varepsilon}((\bar{x},\mu,\lambda,Y))$ 以及 $u \in \mathbf{B}_{\delta_1}(u_0)$ 时, 对 $1 \leqslant i \leqslant p$ 和 $1 \leqslant j \leqslant m$ 有

$$g_i(\bar{x},u_0) < 0 \Longrightarrow g_i(x',u) < 0, \tag{8.51a}$$

$$\lambda_i > 0 \Longrightarrow \lambda_i' > 0, \tag{8.51b}$$

$$\lambda_j(q(\bar{x},u_0)) > 0 \Longrightarrow \lambda_j(q(x',u)) > 0, \tag{8.51c}$$

$$\lambda_j(Y)<0 \Longrightarrow \lambda_j(Y')<0. \tag{8.51d}$$

因为 $F(x(u),\mu(u),\lambda(u),Y(u),u)=0$, 则对任何 $u\in\mathbf{B}_{\delta_1}(u_0)$, $(x(u),\mu(u),\lambda(u),Y(u))$ 满足问题 (SDP_u) 的 KKT 条件. 选定 $i: 1\leqslant i\leqslant p$, 如果 $\lambda_i>0$, 则有 $\lambda_i'>0$, 因此 $g_i(x',u)=0$; 另一方面, 如果 $g_i(\bar{x},u_0)<0$, 则有 $g_i(x',u)<0$, 因此 $\lambda_i'=0$. 由于严格互补条件在 $(\bar{x},\mu,\lambda,Y)$ 处成立, 对于每一个 i, 上述两种情况一定有一种成立, 因此有 $\lambda'\geqslant 0$ 且 $g(x',u)\leqslant 0$. 同理可证 $Y'\preceq 0$ 且 $q(x',u)\succeq 0$. 综上可知 x' 为问题 (SDP_u) 可行点, 因此 $(x(u),\mu(u),\lambda(u),Y(u))$ 是问题 (SDP_u) 的 KKT 点. 进一步, 由 (8.51) 我们注意到 $\forall u\in\mathbf{B}_{\delta_1}(u_0)$, $x(u)$ 与 $x(u_0)$ 有相同的不等式约束, 因此对于 $(x(u),\mu(u),\lambda(u),Y(u))$ 严格互补条件也成立. 因为 $x(u_0)$ 处约束非退化条件成立, 则算子 $\mathcal{A}(x(u_0),u_0)$ 是映上的. 其中, $\forall d\in\mathbb{R}^n$,

$$\begin{aligned}\mathcal{A}(x(u),u)d=\big(&\mathcal{J}_x h(x(u),u)d;\nabla_x g_i(x(u),u)^{\mathrm{T}}d, i\in I(x(u),u);\\&P_\gamma(u)^{\mathrm{T}}D_x q(x(u),u)dP_\gamma(u)\big),\end{aligned} \tag{8.52}$$

这里 $\forall u\in\mathbf{B}_{\delta_1}(u_0)$, $P_\gamma(u)$ 是一 $p\times|\gamma|$ 矩阵, 它的列构成对应于 $q(x(u),u)$ 的最小特征值 0 的特征向量空间的一组标准正交基. 由于当 $q(x(u),u)$ 靠近 $q(x(u_0),u_0)$ 时, $P_\gamma(u)$ 不是连续的, 因此需要构造一个与 $P_\gamma(u)$ 性质相同的连续函数.

$\forall u\in\mathbf{B}_{\delta_1}(u_0)$, 简记 $q(u):=q(x(u),u)$, $q(u_0):=q(x(u_0),u_0)$. 记 $L(q(u))$ 为对应于 $q(u)$ 的零特征值的特征空间, $P(q(u))$ 是到 $L(q(u))$ 上的正交投影矩阵. 令 P_γ 是固定的 $p\times|\gamma|$ 矩阵, 它的列是正交的且张成空间 $L(q(\bar{u}))$. 已知, 在 $q(\bar{u})$ 的充分小的邻域内, $P(q(u))$ 是 $q(u)$ 的连续可微函数, 结果 $E(q(u)):=P(q(u))P_\gamma$ 也是 $q(u_0)$ 的邻域内 $q(u)$ 的连续可微函数, 且 $E(q(u_0))=P_\gamma$. 对充分靠近 $q(\bar{u})$ 的所有 $q(u)$, $E(q(u))$ 的秩是 $|\gamma|$, 即它的列向量是线性无关的. 令 $S(q(u))$ 是用 Gram-Schmidt 正交化过程作用于 $E(q(u))$ 的列生成的列向量的矩阵, 则矩阵 $S(q(u))$ 是有定义的且在 $q(u_0)$ 附近是连续可微的, 且满足下述条件: $S(q(u_0))=P_\gamma$, $S(q(u))$ 的列空间与 $P_\gamma(u)$ 的列空间重合, 且 $S(q(u))^{\mathrm{T}}S(q(u))=I_{|\gamma|}$. 因此, 在 $q(u_0)$ 的充分小的邻域内, 算子 $\mathcal{A}(x(u),u)$ 可定义为 $\forall d\in\mathbb{R}^n$,

$$\begin{aligned}\mathcal{A}(x(u),u)d=\big(&\mathcal{J}_x h(x(u),u)d;\nabla_x g_i(x(u),u)^{\mathrm{T}}d, i\in I(x(u),u);\\&S(q(u))^{\mathrm{T}}D_x q(x(u),u)dS(q(u))\big).\end{aligned} \tag{8.53}$$

由函数 $(x(\cdot),\mu(\cdot),\lambda(\cdot),Y(\cdot))$ 的连续性, 可知算子 $\mathcal{A}(x(u),u)$ 在 u_0 的充分小的邻域内关于 u 连续, 因此存在开邻域 $\mathbf{B}_{\delta_2}(u_0)\subset\mathbf{B}_{\delta_1}(u_0)$, 算子 $\mathcal{A}(x(u),u)$ 也是映上的, 即 $\forall u\in\mathbf{B}_{\delta_2}(u_0)$, $x(u)$ 处的约束非退化条件成立.

下证 $(x(u),\mu(u),\lambda(u),Y(u))$ 处的二阶充分性条件仍然成立. 注意到对任何 $u\in\mathbf{B}_{\delta_2}(u_0)$, $(x(u),\mu(u),\lambda(u),Y(u))$ 是 KKT 点, 若有效梯度约束 (算子

$\mathcal{A}(x(u),u)$ 的维数) 包含 n 个向量, 则 $\forall u\in\mathbf{B}_{\delta_2}(u_0)$, $(x(u),\mu(u),\lambda(u),Y(u))$ 的二阶充分性条件平凡成立. 不失一般性, 我们假设有效梯度约束包含的向量个数少于 n 个. $\forall u\in\mathbf{B}_{\delta_2}(u_0)$, 考虑集值映射:

$$\Gamma(u):=\{d\in\mathbb{R}^n|\mathcal{A}(x(u),u)d=0\}.$$

显然, 集值映射 Γ 的图是闭的, 因此令 B 为 $\mathbb{R}^n$ 空间中的单位球面, 那么 $\Gamma(u)\cap B$ 在 $\mathbf{B}_{\delta_2}(u_0)$ 上是上半连续的. 由假设有效梯度约束包含的向量个数小于 n, 可知 $\Gamma(u)\cap B$ 是非空的. 考虑函数

$$\begin{aligned}\delta(u):=\min_{d\in\Gamma(u)\cap B}\big\{&d^{\mathrm{T}}\nabla^2_{xx}L(x(u),\mu(u),\lambda(u),Y(u))d\\&-2\langle Y(u),Dq(u)d[q(u)]^{\dagger}Dq(u)d\rangle\big\}.\end{aligned}$$

令 $T\in S^m$ 有谱分解: $T=Q\,(T)Q^{\mathrm{T}}$, 且令 $\varphi:\mathbb{R}\to\mathbb{R}$ 为如下函数:

$$\varphi(t)=\begin{cases}\dfrac{1}{t}, & t>0,\\ 0, & t=0.\end{cases}$$

$\Phi(T):\mathbb{S}^m\to\mathbb{S}^m$ 相应的 Löwner 算子定义为

$$\Phi(T):=\sum_{i=1}^m\varphi(\lambda_i(T))q_i{q_i}^{\mathrm{T}},\quad T\in\mathbb{S}^m.$$

因此, $[q(u)]^{\dagger}$ 可被看作关于 $\varphi(\cdot)$ 的 Löwner 算子, 即 $[q(u)]^{\dagger}=\Phi(q(u))$. 根据 $(x(u)$, $\mu(u)$, $\lambda(u)$, $Y(u))$ 的连续性及严格互补条件, 可知 $\varphi(\lambda_i(q(u)))$ 关于 u 在 $\mathbf{B}_{\delta_1}(u_0)$ 上连续, 那么 $[q(u)]^{\dagger}$ 也关于 u 在 $\mathbf{B}_{\delta_2}(u_0)$ 上连续. 因此, 上式的目标函数在 $\mathbf{B}_{\delta_2}(u_0)$ 上关于 u, d 均连续, 并且约束集合 $\Gamma(u)\cap B$ 关于 u 是上半连续的, 由 [2, Theorem 2], 可得函数 $\delta(\cdot)$ 在 $\mathbf{B}_{\delta_2}(u_0)$ 上关于 u 是下半连续的. 又由于 $(x(u_0),\mu(u_0),\lambda(u_0),Y(u_0))$ 处的二阶充分性条件成立, 则有 $\delta(u_0)>0$. 因此, 存在一个开邻域 $\mathbf{B}_{\delta}(u_0)\subset\mathbf{B}_{\delta_2}(u_0)$, 使得 $\forall u\in\mathbf{B}_{\delta}(u_0)$, 均有 $\delta(u)>0$ 成立, 即 $\forall u\in\mathbf{B}_{\delta}(u_0)$, $(x(u),\mu(u),\lambda(u),Y(u))$ 满足二阶充分性条件. ■

8.2.4 (SDP) 问题的 KKT 系统的强正则性

设 x 是问题 (8.1) 的可行点, 满足 $\Lambda(x)\neq\varnothing$. 存在 $(\mu,\lambda,Y)\in\Lambda(x)$ 满足 KKT 条件

$$\begin{aligned}&\nabla_xL(x,\mu,\lambda,Y)=0,\quad -h(x)=0,\\&0\leqslant -g(x)\perp\lambda\geqslant 0,\quad Y\in N_{\mathbb{S}^m_+}(q(x)).\end{aligned}\tag{8.54}$$

其中

$$L(\bar{x},\mu,\lambda,Y)=f(x)+\langle\mu,h(x)\rangle+\langle\lambda,g(x)\rangle+\langle Y,q(x)\rangle.$$

KKT 条件 (8.54) 可以等价地表示为下述非光滑方程组

$$\begin{bmatrix}\nabla_x L(x,\mu,\lambda,Y)\\ -h(x)\\ -g(x)+\Pi_{\mathbb{R}^p_-}(g(x)+\lambda)\\ -q(x)+\Pi_{\mathbb{S}^m_+}(q(x)+Y)\end{bmatrix}=0=\begin{bmatrix}\nabla_x L(x,\mu,\lambda,Y)\\ -h(x)\\ \lambda-\Pi_{\mathbb{R}^p_+}(g(x)+\lambda)\\ Y-\Pi_{\mathbb{S}^m_-}(q(x)+Y)\end{bmatrix}. \tag{8.55}$$

KKT 条件 (8.54) 也可以等价地表示为下述的广义方程

$$0\in\begin{bmatrix}\nabla_x L(x,\mu,\lambda,Y)\\ -h(x)\\ -g(x)\\ -q(x)\end{bmatrix}+\begin{bmatrix}N_{\mathbb{R}^n}(x)\\ N_{\mathbb{R}^l}(\mu)\\ N_{\mathbb{R}^p_+}(\lambda)\\ N_{\mathbb{S}^m_-}(Y)\end{bmatrix}. \tag{8.56}$$

定义 $Z=\mathbb{R}^n\times\mathbb{R}^l\times\mathbb{R}^p\times\mathbb{S}^m$, $D=\mathbb{R}^n\times\mathbb{R}^l\times\mathbb{R}^p_+\times\mathbb{S}^m_-$. 对 $z=(x,\mu,\lambda,Y)\in Z$, 定义

$$\phi(z)=\begin{bmatrix}\nabla_x L(x,\mu,\lambda,Y)\\ -h(x)\\ -g(x)\\ -q(x)\end{bmatrix},$$

则广义方程 (8.56) 可表示为

$$0\in\phi(z)+N_D(z).$$

注意到对 $z=(x,\mu,\lambda,Y)\in\mathbb{R}^n\times\mathbb{R}^l\times\mathbb{R}^p\times\mathbb{S}^m$,

$$\Pi_D(z)=(x,\mu,\Pi_{\mathbb{R}^p_+}(\xi),\Pi_{\mathbb{S}^m_-}(\Gamma)),$$

广义方程的法映射 (normal map) 定义为

$$\begin{aligned}\mathcal{F}(z)&=\phi(\Pi_D(z))+z-\Pi_D(z)\\&=\begin{bmatrix}\nabla_x L(x,\mu,\xi-\Pi_{\mathbb{R}^p_-}(\xi),\Gamma-\Pi_{\mathbb{S}^m_+}(\Gamma))\\ -h(x)\\ -g(x)+\Pi_{\mathbb{R}^p_-}(\xi)\\ -q(x)+\Pi_{\mathbb{S}^m_+}(\Gamma)\end{bmatrix}.\end{aligned} \tag{8.57}$$

则 $(\overline{x},\overline{\mu},\overline{\xi},\overline{\Gamma})$ 是广义方程 (8.56) 的解当且仅当

$$\mathcal{F}(\overline{x},\overline{\mu},\overline{\xi},\overline{\Gamma})=0,$$

其中 $\overline{\xi}=\overline{\lambda}+g(\overline{x})$, $\overline{\lambda}=\Pi_{\mathbb{R}^p_+}(\overline{\xi})$, $\overline{\Gamma}=\overline{Y}+q(\overline{x})$, $\overline{Y}=\Pi_{\mathbb{S}^m_-}(\overline{\Gamma})$.

下面的引理和命题是为主要的稳定性刻画的定理做准备的.

引理 8.2 点 $(\overline{x},\overline{\mu},\overline{\lambda},\overline{Y})$ 是广义方程 (8.56) 的强正则解当且仅当 $\mathcal{F}$ 是 $(\overline{x},\overline{\mu},\overline{\xi},\overline{\Gamma})$ 附近的 Lipschitz 同胚.

证明 注意 $\mathcal{F}$ 是 Lipschitz 连续映射, 容易验证此结论. ■

命题8.6 设 $\overline{x}$ 是问题 (8.1) 的可行点, 满足 $\Lambda(\overline{x})\neq\varnothing$. 令 $(\overline{x},\overline{\mu},\overline{\lambda},\overline{Y})\in\Lambda(\overline{x})$, $\overline{\xi}=\overline{\lambda}+g(\overline{x})$, $\overline{Y}=\overline{\Gamma}+g(\overline{x})$. 考虑下述条件:

(a) 强二阶充分性条件 (8.36) 在 $\overline{x}$ 成立, 且 $\overline{x}$ 满足约束非退化条件.

(b) 广义梯度 $\partial\mathcal{F}(\overline{x},\overline{\mu},\overline{\xi},\overline{\Gamma})$ 中的任何元素是非奇异的.

(c) KKT 点 $(\overline{x},\overline{\mu},\overline{\lambda},\overline{Y})$ 是广义方程 (8.56) 的强正则解.

则 (a) $\Longrightarrow$ (b) $\Longrightarrow$ (c).

证明 先证明 (a) $\Longrightarrow$ (b). 因为约束非退化条件在 $\overline{x}$ 处成立, $\Lambda(\overline{x})=\{(\overline{x},\overline{\mu},\overline{\lambda},\overline{Y})\}$. 考虑在 $\overline{x}$ 处的强二阶充分性条件 (8.36) 具有下述形式

$$\langle d,\nabla^2_{xx}L(\overline{x},\mu,\lambda,Y)d\rangle-\Upsilon_{q(\overline{x})}(Y,Dq(\overline{x})d)>0,\quad\forall d\in\widehat{C}(\overline{x})\setminus\{0\}.\tag{8.58}$$

令 $W\in\partial\mathcal{F}(\overline{x},\overline{\mu},\overline{\xi},\overline{\Gamma})$. 我们证明 W 是非奇异的. 设 $(\Delta x,\Delta\mu,\Delta\xi,\Delta\Gamma)\in\mathbb{R}^n\times\mathbb{R}^l\times\mathbb{R}^p\times\mathbb{S}^m$ 满足

$$W(\Delta x,\Delta\mu,\Delta\xi,\Delta\Gamma)=0.$$

根据 $\mathcal{F}$ 的定义, 存在 $V_1\in\partial\Pi_{\mathbb{R}^p_-}(\overline{\xi})$, $V_2\in\partial\Pi_{\mathbb{S}^m_+}(\overline{\Gamma})$ 满足

$$\begin{aligned}&W(\Delta x,\Delta\mu,\Delta\xi,\Delta\Gamma)\\=&\begin{bmatrix}\nabla^2_{xx}L(\bar{x},\bar{\mu},\overline{\lambda},\overline{Y})\Delta x+\mathcal{J}h(\overline{x})^{\mathrm{T}}\Delta\mu\\+\mathcal{J}g(\overline{x})^{\mathrm{T}}[\Delta\xi-V_1(\Delta\xi)]+Dq(\overline{x})^*[\Delta\Gamma-V_2(\Delta\Gamma)]\\-\mathcal{J}h(\overline{x})\Delta x\\-\mathcal{J}g(\overline{x})\Delta x+V_1(\Delta\xi)\\-Dq(x)\Delta x+V_2(\Delta\Gamma)\end{bmatrix}=0.\end{aligned}\tag{8.59}$$

设不等式约束的乘子 $\overline{\xi}$ 的前 $s<p$ 个分量满足 $\overline{\xi}_i>0$, 用符号 $I_0^+(\overline{x})$ 表示; $s<i<r<p$ 的分量满足 $\overline{\xi}_i=0$, 且 $g_i(\bar{x})=0$, 用符号 $I_0^0(\bar{x})$ 表示; $r<i\leqslant p$ 的分量满足 $\overline{\xi}_i=0$, 且 $g_i(\bar{x})<0$, 用符号 $I_0^-(\bar{x})$ 表示. 回顾负卦限锥投影算子的次

微分, 有

$$\begin{aligned}&\mathcal{J}g_{I_0^+}(\overline{x})\Delta x=0;\\&\mathcal{J}g(\overline{x})_{I_0^0}\Delta x=\hat{D}_{I_0^0}\Delta x_{I_0^0},\quad \hat{D}_{I_0^0}=\mathrm{Diag}(\hat{d}_{ii}),\quad \hat{d}_{ii}\in[0,1];\\&\mathcal{J}g_{I_0^-}(\overline{x})\Delta x=\Delta x_{I_0^-}.\end{aligned}\tag{8.60}$$

另外注意 $\overline{\Gamma}$ 即 (8.39) 中的 A, 观察到 A 的谱分解, 用半正定矩阵锥投影的次微分公式 (9.29), 由 (8.59) 的第四式可得 $(P_\beta,P_\gamma)^{\mathrm{T}}(\mathcal{J}g(\overline{x})\Delta x)P_\gamma=0$. 再结合 (8.59) 的第二式以及 (8.60) 的第一式得到

$$\Delta x\in \mathrm{app}\,(\overline{\mu},\overline{\lambda},\overline{Y})=\widehat{C}(\overline{x}).\tag{8.61}$$

令 $\Delta\xi-V_1\Delta\xi=\Delta\lambda$, $\Delta\Gamma-V_2\Delta\Gamma=\Delta Y$, 由 (8.59) 的第三式和第四式可得 $\Delta\xi=\mathcal{J}g(\overline{x})\Delta x+\Delta\lambda$ 和 $\Delta\Gamma=Dq(\overline{x})\Delta x+\Delta Y$. 从而 (8.59) 表示为

$$W(\Delta x,\Delta\mu,\Delta\xi,\Delta\Gamma)=\begin{bmatrix}\nabla_{xx}^2L(\overline{x},\overline{\mu},\overline{\lambda},\overline{Y})\Delta x+\mathcal{J}h(\overline{x})^{\mathrm{T}}\Delta\mu\\+\mathcal{J}g(\overline{x})^{\mathrm{T}}\Delta\lambda+Dq(\overline{x})^*\Delta Y\\-\mathcal{J}h(\overline{x})\Delta x\\-\mathcal{J}g(\overline{x})\Delta x+V_1(\mathcal{J}g(\overline{x})\Delta x+\Delta\lambda)\\-Dq(\overline{x})\Delta x+V_2(Dq(\overline{x})\Delta x+\Delta Y)\end{bmatrix}=0.\tag{8.62}$$

由 (8.62) 的前两式可得

$$\begin{aligned}0&=\langle\Delta x,\nabla_{xx}^2L(\overline{x},\overline{\mu},\overline{\lambda},\overline{Y})\Delta x+\mathcal{J}h(\overline{x})^{\mathrm{T}}\Delta\mu+\mathcal{J}g(\overline{x})^{\mathrm{T}}\Delta\lambda+Dq(\overline{x})^*\Delta Y\rangle\\&=\langle\Delta x,\nabla_{xx}^2L(\overline{x},\overline{\mu},\overline{\lambda},\overline{Y})\Delta x\rangle+\langle\Delta\mu,\mathcal{J}h(\overline{x})\Delta x\rangle\\&\quad+\langle\Delta\lambda,\mathcal{J}g(\overline{x})\Delta x\rangle+\langle\Delta Y,Dq(\overline{x})\Delta x\rangle\\&=\langle\Delta x,\nabla_{xx}^2L(\overline{x},\overline{\mu},\overline{\lambda},\overline{Y})\Delta x\rangle+\sum_{i\in I_0^0}(\Delta\lambda)_i\nabla g_i(\overline{x})^T(\Delta x)_i+\langle\Delta Y,Dq(\overline{x})\Delta x\rangle,\end{aligned}$$

这一等式与 (8.62) 中的第三式、第四式和命题 8.4 相结合, 可得

$$\begin{aligned}0\geqslant&\langle\Delta x,\nabla_{xx}^2L(\overline{x},\overline{\mu},\overline{\lambda},\overline{Y})\Delta x\rangle\\&+(\Delta\lambda)_{I_0^0}^{\mathrm{T}}(\hat{D}_{I_0^0})(I-\hat{D}_{I_0^0})(\Delta\lambda)_{I_0^0}-\Upsilon_{g(\overline{x})}(\overline{\Gamma},\mathcal{J}g(\overline{x})\Delta x).\end{aligned}\tag{8.63}$$

由引理 9.1, 可知 $(\Delta\lambda)_{I_0^0}^{\mathrm{T}}(\hat{D}_{I_0^0})(I-\hat{D}_{I_0^0})(\Delta\lambda)_{I_0^0}\geqslant 0$. 因此, 由 (8.61),(8.63) 和强二

阶充分性条件 (8.58) 必有 $\Delta x = 0$. 于是 (8.62) 可简化为

$$\begin{bmatrix} \mathcal{J}h(\overline{x})^{\mathrm{T}}\Delta\mu + \mathcal{J}g(\overline{x})^{\mathrm{T}}\Delta\lambda + Dq(\overline{x})^*\Delta Y \\ V_1(\Delta\lambda) \\ V_2(\Delta Y) \end{bmatrix} = 0. \tag{8.64}$$

由 $V_1(\Delta\lambda) = V_2(\Delta Y) = 0$ 可得

$$\mathcal{J}g_{I_0^-}(\overline{x})^{\mathrm{T}}(\Delta\lambda)_{I_0^-} = 0, \quad P_\alpha^{\mathrm{T}}\Delta Y P_\alpha = 0, \quad P_\alpha^{\mathrm{T}}\Delta Y P_\beta = 0, \quad P_\alpha^{\mathrm{T}}\Delta Y P_\gamma = 0. \tag{8.65}$$

由约束非退化等价条件命题 8.2, 有 $\Delta\mu = 0$, $(\Delta\lambda)_{i\in I_0^+\cup I_0^0} = 0$ 与 $P_\beta^{\mathrm{T}}\Delta Y P_\gamma = 0$, $P_\gamma^{\mathrm{T}}\Delta Y P_\gamma = 0$. 另外观察到

$$P_\beta^{\mathrm{T}}\Delta Y P_\beta = V_2 P_\beta^{\mathrm{T}}\Delta Y P_\beta + (I - V_2)P_\beta^{\mathrm{T}}\Delta P_\beta = V_2 P_\beta^{\mathrm{T}}\Delta\Gamma P_\beta + (I - V_2)P_\beta^{\mathrm{T}}\Delta\Gamma P_\beta = 0.$$

再注意前面得到的 $\Delta x = 0$, 得到 W 的非奇异性.

再来证明 (b) $\Longrightarrow$ (c). 由 Clarke 的反函数定理 (定理 9.8) 可得 $\mathcal{F}$ 是 $(\overline{x}, \overline{\mu}, \overline{\xi}, \overline{\Gamma})$ 附近的局部 Lipschitz 同胚, 由引理 8.2, 这等价于 $(\overline{x}, \overline{\mu}, \overline{\lambda}, \overline{Y})$ 是广义方程 (8.56) 的强正则解. ■

引理 8.3 设 $\overline{x}$ 是问题 (8.1) 的稳定点. 设 Robinson 约束规范在 $\overline{x}$ 处成立. 如果在 $\overline{x}$ 处关于标准参数化的一致二阶增长条件成立, 则强二阶充分性条件 (8.36) 在 $\overline{x}$ 处成立.

证明 令 $(\overline{\mu}, \overline{\lambda}, \overline{Y}) \in \Lambda(\overline{x})$. 设 $y = g(\overline{x}) + \overline{\lambda}$, $A = q(\overline{x}) + \overline{Y}$, 并且 A 具有谱分解 (8.22), $q(\overline{x})$ 与 $\overline{Y}$ 满足 (8.29). 考虑下述参数非线性半定规划问题

$$\left\{\begin{array}{ll} \min\limits_{x\in X} & f(x) \\ \text{s.t.} & h(x) = 0, \\ & g(x) - \tau_1 \sum\limits_{i\in I_0(\overline{x})} \overline{e}_i \in \mathbb{R}^p_-, \\ & q(x) + \tau_2 P_\beta P_\beta^{\mathrm{T}} \in \mathbb{S}^m_+, \end{array}\right. \tag{8.66}$$

其中 $I_0(\overline{x}) = \{i | g_i(\overline{x}) = 0, \overline{\lambda}_i = 0\}$, $\overline{e}_i \in \mathbb{R}^p$ 是 $\mathbb{R}^p$ 的第 i 个单位向量, τ_1, $\tau_2 \in \mathbb{R}$. 则对任何 $\tau_1, \tau_2 > 0$, $(\overline{x}, \overline{\mu}, \overline{\lambda}, \overline{Y})$ 满足参数化问题 (8.66) 的 KKT 条件:

$$\begin{aligned} &\nabla_x L_\tau(\overline{x}, \overline{\mu}, \overline{\lambda}, \overline{Y}) = \nabla_x L(\overline{x}, \overline{\mu}, \overline{\lambda}, \overline{Y}) = 0, \quad -h(\overline{x}) = 0, \\ &\overline{\lambda} \in N_{\mathbb{R}^p_-}\left(g(\overline{x}) - \tau_1 \sum_{i\in I_0(\overline{x})} \overline{e}_i\right), \quad \overline{Y} \in N_{\mathbb{S}^m_+}(g(\overline{x}) + \tau_2 P_\beta P_\beta^{\mathrm{T}}), \end{aligned} \tag{8.67}$$

其中

$$L_\tau(x,\mu,\lambda,Y)=L(x,\mu,\lambda,Y)-\tau_1\sum_{i\in I_0(\overline{x})}\lambda_i+\tau_2\langle Y,P_\beta P_\beta^{\mathrm{T}}\rangle,$$
$$(x,\mu,\lambda,Y)\in\mathbb{R}^n\times\mathbb{R}^l\times\mathbb{R}^p\times\mathbb{S}^m.$$

用 $\Lambda_\tau(\overline{x})$ 记所有满足 (8.67) 的 $(\mu,\lambda,Y)\in\mathbb{R}^l\times\mathbb{R}^p\times\mathbb{S}^m$. 因为 $g(\overline{x})-\tau_1\sum\limits_{i\in I_0(\overline{x})}\overline{e}_i-\lambda<0$ 和 $\operatorname{rank}(q(\overline{x})+\tau_2P_\beta P_\beta^{\mathrm{T}})+\operatorname{rank}\overline{Y}=p$, 对任何 τ_1, $\tau_2>0$ 均成立, 问题 (8.66) 在 $\overline{x}$ 处的临界锥 $C_\tau(\overline{x})$ 具有下述形式:

$$C_\tau(\overline{x})=\{d|\mathcal{J}h(\overline{x})d=0,\nabla g_i(\overline{x})^{\mathrm{T}}d=0,\forall i:g_i(\overline{x})=0,P_\gamma^{\mathrm{T}}(\mathcal{J}q(\overline{x})d)P_\gamma=0\},\tag{8.68}$$

因此 $\operatorname{app}(\overline{\mu},\overline{\lambda},\overline{Y})\subset C_\tau(\overline{x})$. 因为问题 (8.66) 的二阶增长条件在 $\overline{x}$ 处成立, 可得对 $\tau_1,\tau_2>0$ 有

$$\sup_{(\mu,\lambda,Y)\in\Lambda_\tau(\overline{x})}\big\{\langle d,\nabla_{xx}^2L_\tau(\overline{x},\mu,\lambda,Y)d\rangle$$
$$-\Upsilon_{q(\overline{x})+\tau_2P_\beta P_\beta^T}(Y,Dq(\overline{x})d)\big\}>0,\quad\forall d\in C_\tau(\overline{x})\setminus\{0\}.$$

注意对任何 $(\mu,\lambda,Y)\in\Lambda_\tau(\overline{x})$,

$$\Upsilon_{q(\overline{x})+\tau_2P_\beta P_\beta^T}(Y,Dq(\overline{x})d)=\Upsilon_{q(\overline{x})}(Y,Dq(\overline{x})d),\quad\forall d\in\operatorname{app}(\overline{\mu},\overline{\lambda},\overline{Y}),$$

以及 $\nabla_{xx}^2L_\tau(\overline{x},\mu,\lambda,Y)=\nabla_{xx}^2L(\overline{x},\mu,\lambda,Y)$, 由 (8.68) 可推出

$$\sup_{(\mu,\lambda,Y)\in\Lambda_\tau(\overline{x})}\big\{\langle d,\nabla_{xx}^2L(\overline{x},\mu,\lambda,Y)d\rangle$$
$$-\Upsilon_{q(\overline{x})}(Y,Dq(\overline{x})d)\big\}>0,\quad\forall d\in\operatorname{app}(\overline{\mu},\overline{\lambda},\overline{Y})\setminus\{0\}.\tag{8.69}$$

因为对任何 $\tau_1,\tau_2>0$, $\Lambda_\tau(\overline{x})\subset\Lambda(\overline{x})$, (8.69) 可推出

$$\sup_{(\mu,\lambda,Y)\in\Lambda(\overline{x})}\big\{\langle d,\nabla_{xx}^2L(\overline{x},\mu,\lambda,Y)d\rangle$$
$$-\Upsilon_{q(\overline{x})}(Y,Dq(\overline{x})d)\big\}>0,\quad\forall d\in\operatorname{app}(\overline{\mu},\overline{\lambda},\overline{Y})\setminus\{0\}.$$

即强二阶充分性条件成立. ■

下面的定理给出了非线性半定规划 KKT 系统的强正则项的若干等价性质.

定理 8.6 设 $\overline{x}$ 是问题 (8.1) 的局部最优解. 设 Robinson 约束规范在 $\overline{x}$ 成立, 从而 $\overline{x}$ 成为稳定点. 设 $(\overline{\mu},\overline{\lambda},\overline{Y})\in\Lambda(\overline{x})$, 从而 $(\overline{x},\overline{\mu},\overline{\lambda},\overline{Y})$ 满足问题 (8.1) 的 KKT 条件. 令 $y=g(\overline{x})+\overline{\lambda}$, $A=q(\overline{x})+\overline{Y}$. 则下述条件是等价的:

(a) 强二阶充分性条件 (8.36) 在 $\overline{x}$ 成立且 $\overline{x}$ 是约束非退化的.

(b) $\partial\mathcal{F}(\overline{x},\overline{\mu},y,A)$ 中的任何元素均是非奇异的.

(c) KKT 点 $(\overline{x},\overline{\mu},\overline{\lambda},\overline{Y})$ 是广义方程 (8.56) 的强正则解.

(d) 一致二阶增长条件在 $\overline{x}$ 成立且 $\overline{x}$ 是约束非退化的.

(e) $\mathcal{F}$ 在 $(\overline{x},\overline{\mu},y,A)$ 附近是一局部 Lipschitz 同胚.

证明 根据命题 8.6 可知 (a) $\Longrightarrow$ (b) $\Longrightarrow$ (c). 根据引理 8.2 得 (c) $\Longleftrightarrow$ (e). 关系 (c) $\Longrightarrow$ (d) 可由定理 6.10 和定理 6.11 得到. 再根据引理 8.3, 得 (d) $\Longrightarrow$ (a). 因此结论得证. ■

8.3 最优协方差阵的牛顿法*

最优协方差阵问题是在 Frobenius 范数度量下, 找到一个与给定对称矩阵最接近的协方差矩阵. 文献 [23] 考虑, 给定一对称阵 $G\in\mathbb{S}^n$, 计算距 G 最近的协方差矩阵

$$\begin{cases}\min & \dfrac{1}{2}\|G-X\|^2\\ \text{s.t.} & X_{ii}=1,\ i=1,\cdots,n\\ & X\in\mathbb{S}^n_+.\end{cases}\tag{8.70}$$

传统的做法可以将 (8.70) 问题考虑称半定规划问题, 另一种方式是考虑它的对偶问题, 由于对偶问题是一个无约束的凸问题, 应用牛顿法可以得到很好的收敛性. 定义算子 $\mathcal{A}:\mathbb{S}^n_+\to\mathbb{R}^n_+$, 对于任意 $X\in\mathbb{S}^n_+$, $\mathcal{A}(X)=\mathbf{1}_n$, 其中 $\mathbf{1}_n$ 表示分量为 1 的 n 维向量. 此时问题 (8.70) 的 Lagrange 函数写作

$$L(x,y)=\frac{1}{2}\|G-X\|^2-\langle y,\mathcal{A}(X)-\mathbf{1}_n\rangle.$$

那么, 问题 (8.70) 的对偶问题就表示为

$$\max_{y}\min_{x\in\mathbb{S}^n_+}L(x,y)=\max_{y}\frac{1}{2}(\|G\|^2-\|\Pi_{\mathbb{S}^n_+}(G+\mathcal{A}^*y)\|^2)+\mathbf{1}_n^{\mathrm{T}}y,\tag{8.71}$$

这等价于求解如下问题的最优值

$$\min_{y\in\mathbb{R}^n}\ \theta(y):=\frac{1}{2}\|\Pi_{\mathbb{S}^n_+}(G+\mathcal{A}^*y)\|^2-\mathbf{1}_n^{\mathrm{T}}y.\tag{8.72}$$

倘若可以求得对偶问题 (8.72) 的最优解 y^*, 原始问题 (8.70) 的最优解可以表示为

$$X^*=\Pi_{\mathbb{S}^n_+}(G+\mathcal{A}^*y).\tag{8.73}$$

因此求解对偶问题 (8.72) 是非常关键的. 注意到, 函数 $\theta(\cdot)$ 是连续可微的, 且梯度映射 $\nabla\theta(\cdot)$ 是全局 Lipschitz 连续的, Lipschitz 常数为 1. 并且倘若 Slater 条件成立, $\theta(\cdot)$ 是强制的, 即当 $\|y\| \to +\infty$ 时有 $\theta(y) \to +\infty$. 由于投影算子 $\Pi_{\mathbb{S}^n_+}(\cdot)$ 是强半光滑的, (8.72) 的 Newton 法有二阶收敛速度.

对于无约束二次优化问题 (8.72), 最优解 y^* 是如下半光滑方程

$$F(y) = b \tag{8.74}$$

的解, 其中 $b = \mathbf{1}_n$, $F : \mathbb{R}^n \to \mathbb{R}^n$ 定义为

$$F(y) := \mathcal{A}\Pi_{\mathbb{S}^n_+}(G + \mathcal{A}^* y).$$

由于投影算子 $\Pi_{\mathbb{S}^n_+}(\cdot)$ 在 $\mathbb{S}^n$ 上是强半光滑的, $\mathcal{A}$ 是线性算子, 因此算子 F 在 $\mathbb{R}^n$ 上是强半光滑的. 基于广义 Jacobian 的方程 (8.74) 的 Newton 方法为

$$y^{k+1} = y^k - V_k^{-1}(F(y^k) - b), \quad V_k \in \partial_c F(y^k), \quad k = 0, 1, 2, \cdots. \tag{8.75}$$

如果任何 $\partial_c F(y^*)$ 中的元素是正定的, 由定理 9.9 (ii) 可知, 对于充分接近 y^* 的 y^k, Newton 方法 (8.75) 是二次收敛的. 为了证明 $\partial_c F(y^*)$ 中的任何元素是正定的, 我们需要以下引理.

引理 8.4[5]　令 $\lambda_1 \geqslant \cdots \geqslant \lambda_n$ 和 $\mu_1 \geqslant \cdots \geqslant \mu_n$ 分别是 X, $Y \in \mathbb{S}^n$ 的特征值. 则

$$|\lambda_i - \mu_i| \leqslant \|X - Y\|, \quad \forall i = 1, \cdots, n.$$

令 $\mathbb{O}_X$ 是 X 的正交特征向量的集合, 定义为

$$\mathbb{O}_X := \{P \in \mathbb{O}^n \,|\, X = P\mathrm{Diag}[\lambda(X)]P^{\mathrm{T}}\}.$$

若 $f : \mathbb{R} \to \mathbb{R}$ 是一连续函数. 则定义 Löwner 函数 $\mathbb{F} : \mathbb{S}^n \to \mathbb{S}^n$ 为

$$\mathbb{F}(X) := P\mathrm{Diag}[f(\lambda_1(X)), \cdots, f(\lambda_n(X))]P^{\mathrm{T}}, \quad P \in \mathbb{O}_X. \tag{8.76}$$

引理 8.5[14]　令 $P \in \mathbb{O}$ 满足 $X = P\mathrm{Diag}[\lambda_1(X), \cdots, \lambda_n(X)]P^{\mathrm{T}}$. 令 (a_1, a_2) 是一个 $\mathbb{R}$ 中包含 $\lambda_i(X), i = 1, \cdots, n$ 的开区间. 若 f 在区间 (a_1, a_2) 上是连续可微, 则 $\mathbb{F}$ 在 X 处是连续可微的且对于任意方向的 $H \in \mathbb{S}^n$, 它的导数为

$$\mathbb{F}'(X)H = P(f^{[1]}(\lambda(X)) \circ (P^{\mathrm{T}}HP))P^{\mathrm{T}}, \tag{8.77}$$

其中 $f^{[1]}(\lambda(X))$ 是一 $n \times n$ 的对称矩阵且它的第 (i, j) 元素为

$$\left(f^{[1]}(\lambda(X))\right)_{ij} = \begin{cases} \dfrac{f(\lambda_i(X)) - f(\lambda_j(X))}{\lambda_i(X) - \lambda_j(X)}, & \lambda_i(X) \neq \lambda_j(X), \\ f'(\lambda_i(X)), & \lambda_i(X) = \lambda_j(X). \end{cases} \tag{8.78}$$

若取 $f(t) := \max\{0, t\}$, $t \in \mathbb{R}$, 则投影算子

$$\Pi_{\mathbb{S}^n_+}(X) = \mathbb{F}(X) = P\mathrm{Diag}[\max\{0, \lambda_1(X)\}, \cdots, \max\{0, \lambda_n(X)\}]P^{\mathrm{T}}.$$

根据引理 8.5 以及投影算子 $\Pi_{\mathbb{S}^n_+}(\cdot)$ 在 $X \in \mathbb{S}^n$ 处是连续可微的当且仅当 X 是非奇异的, 容易得到以下命题.

命题 8.7[23, Propsition 3.2] 令 $P \in \mathbb{O}$ 满足 $X = P\mathrm{Diag}[\lambda_1(X), \cdots, \lambda_n(X)]P^{\mathrm{T}}$. 则投影算子 $\Pi_{\mathbb{S}^n_+}(\cdot)$ 在 $X \in \mathbb{S}^n$ 处是连续可微的当且仅当 $\lambda_i(X) \neq 0, i = 1, \cdots, n$. 进一步, 若 $\lambda_i(X) \neq 0, i = 1, \cdots, n$, 则 $\Pi_{\mathbb{S}^n_+}(\cdot)$ 在 X 处沿方向 $H \in \mathbb{S}^n$ 的导数如 (8.77) 给出, 其中 $f(t) := \max\{0, t\}$, $t \in \mathbb{R}$.

令

$$C(y) := G + \mathcal{A}^* y, \ \lambda(y) := \lambda(C(y)).$$

定义关于 $\lambda(y)$ 的指标集

$$\alpha(y) := \{i | \lambda_i(y) > 0\}, \quad \beta(y) := \{i | \lambda_i(y) = 0\}, \quad \gamma(y) := \{i | \lambda_i(y) < 0\}.$$

令 $\Lambda(y) := \mathrm{Diag}[\lambda(y)]$. 对于最优解 y^* 定义相关指标集为

$$\lambda^* := \lambda(y), \quad \alpha^* = \alpha(y), \quad \gamma^* = \gamma(y), \quad \Lambda^* := \Lambda(y^*).$$

对于问题 (8.74) 中的一般情况 $b > 0$, 我们有以下结论.

引理 8.6[23, Lemma 3.3] 设式 (8.74) 中的 $b > 0$, 则 $\lambda^* \neq \varnothing$ 并且对于任意的 $P \in \mathbb{O}_{C(y^*)}$, 满足

$$\sum_{l \in \lambda^*} P_{il}^2 > 0, \quad i = 1, \cdots, n.$$

证明 设任取 $P \in \mathbb{O}_{C(y^*)}$, 则

$$\Pi_{\mathbb{S}^n_+}(C(y^*)) = P \begin{bmatrix} \Lambda^*_\alpha & & \\ & 0 & \\ & & 0 \end{bmatrix} P^{\mathrm{T}}.$$

式 (8.74) 意味着

$$\mathcal{A} P \begin{bmatrix} \Lambda^*_\alpha & & \\ & 0 & \\ & & 0 \end{bmatrix} P^{\mathrm{T}} = b,$$

其中 Λ^*_α 是 $|\alpha^*| \times |\alpha^*|$ 的对角矩阵, 对角线元素为 λ^*_i, $i \in \alpha^*$. 由于 $b \neq 0$, 则 α^* 必不为空集. 等价地, 我们有

$$\left(\sum_{l \in \lambda^*} \lambda^*_l P_{1l}^2, \cdots, \sum_{l \in \lambda^*} \lambda^*_l P_{nl}^2 \right) = (b_1, \cdots, b_n).$$

■

令

$$\delta^* := \frac{1}{2}\min_{i\in\alpha^*\cup\gamma^*}|\lambda_i^*|.$$

因此引理 8.4 意味着对于任意的 $y\in\mathbb{B}(y^*,\delta^*)$,

$$|\lambda_i(y)-\lambda_i^*|\leqslant\|C(y)-C(y^*)\|\leqslant\|y-y^*\|\leqslant\delta^*,\quad i=1,\cdots,n.$$

引理 8.7[23, Lemma 3.4]　F 在 y 处是可微的当且仅当 f 在 $C(y)$ 处是可微的. 此时对于任意方向的 $h\in\mathbb{R}^n$,

$$F'(y)h=\mathcal{A}\mathbb{F}'(C(y))H,$$

其中 $\mathbb{F}(\cdot)=\Pi_{\mathbb{S}_+^n}(\cdot)$, $H:=\mathcal{A}^*h=\mathrm{Diag}[h]$ 且

$$\mathbb{F}'(C(y))H=P(f^{[1]}(\lambda(y))\circ(P^{\mathrm{T}}HP))P^{\mathrm{T}},\quad\forall\,P\in\mathbb{O}_{C(y)}.\tag{8.79}$$

进一步, 当 $y\in\mathbb{B}(y^*,\delta^*)$ 时, 我们有

$$\left(f^{[1]}(\lambda(y))\right)_{ij}=1,\quad\forall i,\ j\in\alpha^*$$

以及

$$\left(f^{[1]}(\lambda(y))\right)_{ij}=0,\quad\forall i,\ j\in\gamma^*,$$

即

$$\left(f^{[1]}(\lambda(y))\right)_{\alpha^*\alpha^*}=I_{\alpha^*\alpha^*},\quad\left(f^{[1]}(\lambda(y))\right)_{\gamma^*\gamma^*}=0_{\gamma^*\gamma^*}.\tag{8.80}$$

证明　显然, 当 $\mathbb{F}$ 在 $C(y)$ 处可微时, 有 F 在 y 处是可微的. 相反的方向我们证明它的逆命题. 假设 $\mathbb{F}$ 在 $C(y)$ 处不可微, 由命题 8.5, f 在某些 $\lambda_i(y)$ 处不可微, 也就是 $\lambda_i(y)=0$. 由于 $f(t)$ 是非降且连续可微的, 因此

$$f'(x;1)\geqslant f'(x;-1),\quad\forall\,x\in\mathbb{R}.$$

尤其, 对于 $\lambda_i(y)=0$ 的指标 i 而言, 有

$$f'(\lambda_i;1)=1>0=f'(\lambda_i;-1).$$

令 $d,\hat{d}\in\mathbb{R}^n$ 定义为

$$d_l=f'(\lambda_l;1),\quad\hat{d}_l=f'(\lambda_l;-1),\quad l=1,\cdots,n.$$

由于 $d_i = 1 > \hat{d}_i = 0$, 因此 $d \neq \hat{d}$, $d \geqslant \hat{d}$. 考虑序列 $\{y + t\mathbf{1}_n\}_{t>0}$ 和 $\{y - t\mathbf{1}_n\}_{t>0}$, 有

$$C(y + t\mathbf{1}_n) = P\mathrm{Diag}[\lambda + t\mathbf{1}_n]P^{\mathrm{T}}\, C(y - t\mathbf{1}_n) = P\mathrm{Diag}[\lambda - t\mathbf{1}_n]P^{\mathrm{T}}, \quad P \in \mathbb{O}_{C(y)}.$$

因此

$$\begin{aligned}\lim_{t\downarrow 0} \frac{F(y + t\mathbf{1}_n) - F(y)}{t} &= \mathcal{A}P\mathrm{Diag}[d]P^{\mathrm{T}},\\ \lim_{t\downarrow 0} \frac{F(y - t\mathbf{1}_n) - F(y)}{-t} &= \mathcal{A}P\mathrm{Diag}[\hat{d}]P^{\mathrm{T}}.\end{aligned}$$

结合 $d_l \geqslant \hat{d}_l$, $l = 1, \cdots, n$ 且 $d_i > \hat{d}_i$, 可以得到

$$\mathcal{A}P\mathrm{Diag}[d]P^{\mathrm{T}} - \mathcal{A}P\mathrm{Diag}[\hat{d}]P^{\mathrm{T}} = \begin{bmatrix} \sum\limits_{l=1}^{n}(d_l - \hat{d}_l)P_{1l}^2 \\ \vdots \\ \sum\limits_{l=1}^{n}(d_l - \hat{d}_l)P_{nl}^2 \end{bmatrix} \neq 0.$$

这说明

$$\lim_{t\downarrow 0} \frac{F(y + t\mathbf{1}_n) - F(y)}{t} \neq \lim_{t\downarrow 0} \frac{F(y - t\mathbf{1}_n) - F(y)}{-t},$$

从而 F 在 y 处是不可微. 引理的第一部分证明完毕.

由链式法则和命题 8.5, 得到公式 (8.79). 对于任意的 $y \in \mathbb{B}(y^*, \delta^*)$, $\lambda_i(y) > 0$, $\forall i \in \alpha^*$ 且 $\lambda_i(y) < 0$, $\forall i \in \gamma^*$, 根据 $f^{[1]}$ 的定义, 可得 (8.80). ■

根据 $\Pi_{\mathbb{S}_+^n}(\cdot)$ 的 B-次微分的表达式 (9.29), 因此 $\Pi_{\mathbb{S}_+^n}(\cdot)$ 在 $C(y^*)$ 处 (即 $C(y^*) = G + \mathcal{A}^* y^*$, $\lambda^* = \lambda(C(y^*))$) 的 B-次微分满足对于 $M \in \partial_B \Pi_{\mathbb{S}_+^n}(C(y^*))$, 则存在 $W \in \partial_B \Pi_{\mathbb{S}_+^{|\beta^*|}}(0)$ 使得对于任意的 $H \in \mathbb{S}^n$ 有

$$MH = P \begin{bmatrix} P_{\alpha^*}^{\mathrm{T}} H P_{\alpha^*} & P_{\alpha^*}^{\mathrm{T}} H P_{\beta^*} & P_{\alpha^*}^{\mathrm{T}} H P_{\gamma^*} \circ \Omega_{\alpha^*\gamma^*} \\ P_{\beta^*}^{\mathrm{T}} H P_{\alpha^*} & W(P_{\beta^*}^{\mathrm{T}} H P_{\beta^*}) & 0 \\ \Omega_{\gamma^*\alpha^*} \circ P_{\gamma^*}^{T} H P_{\alpha^*} & 0 & 0 \end{bmatrix} P^{\mathrm{T}}, \quad (8.81)$$

其中 $P = (P_{\alpha^*},\ P_{\beta^*},\ P_{\gamma^*}) \in \mathbb{O}_{C(y^*)}$, $\Omega_{ij} = \lambda_i^*/(\lambda_i^* - \lambda_j^*)$, $(i, j) \in \alpha^* \times \gamma^*$, $W_{ij} = W_{ji} \in [0, 1]$. 因此, 对于映射 F 的 B-次微分有如下结论.

引理 8.8[23, Lemma 3.5] 对于任意的 $h \in \mathbb{R}^n$, F 的 B-次微分可表示为

$$\partial_B F(y^*)h \subseteq \{\mathcal{A}MH |\, M \in \partial_B \Pi_{\mathbb{S}_+^n}(C(y^*))\},$$

其中 $H := \mathcal{A}^* h = \mathrm{Diag}(h)$.

下面证明广义 Jacobian $\partial_c F(y^*)$ 中的任何元素是正定的.

命题 8.8[23, Propsition 3.6] 任意的元素 $V \in \partial_B F(y^*)$ 是正定的. 因此任意的元素 $V \in \partial_c F(y^*)$ 也是正定的.

证明 选取任意的 $V \in \partial_B F(y^*)$, 我们证明对于任意的 $0 \neq h \in \mathbb{R}^n$, $h^{\mathrm{T}} V h > 0$. 由引理 8.8, 存在 $M \in \partial_B \Pi_{\mathbb{S}_+^n}(C(y^*))$, $P \in \mathbb{O}_{C(y^*)}$ 使得

$$Vh = \mathcal{A}MH.$$

因此

$$h^{\mathrm{T}} V h = \langle \mathcal{A}^* h, MH \rangle = \langle P^{\mathrm{T}} HP, P^{\mathrm{T}} MP \circ P^{\mathrm{T}} HP \rangle.$$

令 $\widetilde{H} = P^{\mathrm{T}} HP$, 根据 (8.81), 有

$$\begin{aligned}\langle h, Vh \rangle &= \langle \widetilde{H}, P^{\mathrm{T}} MP \circ \widetilde{H} \rangle \\ &\geqslant \sum_{i \in \alpha^*} \left(\sum_{j \in \alpha^* \cup \beta^*} \widetilde{H}_{ij}^2 + \sum_{j \in \gamma^*} \Omega_{ij} \widetilde{H}_{ij}^2 \right) \\ &\geqslant \tau \sum_{i \in \alpha^*} \sum_{j=1}^{n} \widetilde{H}_{ij}^2,\end{aligned}$$

其中 $\tau = \min\limits_{i \in \alpha^*,\ j \in \gamma^*} \Omega_{ij} > 0$. 由于 V 是半正定的, $\langle h, Vh \rangle = 0$ 仅当 $\widetilde{H}_{ij} = 0$, $\forall i \in \alpha^*$, $j \in \{1, \cdots, n\}$, 这等价于

$$(\widetilde{H}_{i1}, \cdots, \widetilde{H}_{in}) = (0, \cdots, 0), \quad \forall i \in \alpha^*.$$

因为 $\widetilde{H} = P^{\mathrm{T}} HP$ 且 $H = \mathrm{Diag}(h)$, 可得下式成立

$$(\widetilde{H}_{i1}, \cdots, \widetilde{H}_{in}) = (h_1 P_{1i}, \cdots, h_n P_{ni}) = (0, \cdots, 0)$$

当且仅当

$$(h_1 P_{1i}^2, \cdots, h_n P_{ni}^2) = (0, \cdots, 0).$$

对上式中 $i \in \alpha^*$ 相加和得

$$\left(h_1 \sum_{i \in \alpha^*} P_{1i}^2, \cdots, h_n \sum_{i \in \alpha^*} P_{ni}^2 \right) = (0, \cdots, 0).$$

由引理 8.6, 上式成立当且仅当

$$(h_1, \cdots, h_n) = (0, \cdots, 0),$$

即 $h = 0$, 这证明了 B-次微分中的元素 V 的正定性.

由于 B-次微分是紧致的且任意元素均是正定的, 该集合中的任意凸组合也一定是正定的, 这意味着广义 Jacobian 中的任意元素也是正定的. ■

结合定理 9.9 (ii) 和命题 8.8, 我们将半光滑方程 (8.74) 的基于广义 Jacobian 的 Newton 方法 (8.75) 的二次收敛性总结为以下推论.

推论 8.1 [23, Corollary 3.7]　当 y^0 充分接近 y^* 时, Newton 方法 (8.75) 是二次收敛的.

8.4 习　题

1. 给定函数 $G:\mathbb{R}^n\to\mathbb{S}^m$ 是连续可微的, 其在点 $\bar{x}$ 处的导数 $DG(\bar{x})$ 是一连续线性算子, 即 $DG(\bar{x})\in\mathcal{L}(\mathbb{R}^n,\mathbb{S}^m)$. 其伴随 $DG(\bar{x})^*$ 亦是一连续线性算子且 $DG(\bar{x})^*\in\mathcal{L}(\mathbb{S}^m,\mathbb{R}^n)$. 证明:

$$DG(\bar{x})d=\sum_{i=1}^{n}\frac{\partial G(\bar{x})}{\partial x_i}d_i\in\mathbb{S}^m$$

和

$$DG(\bar{x})^*Y=\begin{bmatrix}\left\langle\dfrac{\partial G(\bar{x})}{\partial x_1},Y\right\rangle\\ \vdots\\ \left\langle\dfrac{\partial G(\bar{x})}{\partial x_n},Y\right\rangle\end{bmatrix},$$

其中对于任意 $A,B\in\mathbb{S}^m$, 矩阵内积定义为 $\langle A,B\rangle=\sum\limits_{i,j}A_{ij}Y_{ij}$.

2. 考虑二次半定规划问题

$$(\text{QSDP})\qquad\left\{\begin{array}{ll}\min & \dfrac{1}{2}\langle X,QX\rangle+\langle C,X\rangle\\ \text{s.t.} & \mathcal{A}_EX=b_E,\ \mathcal{A}_IX\geqslant b_I,\ X\in\mathbb{S}^n_+\cap N,\end{array}\right.$$

其中线性算子 $\mathcal{A}_E:\mathbb{S}^n\to\mathbb{R}^q$ 和 $\mathcal{A}_I:\mathbb{S}^n\to\mathbb{R}^p$, N 是一闭凸集合. 探讨这一问题的 Lagrange 对偶问题的形式.

3. 考虑半定约束优化问题

$$\left\{\begin{array}{ll}\min & f(x)\\ \text{s.t} & Ax=b,\\ & g(x)\in\mathbb{S}^p_+,\end{array}\right.$$

其中 $f:\mathbb{R}^n\to\mathbb{R}$ 是连续的凸函数, $A\in\mathbb{R}^{m\times n}$, $b\in\mathbb{R}^m$, $g:\mathbb{R}^n\to\mathbb{S}^p$ 是连续的矩阵函数, 满足映射

$$x\to g(x)-\mathbb{S}^p_+$$

是图凸的, 则问题是一个凸问题. 写出增广 Lagrange 函数, 分析增广 Lagrange 方法的全局收敛性.

第 9 章　附录：基础知识

9.1　凸分析基础

为本书的讨论做基础, 本节将介绍关于凸分析的一些基础概念和对应的性质, 内容主要取自 Rockafellar 的文献 [27].

对于 $x, y \in \mathbb{R}^n$, 经过 x 与 y 的直线可以表示为

$$(1-t)x + ty, \quad t \in \mathbb{R}.$$

连接 x 与 y 的线段记为 $[x, y]$, 可表示为

$$[x, y] = \{(1-t)x + ty \mid t \in [0, 1]\}.$$

设 $M \subset \mathbb{R}^n$ 是一子集合, 若对于任意 $x \in M$, $y \in M$, $t \in \mathbb{R}$, 均有 $(1-t)x+ty \in M$, 则称 M 是 $\mathbb{R}^n$ 的一仿射集合.

设 $C \subset \mathbb{R}^n$ 是一集合, 若对于任意的 $x \in C$, $y \in C$, 均有 $[x, y] \subset C$, 则称 C 是凸集合. 设 $K \subset \mathbb{R}^n$ 是一集合, 若对于任意的 $x \in K$, $t > 0$, 均有 $tx \in K$, 则称 K 是一锥; 若 K 还是凸集合, 则称 K 是一凸锥. 设 $C \subset \mathbb{R}^n$ 是一集合, 包含 C 的最小的仿射集合称为 C 的仿射包, 记为 $\operatorname{aff} C$; 若 C 包含原点, 被 C 包含的最大的线性子空间称为 C 的线空间, 记为 $\operatorname{lin} C$.

设 $C \subset \mathbb{R}^n$ 是一凸集合, 则它的闭包, 内部, 相对内部, 相对边界分别表示为

$$\begin{aligned}
\operatorname{cl} C &= \bigcap_{\varepsilon > 0} (C + \varepsilon \mathbf{B}), \\
\operatorname{int} C &= \{x \mid \exists \varepsilon > 0,\ x + \varepsilon \mathbf{B} \subset C\}, \\
\operatorname{ri} C &= \{x \in \operatorname{aff} C \mid \exists \varepsilon > 0,\ (x + \varepsilon)\mathbf{B} \cap \operatorname{aff} C \subset C\}, \\
\operatorname{rbd} C &= (\operatorname{cl} C) \setminus (\operatorname{ri} C).
\end{aligned}$$

对于有穷维 Hilbert 空间, 只要 C 非空, 有 $\operatorname{ri} C \neq \varnothing$. 这一结论在无穷维空间不成立.

推论 9.1　设 $C \subset \mathbb{R}^n$ 是一凸集合. 则 $z \in \operatorname{int} C$ 当且仅当对每一 $y \in \mathbb{R}^n$, 存在 $\varepsilon > 0$ 满足 $z + \varepsilon y \in C$.

命题 9.1 设 $C \subset \mathbb{R}^n$ 是一凸集合, A 是从 $\mathbb{R}^n \to \mathbb{R}^m$ 的线性映射. 则

$$\mathrm{ri}\,(AC) = A(\mathrm{ri}\,C), \quad \mathrm{cl}\,(AC) \supset A(\mathrm{cl}\,C).$$

推论 9.2 设 C_1 与 C_2 是 $\mathbb{R}^n$ 中的凸集合. 则

$$\mathrm{ri}\,(C_1 + C_2) = \mathrm{ri}\,C_1 + \mathrm{ri}\,C_2, \quad \mathrm{cl}\,(C_1 + C_2) \supset \mathrm{cl}\,C_1 + \mathrm{cl}\,C_2.$$

若 $K \subset X$ 是一锥, 则以下关系成立:

$$\mathrm{aff}\,K = K - K, \quad \mathrm{lin}\,K = K \cap (-K).$$

下面给出极锥的定义.

定义 9.1 (极锥) 令 K 是 $\mathbb{R}^n$ 中的凸锥. 集合 K 的极锥定义为

$$K^\circ = \{x^* \in \mathbb{R}^n |\ \forall x \in K,\ \langle x^*, x\rangle \leqslant 0\}.$$

对于 m 个凸锥 $K_1, \cdots, K_m$, 如果 $\mathrm{ri}\,K_1 \cap \mathrm{ri}K_2 \cap \cdots \cap \mathrm{ri}K_m \neq \varnothing$, 有如下性质:

$$(K_1 \cap \cdots \cap K_m)^\circ = K_1^\circ + \cdots + K_m^\circ. \tag{9.1}$$

对于 m 个凸锥 $K_1, \cdots, K_m$, 可得

$$(K_1 + \cdots + K_m)^\circ = K_1^\circ \cap \cdots \cap K_m^\circ. \tag{9.2}$$

由极锥的性质, 还可得到 $[\mathrm{lin}\,K]^\circ = K^\circ - K^\circ$.

下面将讨论凸函数的性质. 设 $f: \mathbb{R}^n \to \overline{\mathbb{R}}$ 是增广实值函数, f 的上图定义为

$$\mathrm{epi}\,f = \{(x, \alpha) \in \mathbb{R}^{n+1} \mid f(x) \leqslant \alpha\};$$

f 的有限域定义为

$$\mathrm{dom}\,f = \{x \mid f(x) \leqslant \infty\}.$$

函数 f 称为是正常的, 如果存在 $x \in \mathrm{epi}\,f$, 且对任意 x, 均有 $f(x) > -\infty$. 若 f 不是正常的, 则称它是非正常的.

增广实值函数 f 称为凸函数, 如果上图 $\mathrm{epi}\,f$ 是 $\mathbb{R}^{n+1}$ 中的凸子集.

命题 9.2 设 $C \subset \mathbb{R}^n$ 是一凸集合, $f: C \to (-\infty, +\infty]$ 是一增广实值函数. 则 f 是 C 上的凸函数的充分必要条件是对任意 $x \in C,\ y \in C$, 有

$$f((1-t)x + ty) \leqslant (1-t)f(x) + tf(y), \quad 0 < t < 1.$$

命题 9.3 设 $f:\mathbb{R}^n\to\overline{\mathbb{R}}$ 是一增广实值函数. 则 f 是凸函数的充分必要条件是只要 $f(x)<\alpha$, $f(y)<\beta$, 必有

$$f((1-t)x+ty)\leqslant(1-t)\alpha+t\beta,\quad 0<t<1.$$

命题 9.4 设 $f:\mathbb{R}^n\to\overline{\mathbb{R}}$ 是一连续可微的增广实值凸函数. 则对于给定的 $x\in\mathbb{R}^n$, 有

$$f(y)\geqslant f(x)+\langle\nabla f(x),y-x\rangle,\quad \forall y\in\mathbb{R}^n.$$

命题 9.5 设 $f:\mathbb{R}^n\to\overline{\mathbb{R}}$ 是一二次连续可微的增广实值函数. 则 f 是凸函数的充分必要条件是在任意点 $x\in\mathbb{R}^n$ 处, 二阶导数 $\nabla^2 f(x)$ 是半正定的.

设 $f:\mathbb{R}^n\to\overline{\mathbb{R}}$ 是增广实值函数, 称 f 在 x 处是下半连续的, 如果

$$f(x)\leqslant\liminf_{y\to x}f(y).$$

命题 9.6 设 $f:\mathbb{R}^n\to\overline{\mathbb{R}}$ 是一增广实值函数. 则下述条件等价:

(a) f 在 $\mathbb{R}^n$ 处是下半连续的;

(b) 对每一 $\alpha\in\mathbb{R}$, $\{x\mid f(x)\leqslant\alpha\}$ 是闭集合;

(c) $\operatorname{epi}f$ 是 $\mathbb{R}^{n+1}$ 中的闭子集.

一般地, 对任何 $\alpha\in\mathbb{R}$, 属于集合 $\{x\mid f(x)\leqslant\alpha\}$ 的 x 构成的集合被称为函数 f 的水平集, 记为

$$\operatorname{lev}_{\leqslant\alpha}f:=\{x\in\mathbb{R}^n\mid f(x)\leqslant\alpha\}.$$

若对于任何 $\alpha\in\mathbb{R}$, 函数 f 的水平集都有界, 则称函数 f 是水平有界的.

上图是 $\operatorname{cl}(\operatorname{epi}f)$ 的函数, 记为 $\operatorname{lsc}f$, 称为 f 的下半连续包, 即

$$\operatorname{epi}(\operatorname{lsc}f)=\operatorname{cl}(\operatorname{epi}f).$$

f 的闭包记为 $\operatorname{cl}f$, 定义为

$$(\operatorname{cl}f)(x)=\begin{cases}(\operatorname{lsc}f)(x), & \operatorname{lsc}f>-\infty,\\ -\infty, & \text{否则}.\end{cases}$$

可见, 若 $\operatorname{lsc}f$ 是正常函数, 则 $\operatorname{cl}f=\operatorname{lsc}f$.

命题 9.7 设 $f:\mathbb{R}^n\to\overline{\mathbb{R}}$ 是凸函数. 则

$$\operatorname{ri}(\operatorname{epi}f)=\{(x,\mu)\mid x\in\operatorname{ri}(\operatorname{dom}f),\ f(x)<\mu<+\infty\}.$$

命题 9.8 设 $f:\mathbb{R}^n\to\overline{\mathbb{R}}$ 是正常凸函数. 则 $\operatorname{cl}f$ 是一闭的正常凸函数. 进一步, 除了 $\operatorname{dom}f$ 的相对边界点外, $\operatorname{cl}f$ 与 f 的取值是相同的.

推论 9.3 设 $f:\mathbb{R}^n\to\overline{\mathbb{R}}$ 是正常凸函数. 则 $\mathrm{dom}\,(\mathrm{cl}\,f)$ 与 $\mathrm{dom}\,f$ 相差的点至多为 $\mathrm{dom}\,f$ 的相对边界点外. 尤其

$$\mathrm{cl}\,(\mathrm{dom}\,(\mathrm{cl}\,f))=\mathrm{cl}\,(\mathrm{dom}\,f),\quad \mathrm{ri}\,(\mathrm{dom}\,(\mathrm{cl}\,f))=\mathrm{ri}\,(\mathrm{dom}\,f).$$

推论 9.4 设 $f:\mathbb{R}^n\to\overline{\mathbb{R}}$ 是正常凸函数, $\mathrm{dom}\,f$ 是仿射集合, 则 f 是闭的.

定义 9.2 (Moreau 包络与邻近映射) 对于一正常的下半连续函数 $f:\mathbb{R}^n\to\overline{\mathbb{R}}$ 与参数 $\lambda>0$, Moreau 包络 $e_\lambda f$ 与邻近映射 $P_\lambda f$ 分别定义为

$$e_\lambda f:=\inf_w\left\{f(w)+\frac{1}{2\lambda}\|w-x\|^2\right\}\leqslant f(x),$$

$$P_\lambda f:=\underset{w}{\mathrm{argmin}}\left\{f(w)+\frac{1}{2\lambda}\|w-x\|^2\right\}.$$

定义 9.3 (邻近有界性) 称函数 $f:\mathbb{R}^n\to\overline{\mathbb{R}}$ 是邻近有界的, 如果存在 $\lambda>0$ 满足 $e_\lambda f>-\infty$ 对某一 $x\in\mathbb{R}^n$ 成立. 所以这样的 λ 的上确界 λ_f 被称为 f 的邻近阈值.

下述邻近映射与包络的重要性质摘自 [1, 定理 9.14].

定理 9.1 (凸函数的邻近映射与包络) 设 $f:\mathbb{R}^n\to\overline{\mathbb{R}}$ 是下半连续的正常的凸函数, 则 f 是邻近有界的, 邻近阈值为 ∞. 对每一 $\lambda>0$, 下述性质成立.

(a) 邻近映射 $P_\lambda f$ 是单值的连续的. 事实上, 对于 $\bar\lambda>0$, 当 $(\lambda,x)\to(\bar\lambda,\bar x)$ 时, $P_\lambda f(x)\to P_{\bar\lambda} f(\bar x)$.

(b) 包络函数 $e_\lambda f$ 是凸的, 连续可微的, 它的梯度为

$$\nabla e_\lambda f(x)=\frac{1}{\lambda}[x-P_\lambda f(x)].$$

9.2 变分几何

本节的内容完全取自 Rockafellar 和 Wets 的专著 [28].

首先给出关于集值映射极限的基本概念. 用记 $\mathbf{N}$ 表示自然数集, 则集合序列的极限有如下定义.

$$\begin{aligned}\mathcal{N}_\infty&:=\{N\subset\mathbf{N}\,|\,\mathbf{N}\setminus N\ \text{有限}\}\\&=\{\text{存在某一}\bar\nu,\bar\nu\ \text{之后的所有}\nu\ \text{都包含在其中的自然数子列}\},\\ \mathcal{N}_\infty^\#&:=\{N\subset\mathbf{N}\,|\,N\ \text{是无穷子列}\}\\&=\{\mathbf{N}\text{中的所有无穷子列}\}.\end{aligned}$$

定义 9.4 (内外极限) 对于 $\mathbb{R}^n$ 中的一集合序列 $\{C^\nu\}_{\nu\in\mathbf{N}}$, 外极限定义为

$$\begin{aligned}\limsup_{\nu\to\infty} C^\nu &:= \left\{x | \exists N\in\mathcal{N}_\infty^\#, \exists x^\nu\in C^\nu(\nu\in N),\ \text{满足} x^\nu \xrightarrow{N} x\right\}\\ &= \left\{x|\forall V\in\mathcal{N}(x), \exists N\in\mathcal{N}_\infty^\#, \forall\nu\in N: C^\nu\cap V\neq\varnothing\right\},\end{aligned}$$

内极限定义为

$$\begin{aligned}\liminf_{\nu\to\infty} C^\nu &:= \left\{x | \exists N\in\mathcal{N}_\infty, \exists x^\nu\in C^\nu(\nu\in N),\ \text{满足} x^\nu \xrightarrow{N} x\right\}\\ &= \{x|\forall V\in\mathcal{N}(x), \exists N\in\mathcal{N}_\infty, \forall\nu\in N: C^\nu\cap V\neq\varnothing\}.\end{aligned}$$

如果内极限与外极限相等, 则称序列的极限存在, 极限为

$$\lim_{\nu\to\infty} C^\nu = \limsup_{\nu\to\infty} C^\nu = \liminf_{\nu\to\infty} C^\nu,$$

其中 $\mathcal{N}(x)$ 是 x 的邻域系.

定义 9.5 集值映射 $S:\mathbb{R}^n\rightrightarrows\mathbb{R}^m$ 在 $\bar{x}$ 处的外极限定义为

$$\begin{aligned}\limsup_{x\to\bar{x}} S(x) &:= \bigcup_{x^\nu\to\bar{x}} \limsup S(x^\nu)\\ &= \{u: \exists x^\nu\to\bar{x}, \exists u^\nu\in S(x^\nu), u^\nu\to u\};\end{aligned}\tag{9.3}$$

在 $\bar{x}$ 处的内极限定义为

$$\begin{aligned}\liminf_{x\to\bar{x}} S(x) &:= \bigcap_{x^\nu\to\bar{x}} \liminf S(x^\nu)\\ &= \left\{u|\forall x^\nu\to\bar{x}, \exists N\in\mathcal{N}_\infty, \exists u^\nu\in S(x^\nu), \nu\in N, u^\nu\xrightarrow{N} u\right\}.\end{aligned}\tag{9.4}$$

首先给出雷达锥的定义.

定义 9.6 (雷达锥) 设 C 是 $\mathbb{R}^n$ 的一非空集合. 集合 C 在 $\bar{x}\in C$ 处的雷达锥定义为

$$\mathcal{R}_C(\bar{x}) = \{d\in\mathbb{R}^n|\ \exists t^*>0,\ \forall t\in[0,t^*],\ \bar{x}+td\in C\}.\tag{9.5}$$

在集值映射的内、外极限的帮助下, 可定义切锥、内切锥和正则切锥 (也被称为 Clarke 切锥).

定义 9.7 设 $C\subseteq\mathbb{R}^n$ 是一非空集合. 集合 C 在 $\bar{x}\in C$ 处的切锥定义为

$$T_C(\bar{x}) = \limsup_{t\downarrow 0}\frac{C-\bar{x}}{t};$$

集合 C 在 $\bar{x}\in C$ 处的内切锥定义为

$$T_C^i(\bar{x}) = \liminf_{t\downarrow 0}\frac{C-\bar{x}}{t};$$

集合 C 在 $\bar{x}\in C$ 处的正则切锥定义为

$$\hat{T}_C(\bar{x})=\liminf_{\substack{t\downarrow 0\\ C\ni x'\to\bar{x}}}\frac{C-x'}{t}.$$

根据集值映射的内、外极限的定义, 可以把上述三个锥用序列极限的形式表达.

集合 C 在 $\bar{x}\in C$ 处的切锥为

$$T_C(\bar{x})=\{d\in\mathbb{R}^n|\ \exists\ t_k\downarrow 0,\ \exists\ d^k\to d \text{ 使 } \bar{x}+t_kd^k\in C\};\tag{9.6}$$

内切锥为

$$T_C^i(\bar{x})=\{d\in\mathbb{R}^n|\ \forall t_k\downarrow 0,\ \exists N\in\mathcal{N}_\infty,\ \exists d^k\xrightarrow{N} d \text{ 使 } \bar{x}+t_kd^k\in C\};\tag{9.7}$$

Clarke 切锥为

$$\hat{T}_C(\bar{x})=\left\{d\in\mathbb{R}^n|\ \forall t_k\downarrow 0,\ \forall x^k\xrightarrow{C}\bar{x},\ \exists d^k\to d \text{ 使 } x^k+t_kd^k\in C\right\}.\tag{9.8}$$

由于二阶最优性条件的需要, 下面介绍外二阶切集的定义.

定义 9.8 (外二阶切锥) 设 $C\subseteq\mathbb{R}^n$ 是一非空集合, $\bar{x}\in C$ 且 $d\in T_C(\bar{x})$. 集合 C 在点 $\bar{x}$ 沿方向 d 的外二阶切锥定义为

$$T_C^2(\bar{x},d)=\left\{w\in\mathbb{R}^n|\ \exists\ t_k\downarrow 0,\ \exists\ w^k\to w \text{ 使} \bar{x}+t_kd+\frac{t_k^2}{2}w^k\in C\right\}.\tag{9.9}$$

设 C 是 $\mathbb{R}^n$ 的子集, 用 $\operatorname{dist}(x,C)$ 记 $x\in\mathbb{R}^n$ 到 C 距离, 即

$$\operatorname{dist}(x,C):=\inf_{z\in C}\|x-z\|.$$

对于切锥, 内切锥和外二阶切集, 有用距离表示的等价定义如下:

$$T_C(\bar{x})=\{d\in\mathbb{R}^n|\ \exists\ t_k\downarrow 0,\ \operatorname{dist}(\bar{x}+t_kd,\ C)=o(t_k)\},$$

$$T_C^i(\bar{x})=\{d\in\mathbb{R}^n|\ \operatorname{dist}(\bar{x}+td,\ C)=o(t),\ t\geqslant 0\},$$

$$T_C^2(\bar{x},d)=\left\{w\in\mathbb{R}^n|\ \exists\ t_k\downarrow 0,\ \operatorname{dist}\left(\bar{x}+t_kd+\frac{t_k^2}{2}w,\ C\right)=o(t_k^2)\right\}.$$

类似与经典凸分析中的凸集合的法锥, 也要给出非凸集合的法锥的定义. 首先要定义正则法锥.

定义 9.9 (正则法锥) 设 $C\subseteq\mathbb{R}^n$ 是一非空集合, 集合 C 在 $\bar{x}\in C$ 处的正则法锥定义为

$$\hat{N}_C(\bar{x})=\{v\in\mathbb{R}^n|\ \langle v,\ x-\bar{x}\rangle\leqslant o(\|x-\bar{x}\|),\ \forall x\in C\}.\tag{9.10}$$

集合在一点处的法锥的定义如下.

定义 9.10 (法锥) 设 $C \subseteq \mathbb{R}^n$ 是一非空集合, 集合 C 在 $\bar{x} \in C$ 处的法锥定义为

$$N_C(\bar{x}) = \{v \in \mathbb{R}^n |\ \exists x^k \in C,\ x^k \to \bar{x},\ \exists v^k \in \hat{N}_C(x^k),\ v^k \to v\}. \tag{9.11}$$

对于非凸集合, 正则法锥是切锥的极锥. 由内外极限定义可知 $T_C^i(\bar{x}) \subseteq T_C(\bar{x})$. 下面给出切锥与 Clarke 切锥的关系.

命题 9.9 设 $C \subseteq \mathbb{R}^n$ 是一闭子集, $\bar{x} \in C$, 则 Clarke 切锥 $\hat{T}_C(\bar{x})$ 是凸的, $\hat{T}_C(\bar{x}) \subset T_C^i(\bar{x})$, 且

$$\hat{T}_C(\bar{x}) = \liminf_{C \ni x' \to \bar{x}} T_C(x'). \tag{9.12}$$

命题 9.10 设 $C \subseteq \mathbb{R}^n$ 是一非空闭凸子集, $\bar{x} \in C$, 设 C 不是单点集, 则 $\hat{T}_C(\bar{x}) = T_C(\bar{x})$.

倘若集合 C 是凸集, 则内极限与外极限相等, 此时 $T_C^i(\bar{x}) = T_C(\bar{x})$ 且正则法锥与法锥重合, 即 $\hat{N}_C(\bar{x}) = N_C(\bar{x})$.

定理 9.2 (凸集合的切锥与法锥) 凸集合 $C \subset \mathbb{R}^n$ 在任意点 $\bar{x} \in C$ 处的切锥和法锥有如下表示:

$$N_C(\bar{x}) = \widehat{N}_C(\bar{x}) = \{v | \langle v, x - \bar{x} \rangle \leqslant 0,\ \forall x \in C\},$$

$$T_C(\bar{x}) = \mathrm{cl}\{w | \exists \lambda > 0,\ \bar{x} + \lambda w \in C\},$$

$$\mathrm{int} T_C(\bar{x}) = \{w | \exists \lambda > 0,\ \bar{x} + \lambda w \in \mathrm{int} C\}.$$

很容易验证当 C 是凸集时, 切锥和法锥是闭凸锥; 在同一点 $x \in C$ 处雷达锥的闭包是切锥; 切锥和法锥互为极锥. 下述命题表明, 对于非凸集合, 正则法锥是切锥的极锥.

命题 9.11 (法锥的性质) 集合 $C \subset \mathbb{R}^n$, $\bar{x} \in C$. 集合 $N_C(\bar{x})$ 与集合 $\widehat{N}_C(\bar{x})$ 均是闭锥, 并且

$$v \in \widehat{N}_C(\bar{x}) \Longleftrightarrow \langle v, w \rangle \leqslant 0 \quad \text{对所有的 } w \in T_C(\bar{x}) \text{ 成立}. \tag{9.13}$$

进一步,

$$N_C(\bar{x}) = \limsup_{x \xrightarrow{C} \bar{x}} \widehat{N}_C(x) \supset \widehat{N}_C(\bar{x}). \tag{9.14}$$

证明 显然 $N_C(\bar{x})$ 与 $\widehat{N}_C(\bar{x})$ 包含 0 向量. 若向量 $v \in N_C(\bar{x})$ 或 $v \in \widehat{N}_C(\bar{x})$, 对任何 $\lambda \geqslant 0$, 都有 $\lambda v \in N_C(\bar{x})$ 或 $\lambda v \in \widehat{N}_C(\bar{x})$. 可见 $N_C(\bar{x})$ 与 $\widehat{N}_C(\bar{x})$ 均是锥. 由 $N_C(\bar{x})$ 的定义得到 (9.14), 再根据 (9.14) 得到 $N_C(\bar{x})$ 的闭性. 若能证明

(9.13), 我们就得到 $\widehat{N}_C(\bar{x})$ 的闭凸性, 因为 (9.13) 表明 $\widehat{N}_C(\bar{x})$ 是一簇闭半空间 $\{v|\langle v,w\rangle\leqslant 0\}$ 的交集.

先证 (9.13) 的必要性. 对任意向量 $v\in\widehat{N}_C(\bar{x})$, $w\in T_C(\bar{x})$, 由切向量的定义知, 存在 $x^\nu\overset{C}{\to}\bar{x}$, $\tau^\nu\downarrow 0$ 满足 $w^\nu=[x^\nu-\bar{x}]/\tau^\nu\to w$. 由正则法向量的定义可知

$$\langle v,w^\nu\rangle\leqslant\frac{1}{\tau^\nu}o(\|\tau^\nu w^\nu\|)\to 0,$$

从而得到 $\langle v,w\rangle\leqslant 0$. 再证 (9.13) 的充分性. 设 $v\notin\widehat{N}_C(\bar{x})$, 则 (9.10) 不成立. 由 (9.10) 等价于

$$\limsup_{x^\nu\overset{C}{\to}\bar{x},\ x\neq\bar{x}}\frac{\langle v,x-\bar{x}\rangle}{\|x-\bar{x}\|}\leqslant 0,\tag{9.15}$$

必存在序列 $x^\nu\overset{C}{\to}\bar{x}$, $x^\nu\neq\bar{x}$ 满足

$$\liminf_{\nu\to\infty}\frac{\langle v,x^\nu-\bar{x}\rangle}{\|x^\nu-\bar{x}\|}>0.$$

令 $w^\nu=[x^\nu-\bar{x}]/\|x^\nu-\bar{x}\|$ 有 $\|w^\nu\|=1$ 并且满足 $\liminf\limits_{\nu}\langle v,w^\nu\rangle>0$. 序列 $\{w^\nu\}$ 存在聚点 w, 满足 $\langle v,w\rangle>0$, $w\in T_C(\bar{x})$. 这表明 v 不满足 (9.13) 的右端. ■

命题 9.12 (法向量的极限) 如果 $x^\nu\overset{C}{\to}\bar{x}$, $v^\nu\in N_C(x^\nu)$ 并且 $v^\nu\to v$, 则 $v\in N_C(\bar{x})$. 换而言之, 集值映射 $N_C:x\to N_C(x)$ 在 $\bar{x}\in C$ 处是外半连续的.

正则法向量是一非常重要的概念, 下面定理中的梯度刻画对定理 9.4 中带有约束结构的集合的法锥公式的建立起着关键性作用.

定理 9.3 (正则法向量的梯度刻画) 向量 v 是集合 C 在 $\bar{x}$ 处的正则法向量当且仅当存在一个在 $\bar{x}$ 处可微的函数 h, 它在 $\bar{x}$ 处相对于集合 C 取局部极大值, 且 $\nabla h(\bar{x})=v$. 事实上, h 可取为 $\mathbb{R}^n$ 上的光滑函数, 并且相对于 C 在 $\bar{x}$ 处唯一地取到全局最大值.

证明 充分性. 若 h 在 C 中的点 $\bar{x}$ 处取局部最大值, 并且在 $\bar{x}$ 处可微, $\nabla h(\bar{x})=v$, 那么对充分接近 $\bar{x}$ 的 $x\in C$, 有 $h(\bar{x})\geqslant h(x)=h(\bar{x})+\langle v,x-\bar{x}\rangle+o(\|x-\bar{x}\|)$, 进而 $\langle v,x-\bar{x}\rangle+o(\|x-\bar{x}\|)\leqslant 0$, 即 $v\in\widehat{N}_C(\bar{x})$.

必要性. 若 $v\in\widehat{N}_C(\bar{x})$. 定义函数

$$\theta_0(r):=\sup\{\langle v,x-\bar{x}\rangle:x\in C,\|x-\bar{x}\|\leqslant r\}\leqslant r\|v\|.$$

$\theta_0(r)$ 是 $[0,\infty)$ 上的非减函数, 满足 $0=\theta_0(0)\leqslant\theta_0(r)\leqslant o(r)$. 可见函数 $h_0(x)=\langle v,x-\bar{x}\rangle-\theta_0(\|x-\bar{x}\|)$ 在 $\bar{x}$ 处可微, 并且 $\nabla h_0(\bar{x})=v$, $h_0(x)\leqslant 0=h_0(\bar{x})$ 对所有的 $x\in C$ 成立. 因此, h_0 在集合 C 上的全局最大值在点 $\bar{x}$ 处达到.

显然函数 h_0 只在点 $\bar{x}$ 处可微. 下面我们证明存在一处处连续可微的函数 h 满足 $\nabla h(\bar{x})=\nabla h_0(\bar{x})=v$, $h(\bar{x})=h_0(\bar{x})$, 但对所有的 $x\in C$, $x\neq\bar{x}$, 有

$h(x) < h_0(x)$, 即 h 在 C 上的唯一最大值点在 $\bar{x}$ 处达到. 构造 h 具有形式 $h(x) := \langle v, x-\bar{x}\rangle - \theta(\|x-\bar{x}\|)$, 其中 θ 是定义在 $[0,\infty)$ 上的函数, 满足 $\theta(0)=0$, 对 $r>0$ 有 $\theta(r)>\theta_0(r)$, 并且 θ 在 $(0,\infty)$ 上是连续可微的, $\lim\limits_{r\downarrow 0}\theta'(r)\to 0$, $\lim\limits_{r\downarrow 0}\theta(r)/r\to 0$. 由于 $\theta(0)=0$, $\lim\limits_{r\downarrow 0}\theta(r)/r\to 0$ 意味着 θ 在 0 处的右导数为 0, 并且 $\lim\limits_{r\downarrow 0}\theta(r)\to 0$.

首先, 定义函数 θ_1 如下

$$\theta_1(r) := \begin{cases} (1/r)\displaystyle\int_r^{2r}\theta_0(s)ds, & r>0, \\ 0, & r=0. \end{cases}$$

由于 θ_0 是非减函数, 并且对任意 $r\in(0,\infty)$, θ_0 都有左极限 $\theta_0(r-)$ 与右极限 $\theta_0(r+)$, 因此, 虽然 θ_0 可能不是连续函数, 函数 $\theta_1(r)$ 仍然是有定义的. $\theta_1(r)$ 的定义中的被积函数在 $(r,2r)$ 上有界, 其上界是 $\theta_0(2r-)$, 下界是 $\theta_0(r+)$, 于是对所有的 $r\in(0,\infty)$ 有 $\theta_0(r+)\leqslant\theta_1(r)\leqslant\theta_0(2r-)$ 成立. 令 $\varphi(r) := \displaystyle\int_0^r\theta_0(s)ds$, 它在 $(0,\infty)$ 上是连续的, 并且 $\varphi'_+(r)=\theta_0(r+)$, $\varphi'_-(r)=\theta_0(r-)$. 因此, $\theta_1(r) = (1/r)[\varphi(2r)-\varphi(r)]$, θ_1 在 $(0,\infty)$ 上是连续的, 并且 $\theta_1(r)$ 的右导数是 $(1/r)\cdot[2\theta_0(2r+)-\theta_0(r+)-\theta_1(r)]$, 左导数是 $(1/r)[2\theta_0(2r-)-\theta_0(r-)-\theta_1(r)]$. 由于 $\theta_0(r+)\leqslant\theta_1(r)\leqslant\theta_0(2r-)$ 并且 θ_0 非减, 有 $\theta_1(r)$ 的左右导数均非负, 于是 $\theta_1(r)$ 是非减函数. 再由 $\theta_0(r+)/r\leqslant\theta_1(r)/r\leqslant\theta_0(2r-)/r$, 当 $r\downarrow 0$ 时, $\theta_1(r)\to 0$, 可见当 $r\downarrow 0$ 时, $\theta_1(r)$ 的导数及 $\theta_1(r)$ 本身都收敛到 0. 因此, θ_1 具有 θ_0 的相关性质并且在 $[0,\infty)$ 上连续, 若 r 满足 θ_0 在点 r 和 $2r$ 处均连续, 那么 θ_1 在 r 处的左右导数是相等的.

接下来定义

$$\theta_2(r) := \begin{cases} (1/r)\displaystyle\int_r^{2r}\theta_1(s)ds, & r>0, \\ 0, & r=0, \end{cases}$$

有 $\theta_2\geqslant\theta_1$, 进而 $\theta_2\geqslant\theta_0$. 类似于对函数 θ_1 的推导, θ_2 从 θ_1 处继承了 θ_0 的相关性质, 再由 θ_1 的连续性, θ_2 在 $(0,\infty)$ 上是连续可微的并且 $\lim\limits_{r\downarrow 0}\theta'_2(r)\to 0$. 最后, 取 $\theta(r)=\theta_2(r)+r^2$, 则 $\theta(r)$ 满足我们所需的所有条件. ■

正则法向量是一非常重要的概念, 绝大多数的优化问题的约束集合都可以表示为 $C = X\cap F^{-1}(D)$, 这类集合的切锥和法锥的表示公式非常重要, 下述定理给出法锥计算公式.

定理 9.4 (带有约束结构的集合的法锥) 闭集合 $X\subset\mathbb{R}^n$, $D\subset\mathbb{R}^m$, $F:\mathbb{R}^n\to$

$\mathbb{R}^m$ 为光滑映射, 并且具有分量表达形式 $F(x) = (f_1(x), \cdots, f_m(x))$. 令

$$C = \{x \in X | F(x) \in D\},$$

则对任何 $\bar{x} \in C$, 有

$$\widehat{N}_C(\bar{x}) \supset \left\{ \sum_{i=1}^m y_i \nabla f_i(\bar{x}) + z \,\middle|\, y \in \widehat{N}_D(F(\bar{x})), z \in \widehat{N}_X(\bar{x}) \right\} =: \widehat{S}(\bar{x}),$$

这里 $y = (y_1, \cdots, y_m)$. 另一方面, 如果在 $\bar{x} \in C$ 处下面的约束规范 (通常称为基本约束规范)

$$\left\{ \begin{array}{l} y \in N_D(F(\bar{x})) \\ -\displaystyle\sum_{i=1}^m y_i \nabla f_i(\bar{x}) \in N_X(\bar{x}) \end{array} \right. \Longrightarrow y = (0, \cdots, 0)$$

成立, 那么

$$N_C(\bar{x}) \subset \left\{ \sum_{i=1}^m y_i \nabla f_i(\bar{x}) + z \,\middle|\, y \in N_D(F(\bar{x})), z \in N_X(\bar{x}) \right\}.$$

进一步, 如果基本约束规范成立, 并且 X 在 $\bar{x}$ 处正则, D 在 $F(\bar{x})$ 处正则, 那么集合 C 在 $\bar{x}$ 处正则, 并且

$$N_C(\bar{x}) = \left\{ \sum_{i=1}^m y_i \nabla f_i(\bar{x}) + z \,\middle|\, y \in N_D(F(\bar{x})), z \in N_X(\bar{x}) \right\}.$$

证明 由于分析是局部的, 如果用 $X \cap \mathbf{B}(\bar{x}, \delta)$ 代替 X, $D \cap \mathbf{B}(F(\bar{x}), \varepsilon)$ 代替 D, 并不影响分析结果. 为简单起见, 我们假设 X 是紧致的, 从而 C 是紧致的. 同样假设 D 是紧致的. 取 δ 充分小, 满足当 $\|x - \bar{x}\| \leqslant \delta$ 时, 有 $\|F(x) - F(\bar{x})\| < \varepsilon$.

首先验证 $\widehat{N}_C(\bar{x})$ 的包含关系. 假设 $y \in \widehat{N}_D(F(\bar{x}))$, $z \in \widehat{N}_X(\bar{x})$, $v = \mathcal{J}F(\bar{x})^* y + z$, 于是, 当 $F(x) \in D$ 时, 有 $\langle y, F(x) - F(\bar{x}) \rangle \leqslant o(\|F(x) - F(\bar{x})\|)$, 这里

$$F(x) - F(\bar{x}) = \mathcal{J}F(\bar{x})(x - \bar{x}) + o(\|x - \bar{x}\|).$$

因此, 当 $F(x) \in D$ 时, 有 $\langle y, \mathcal{J}F(\bar{x})(x - \bar{x}) \rangle \leqslant o(\|x - \bar{x}\|)$, 而

$$\langle y, \mathcal{J}F(\bar{x})(x - \bar{x}) \rangle = \langle \mathcal{J}F(\bar{x})^* y, (x - \bar{x}) \rangle = \langle v - z, x - \bar{x} \rangle.$$

同时, 当 $x \in X$ 时, 有 $\langle z, x - \bar{x} \rangle \leqslant o(\|x - \bar{x}\|)$. 从而, 当 $x \in C$ 时, $\langle v, x - \bar{x} \rangle \leqslant o(\|x - \bar{x}\|)$. 因此, 我们得到 $v \in \widehat{N}_C(\bar{x})$.

为了推导 $N_C(\bar{x})$ 的包含关系, 我们假设 $\bar{x}$ 处的约束规范成立, 从而 $\bar{x}$ 附近的点 $x \in C$ 处的约束规范也是成立的. 如若不然, 存在序列 $x^\nu \overset{C}{\to} \bar{x}$ 及非零向量序列 $y^\nu \in N_D(F(x^\nu))$, 有 $-\mathcal{J}F(x^\nu)^* y^\nu \in N_X(x^\nu)$. 将序列 $\{y^\nu\}$ 单位化, 选取序列 $\{y^\nu\}$ 的聚点 y, 有 $\|y\| = 1$. 由命题 9.12, 我们有 $-\mathcal{J}F(\bar{x})^* y \in N_X(\bar{x})$, $y \in N_D(F(\bar{x})$. 这与 $\bar{x}$ 处的约束规范成立矛盾.

作为过渡, 我们证明关于 $N_C(\bar{x})$ 的包含关系对 $\widehat{N}_C(\bar{x})$ 也是成立的. 令 $v \in \widehat{N}_C(\bar{x})$. 由定理 9.3, 存在 $\mathbb{R}^n$ 上的光滑函数 h 满足 $\operatorname*{argmax}_C h = \{\bar{x}\}$, $\nabla h(\bar{x}) = v$. 取 $\tau^\nu \downarrow 0$, 对每一个 ν, 考虑在 $X \times D$ 上求 $\mathcal{C}^1$ 函数

$$\varphi^\nu(x, u) := -h(x) + \frac{1}{2\tau^\nu}\|F(x) - u\|^2$$

的极小化问题.

由于我们假设 X 与 D 是紧致的, 极小值在某一点 (x^ν, u^ν) (不一定唯一) 是可以取到的. 进一步, 由惩罚函数方法的收敛性, 可得 $(x^\nu, u^\nu) \to (\bar{x}, F(\bar{x}))$. 由约束优化的最优性条件, 我们有 $\operatorname*{argmin}_{x \in X} \varphi^\nu(x, u^\nu) = \{x^\nu\}$, $\operatorname*{argmin}_{u \in D} \varphi^\nu(x^\nu, u) = \{u^\nu\}$ 并且

$$-\nabla_x \varphi^\nu(x^\nu, u^\nu) =: z^\nu \in N_X(x^\nu), \quad -\nabla_u \varphi^\nu(x^\nu, u^\nu) =: y^\nu \in N_D(u^\nu),$$

对函数 φ^ν 关于 u 求导, 有 $y^\nu = [F(x^\nu) - u^\nu]/\tau^\nu$. 对函数 φ^ν 关于 x 求导, 有 $z^\nu = \nabla h(x^\nu) - \mathcal{J}F(x^\nu)^* y^\nu$ 并且 $\mathcal{J}F(x^\nu) \to \mathcal{J}F(\bar{x})$, $\nabla h(x^\nu) \to v$.

向量序列 $y^\nu \in N_D(u^\nu)$ (或选取它的子序列) 收敛到某个 y, 或存在常数序列 $\lambda^\nu \downarrow 0$ 满足 $\lambda^\nu y^\nu \to y \neq 0$. 由于 $N_D(u^\nu)$ 是一锥, 并且 $u^\nu \to F(\bar{x})$, 由命题 9.12, 上述两种情况都有 $y \in N_D(F(\bar{x}))$.

若 $y^\nu \to y$, 再由命题 9.12, 有 $z^\nu \to z := v - \mathcal{J}F(\bar{x})^* y$, 其中 $z \in N_X(\bar{x})$, 从而 $v = \mathcal{J}F(\bar{x})^* y + z$. 另一方面, 若 $\lambda^\nu y^\nu \to y \neq 0$, $\lambda^\nu \downarrow 0$, 有 $\lambda^\nu z^\nu = \lambda^\nu \nabla h(x^\nu) - \mathcal{J}F(x^\nu)^* \lambda^\nu y^\nu$ 并且 $\lambda^\nu z^\nu \to z := -\mathcal{J}F(\bar{x})^* y$, $z \in N_X(\bar{x})$, 于是 $0 = \mathcal{J}F(\bar{x})^* y + z$. 由 $\bar{x}$ 处的约束规范知, y 不可能不为 0. 从而只有前一种情况 $y^\nu \to y$ 成立.

上述证明得到 $\widehat{N}_C(\bar{x}) \subset S(\bar{x})$, 这里 $S(x) := \{\mathcal{J}F(x)^* y + z \mid x \in C,\ y \in N_D(F(x)),\ z \in N_X(x)\}$. 前面的叙述依赖于 $\bar{x}$ 处的约束规范, 同时我们也证明了对 $\bar{x} \in C$ 的邻域中的所有 x 处的约束规范也成立, 从而 $\widehat{N}_C(x) \subset S(x)$. 又由于 $N_C(\bar{x}) = \limsup_{x \to \bar{x}} \widehat{N}_C(x)$, 为了得到 $N_C(\bar{x}) \subset S(\bar{x})$, 只需证明 S 在 $\bar{x}$ 处相对于 C 是外半连续的.

令 $x^\nu \overset{C}{\to} \bar{x}$, $v^\nu \to v$, $v^\nu \in S(x^\nu)$, 有 $v^\nu = \mathcal{J}F(x^\nu)^* y^\nu + z^\nu$, 其中 $y^\nu \in N_D(F(x^\nu))$, $z^\nu \in N_X(x^\nu)$. 我们再一次考虑两种情况: $(y^\nu, z^\nu) \to (y, z)$ 或者对某

个序列 $\lambda^\nu \downarrow 0$ 有 $\lambda^\nu(y^\nu, z^\nu) \to (y,z) \neq (0,0)$. 第一种情况中, 通过取极限, 由命题 9.12, 我们有 $y \in N_D(F(\bar{x}))$, $z \in N_X(\bar{x})$ 并且 $v = \mathcal{J}F(\bar{x})^* y + z$, 从而 $v \in S(\bar{x})$. 对第二种情况, 有 $\lambda^\nu v^\nu = \mathcal{J}F(x^\nu)^* \lambda^\nu y^\nu + \lambda^\nu z^\nu$, 两端同时取极限, 再由命题 9.12, 有 $y \in N_D(F(\bar{x}))$, $z \in N_X(\bar{x})$ 并且 $0 = \mathcal{J}F(\bar{x})^* y + z$, 这与 $\bar{x}$ 处的约束规范矛盾. 因此, 第二种情况不成立. 所以有 $N_C(\bar{x}) \subset S(\bar{x})$.

若 X 在 $\bar{x}$ 处正则, D 在 $F(\bar{x})$ 处正则. 那么 $\widehat{N}_D(F(\bar{x})) = N_D(F(\bar{x}))$ 并且 $\widehat{N}_X(\bar{x}) = N_X(\bar{x})$. 由已经建立的包含关系 $\widehat{N}_C(\bar{x}) \supset \widehat{S}(\bar{x})$ 及 $N_C(\bar{x}) \supset S(\bar{x})$, 注意到 $\widehat{S}(\bar{x}) = S(\bar{x})$ 及 $\widehat{N}_C(\bar{x}) \subset N_C(\bar{x})$, 则有 $\widehat{N}_C(\bar{x}) = N_C(\bar{x})$. 由于 C 是闭集 (由 X 与 D 是闭集且 F 是连续的), 那么 C 在 $\bar{x}$ 处是正则的. ■

下述定理给出约束集合 $C = X \cap F^{-1}(D)$ 的切锥公式, 这一集合的法锥公式已由定理 9.4 给出.

定理 9.5 (带有约束结构的集合的切锥) 集合 $X \subset \mathbb{R}^n$, $D \subset \mathbb{R}^m$ 都是闭集合. $F: \mathbb{R}^n \to \mathbb{R}^m$ 是 $\mathcal{C}^1$ 映射. 令集合 $C = \{x \in X : F(x) \in D\}$. 在任何点 $\bar{x} \in C$ 有

$$T_C(\bar{x}) \subset \{w \in T_X(\bar{x}) | \mathcal{J}F(\bar{x})w \in T_D(F(\bar{x}))\}.$$

定理 9.6 (集合交的切锥与法锥) 令 $C = C_1 \cap \cdots \cap C_m$, 其中 $C_i \subset \mathbb{R}^n$ 是闭集合, 设 $\bar{x} \in C$. 则

$$T_C(\bar{x}) \subset T_{C_1}(\bar{x}) \cap \cdots \cap T_{C_m}(\bar{x}),$$
$$\widehat{N}_C(\bar{x}) \supset \widehat{N}_{C_1}(\bar{x}) + \cdots + \widehat{N}_{C_m}(\bar{x}).$$

证明 应用定理 9.4 与定理 9.5, 其中 $D := C_1 \times \cdots \times C_m \subset (\mathbb{R}^n)^m$, 映射为 $F: x \to (x, \cdots, x) \in (\mathbb{R}^n)^m$, $X = \mathbb{R}^n$. ■

对于函数序列, 利用集合列外极限和内极限, 可建立上图收敛.

定义 9.11 对定义于 X 上的函数序列 $\{f^k\}_{k\in\mathbf{N}}$, 它的下上图极限 $\operatorname{e-lim\,inf}_k f^k$ 是上图为集合列 epi f^k 的外极限的函数:

$$\text{epi}\left(\operatorname{e-lim\,inf}_k f^k\right) = \limsup_k (\text{epi } f^k).$$

它的上上图极限 $\operatorname{e-lim\,sup}_k f^k$ 是上图为集合列 epif^k 的内极限的函数:

$$\text{epi}\left(\operatorname{e-lim\,sup}_k f^k\right) = \liminf_k (\text{epi } f^k).$$

当下上图极限与上上图极限重合, 它们等于 f 时, 称此函数序列的上图极限 $\operatorname{e-lim}_k f^k$ 存在, $\operatorname{e-lim}_k f^k = \operatorname{e-lim\,inf}_k f^k = \operatorname{e-lim\,sup}_k f^k$. 此种情况, 称 f^k 上图收敛到

f, 记 $f^k \xrightarrow{\text{e}} f$. 因此

$$f^k \xrightarrow{\text{e}} f \Leftrightarrow \text{epi } f^k \to \text{epi } f.$$

9.3 方向导数

定义 9.12 设 X 与 Y 是有限维 Hilbert 空间, 考虑映射 $f: X \to Y$.

(i) 称 f 在 $x \in X$ 处沿方向 $h \in X$ 是方向可微的, 若极限

$$f'(x;h) = \lim_{t \downarrow 0} \frac{f(x+th) - f(x)}{t}$$

存在. 若 f 在 x 处沿每一方向 $h \in X$ 均是方向可微的, 则称 f 在 x 处是方向可微的. 若 f 在 x 处是方向可微的且方向导数 $f'(x;h)$ 关于 h 是线性的, 连续的, 即存在线性算子 $Df(x) \in \mathcal{L}(X,Y)$ 满足 $f'(x;h) = Df(x)h$, 则称 f 在 x 处是 Gâteaux 可微的.

(ii) 称 f 在 x 处是 Hadamard 意义下方向可微的, 若对所有的 h, 方向导数 $f'(x;h)$ 存在, 并且

$$f'(x;h) = \lim_{\substack{t \downarrow 0 \\ h' \to h}} \frac{f(x+th') - f(x)}{t}.$$

若 $f'(x;h)$ 关于 h 还是线性的, 则称 f 在 x 处是 Hadamard 可微的.

(iii) 称 f 在 x 处是 Fréchet 意义方向可微的, 若 f 在 x 处是方向可微的且

$$f(x+h) = f(x) + f'(x;h) + o(\|h\|), \quad h \in X.$$

若 $f'(x;\cdot)$ 还是线性的, 连续的, 称 f 在 x 处是 Fréchet 可微的.

(iv) 设 f 在开集 $O \subset X$ 上是 Gâteaux 可微的, 其相应的导数 $Df(x)$ 在 O 上是连续的 (在 $\mathcal{L}(X,Y)$ 的算子范数拓扑下, 即关于范数 $\|A\| = \sup\limits_{x \in \mathbf{B}_X} \|Ax\|$, $A \in \mathcal{L}(X,Y)$). 此时, 称 f 在 O 上是连续可微的.

注意, 在定义 Hadamard 可微时没有要求方向导数关于方向的连续性, 这是因为对 Hadamard 意义下方向可微而言, 连续性可自动保证.

设 X 是有限维 Hilbert 空间. 考虑一增广实值函数 $f: X \to \overline{\mathbb{R}}$. 设点 $x \in X$ 满足 $f(x)$ 有限. 定义差商函数

$$\Delta_t f(x)(w) = \frac{f(x+tw) - f(x)}{t}, \quad t > 0.$$

定义 9.13 (i) f 在 x 处的上、下方向导数分别定义为

$$f'_+(x;h) = \limsup_{t \downarrow 0} \Delta_t f(x)(h),$$

$$f'_-(x;h) = \liminf_{t\downarrow 0} \Delta_t f(x)(h).$$

若 $f'_+(x;h) = f'_-(x;h)$, 称 f 在 x 处沿方向 h 是方向可微的.

(ii) f 在 x 处的下方向上图导数 (或下次导数)$f^{\downarrow}_-(x;\cdot)$ 定义为

$$f^{\downarrow}_-(x;\cdot) = \text{e-}\liminf_{t\downarrow 0} \Delta_t f(x);$$

上方向上图导数 $f^{\downarrow}_+(x;\cdot)$ 定义为

$$f^{\downarrow}_+(x;\cdot) = \text{e-}\limsup_{t\downarrow 0} \Delta_t f(x).$$

若 $f^{\downarrow}_+(x;h) = f^{\downarrow}_-(x;h)$, 称 f 在 x 处沿方向 h 是方向上图可微的, 记 $f^{\downarrow}(x;h)$ 为它们的公共的值, 称之为 f 在 x 处沿方向 h 的上图导数; 若 $f^{\downarrow}_+(x;\cdot) = f^{\downarrow}_-(x;\cdot)$, 称 f 在 x 处是上图可微的, 记 $f^{\downarrow}(x;\cdot) = f^{\downarrow}_+(x;\cdot) = f^{\downarrow}_-(x;\cdot)$.

(iii) 正则次导数 $\hat{d}f(x) : X\overline{\mathbb{R}}$ 定义为

$$\hat{d}f(x) = \text{e-}\limsup_{t\downarrow 0, x' \xrightarrow{f} x} \Delta_t f(x'),$$

其中 $x' \xrightarrow{f} x$ 意味着 $x' \to x$ 且 $f(x') \to f(x)$.

(iv) f 在 x 处的 Clarke 广义方向导数为

$$f^{\circ}(x;w) = \limsup_{t\downarrow 0, x' \xrightarrow{f} x} \Delta_t f(x')(w).$$

下方向上图导数具有下述形式:

$$f^{\downarrow}_-(x;w) = \liminf_{t\downarrow 0, w' \to w} \Delta_t f(x)(w);$$

上方向上图导数具有下述形式:

$$f^{\downarrow}_+(x;w) = \sup_{\delta>0} \inf_{\varepsilon>0} \sup_{t\in(0,\varepsilon)} \inf_{w'\in \mathbf{B}_\delta(w)} \Delta_t f(x)(w');$$

正则次导数具有下述形式:

$$\hat{d}f(x)(w) = \sup_{\delta>0} \limsup_{t\downarrow 0, x' \xrightarrow{f} x} \inf_{w'\in \mathbf{B}_\delta(w)} \Delta_t f(x')(w');$$

Clarke 广义方向导数具有下述形式:

$$f^{\circ}(x;w) = \sup_{\delta>0} \inf_{t\in(0,\varepsilon), x'\in \mathbf{B}_\delta(x)} \Delta_t f(x')(w).$$

如果 f 在 x 附近是 Lipschitz 连续的, 则正则次导数即 Clarke 广义方向导数, 对所有的 $h \in X$, 有 $f_{+}^{\downarrow}(x;h) = f_{+}'(x;h)$; $f_{-}^{\downarrow}(x;h) = f_{-}'(x;h)$.

若 f 是方向可微的, 下述极限存在, 则二阶方向导数定义为

$$f''(x;h,w) = \lim_{t\downarrow 0} \frac{f\left(x+th+\frac{1}{2}t^2w\right) - f(x) - tf'(x;h)}{\frac{1}{2}t^2}. \tag{9.16}$$

上二阶方向导数定义为

$$f_{+}''(x;h,w) = \limsup_{t\downarrow 0} \frac{f\left(x+th+\frac{1}{2}t^2w\right) - f(x) - tf'(x;h)}{\frac{1}{2}t^2},$$

下二阶方向导数可类似定义. 若 f 具有二阶 Taylor 展式

$$f(x+h) = f(x) + Df(x)h + \frac{1}{2}D^2f(x)(h,h) + o(\|h\|^2),$$

则

$$f''(x;h,w) = Df(x)w + D^2f(x)(h,h).$$

设 $f(x)$ 与方向上图导数 $f_{-}^{\downarrow}(x;h)$, $f_{+}^{\downarrow}(x;h)$ 是有限的, 可以定义下二阶上图导数与上二阶上图导数:

$$f_{-}^{\downarrow\downarrow}(x;h,\cdot) = \text{e-}\liminf_{t\downarrow 0} \frac{f\left(x+th+\frac{1}{2}t^2w\right) - f(x) - tf_{-}^{\downarrow}(x;h)}{\frac{1}{2}t^2},$$

$$f_{+}^{\downarrow\downarrow}(x;h,\cdot) = \text{e-}\limsup_{t\downarrow 0} \frac{f\left(x+th+\frac{1}{2}t^2w\right) - f(x) - tf_{-}^{\downarrow}(x;h)}{\frac{1}{2}t^2}.$$

称 f 在 x 处沿方向 h 是二阶方向上图可微的, 若 $f_{+}^{\downarrow}(x;h) = f_{-}^{\downarrow}(x;h)$, $f_{+}^{\downarrow\downarrow}(x;h,\cdot) = f_{-}^{\downarrow\downarrow}(x;h,\cdot)$. 再次注意到, 若 $f(\cdot)$ 是 Lipschitz 连续的, 在 x 处方向可微, 则对 h, $w \in X$ 有 $f_{+}^{\downarrow\downarrow}(x;h,w) = f_{+}''(x;h,w)$ 且 $f_{-}^{\downarrow\downarrow}(x;h,w) = f_{-}''(x;h,w)$.

下面的命题给出下上图导数、上上图导数以及正则次导数的几何意义.

命题 9.13 设 X 是有限维 Hilbert 空间, $f: X \to \overline{\mathbb{R}}$ 是一增广实值函数, 令 $x \in X$ 使 $f(x)$ 是有限的. 则

$$\text{epi}f_{-}^{\downarrow}(x;\cdot) = T_{\text{epi}f}(x, f(x)), \tag{9.17}$$

$$\mathrm{epi} f_{+}^{\downarrow}(x;\cdot) = T_{\mathrm{epi}f}^{i}(x, f(x)). \tag{9.18}$$

若进一步, f 在 x 处是下半连续的, 则

$$\mathrm{epi}\ \hat{d}f(x) = T_{\mathrm{epi}f}^{c}(x, f(x)). \tag{9.19}$$

9.4 投影算子的 Clarke 广义次梯度

设 Z 是一有限维的 Hilbert 空间, 内积为 $\langle\cdot,\cdot\rangle$, 引导的范数为 $\|\cdot\|$, 设 D 是 Z 的一非空的闭凸子集合. 对任何 $z \in Z$, 用 $\Pi_D(z)$ 记 z 到 D 上的投影:

$$\begin{cases} \min\limits_{y} & \dfrac{1}{2}\langle y-z, y-z\rangle \\ \text{s.t.} & y \in D. \end{cases} \tag{9.20}$$

称算子 $\Pi_D : Z \to Z$ 为到 D 上的投影算子. 本节以下内容取自 [31, Part II].

命题 9.14 设 D 是 Z 的一非空的闭凸子集合. 则点 $y \in D$ 是问题 (9.20) 的最优解当且仅当

$$\langle z-y, d-y\rangle \leqslant 0, \quad \forall\, d \in D. \tag{9.21}$$

证明 必要性. 设 $y \in D$ 是问题 (9.20) 的最优解. 任取 $d \in D$, 则对任何 $t \in [0,1]$, $y_t := (1-t)y + td \in D$, 从而有

$$\|z-y_t\|^2 \geqslant \|z-y\|^2, \quad \forall t \in [0,1],$$

这推出

$$\|(1-t)(z-y)+t(z-d)\|^2 \geqslant \|z-y\|^2, \quad \forall t \in [0,1].$$

因此

$$(t^2-2t)\|z-y\|^2 + 2t(1-t)\langle z-y, z-d\rangle + t^2\|z-d\|^2 \geqslant 0, \quad \forall t \in [0,1].$$

在上面的不等式两边同时除以 t, 再取 $t \downarrow 0$ 可得

$$-2\|z-y\|^2 + 2\langle z-y, z-d\rangle \geqslant 0,$$

即 (9.21) 成立.

充分性. 设 $y \in D$ 满足 (9.21). 假设 y 不是问题 (9.20) 的解. 则由假设可得

$$\langle z-y, \Pi_D(z)-y\rangle \leqslant 0,$$

由充分性部分,

$$\langle z-\Pi_D(z), y-\Pi_D(z)\rangle \leqslant 0.$$

将上述两个不等式相加可得

$$\langle \Pi_D(z) - y, \Pi_D(z) - y \rangle \leqslant 0\,.$$

这可推出 $y = \Pi_D(z)$. 此矛盾表明 y 是问题 (9.20) 的解. ■

如果 D 是一非空的闭凸锥, 则 (9.21) 等价于

$$\langle z - \Pi_D(z), \Pi_D(z) \rangle = 0 \quad 且 \quad \langle z - \Pi_D(z), d \rangle \leqslant 0, \quad \forall\, d \in D\,. \tag{9.22}$$

投影算子 $\Pi_D(\cdot)$ 不但是单调的, 而且具有下述更强的性质.

命题 9.15 设 D 是 Z 的一非空的闭凸子集合. 则投影算子 $\Pi_D(\cdot)$ 满足

$$\langle y - z, \Pi_D(y) - \Pi_D(z) \rangle \geqslant \|\Pi_D(y) - \Pi_D(z)\|^2, \quad \forall\, y, z \in Z\,. \tag{9.23}$$

证明 令 $y, z \in Z$. 则由命题 9.14, 有

$$\langle z - \Pi_D(z), \Pi_D(y) - \Pi_D(z) \rangle \leqslant 0$$

与

$$\langle y - \Pi_D(y), \Pi_D(z) - \Pi_D(y) \rangle \leqslant 0\,.$$

将上面两个不等式相加即得到不等式 (9.23). ■

注意到 (9.23) 可推出

$$\|\Pi_D(y) - \Pi_D(z)\| \leqslant \|y - z\|, \quad \forall\, y, z \in Z\,.$$

所以度量投影 $\Pi_D(\cdot)$ 是全局 Lipschitz 连续的, Lipschitz 常数为 1. 度量投影是不可微的映射, 但却有下述可微性结论.

命题 9.16 设 D 是 Z 的一非空的闭凸子集合. 令

$$\theta(z) := \frac{1}{2}\|z - \Pi_D(z)\|^2, \quad z \in Z\,.$$

则 θ 是连续可微的, 且

$$\nabla\theta(z) = z - \Pi_D(z)\,, \quad z \in Z\,.$$

证明 对任何 $z \in Z$, 令

$$Q(z) := z - \Pi_D(z).$$

则对 $\Delta z \to 0$, 有

$$\theta(z + \Delta z) - \theta(z)$$

$$
\begin{aligned}
&= \frac{1}{2}\langle Q(z+\Delta z)-Q(z), Q(z+\Delta z)+Q(z)\rangle \\
&= \frac{1}{2}\langle \Delta z-[\Pi_D(z+\Delta z)-\Pi_D(z)], Q(z+\Delta z)+Q(z)\rangle \\
&= \langle \Delta z-[\Pi_D(z+\Delta z)-\Pi_D(z)], Q(z)\rangle + O(\|\Delta z\|^2) \\
&= \langle Q(z), \Delta z\rangle - \langle \Pi_D(z+\Delta z)-\Pi_D(z), Q(z)\rangle + O(\|\Delta z\|^2) \\
&= \langle Q(z), \Delta z\rangle - \langle \Pi_D(z+\Delta z)-\Pi_D(z), z-\Pi_D(z)\rangle + O(\|\Delta z\|^2) \\
&\geqslant \langle Q(z), \Delta z\rangle + O(\|\Delta z\|^2) \quad (\text{由 } (9.21)).
\end{aligned}
$$

类似地,

$$
\begin{aligned}
&\theta(z+\Delta z)-\theta(z) \\
&= \frac{1}{2}\langle \Delta z-[\Pi_D(z+\Delta z)-\Pi_D(z)], Q(z+\Delta z)+Q(z)\rangle \\
&= \langle \Delta z-[\Pi_D(z+\Delta z)-\Pi_D(z)], Q(z+\Delta z)\rangle + O(\|\Delta z\|^2) \\
&= \langle Q(z+\Delta z), \Delta z\rangle - \langle \Pi_D(z+\Delta z)-\Pi_D(z), Q(z+\Delta z)\rangle + O(\|\Delta z\|^2) \\
&= \langle Q(z), \Delta z\rangle + \langle \Pi_D(z)-\Pi_D(z+\Delta z), Q(z+\Delta z)\rangle + O(\|\Delta z\|^2) \\
&\leqslant \langle Q(z), \Delta z\rangle + O(\|\Delta z\|^2) \quad (\text{由 } (9.21)).
\end{aligned}
$$

因此 θ 在 z 处是 Fréchet 可微的, 且

$$\nabla\theta(z) = z - \Pi_D(z).$$

$\nabla\theta(\cdot)$ 的连续性由 $\Pi_D(\cdot)$ 的全局 Lipschitz 连续性得到. ■

回顾凸分析意义下的 D 在点 y 处的法锥 $N_D(y)$ 定义为

$$
N_D(y) = \begin{cases} \{d\in Y \mid \langle d, z-y\rangle \leqslant 0 \ \ \forall\, z\in D\}, & y\in D, \\ \varnothing, & y\notin D. \end{cases}
$$

命题 9.17 设 D 是 Z 的一非空的闭凸子集合. 则 $\mu\in N_D(y)$ 当且仅当

$$y = \Pi_D(y+\mu). \tag{9.24}$$

证明 必要性. 设 $\mu\in N_D(y)$, 则 $y\in D$ 且

$$\langle \mu, z-y\rangle \leqslant 0, \quad \forall\, z\in D.$$

因此

$$\langle (y+\mu)-y, z-y\rangle \leqslant 0, \quad \forall\, z\in D,$$

则由命题 9.14, 可得 $y = \Pi_D(y+\mu)$.

充分性. 设 $y = \Pi_D(y+\mu)$, 则 $y \in D$. 由命题 9.14, 可得

$$\langle (y+\mu) - y, z - y \rangle \leqslant 0, \quad \forall\, z \in D,$$

即

$$\langle \mu, z - y \rangle \leqslant 0, \quad \forall\, z \in D.$$

因此 $\mu \in N_D(y)$. ■

命题 9.18 设 D 是 Z 的一非空的闭凸锥, 则任何 $z \in Z$ 可唯一地分解为

$$z = \Pi_D(z) + \Pi_{D^-}(z). \tag{9.25}$$

证明 令 $u := z - \Pi_D(z)$. 由 (9.22) 可得

$$\langle u, \Pi_D(z) \rangle = 0 \quad 且 \quad \langle u, d \rangle \leqslant 0, \quad \forall d \in D.$$

因此 $u \in D^-$, $\langle z - u, u \rangle = 0$,

$$\langle z - u, w \rangle = \langle z - (z - \Pi_D(z)), w \rangle = \langle \Pi_D(z), w \rangle \leqslant 0, \quad \forall\, w \in D^-.$$

因此, $u = \Pi_{D^-}(z)$. 分解的唯一性是显然的. ■

下述引理是关于 $\partial \Pi_K(\cdot)$ 的变分性质的.

引理 9.1 设 D 是 Z 的一非空的闭凸子集合. 对任何 $y \in Z$ 与 $V \in \partial \Pi_D(y)$,

(a) V 是自伴随的;

(b) $\langle d, Vd \rangle \geqslant 0, \forall\, d \in Z$;

(c) $\langle Vd, d - Vd \rangle \geqslant 0, \forall\, d \in Z$.

证明 (a) 定义 $\varphi : Z \to \mathbb{R}$,

$$\varphi(z) := \frac{1}{2}[\langle z, z \rangle - \langle z - \Pi_D(z), z - \Pi_D(z) \rangle], \quad z \in Z.$$

则由命题 9.16, φ 是连续可微的,

$$\nabla \varphi(z) = z - [z - \Pi_D(z)] = \Pi_D(z), \quad z \in Z.$$

如果 $\Pi_D(\cdot)$ 在某一点 z 处是 Fréchet 可微的, 则 $\mathcal{J}\Pi_D(z)$ 是自伴随的. 因此作为 $\mathcal{J}\Pi_D(y^k)$ 的极限 V 也是自伴随的, 其中 $y^k \in \mathcal{D}_{\Pi_D}$ 是收敛于 y 的某一序列 (这里用 $\mathcal{D}_{\Pi_D}$ 记 Π_D 的可微点集合).

(b) 是 (c) 的特殊情况.

(c) 首先考虑 $z \in \mathcal{D}_{\Pi_D}$. 由命题 9.15, 对任何 $d \in Z$ 与 $t \geqslant 0$, 有

$$\langle \Pi_D(z+td) - \Pi_D(z), td \rangle \geqslant ||\Pi_D(z+td) - \Pi_D(z)||^2, \quad \forall t \geqslant 0.$$

因此

$$\langle \mathcal{J}\Pi_D(z)d, d \rangle \geqslant \langle \mathcal{J}\Pi_D(z)d, \mathcal{J}\Pi_D(z)d \rangle. \tag{9.26}$$

令 $V \in \partial\Pi_D(y)$, 则根据 Carathéodory 定理, 存在正整数 $\kappa > 0$, $V^i \in \partial_B\Pi_D(y)$, $i = 1, 2, \cdots, \kappa$ 满足

$$V = \sum_{i=1}^{\kappa} \lambda_i V^i,$$

其中 $\lambda_i \geqslant 0$, $i = 1, 2, \cdots, \kappa$, $\sum\limits_{i=1}^{\kappa} \lambda_i = 1$.

令 $d \in Z$. 对每一 $i = 1, \cdots, \kappa$ 与 $k = 1, 2, \cdots$, 存在 $y^{i_k} \in \mathcal{D}_{\Pi_D}$ 满足

$$\|y - y^{i_k}\| \leqslant 1/k.$$

与

$$||\mathcal{J}\Pi_D(y^{i_k}) - V^i|| \leqslant 1/k.$$

由 (9.26) 得

$$\langle \mathcal{J}\Pi_D(y^{i_k})d, d \rangle \geqslant \langle \mathcal{J}\Pi_D(y^{i_k})d, \mathcal{J}\Pi_D(y^{i_k})d \rangle.$$

因此

$$\langle V^i d, d \rangle \geqslant \langle V^i d, V^i d \rangle,$$

从而

$$\sum_{i=1}^{\kappa} \lambda_i \langle V^i d, d \rangle \geqslant \sum_{i=1}^{\kappa} \lambda_i \langle V^i d, V^i d \rangle. \tag{9.27}$$

定义 $\theta(z) := \|z\|^2$, $z \in Z$. 由 θ 的凸性可得

$$\theta\left(\sum_{i=1}^{\kappa} \lambda_i V^i d\right) \leqslant \sum_{i=1}^{\kappa} \lambda_i \theta(V^i d) = \sum_{i=1}^{\kappa} \lambda_i \langle V^i d, V^i d \rangle = \sum_{i=1}^{\kappa} \lambda_i \|V^i d\|^2.$$

于是

$$\sum_{i=1}^{\kappa} \lambda_i \|V^i d\|^2 \geqslant \left\langle \sum_{i=1}^{\kappa} \lambda_i V^i d, \sum_{i=1}^{\kappa} \lambda_i V^i d \right\rangle. \tag{9.28}$$

用 (9.27) 与 (9.28), 可得对所有的 $d \in Z$, 有

$$\langle Vd, d \rangle \geqslant \langle Vd, Vd \rangle.$$

■

9.5 Lipschitz 性质

Lipschitz 函数是非光滑函数, 9.4 节介绍的投影算子就是 Lipschitz 函数. 设 X, Y 是有限维 Hilbert 空间, 称映射 $F: X \to Y$ 是 Lipschitz 连续的, 倘若 F 满足对于任意的 x_1, $x_2 \in X$, 存在一常数 $L > 0$ 有

$$\|F(x_1) - F(x_2)\| \leqslant L\|x_1 - x_2\|.$$

Lipschitz 连续函数有如下性质.

定理 9.7 (Rademacher 定理) Lipschitz 连续函数是几乎处处可微的.

定义 9.14 称函数 $F: X \to \mathbb{R}$ 是局部 Lipschitz 连续的, 倘若 F 满足对于任意的 $x_0 \in X$, 存在一常数 $\varepsilon > 0$ 以及 $L > 0$ (依赖于 x_0 与 ε) 有

$$\|F(x) - F(x')\| \leqslant L\|x - x'\|, \quad \forall x, x' \in \mathbf{B}_\varepsilon(x_0).$$

设 $\mathcal{O} \subset \mathbb{R}^n$ 为开集, $F: \mathcal{O} \to \mathbb{R}^m$ 严格连续, 即局部 Lipschitz 连续的. 根据 Rademacher 定理, 设 D 为由 F 的可微点构成的 $\mathcal{O}$ 的子集, 则 $\mathcal{O} \setminus D$ 是可忽略集, 即 F 在 $\mathcal{O}$ 中是几乎处处 (以 Lebesgue 测度) Fréchet 可微的. 对点 $\bar{x} \in \mathcal{O}$, 定义

$$\partial_B F(\bar{x}) := \left\{A \in \mathbb{R}^{m\times n} | \exists x^\nu \to \bar{x},\ x^\nu \in D,\ \mathcal{J}F(x^\nu) \to A\right\}.$$

则 $\partial_B F(\bar{x})$ 是非空紧致集合, 文献中把 $\partial_B F(\bar{x})$ 称为 F 在 $\bar{x}$ 处的 B-次微分, 则 Clarke 广义 Jacobian 定义为 $\partial_c F(\bar{x}) = \operatorname{con} \partial_B F(\bar{x})$. 下面给出几个重要 Lipschitz 函数的 B-次微分的表达式.

例 9.1 考虑绝对值函数 $f(z) = |z|$, 其在除了 $z = 0$ 之外是可微的. 在 $z = 0$ 处的 B-次微分为 $\partial_B f(0) = \{-1, 1\}$, Clarke 广义 Jacobian $\partial_c F(0) = \operatorname{con} \partial_B f(0) = [-1, 1]$.

例 9.2 考虑函数 $f_{\max}(z) = \max\limits_{1\leqslant i\leqslant m} \{f_i(z)\}$, $f_i(z)$ 是连续可微函数. 它在节点 $f_i(\bar{z}) = f_{\max}(\bar{z})$ 处是不可微的. 记 $I(\bar{z}) = \{i | f_i(\bar{z}) = f_{\max}(\bar{z})\}$. 则函数在 $\bar{z}$ 处的 B-次微分为 $\partial_B f(\bar{z}) = \{\nabla f_i(\bar{z}) | i \in I(\bar{z})\}$, Clarke 广义 Jacobian $\partial_c f(\bar{z}) = \operatorname{con}\{\nabla f_i(\bar{z}) | i \in I(\bar{z})\}$.

例 9.3 考虑投影函数 $F(A) = \Pi_{\mathbb{S}^p_+}(A)$, 设矩阵 $\bar{A}$ 不是非奇异的, 则函数在它在 $\bar{A}$ 处是不可微的. 记

$$\bar{A} = P \begin{bmatrix} \Lambda_\alpha & 0 & 0 \\ 0 & \Lambda_\beta & 0 \\ 0 & 0 & \Lambda_\gamma \end{bmatrix} P^{\mathrm{T}},$$

其中 λ_i 表示矩阵 $\bar{A}$ 的特征值, 那么 $\alpha=\{i|\lambda_i(\bar{A})>0\}$, $\beta=\{i|\lambda_i(\bar{A})=0\}$, $\gamma=\{i|\lambda_i(\bar{A})<0\}$, Λ_α, Λ_β, Λ_γ 表示对角线为指定角标特征值的对角矩阵. 设 A 是离 $\bar{A}$ 很近的非奇异的矩阵. 若 $V\in\partial_B\Pi_{\mathbb{S}^p_+}(\bar{A})$, 则存在 $W\in\partial_B\Pi_{\mathbb{S}^{|\beta|}_+}(0)$ 使得对于任意的 $H\in\mathbb{S}^p$ 有

$$VH=P\begin{bmatrix} P_\alpha^{\mathrm{T}}HP_\alpha & P_\alpha^{\mathrm{T}}HP_\beta & P_\alpha^{\mathrm{T}}HP_\gamma\circ\Omega_{\alpha\gamma} \\ P_\beta^{\mathrm{T}}HP_\alpha & W(P_\beta^{\mathrm{T}}HP_\beta) & 0 \\ \Omega_{\gamma\alpha}\circ P_\gamma^{\mathrm{T}}HP_\alpha & 0 & 0 \end{bmatrix}P^{\mathrm{T}},$$

其中 $P=[P_\alpha,P_\beta,P_\gamma]$, $\Omega_{ij}=\lambda_i/(\lambda_i-\lambda_j)$, $(i,j)\in\alpha\times\gamma$. 进一步若 $V\in\partial_c\Pi_{\mathbb{S}^p_+}(\bar{A})$, 则存在 $W\in\partial_c\Pi_{\mathbb{S}^{|\beta|}_+}(0)$ 使得对于任意的 $H\in\mathbb{S}^p$ 有

$$VH=P\begin{bmatrix} P_\alpha^{\mathrm{T}}HP_\alpha & P_\alpha^{\mathrm{T}}HP_\beta & P_\alpha^{\mathrm{T}}HP_\gamma\circ\Omega_{\alpha\gamma} \\ P_\beta^{\mathrm{T}}HP_\alpha & W(P_\beta^{\mathrm{T}}HP_\beta) & 0 \\ \Omega_{\gamma\alpha}\circ P_\gamma^{\mathrm{T}}HP_\alpha & 0 & 0 \end{bmatrix}P^{\mathrm{T}}. \tag{9.29}$$

针对非光滑函数, 也有相似的反函数定理的结论, 此结论取自 [10, Theorem 1].

定理 9.8 (Lipschitz 反函数定理) 设 $\mathcal{X}$ 是有限维 Hilbert 空间, 函数 $\psi:\mathcal{X}\to\mathcal{X}$. 令 ψ 在 $\bar{x}$ 附近是局部 Lipschitz 连续的并且在 $\partial f(\bar{x})$ 中的任意元素是非奇异的. 则存在 $\delta>0$ 以及 $\varepsilon>0$ 使得 $\psi^{-1}:\mathbf{B}_\delta(0)\to\mathbf{B}_\varepsilon(\bar{x})$ 是有定义的并且 Lipschitz 连续.

对于 Lipschitz 连续函数, 基于广义 Jacobian 矩阵的 Newton 法也可以得到二次收敛速度. 考虑非光滑方程

$$F(x)=0, \tag{9.30}$$

其中 $F:\mathbb{R}^n\to\mathbb{R}^n$ 的局部 Lipschitz 连续映射. 称映射 F 在点 $x\in\mathbb{R}^n$ 处是半光滑的, 如果 F 在 x 处是方向可微的且对于任意的 $V\in\partial_cF(x+h)$, 有

$$F(x+h)-F(x)-Vh=o(\|h\|).$$

称映射 F 在点 $x\in\mathbb{R}^n$ 处是强半光滑的, 如果 F 在 x 处是半光滑的且对于任意的 $V\in\partial_cF(x+h)$, 有

$$F(x+h)-F(x)-Vh=O(\|h\|^2). \tag{9.31}$$

命题 9.19[24, Propsition 3.1] 设 F 在点 x^* 附近是局部 Lipschitz 连续的. 如果 x^* 满足所有的 $V\in\partial_cF(x^*)$, 是非奇异的, 则存在 x^* 的一个邻域 $\mathcal{V}$ 与一常数 $C>0$, 满足对任何 $y\in\mathcal{V}$, 对任何 $V\in\partial_cF(y)$ 都有 V 是可逆的, 且 $\|V^{-1}\|\leqslant C$.

证明 假设此结论不成立, 则存在序列 $y^k \to x^*$, $V^k \in \partial F(y^k)$ 满足或者所有的 V^k 均是奇异的, 或者 $\|[V^k]^{-1}\| \to \infty$. 因为 F 是局部 Lipschitz 的, $\partial_c F$ 在 x^* 的一个邻域上是有界的. 不妨设 $V^k \to V$. 则 V 必是奇异的, 由 $\partial_c F$ 的外半连续性 $V \in \partial_c F(x^*)$, 这与假设矛盾. ■

基于广义 Jacobian 矩阵的 Newton 方法的迭代为

$$x^{k+1} = x^k - [V^k]^{-1} F(x^k), \quad V^k \in \partial_c F(x^k). \tag{9.32}$$

倘若所有的 $V \in \partial_c F(x^*)$ 均是非奇异的, 其中 x^* 是 F 的零点, Newton 方法可以达到较强局部收敛.

定理 9.9[24, Theorem 3.2] 设 x^* 是 $F(x)=0$ 的一个解, F 在点 x^* 处是局部 Lipschitz 连续的且任何元素 $V \in \partial_c F(x^*)$, 是非奇异的, 可以建立下述结论.

(i) 若 F 在点 x^* 处是半光滑的, 则在 x^* 的一个邻域上迭代 (9.31) 是有定义的且超线性收敛到 x^*;

(ii) 若 F 在点 x^* 处是强半光滑的, 则在 x^* 的一个邻域上迭代 (9.31) 是有定义的且二次收敛到 x^*.

证明 (i) 设 x^k 充分接近 x^* 使得 V^k 是非奇异的且 $\|[V^k]^{-1}\| \leqslant C$, 其中 $C>0$ 是某一常数. 由于 F 是半光滑的, 即 F 是方向可微的且 Lipschitz 连续的, 不妨设

$$\|F(x^k) - F(x^*) - F'(x^*; x^k - x^*)\| = o(\|x^k - x^*\|) \tag{9.33}$$

与

$$\|V^k(x^k - x^*) - F'(x^*; x^k - x^*)\| = o(\|x^k - x^*\|). \tag{9.34}$$

于是有

$$\begin{aligned}
\|x^{k+1} - x^*\| &= \|x^k - x^* - [V^k]^{-1} F(x^k)\| \\
&\leqslant \|[V^k]^{-1}[F(x^k) - F(x^*) - F'(x^*; x^k - x^*)]\| \\
&\quad + \|[V^k]^{-1}[V^k(x^k - x^*) - F'(x^*; x^k - x^*)]\| \\
&= o(\|x^k - x^*\|).
\end{aligned}$$

这证得结论.

(ii) 当 F 在点 x^* 处是强半光滑的, 式 (9.33), (9.34) 中的 $o(\|x^k - x^*\|)$ 变为 $O(\|x^k - x^*\|^2)$, 从而得到二次收敛性. ■

9.6 优化问题的解的定义

对于一般的优化模型

$$(\mathrm{P}) \qquad \begin{cases} \min & f(x) \\ \text{s.t.} & x \in \Phi, \end{cases} \tag{9.35}$$

其中 Φ 被称为可行集. 若 $x \in \Phi$, 则称 x 被称为问题 (P) 的可行点. 记 val(P) 是问题 (9.35) 的最优值, Sol(P) 表示问题 (9.35) 的最优解集.

下面给出问题 (P) 的几个解的定义和二阶增长条件的定义.

定义 9.15 设 $\bar{x} \in \Phi$ 是问题 (P) 的可行点.

(1) 点 $\bar{x} \in \Phi$ 被称为优化问题 (9.35) 的全局极小点, 若

$$f(x) \geqslant f(\bar{x}), \quad \forall \bar{x} \in \Phi;$$

(2) 点 $\bar{x} \in \Phi$ 被称为优化问题 (9.35) 的局部极小点, 若存在某一正数 $\delta > 0$,

$$f(x) \geqslant f(\bar{x}), \quad \forall \bar{x} \in \Phi \cap \mathbf{B}_\delta(\bar{x}).$$

(3) 点 $\bar{x} \in \Phi$ 被称为优化问题 (9.35) 的严格局部极小点, 若存在某一正数 $\delta > 0$,

$$f(x) > f(\bar{x}), \quad \forall \bar{x} \in \Phi \cap \mathbf{B}_\delta(\bar{x}).$$

定义 9.16 (二阶增长条件) 若 $\bar{x}$ 满足存在正数 κ, $\delta > 0$, 使得

$$f(x) \geqslant f(\bar{x}) + \kappa\|x - \bar{x}\|^2, \quad \forall \bar{x} \in \Phi \cap \mathbf{B}_\delta(\bar{x}), \tag{9.36}$$

则称可行点 $\bar{x}$ 处满足二阶增长条件.

求解优化问题 (P) 的算法生成的序列, 很难收敛到问题的局部极小点, 往往收敛到如下定义的稳定点.

定义 9.17 若 $\bar{x}$ 满足如下条件:

$$0 \in \nabla f(\bar{x}) + N_\Phi(\bar{x}), \tag{9.37}$$

则称 $\bar{x}$ 是优化问题 (9.35) 的稳定点.

倘若可行集 $\Phi = \mathbb{R}^n$, 则称问题为无约束优化问题. 此时问题 (P) 可以表达为

$$\min_{x \in \mathbb{R}^n} f(x), \tag{9.38}$$

其中 $f : \mathbb{R}^n \to \mathbb{R}$ 是连续可微函数 (或二次连续可微函数). 很容易建立下述无约束优化问题的最优性条件.

命题 9.20 对于无约束优化问题 (9.38):

(1) 若 $\bar{x}$ 是问题 (9.38) 的局部极小点, f 在 $\bar{x}$ 附近连续可微, 则 f 在 $\bar{x}$ 处的梯度为 0, 即 $\nabla f(\bar{x})=0$.

(2) 若 $\bar{x}$ 是问题 (9.38) 的局部极小点, f 在 $\bar{x}$ 附近二次连续可微, 则 $\nabla f(\bar{x})=0$ 且 f 在 $\bar{x}$ 处的 Hessian 矩阵 $\nabla^2 f(\bar{x})$ 是半正定的.

(3) 若 f 在 $\bar{x}$ 附近二次连续可微且 $\bar{x}\in\mathbb{R}^n$ 满足条件

$$\nabla f(x)=0,\quad \nabla^2 f(\bar{x})\text{半正定},$$

则 $\bar{x}$ 处二阶增长条件成立.

证明 为了证明需要, 定义新的函数. 对于任意 $0\neq d\in\mathbb{R}^n$, 定义 $\varphi(t)=f(\bar{x}+td)$. 由于 $\bar{x}$ 是局部极小点, 则存在 $t_0>0$, 对于任意的 $|t|\leqslant t_0$, 有 $\varphi(t)\geqslant\varphi(0)$, $\forall t\in(-t_0,t_0)$. 对 φ 在 $\bar{x}$ 处进行 Taylor 展开, 有

$$\varphi(t)=\varphi(0)+t\varphi'(0)+o(t)\geqslant\varphi(0).$$

当 t 充分小时, 有 $\varphi'(0)=d^{\mathrm{T}}\nabla f(\bar{x})\geqslant 0$, 对于任意的 $d\neq 0$. 因此, $\nabla f(\bar{x})=0$. 结论 (1) 证明完毕.

类似地, 对 φ 在 $\bar{x}$ 处进行二阶 Taylor 展开, 有

$$\varphi(t)=\varphi(0)+t\varphi'(0)+\frac{t^2}{2}\varphi''(0)+o(t^2)\geqslant\varphi(0).$$

当 t 充分小时, 有 $\varphi''(0)=d^{\mathrm{T}}\nabla^2 f(\bar{x})d\geqslant 0$, 对于任意的 $d\neq 0$. 因此, Hessian 矩阵 $\nabla^2 f(\bar{x})$ 是半正定的.

下面证明第三部分. 同样对 f 在 $\bar{x}$ 处进行二阶 Taylor 展开, 得到

$$f(x)=f(\bar{x})+\nabla f(x)^{\mathrm{T}}(x-\bar{x})+\frac{1}{2}(x-\bar{x})^{\mathrm{T}}\nabla^2 f(\bar{x})(x-\bar{x})+o(\|x-\bar{x}\|^2).$$

存在 $\varepsilon>0$, 当 $x\in\mathbf{B}_{\varepsilon}(\bar{x})$ 时, 有

$$\frac{1}{2}(x-\bar{x})^{\mathrm{T}}\nabla^2 f(\bar{x})(x-\bar{x})+o(\|x-\bar{x}\|^2)\geqslant\frac{1}{4}(x-\bar{x})^{\mathrm{T}}\nabla^2 f(\bar{x})(x-\bar{x}).$$

综上, 可以得到结论, 对于任意的 $x\in\mathbf{B}_{\varepsilon}(\bar{x})$,

$$f(x)=f(\bar{x})+\frac{1}{4}(x-\bar{x})^{\mathrm{T}}\nabla^2 f(\bar{x})(x-\bar{x})\geqslant f(\bar{x})+\frac{1}{4}\lambda_{\min}(\nabla^2 f(\bar{x}))\|x-\bar{x}\|^2,$$

其中 $\lambda_{\min}(\nabla^2 f(\bar{x}))$ 表示 Hessian 矩阵 $\nabla^2 f(\bar{x})$ 的最小特征值. 这证明了第三部分的结论. ■

考虑两个优化问题

$$\min_{x\in\Phi} f(x) \tag{9.39}$$

与

$$\min_{x\in\Phi} g(x), \tag{9.40}$$

其中 $f, g: X \to \mathbb{R}$. 设问题 (9.39) 具有非空的最优解集 S_0. 视 (9.40) 中的函数 g 是函数 f 的扰动. 下面命题可以导出 (9.40) 的 ε 最优解 $\bar{x}$ 与集合 S_0 的距离的上界.

命题 9.21[8, Proposition 4.32] 设

(i) 二阶增长条件 (9.36) 成立;

(ii) 在 $\Phi\cap N$ 上, 差函数 $g(\cdot)-f(\cdot)$ 是模为 κ 的 Lipschitz 连续的. 令 $\bar{x}\in N$ 是问题 (9.40) 的 ε 解. 则

$$\operatorname{dist}(\bar{x}, S_0) \leqslant c^{-1}\kappa + c^{-1/2}\varepsilon^{1/2}. \tag{9.41}$$

关于解的扰动解的上界, 结果 (9.41) 是非常适宜的, 因为它几乎不需要考虑最优化问题的任何结构.

考虑最优化问题

$$\min_{x\in\Omega} g(x), \tag{9.42}$$

其中 $g: X\to\mathbb{R}$, $\Omega\subset X$. 我们视上述问题为目标函数与可行集均发生扰动的问题 (9.39) 的一个扰动. 下述命题将导出 (9.42) 的 ε 最优解与 S_0 间的距离的界值.

命题 9.22[8, Proposition 4.37] 设 S_0 是问题 (9.39) 的最优解集, 令 N 是 S_0 的邻域, 满足

(i) 二阶增长条件 (9.36) 在 N 上成立;

(ii) 函数 f 与 g 在 N 上分别是模为 η_1 与 η_2 的 Lipschitz 连续的;

(iii) 差函数 $g(\cdot)-f(\cdot)$ 在 N 上是模为 κ 的 Lipschitz 连续的.

则 (9.42) 的任何 ε 最优解 $\bar{x}\in N$ 满足

$$\operatorname{dist}(\bar{x}, S_0) \leqslant c^{-1}\kappa + 2\delta_1 + c^{-1/2}(\eta_1\delta_1+\eta_2\delta_2)^{1/2} + c^{-1/2}\varepsilon^{1/2}, \tag{9.43}$$

其中 $\delta_1 := \sup\limits_{x\in\Omega\cap N} \operatorname{dist}(x, \Phi\cap N)$, $\delta_2 := \sup\limits_{x_0\in S_0} \operatorname{dist}(x_0, \Omega\cap N)$.

在此小节的最后, 介绍十分重要的 Ekeland 变分原理. 考虑优化问题模型 (9.38), 其中函数 f 是增广实值函数, 不一定是连续的. 问题 (9.38) 可能有有限的最优值但没有最优解存在, 此时可以考虑 ε 最优解. 称 $\bar{x}$ 为 (9.38) 的 ε 最优解, 如果它满足

$$f(\bar{x}) \leqslant \inf f + \varepsilon.$$

Ekeland 变分原理表明, 对于 (9.38) 的 ε 最优解 $\bar{x}$, 存在一接近 $\bar{x}$ 的另一个 ε 最优解, 它是 f 的一微小扰动的极小化问题的全局极小点.

定理 9.10 (Ekeland 变分原理)[8] 设 X 是一完备的度量空间, $f: X \to \mathbb{R} \cup \{+\infty\}$ 是一下半连续函数. 设 $\inf\limits_{x \in X} f(x)$ 是有限的, 对给定的 $\varepsilon > 0$, $\bar{x} \in X$ 是 f 的 ε 最优解, 即 $f(x) \leqslant \inf\limits_{x \in X} f(x) + \varepsilon$. 则对任何 $\delta > 0$, 存在一点 $\tilde{x} \in X$ 满足

(i) $\|\tilde{x} - \bar{x}\| \leqslant \dfrac{\varepsilon}{\delta}$;

(ii) $\{\tilde{x}\} = \operatorname{argmin}\{f(x) + \delta\|x - \tilde{x}\|\}$;

(iii) $f(\tilde{x}) \leqslant f(\bar{x})$.

证明 不妨考虑 X 是 Banach 空间的情形. 记函数 $\bar{f}(x) = f(x) + \delta\|x - \bar{x}\|$, 考虑函数 $\bar{f}$ 的水平集,

$$
\begin{aligned}
\operatorname{lev}_{\leqslant \alpha} \bar{f} &= \{x \mid \bar{f}(x) \leqslant \alpha\} \\
&= \{x \mid f(x) + \delta\|x - \bar{x}\| \leqslant \alpha\} \\
&= \{x \mid \|x - \bar{x}\| \leqslant \delta^{-1}[\alpha - f(x)]\} \\
&\subseteq \{x \mid \|x - \bar{x}\| \leqslant \delta^{-1}[\alpha - \inf f(x)]\} = \mathbf{B}(\bar{x}, \delta^{-1}[\alpha - \inf f(x)]).
\end{aligned}
$$

因此水平集 $\operatorname{lev}_{\leqslant \alpha} \bar{f}$ 对于任意的 $\alpha \in \mathbb{R}$ 是有界的. 记集合 $C := \operatorname{argmin} \bar{f}$, 集合 C 是非空紧致的. 因此一定能存在一点 $\tilde{x} \in X$ 满足

$$
\tilde{x} \in C = \operatorname{argmin} \bar{f} = \operatorname{argmin}\{f(x) + \delta\|x - \bar{x}\|\}.
$$

再考虑函数

$$
\tilde{f}(x) = f(x) + \delta_C(x) = \begin{cases} f(x), & x \in C, \\ +\infty, & x \notin C. \end{cases}
$$

通过以上分析, 可得 $\tilde{f}$ 是正常的, 下半连续的水平有界函数, 且 $\tilde{x} \in \operatorname{argmin} \tilde{f}$. 由于 $\tilde{x} \in C$ 有

$$
f(\bar{x}) = \bar{f}(\bar{x}) \geqslant \min \bar{f}(x) = \bar{f}(\tilde{x}) = f(\tilde{x}) + \delta\|\tilde{x} - \bar{x}\|.
$$

因此 $f(\tilde{x}) \leqslant f(\bar{x})$, (iii) 证明完毕.

由于 $\bar{x}$ 是 f 的 ε 最优解, 即 $f(\bar{x}) \leqslant \inf f + \varepsilon$. 因此 $\bar{f}(\tilde{x}) \leqslant f(\bar{x}) \leqslant \inf f + \varepsilon$, 即

$$
\tilde{x} \in \operatorname{lev}_{\leqslant \inf f + \varepsilon} f \subseteq \mathbf{B}\left(\bar{x}, \frac{\varepsilon}{\delta}\right).
$$

由此 (i) 得证. 下证结论 (ii). 对于任意的 $x \in C$,

$$
f(\tilde{x}) = \tilde{f}(\tilde{x}) \leqslant \tilde{f}(x) = f(x),
$$

因此 $f(\tilde{x}) \leqslant f(x) + \delta\|x - \tilde{x}\|$. 对于任意的 $x \notin C$, 由于 $\tilde{x} \in C$, 那么 $\bar{f}(x) \geqslant \bar{f}(\tilde{x})$. 这意味着

$$f(\tilde{x}) \leqslant f(x) + \delta[\|x - \bar{x}\| - \|\tilde{x} - \bar{x}\|] \leqslant f(x) + \delta\|x - \tilde{x}\|.$$

(ii) 得证. ■

9.7 广义方程的强正则性

定义 9.18 考虑广义方程

$$0 \in f(x,p) + F(x),$$

其中 $F : \mathcal{X} \rightrightarrows \mathcal{Y}$ 是一集值映射. 定义

$$G(x) = f(\overline{x},\overline{p}) + D_x f(\overline{x},\overline{p})(x - \overline{x}) + F(x).$$

如果 G^{-1} 是从 $0 \in \mathcal{Y}$ 的一个邻域到 $\overline{x}$ 的一邻域的 Lipschitz 连续映射, 则称广义方程在 $(\overline{x},\overline{p})$ 处是强正则的.

广义方程的强正则解与该点附近的某一映射的 Lipschitz 同胚有密切的关系, 我们给出 Lipschitz 同胚的定义.

定义 9.19 (局部 Lipschitz 同胚) 称连续函数 $F : \mathcal{O} \subseteq \mathcal{X} \to \mathcal{X}$ 在 $x \in \mathcal{O}$ 处是局部 Lipschitz 可逆的, 如果存在 x 的一个开邻域 $\mathcal{N} \subseteq \mathcal{O}$ 使得限定在这个邻域上的映射 $F|_{\mathcal{N}} : \mathcal{N} \to F(\mathcal{N})$ 是双射并且它的逆函数是 Lipschitz 连续的. 称 F 在 x 附近是局部 Lipschitz 同胚的, 如果 F 在 x 附近是局部 Lipschitz 可逆的并且 F 在 x 处是局部 Lipschitz 连续的.

考虑由参数广义方程定义的解映射

$$S(x) = \{z \in \mathbb{R}^k | 0 \in C(x,z) + N_Q(z)\}, \tag{9.44}$$

其中 $C : \mathcal{A} \times \mathbb{R}^k \to \mathbb{R}^k$ 是一连续可微映射, $\mathcal{A} \subset \mathbb{R}^n$ 是一开集合, $Q \subset \mathbb{R}^k$ 是一非空闭凸集合.

给定 $(x_0, z_0) \in \operatorname{gph} S$, $x_0 \in \mathcal{A}$. 下面证明, 如果 (x_0, z_0) 是系统 (9.44) 的强正则解, 则存在 x_0 的一个邻域 $\mathcal{O}$ 和 z_0 的一个邻域 V, 满足在 $\mathcal{O}$ 上存在一个单值的 Lipschitz 连续映射 $\sigma : \mathcal{O} \to V$ 使得

$$\sigma(x_0) = z_0, \quad \sigma(x) \in S(x), \quad \forall x \in \mathcal{O}, \tag{9.45}$$

或者使得

$$\sigma(x) = S(x) \cap V, \quad \forall x \in \mathcal{O}. \tag{9.46}$$

为了上述结论的证明, 定义

$$\Sigma(\xi)=\{z\in\mathbb{R}^k|\xi\in C(x_0,z_0)+\mathcal{J}_zC(x_0,z_0)(z-z_0)+N_Q(z)\} \tag{9.47}$$

与

$$r(x,z)=C(x_0,z_0)+\mathcal{J}_zC(x_0,z_0)(z-z_0)-C(x,z).$$

容易验证下述结论.

命题 9.23 下述关系成立

$$z\in S(x)\quad 当且仅当\quad z\in\Sigma(r(x,z)).$$

证明 根据 Σ 与 r 的定义, 有

$$z\in S(x)\quad 当且仅当\quad 0\in C(x,z)+N_Q(z) \tag{9.48}$$

与

$$z\in\Sigma(r(x,z))\quad 当且仅当\quad r(x,z)\in C(x_0,z_0)+\mathcal{J}_zC(x_0,z_0)(z-z_0)+N_Q(z). \tag{9.49}$$

简单的计算可得 (9.48) 与 (9.49) 中的广义方程是等价的. ■

由于 C 在 $\mathcal{A}\times\mathbb{R}^k$ 上是连续可微的, 可以选取 x_0 的邻域 $\widetilde{U}$, z_0 的邻域 $\widetilde{V}$ 与一正的实常数 L 满足

$$\|C(x_1,z)-C(x_2,z)\|\leqslant L\|x_1-x_2\|,\quad \forall x_1\in\widetilde{U},z\in\widetilde{V}. \tag{9.50}$$

定理 9.11 (a) 设存在 $0\in\mathbb{R}^k$ 的邻域 W, 存在单值 Lipschitz 连续映射 $\phi:W\to\mathbb{R}^k$, 其 Lipschitz 常数为 γ, 满足

$$\phi(0)=z_0,\quad \phi(\xi)\in\Sigma(\xi),\quad \forall\xi\in W. \tag{9.51}$$

则对每一 $\varepsilon>0$, 存在 x_0 的邻域 U_ε 与 z_0 的邻域 V_ε, 以及一单值映射 $\sigma:U_\varepsilon\to V_\varepsilon$ 满足

$$\sigma(x_0)=z_0,\quad \sigma(x)\in S(x),\quad \forall x\in U_\varepsilon, \tag{9.52}$$

且映射 σ 在 U_ε 上是 Lipschitz 连续的, Lipschitz 常数为 $(\gamma+\varepsilon)L$, 其中 L 由 (9.50) 定义.

(b) 如果还有, 存在 z_0 的一邻域 V 满足

$$\phi(\xi)=\Sigma(\xi)\cap V,\quad \forall\xi\in W, \tag{9.53}$$

则

$$\sigma(x)=S(x)\cap V_\varepsilon,\quad \forall x\in U_\varepsilon. \tag{9.54}$$

证明 先证明 (a). 对任意固定的 $\varepsilon > 0$, 选取 $\delta = \delta(\varepsilon) > 0$, $\rho = \rho(\varepsilon) > 0$ 与 x_0 的一邻域 U_ε, 满足对于 $V_\varepsilon = z_0 + \rho\mathbf{B}$, 有

$$\begin{aligned} &\gamma\delta < \varepsilon/(\gamma+\varepsilon), \\ &r(x,z) \in W, && \forall (x,z) \in U_\varepsilon \times V_\varepsilon, \\ &\|\mathcal{J}_z C(x_0,z_0) - \mathcal{J}_z C(x,z)\| \leqslant \delta, && \forall (x,z) \in U_\varepsilon \times V_\varepsilon, \\ &\|C(x_0,z_0) - C(x,z)\| \leqslant (1-\gamma\delta)\rho/\gamma, && \forall x \in U_\varepsilon. \end{aligned} \tag{9.55}$$

把 (a) 的证明分成两部分: (i) 构造 σ; (ii) 验证 σ 的 Lipschitz 连续性.

对每一固定的 $\overline{x} \in U_\varepsilon$, 定义映射 $\Phi_{\overline{x}} : \mathbb{R}^k \to \mathbb{R}^k$,

$$\Phi_{\overline{x}}(\cdot) := \phi(r(\overline{x},\cdot)). \tag{9.56}$$

下面我们证明

$$\Phi_{\overline{x}} \text{ 是 } V_\varepsilon \text{ 上的一压缩映射, 它把 } V_\varepsilon \text{ 映到 } V_\varepsilon. \tag{9.57}$$

如果上述结论成立, 则由 Banach 不动点定理可得存在 $\overline{z} \in V_\varepsilon$ 满足

$$\overline{z} = \Phi_{\overline{x}}(\overline{z}) = \phi(r(\overline{x},\overline{z})).$$

于是根据 (9.51),

$$\overline{z} \in \Sigma(r(\overline{x},\overline{z})).$$

由命题 9.23可得 $\overline{z} \in S(\overline{x})$, 因为 $\overline{x}$ 是 U_ε 中的任意点, 定义在 U_ε 上的映射

$$\sigma : x \to z \in S(x)$$

是存在的. 由

$$\Phi_{x_0}(z_0) = \phi(r(x_0,z_0)) = \phi(0) = z_0$$

可得 $\sigma(x_0) = z_0$, 这证得 (9.52). 下面只需验证 (9.57) 式.

为验证 $\Phi_{\overline{x}}$ 的压缩性质, 对 $z_1, z_2 \in V_\varepsilon$, 由 W 上定义的 ϕ 的 Lipschitz 连续性质可得

$$\begin{aligned} \|\Phi_{\overline{x}}(z_1) - \Phi_{\overline{x}}(z_2)\| &\leqslant \gamma\|r(\overline{x},z_1) - r(\overline{x},z_2)\| \\ &\leqslant \gamma \cdot \sup\{\|\mathcal{J}_z r(\overline{x},(1-\mu)z_1+\mu z_2)\| : \mu \in (0,1)\} \cdot \|z_1 - z_2\|. \end{aligned}$$

由于 $\mathcal{J}_z r(\overline{x},z)=\mathcal{J}_z C(x_0,z_0)-\mathcal{J}_z C(\overline{x},z)$, 由 (9.55) 可得

$$\|\Phi_{\overline{x}}(z_1)-\Phi_{\overline{x}}(z_2)\|\leqslant\gamma\delta\|z_1-z_2\|,\quad \forall z_1,z_2\in V_\varepsilon. \tag{9.58}$$

由 δ 的选取有 $\gamma\delta<1$, $\Phi_{\overline{x}}$ 实际上是一压缩映射. 进一步,

$$\begin{aligned}\|\Phi_{\overline{x}}(z_0)-z_0\|&=\|\phi(r(\overline{x},z_0))-\phi(0)\|\\&\leqslant\gamma\|r(\overline{x},z_0)-0\|\\&=\gamma\|C(x_0,z_0)-C(\overline{x},z_0)\|\\&\leqslant(1-\gamma\delta)\rho.\end{aligned}$$

这意味着对于 $z\in V_\varepsilon(=z_0+\rho\mathbf{B})$,

$$\begin{aligned}\|\Phi_{\overline{x}}(z)-z_0\|&\leqslant\|\Phi_{\overline{x}}(z)-\Phi_{\overline{x}}(z_0)\|+\|\Phi_{\overline{x}}(z_0)-z_0\|\\&\leqslant\gamma\delta\|z-z_0\|+(1-\gamma\delta)\rho\\&\leqslant\rho,\end{aligned}\tag{9.59}$$

即 $\Phi_{\overline{x}}$ 映 V_ε 到自身. 不等式 (9.58) 与 (9.59) 表明, 可以用 Banach 不动点定理, 从而保证映射 σ 的存在性.

现在证明 σ 在 U_ε 上是 Lipschitz 连续的, Lipschitz 常数是 $(\gamma+\varepsilon)L$. 不妨设 $U_\varepsilon\times V_\varepsilon\subset\widetilde{U}\times\widetilde{V}$, 其中 $\widetilde{U},\widetilde{V}$ 由 (9.50) 定义, 则对任意 $x_1,x_2\in U_\varepsilon$,

$$\begin{aligned}\|\sigma(x_1)-\sigma(x_2)\|&=\|\Phi_{x_1}(\sigma(x_1))-\Phi_{x_2}(\sigma(x_2))\|\\&\leqslant\|\Phi_{x_1}(\sigma(x_1))-\Phi_{x_1}(\sigma(x_2))\|+\|\Phi_{x_1}(\sigma(x_2))-\Phi_{x_2}(\sigma(x_2))\|.\end{aligned}$$

由 (9.58) 可得

$$\|\Phi_{x_1}(\sigma(x_1))-\Phi_{x_1}(\sigma(x_2))\|\leqslant\gamma\delta\|\sigma(x_1)-\sigma(x_2)\|.$$

由 ϕ 的 Lipschitz 连续性可得

$$\begin{aligned}\|\Phi_{x_1}(\sigma(x_2))-\Phi_{x_2}(\sigma(x_2))\|&=\|\phi(r(x_1,\sigma(x_2)))-\phi(r(x_2,\sigma(x_2)))\|\\&\leqslant\gamma\|C(x_1,\sigma(x_2))-C(x_2,\sigma(x_2))\|.\end{aligned}$$

结合这些估计和 (9.50) 得到

$$\|\sigma(x_1)-\sigma(x_2)\|\leqslant\gamma\delta\|\sigma(x_1)-\sigma(x_2)\|+\gamma\|C(x_1,\sigma(x_2))-C(x_2,\sigma(x_2))\|$$

$$\leqslant \gamma\delta\|\sigma(x_1)-\sigma(x_2)\|+\gamma L\|x_1-x_2\|,$$

由此可推出

$$\|\sigma(x_1)-\sigma(x_2)\| \leqslant \frac{\gamma L}{1-\gamma\delta}\|x_1-x_2\| < (\gamma+\varepsilon)L\|x_1-x_2\|,$$

即 σ 在 U_ε 上是 Lipschitz 连续的.

再来证明 (b). 如果有必要, 可以选择 (9.55) 中的 ρ 充分小, 所以可以假设 $V_\varepsilon \subset V$. 现在固定 $x \in U_\varepsilon$, 令 z 是从 $S(x)\cap V_\varepsilon$ 中任意选取的元素. 为证明 (9.54), 只需证明 $z=\sigma(x)$. 根据命题 9.23 有 $z \in \Sigma(r(x,z))\cap V_\varepsilon$. 由 (9.55) 可得 $r(x,z)\in W$, 于是由假设 (9.53) 和定义式 (9.56) 有

$$z=\phi(r(x,z))=\Phi_x(z).$$

因为 $\Phi_x(\cdot)$ 在 V_ε 仅有一个不动点, z 必是由 (a) 确定的唯一的不动点 $\sigma(x)$, 这证得

$$\sigma(x)=S(x)\cap V_\varepsilon, \quad \forall x \in U_\varepsilon.$$ ■

考虑下面一般形式的约束优化问题

$$\begin{cases} \min\limits_x & f(x) \\ \text{s.t.} & G(x)\in K, \end{cases} \tag{9.60}$$

其中 $f: X \to \mathbb{R}$, $G: X \to Y$, $K \subset Y$ 是一闭凸集合, X, Y 是有限维的 Hilbert 空间. 设 U 是一 Banach 空间, $f: X\times U \to \mathbb{R}$, $G: X\times U \to Y$. 称 $(f(x,u), G(x,u))$, $u\in U$ 是问题 (9.60) 的一 C^2-光滑参数化, 如果 $f(\cdot,\cdot)$ 与 $G(\cdot,\cdot)$ 是二次连续可微的, 且存在 $\overline{u}\in U$ 满足 $f(\cdot,\overline{u})=f(\cdot)$, $G(\cdot,\overline{u})=G(\cdot)$. 相对应的参数优化问题具有下述形式

$$\begin{cases} \min\limits_x & f(x,u) \\ \text{s.t.} & G(x,u)\in K. \end{cases} \tag{9.61}$$

称上述参数化是标准的 (canonical), 如果 $U := X\times Y$, $\overline{u}=(0,0)\in X\times Y$, 且

$$(f(x,u), G(x,u)) = (f(x)-\langle u_1, x\rangle, G(x)+u_2), \quad x\in X, \quad u=(u_1,u_2)\in X\times Y.$$

下述一致二阶增长条件的定义取自 [8, Definition 5.16].

定义 9.20 设 x^* 是问题 (9.60) 的稳定点. 称在 x^* 处关于 $\mathcal{C}^2$-光滑参数化 $(f(x,u),G(x,u))$ 的一致二阶增长条件成立, 如果存在 $\alpha>0$, x^* 的邻域 $\mathcal{V}_X$ 与 $\overline{u}$ 的邻域 $\mathcal{V}_U\subset U$, 满足对任何 $u\in\mathcal{V}_U$ 与问题 (9.61) 的稳定点 $x(u)\in\mathcal{V}_X$, 下述不等式成立:

$$f(x,u)\geqslant f(x(u),u)+\alpha\|x-x(u)\|^2,\quad \forall x\in\mathcal{V}_X \text{ 满足 } G(x,u)\in K. \tag{9.62}$$

称在 x^* 处的一致二阶增长条件成立, 如果 (9.62) 式对问题 (9.60) 的任何 $\mathcal{C}^2$-光滑参数化均是成立的.

参 考 文 献

[1] 张立卫, 吴佳, 张艺. 变分分析与优化. 北京: 科学出版社, 2013.

[2] Berge C. Topological Spaces. New York: Macmillan, 1963.

[3] Bertsekas D P. Constrained Optimization and Lagrange Multiplier Methods. New York: Academic Press, 1982.

[4] Bertsekas D P. Network Optimization: Continuous and Discrete Methods. Belmont: Athena Scientific, 1998.

[5] Bhatia R. Matrix Analysis. New York: Springer-Verlag, 1997.

[6] Bi S, Pan S, Sun D. A multi-stage convex relaxation approach to noisy structured low-rank matrix recovery. Mathematical Programming Computation, 2020, 12(4): 569-602.

[7] Bonnans J F, Ramírez C H. Perturbation analysis of second order cone programming problems. Mathematical Programming, Series B, 2005, 104: 205-227.

[8] Bonnans J F, Shapiro A. Perturbation Analysis of Optimization Problems. New York: Springer-Verlag, 2000.

[9] Chen X D, Sun D, Sun J. Complementarity functions and numerical experiments on some smoothing Newton methods for second-order-cone complementarity problems. Computational Optimization and Applications, 2003, 25: 39-56.

[10] Clarke F. On the inverse function theorem. Pacific Journal of Mathematics, 1976, 64(1): 97-102.

[11] Clarke F. Functional Analysis, Calculus of Variations and Optimal Control. London: Springer, 2013.

[12] Ding C. An Introduction to A Class of Matrix Optimization Problems. Singapore: National University of Singapore, 2012.

[13] Ding C, Sun D F, Ye J J. First order optimality conditions for mathematical programs with semidefinite cone complementarity constraints. Mathematical Programming, 2014, 147(1/2): 539-579.

[14] Donoghue W F. Monotone Matrix Functions and Analytic Continuation. New York: Springer, 1974.

[15] Ye J J. Necessary and sufficient optimality conditions for mathematical programs with equilibrium constraints. Journal of Mathematical Analysis and Applications, 2005, 307(1): 350-369.

[16] Kantorovich L V, Akilov G P. Functional Analysis in Normed Spaces. New York: Macmillan, 1964.

[17] Kuhn H W, Tucker A W. Nonlinear programming // Neyman J, ed. Proc. Second Berkeley Symposium on Mathematical Statistics and Probability. Berkeley: University of California Press, 1951: 481-492.

[18] Lobo M S, Vandenberghe L, Boyd S, Lebret H. Applications of second-order cone programming. Linear Algebra and Its Applications, 1998, 284(1-3): 193-228.

[19] Nesterov Y, Nemirovsky A. Interior-point polynomial methods in convex programming. Studies in Applied Mathematics, 13. Philadelphia, PA: SIAM, 1994.

[20] Outrata J, Kočvara M, Zowe J. Nonsmooth Approach to Optimization Problems with Equilibrium Constraints. Dordrecht: Springer, 1998.

[21] Outrata J, Sun D F. On the coderivative of the projection operator onto the second order cone. Set-Valued Analysis, 2008, 16: 999-1014.

[22] Pang J S, Sun D F, Sun J. Semismooth homeomorphisms and strong stability of semidefinite and Lorentz complementarity problems. Mathematics of Operations Research, 2003, 28: 39-63.

[23] Qi H, Sun D. A quadratically convergent Newton method for computing the nearest correlation matrix. SIAM Journal on Matrix Analysis and Applications, 2006, 28(2): 360-385.

[24] Qi L, Sun J. A nonsmooth version of Newton's method. Mathematical Programming, 1993, 58(1-3): 353-367.

[25] Robinson S M. Perturbed Kuhn-Tucker points and rates of convergence for a class of nonlinear-programming algorithms. Mathematical Programming, 1974, 7(1): 1-16.

[26] Robinson S M. Strongly regular generalized equations. Mathematics of Operations Research, 1980, 5: 43-62.

[27] Rockafellar R T. Convex Analysis. Princeton: Princeton University Press, 1970.

[28] Rockafellar R T, Wets R J B. Variational Analysis. New York: Springer-Verlag, 1998.

[29] Scheel H, Scholtes S. Mathematical programs with complementarity constraints: Stationarity, optimality, and sensitivity. Mathematics of Operations Research, 2000, 25(1): 1-22.

[30] Schirotzek W. Nonsmooth Analysis. Berlin, Heidelberg: Springer-Verlag, 2007.

[31] Sun D F. A Short Summer School Course on Modern Optimization Theory: Optimality Conditions and Perturbation Analysis, Part I, Part II, Part III. Singapore: National University of Singapore, 2006.

[32] Sun D F. The strong second order sufficient condition and constraint nondegeneracy in nonlinear semidefinite programming and their implications. Mathematics of Operations Research. 2006, 31: 761-776.

[33] Torki M. Second-order directional derivatives of all eigenvalues of a symmetric matrix. Nonlinear Analysis, 2001, 46(8): 1133-1150.

[34] Yin Z R, Zhang L W. Perturbation analysis of a class of conic programming problems under Jacobian uniqueness conditions. Journal of Industrial and Management Optimization, 2017, 15(3): 1387-1397.

索　引

Z

其他